机床夹具设计
实用手册

吴拓 编著

化学工业出版社

·北京·

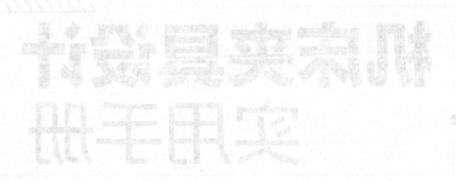

图书在版编目（CIP）数据

机床夹具设计实用手册/吴拓编著. —北京：化学工
业出版社，2014.1
ISBN 978-7-122-19009-3

Ⅰ.①机… Ⅱ.①吴… Ⅲ.①机床夹具-设计-手册
Ⅳ.①TG750.2-62

中国版本图书馆 CIP 数据核字（2013）第 271591 号

责任编辑：贾　娜　　　　　　　　　　　　　装帧设计：王晓宇
责任校对：宋　夏

出版发行：化学工业出版社（北京市东城区青年湖南街 13 号　邮政编码 100011）
印　　装：北京科印技术咨询服务有限公司数码印刷分部
787mm×1092mm　1/16　印张 32½　字数 853 千字　2014 年 2 月北京第 1 版第 1 次印刷

购书咨询：010-64518888　　　　　　　　售后服务：010-64518899
网　　址：http://www.cip.com.cn
凡购买本书，如有缺损质量问题，本社销售中心负责调换。

定　　价：128.00 元

前 言 FOREWORD

　　机械制造是人类文明的基石，是国民经济和科学技术发展的基础。机械制造离不开金属切削机床，而机床夹具则是机械制造业不可或缺的重要工艺装备之一。使用专用机床夹具，不仅可以保证机械加工质量、提高生产效率、降低生产成本、减轻劳动强度、降低对工人技术的过高要求、实现生产过程自动化，还可以改变原机床的用途和扩大机床的工艺范围、实现一机多能。机床夹具在机械加工中发挥着十分重要的作用，大量专用机床夹具的采用为大批大量生产提供了必要的条件。

　　本书以培养和提升技术人员的机床夹具设计能力为主旨，根据设计人员在夹具设计过程中的需求，编者结合自己多年的教学和实践经验，系统地介绍了各类机床夹具的设计原理、典型结构以及设计步骤、设计方法，列举了机床设计的相关资料，并通过大量设计范例对各类机床夹具的工作原理进行了详细讲解，编者愿借他山之石激发技术人员的创新思维，期望读者能从本书中受到启迪，在生产实践过程中创造出更多更先进的机床夹具来。

　　本书从生产要求出发，突出实际应用，具有很强的实用性，文字通俗易懂，内容丰富翔实，图表解读清晰，可供不同类型的机床夹具设计者参考。主要内容包括：定位装置设计，夹紧装置设计，定心夹紧机构设计，电动、电磁、真空及自夹紧装置设计，机床夹具气压传动装置设计，机床夹具液压传动装置设计，对刀及引导装置设计，分度装置设计，夹具体的设计，机床夹具零件、部件及其应用图例，典型机床夹具设计图例等。

　　本书可为机械制造领域的设计人员和工程技术人员提供帮助，也可供高等院校相关专业的师生查阅参考。

　　本书由吴拓编著，在撰写过程中得到了各界同仁和朋友的大力支持、鼓励和帮助，在此表示衷心的感谢！

　　由于编者水平所限，书中不足之处在所难免，敬请广大读者和专家不吝批评指正。

编　者

目 录　CONTENTS

概述

1.1 机床夹具在机械加工中的作用

在机械制造的机械加工、焊接、热处理、检验、装配等工艺过程中，为了安装加工工件，使之占有正确的位置，以保证零件和产品的质量，并提高生产效率，所采用的工艺装备称为夹具。

在机床上加工工件时，必须用夹具装好并夹牢工件。将工件装好，就是在机床上确定工件相对于刀具的正确位置，这一过程称为定位。将工件夹牢，就是对工件施加作用力，使之在已经定好的位置上将工件可靠地夹紧，这一过程称为夹紧。从定位到夹紧的全过程，称为装夹。

工件的装夹方法有找正装夹法和夹具装夹法两种。

找正装夹方法是以工件的有关表面或专门划出的线痕作为找正依据，用划针或指示表进行找正，将工件正确定位，然后将工件夹紧，进行加工。这种方法安装简单，不需专门设备，但精度不高，生产率低，因此多用于单件、小批量生产。

夹具装夹方法是靠夹具将工件定位、夹紧，以保证工件相对于刀具、机床的正确位置。这种方法精度较高，生产率高，能保证机械加工质量，减轻劳动强度，但需要设计专门的装备，因此多用于批量生产。

在机床上加工工件时所用的夹具称为机床夹具。机床夹具的主要功能就是完成工件的装夹工作。工件装夹情况的好坏，将直接影响工件的加工精度。

无论是传统制造，还是现代制造，机床夹具都是十分重要的。它对加工质量、生产率和产品成本都有直接影响，因此企业花费在夹具设计和制造上的时间，无论是改进现有产品或是开发新产品，在生产周期中都占有较大的比重。

在机械加工过程中，工件的几何精度主要取决于工件对机床的相对位置，严格地说，只有机床、刀具、夹具和工件之间保持正确的相对关系，才能保证工件各加工表面之间的相对位置精度。显然，对机床夹具的基本要求就是将工件正确定位并牢靠地固定在给定位置。因而，机床夹具除了应保证足够的制造精度外，还应有足够的刚度，以抵抗加工时可能产生的变形和振动。

机床夹具在机械加工中起着十分重要的作用，归纳起来，主要表现在以下几方面。

① 缩短辅助时间，提高劳动生产率，降低加工成本。使用夹具包括两个过程，一是夹具在机床上的安装与调整，二是工件在夹具中的安装。前者可以依靠夹具上的定向键、对刀块等专门装置快速实现，后者则由夹具上专门用于定位的 V 形块、定位环等元件迅速实现。此外，夹具中还可以不同程度地采用高效率的多件、多位、快速、增力、机动等夹紧装置，利用辅助支承等提高工件的刚度，以利于采用较大的切削用量。这样，便可缩短辅助时间、减少机动时间，有效地提高劳动效率，降低加工成本。

② 保证加工精度，稳定加工质量。采用夹具安装工件，夹具在机床上的安装位置和工件在夹具中的安装位置均已确定，因而工件在加工过程中的位置精度不会受到各种主观因素以及操作者的技术水平影响，加工精度易于得到保证，并且加工质量稳定。

③ 降低对工人的技术要求，减轻工人的劳动强度，保证安全生产。使用专用夹具安装工件，定位方便、准确、快捷，位置精度依靠夹具精度保证，因而可以降低对工人的技术要求；同时夹紧又可采用增力、机动等装置，可以减轻工人的劳动强度。根据加工条件，还可设计防护装置，确保操作者的人身安全。

④ 扩大机床的工艺范围，实现"一机多能"。在批量不大、工件种类和规格较多、机床品种有限的生产条件下，可以通过设计机床夹具、改变机床的工艺范围，实现"一机多能"。例如：在普通铣床上安装专用夹具铣削成形表面；在车床溜板上或在摇臂钻床上安装镗模可以加工箱体孔系等。

⑤ 在自动化生产和流水线生产中，便于平衡生产节拍。在加工工艺过程中，特别在自动化生产和流水线生产中，当某些工序所需工时特别长时，可以采用多工位或高效夹具等提高生产效率，平衡生产节拍。

不过，机床夹具的作用也存在一定的局限性，如下所述。

① 专用机床夹具的设计制造周期长。它往往是新产品生产技术准备工作的关键之一，对新产品的研制周期影响较大。

② 对毛坯质量要求较高。因为工件直接安装在夹具中，为了保证定位精度，要求毛坯表面平整，尺寸偏差较小。

③ 专用机床夹具主要适用于生产批量较大、产品品种相对稳定的场合。专用机床夹具是针对某个零件、某道工序而专门设计制造的，一旦产品改型，专用夹具便无法使用。因此，当现代机械工业出现多品种、中小批量的发展趋势时，专用夹具往往便成为开发新产品、改革老产品的障碍。

1.2　机床夹具的分类及组成

1.2.1　机床夹具的分类

机床夹具的种类很多，形状千差万别。为了设计、制造和管理的方便，往往按某一属性进行分类。

(1) 按夹具的通用特性分类

按这一分类方法，常用的夹具有通用夹具、专用夹具、可调夹具、组合夹具和自动线夹具五大类。它反映夹具在不同生产类型中的通用特性，因此是选择夹具的主要依据。

① 通用夹具。通用夹具是指结构、尺寸已标准化，且具有一定通用性的夹具，如三爪自定心卡盘、四爪单动卡盘、台虎钳、万能分度头、中心架、电磁吸盘等。其特点是适用性强、不需调整或稍加调整即可装夹一定形状范围内的各种工件。这类夹具已商品化，且成为机床附件。采用这类夹具可缩短生产准备周期，减少夹具品种，从而降低生产成本。其缺点是夹具的加工精度不高，生产率也较低，且较难装夹形状复杂的工件，故适用于单件小批量生产中。

② 专用夹具。专用夹具是针对某一工件的某一工序的加工要求而专门设计和制造的夹具。其特点是针对性极强，没有通用性。在产品相对稳定、批量较大的生产中，使用各种专用夹具，可获得较高的生产率和加工精度。专用夹具的设计制造周期较长，随着现代多品种及中、小批生产的发展，专用夹具在适应性和经济性等方面已产生许多问题。

③ 可调夹具。可调夹具是针对通用夹具和专用夹具的缺陷而发展起来的一类新型夹具。

对不同类型和尺寸的工件，只需调整或更换原来夹具上的个别定位元件和夹紧元件便可使用。它一般又分为通用可调夹具和成组可调夹具两种。通用可调夹具的通用范围大，适用性广，加工对象不太固定。成组可调夹具是专门为成组工艺中的某组零件设计的，调整范围仅限于本组内的工件。可调夹具在多品种、小批量生产中得到广泛应用。

④ 成组夹具。这是在成组加工技术基础上发展起来的一类夹具。它是根据成组加工工艺的原则，针对一组形状相近的零件专门设计的，也是具有通用基础件和可更换调整元件组成的夹具。这类夹具从外形上看，它和可调夹具不易区别，但它与可调夹具相比，具有使用对象明确、设计科学合理、结构紧凑、调整方便等优点。

⑤ 组合夹具。组合夹具是一种模块化的夹具，并已商品化。标准的模块元件具有较高精度和耐磨性，可组装成各种夹具，夹具用毕即可拆卸，留待组装新的夹具。由于使用组合夹具可缩短生产准备周期，元件能重复多次使用，并具有可减少专用夹具数量等优点；因此，组合夹具在单件、中小批多品种生产和数控加工中，是一种较经济的夹具。

⑥ 自动线夹具。自动线夹具一般分为两种：一种为固定式夹具，它与专用夹具相似；另一种为随行夹具，使用中夹具随着工件一起运动，并将工件沿着自动线从一个工位移至下一个工位进行加工。

（2）按夹具使用的机床分类

这是专用夹具设计所用的分类方法。按使用的机床分类，可把夹具分为车床夹具、铣床夹具、钻床夹具、镗床夹具、磨床夹具、齿轮机床夹具、数控机床夹具等。

（3）按夹具动力源分类

按夹具夹紧动力源可将夹具分为手动夹具和机动夹具两大类。为减轻劳动强度和确保安全生产，手动夹具应有扩力机构与自锁性能。常用的机动夹具有气动夹具、液压夹具、气液夹具、电动夹具、电磁夹具、真空夹具和离心力夹具等。

1.2.2　机床夹具的组成

虽然机床夹具的种类繁多，但它们的工作原理基本上是相同的。将各类夹具中作用相同的结构或元件加以概括，可得出夹具一般所共有的以下几个组成部分，这些组成部分既相互独立又相互联系。

① 定位支承元件。定位支承元件的作用是确定工件在夹具中的正确位置并支承工件，是夹具的主要功能元件之一。定位支承元件的定位精度直接影响工件加工的精度。

② 夹紧装置。夹紧元件的作用是将工件压紧夹牢，并保证在加工过程中工件的正确位置不变。

③ 连接定向元件。这种元件用于将夹具与机床连接并确定夹具对机床主轴、工作台或导轨的相互位置。

④ 对刀元件或导向元件。这些元件的作用是保证工件加工表面与刀具之间的正确位置。用于确定刀具在加工前正确位置的元件称为对刀元件，用于确定刀具位置并引导刀具进行加工的元件称为导向元件。

⑤ 其他装置或元件。根据加工需要，有些夹具上还设有分度装置、靠模装置、上下料装置、工件顶出机构、电动扳手和平衡块等，以及标准化了的其他连接元件。

⑥ 夹具体。夹具体是夹具的基体骨架，用来配置、安装各夹具元件，使之组成一整体。常用的夹具体为铸件结构、锻造结构、焊接结构和装配结构，形状有回转体形和底座形等。

上述各组成部分中，定位元件、夹紧装置、夹具体是夹具的基本组成部分。

1.3 机床夹具在工艺系统中的地位

1.3.1 机床夹具对工艺系统误差的影响

零件的加工过程是在由机床、夹具、刀具、工件组成的工艺系统中完成的。工艺系统的受力变形、受热变形以及工艺系统各组成部分的静态精度和磨损等，都会不同程度地影响工件的加工精度。然而，工件的机械加工精度主要取决于工件和刀具切削过程中的相互位置关系。造成表面位置加工误差的因素主要来源于以下三个方面。

① 与工件在夹具中安装有关的加工误差，即工件安装误差，包括工件在夹具中定位时所造成的加工误差以及夹紧时工件变形所造成的加工误差。

② 与夹具相对刀具和机床上安装夹具有关的加工误差，即夹具调整误差，包括夹具在机床上定位时所造成的加工误差以及夹具相对刀具调整时所造成的加工误差。

③ 与加工过程有关的加工误差，即过程误差，包括工艺系统的受力变形、受热变形、磨损等因素引起的加工误差。

为了获得合格产品，必须使上述误差在工序尺寸方向上的总和小于或等于工序尺寸公差。

由于工件和刀具分别安装在夹具和机床上，受到夹具和机床的制约，因而必须按照工艺系统整体的动态观点去研究加工误差，并从系统的加工误差中科学地分离出由夹具所产生的误差成分，进而了解夹具误差对工艺系统加工误差的影响规律，以及可能产生的误差互补作用，以便设计时进行控制，利用其误差互补作用对夹具元件误差进行修正，做到对工艺系统误差进行局部补偿。

1.3.2 机床夹具在工艺系统中的能动性

夹具不同于其他环节，它在工艺系统中具有特殊的地位，夹具的整体刚度对工件加工的动态误差产生着非常特殊的影响。当夹具的整体刚度远大于其他环节时，工件加工的动态误差基本上只取决于夹具的制造精度和安装精度。因此，设计夹具时，对夹具的整体刚度应给予足够重视。如因工艺系统其他环节的刚度不足而引起较大的系统动态误差时，也可以采取修正夹具定位元件的方法进行补偿。生产实践中这方面的实例屡见不鲜，这就是夹具的能动作用。

1.4 现代机床夹具的发展方向

1.4.1 现代机械工业的生产特点

随着科学技术的进步和生产力的发展，国民经济各部门不断要求机械工业提供先进的技术装备，研制新的产品品种，以满足国民经济持续发展和人民生活不断提高的需要，这样一来，促使机械工业的生产形式发生了显著的变化，即多品种、中小批量生产逐渐占了优势。国际生产研究协会的统计表明，目前中小批、多品种生产的工件品种已占工件种类总数的85%左右。现代生产要求企业所制造的产品品种经常更新换代，以适应市场的需求与竞争。于是，现代企业生产便面临以下问题。

① 通常小批量生产采用先进的工艺方法和专用工艺装备是不经济的，但对于高、精、尖产品而言，不采用这种手段又无法达到规定的技术要求。

② 现行的生产准备工作往往需要较长的时间，花费的人力、物力较大，赶不上产品更新换代的步伐。

③ 由于产品更新越来越快，使用传统的专用夹具，势必造成积压浪费。

为此，除了在产品结构设计和产品生产工艺方面进行改革之外，在工艺装备方面也必须改革其狭隘的专用性，使之适应新的生产特点的需要。

1.4.2 机床夹具的现状

夹具最早出现在18世纪后期。随着科学技术的不断进步，夹具已从一种辅助工具发展成为门类齐全的工艺装备。

在批量生产中，企业都习惯于采用传统的专用夹具，一般在具有中等生产能力的工厂里，约拥有数千甚至近万套专用夹具；在多品种生产的企业中，每隔3～4年就要更新50%～80%的专用夹具，而夹具的实际磨损量仅为10%～20%，这些夹具往往留下来又很难得到重复使用，抛弃它们又实在可惜，因此造成很大的浪费。这些都是一直困扰企业的现实问题。

近年来，数控机床、加工中心、成组技术、柔性制造系统（FMS）等新加工技术的应用，对机床夹具提出了如下新的要求：

① 能迅速而方便地装备新产品的投产，以缩短生产准备周期，降低生产成本；
② 能装夹一组具有相似性特征的工件；
③ 能适用于精密加工的高精度机床夹具；
④ 能适用于各种现代化制造技术的新型机床夹具；
⑤ 采用以液压站等为动力源的高效夹紧装置，以进一步减轻劳动强度和提高劳动生产率；
⑥ 提高机床夹具的标准化程度。

显然，这些都是摆在工艺技术人员面前的新课题、新任务。

1.4.3 现代机床夹具的发展方向

为了适应现代机械工业向高、精、尖方向发展的需要和多品种、小批量生产的特点，现代机床夹具的发展方向主要表现为标准化、精密化、高效化和柔性化四个方面。

① 标准化。机床夹具的标准化与通用化是相互联系的两个方面。目前我国已有夹具零件及部件的国家标准：GB/T 2148～T2259—91以及各类通用夹具、组合夹具标准等。机床夹具的标准化有利于夹具的商品化生产，有利于缩短生产准备周期，降低生产总成本。

② 精密化。随着机械产品精度的日益提高，势必相应提高了对夹具的精度要求。精密化夹具的结构类型很多，例如用于精密分度的多齿盘，其分度精度可达$\pm 0.1''$；用于精密车削的高精度三爪自定心卡盘，其定心精度为$5 \mu m$。

③ 高效化。高效化夹具主要用来减少工件加工的基本时间和辅助时间，以提高劳动生产率，减轻工人的劳动强度。常见的高效化夹具有自动化夹具、高速化夹具和具有夹紧力装置的夹具等。例如，在铣床上使用电动虎钳装夹工件，效率可提高5倍左右；在车床上使用高速三爪自定心卡盘，可保证卡爪在试验转速为9000r/min的条件下仍能牢固地夹紧工件，从而使切削速度大幅度提高。目前，除了在生产流水线、自动线上配置相应的高效、自动化夹具外，在数控机床上，尤其在加工中心上出现了各种自动装夹工件的夹具以及自动更换夹具的装置，充分发挥了数控机床的效率。

④ 柔性化。机床夹具的柔性化与机床的柔性化相似，它是指机床夹具通过调整、组合等方式，以适应工艺可变因素的能力。工艺的可变因素主要有：工序特征、生产批量、工件的形状和尺寸等。具有柔性化特征的新型夹具种类主要有：组合夹具、通用可调夹具、成组夹具、模块化夹具、数控夹具等。为适应现代机械工业多品种、中小批量生产的需要，扩大夹具的柔性化程度，改变专用夹具的不可拆结构为可拆结构，发展可调夹具结构，将是当前夹具发展的主要方向。

1.5 夹具设计的要求

1.5.1 夹具设计的基本要求

一个优良的机床夹具必须满足下列基本要求。

① 保证工件的加工精度。保证加工精度的关键，首先在于正确地选定定位基准、定位方法和定位元件，必要时还需进行定位误差分析，还要注意夹具中其他零部件的结构对加工精度的影响，注意夹具应有足够的刚度，多次重复使用的夹具还应注意相关元件的强度和耐磨性，确保夹具能满足工件的加工精度要求。

② 提高生产效率。专用夹具的复杂程度应与生产纲领相适应，应尽量采用各种快速高效的装夹机构，保证操作方便，缩短辅助时间，提高生产效率。

③ 工艺性能好。专用夹具的结构应力求简单、合理，便于制造、装配、调整、检验、维修等。

专用夹具的制造属于单件生产，当最终精度由调整或修配保证时，夹具上应设置调整和修配结构。

④ 使用性能好。专用夹具的操作应简便、省力、安全可靠。在客观条件允许且又经济适用的前提下，应尽可能采用气动、液压等机械化夹紧装置，以减轻操作者的劳动强度。专用夹具还应排屑方便，必要时可设置排屑结构，防止切屑破坏工件的定位和损坏刀具，防止切屑的积聚带来大量的热量而引起工艺系统变形。

⑤ 经济性好。专用夹具应尽可能采用标准元件和标准结构，力求结构简单、制造容易，以降低夹具的制造成本。因此，设计时应根据生产纲领对夹具方案进行必要的技术经济分析，以提高夹具在生产中的经济效益。

1.5.2　设计机床夹具时应注意的问题

如上所述，对机床夹具的基本要求是：工件定位正确，定位精度满足加工要求；使用性能好，工件夹紧牢固可靠，操作安全方便，能提高生产效率；工艺性能好，加工方便，成本低廉。为此，在设计机床夹具时，应注意以下一些问题。

(1) 定位精度

① 工件在夹具中的定位精度，主要与定位基准是否与工序基准重合、定位基准的形式和精度、定位元件的形式和精度、定位元件的布置方式、定位基准与定位元件的配合状况等因素有关。这些因素所造成的误差，可以通过数学计算求得。在采取提高定位精度的措施时，要注意到夹具制造上的可能性。在总的定位精度满足加工要求的条件下，不要过高地提高工件在夹具中的定位精度。

② 夹具在机床上的定位精度，主要与夹具定位元件的定位表面与机床配合处的位置精度、夹具与机床连接处的配合间隙等因素有关。因此，提高夹具制造精度，减小配合间隙就能提高夹具在机床上的定位精度。如果定位精度要求很高，而通过提高夹具制造精度的措施已不可能或不合理时，应采用调整法或就地加工法解决，即在安装夹具时找正定位表面的准确位置，或在夹具安装后加工定位表面，使夹具在机床上获得高精度定位。

夹具在机床上的定位精度，和刀具在夹具上的导向精度也密切相关，不能忽视。刀具在夹具上的导向精度通常利用导向元件或对刀元件来保证。因此，影响刀具在夹具上的导向精度的因素有：导套中心到定位元件的定位表面的位置精度，刀具与导套的间隙，导套底面到工件顶面的距离等。导向误差可通过数学计算求得。对刀的精度取决于对刀元件的位置精度和对刀技巧。

③ 夹具中，当两个或两个以上定位元件限制同一自由度时，将产生过定位现象。定位基准的形位误差或定位基准的制造误差较大时，过定位将造成诸如工件位置不确定、位置干涉、夹紧工件后使工件或定位元件产生变形等不良影响，应尽量避免。夹具中出现过定位时，可通过撤销冗余定位元件、使冗余定位元件失去限制重复自由度的能力、增加过定位元件与定位基准的配合间隙等办法来解决。

（2）夹紧方式

选择夹紧方式时，要注意以下几点：

① 夹紧力应通过或靠近主要支承点，或在支承点所组成的平面内；

② 夹紧力应靠近切削部位，并在工件刚性较好的部位；

③ 夹紧力应垂直主要定位基准，以避免因夹紧而破坏工件原有的定位状态；

④ 夹紧必须可靠，但夹紧力不可过大，以免工件或夹具产生过大变形；

⑤ 为防止工件变形，可采用多点夹紧或宽爪夹紧，以降低单位面积的夹紧力；或在工件刚性薄弱部位，安放适当的辅助支承。

（3）结构设计

夹具机构既要可靠，又要和生产纲领相适应，这样才能符合经济性原则。大批生产中使用的夹具和中小批生产中使用的夹具，在结构上应有所区别。

① 在大批生产中，既要解决工件的质量问题，又要解决工件的产量问题。因此，在设计夹具时，应采用高效、省力的夹具结构。例如：采用气动、液压、电动等动力源实现夹紧，减轻劳动强度；采用联动夹紧机构和多件夹紧机构，减少辅助时间；采用多工位分度装置，使加工时间和辅助时间重合。大批生产中使用的夹具比较复杂，造价较高。为了便于设计制造，应广泛采用各种形式的通用动力部件，如标准气缸、标准油缸、各种增压器、通用的夹紧部件等，组成专用夹具。这是目前夹具设计中的一种新趋势。

② 在中小批生产中，采用夹具的主要目的是保证加工质量和扩大机床的工艺性能，以及便于多品种生产等。因此，对夹具机构的要求，主要是精度和通用性，效率问题比较次要。所以应尽量采用各种形式的通用夹具、可调夹具和组合夹具等配以适当的专用附件，以满足生产要求。

在设计专用夹具时，要充分采用通用部件及标准元件，以提高夹具标准化程度。

（4）夹具结构的刚度和强度

夹具的零部件应有足够的刚度和强度。特别是对于加工精度要求较高，或加工中切削力较大时更应注意。若刚度和强度不足，夹具在使用中会产生较大变形或损坏，从而影响加工精度。

（5）夹具与机床和刀具的位置关系

夹具与机床、刀具的位置关系极为密切。除了联系尺寸与配合关系应正确外，还要检查夹具的轮廓尺寸是否与机床相适应。对于回转夹具，应按其回转时的空间关系来检查是否与机床发生干涉。另外，还应注意刀杆、刀夹与夹具运动部分是否协调。所以，在设计夹具时，要充分掌握机床和刀具的有关资料，必要时应进行实地测量。

（6）操作使用安全

夹具应保证操作方便、使用安全。夹具的旋转部分应注意平衡和有防护装置。对于排屑和冷却液的流向等问题，也应予以注意。

（7）结构的工艺性

夹具上与定位有关的尺寸及形状位置，都有较高的精度要求。并且，一般是在装配时通过测量、找正或直接加工而获得的。因此，在设计夹具结构时，必须充分考虑其工艺性，以保证夹具零件在加工和装配时能便于加工、测量和找正。同时还应考虑便于维修等问题。

1.6 夹具设计的基本步骤

工艺人员在编制零件的工艺规程时，便会提出相应的夹具设计任务书，经有关负责人批准后下达给夹具设计人员。夹具设计人员根据任务书提出的任务进行夹具结构设计。现将夹具结构设计的规范化程序具体分述如下。

1.6.1 设计准备

（1）明确设计要求，认真调查研究，收集设计资料

① 仔细研究零件工作图、毛坯图及其技术条件。

② 了解零件的生产纲领、投产批量以及生产组织等有关信息。

③ 了解工件的工艺规程和本工序的具体技术要求，了解工件的定位、夹紧方案，了解本工序的加工余量和切削用量的选择。

④ 了解所使用量具的精度等级、刀具和辅助工具等的型号、规格。

⑤ 了解本企业制造和使用夹具的生产条件和技术现状。

⑥ 了解所使用机床的主要技术参数、性能、规格、精度以及与夹具连接部分结构的联系尺寸等。

⑦ 准备好设计夹具用的各种标准、工艺规定、典型夹具图册和有关夹具的设计指导资料等。

⑧ 收集国内外有关设计、制造同类型夹具的资料，吸取其中先进而又能结合本企业实际情况的合理部分。

（2）确定夹具的结构方案

在广泛收集和研究有关资料的基础上，着手拟定夹具的结构方案，主要包括以下内容。

① 根据工艺的定位原理，确定工件的定位方式，选择定位元件。

② 确定工件的夹紧方案和设计夹紧机构。

③ 确定夹具的其他组成部分，如分度装置、对刀块或引导元件、微调机构等。

④ 协调各元件、装置的布局，确定夹具体的总体结构和尺寸。

在确定方案的过程中，会有各种方案供选择，但应从保证精度和降低成本的角度出发，选择一个与生产纲领相适应的最佳方案。

1.6.2 设计过程

（1）绘制夹具总图

绘制夹具总图通常按以下步骤进行。

① 遵循国家制图标准，绘图比例应尽可能选取 1∶1，根据工件的大小时，也可用较大或较小的比例；通常选取操作位置为主视图，以便使所绘制的夹具总图具有良好的直观性；视图剖面应尽可能少，但必须能够清楚地表达夹具各部分的结构。

② 用双点画线绘出工件轮廓外形、定位基准和加工表面。将工件轮廓线视为"透明体"，并用网纹线表示出加工余量。

③ 根据工件定位基准的类型和主次，选择合适的定位元件，合理布置定位点，以满足定位设计的相容性。

④ 根据定位对夹紧的要求，按照夹紧五原则（工件不移动原则、工件不变形原则、工件不振动原则、安全可靠原则、经济实用原则）选择最佳夹紧状态及技术经济合理的夹紧系统，画出夹紧工件的状态。对空行和较大的夹紧机构，还应用双点画线画出放松位置，以表示出和其他部分的关系。

⑤ 围绕工件的几个视图依次绘出对刀、导向元件以及定向键等。

⑥ 最后绘制出夹具体及连接元件，把夹具的各组成元件和装置连成一体。

⑦ 确定并标注有关尺寸。夹具总图上应标注的有以下五类尺寸。

a. 夹具的轮廓尺寸：即夹具的长、宽、高尺寸。若夹具上有可动部分，应包括可动部分极限位置所占的空间尺寸。

b. 工件与定位元件的联系尺寸：常指工件以孔在心轴或定位销上（或工件以外圆在内孔中）定位时，工件定位表面与夹具上定位元件间的配合尺寸。

c. 夹具与刀具的联系尺寸：用来确定夹具上对刀、导引元件位置的尺寸。对于铣、刨床夹具，是指对刀元件与定位元件的位置尺寸；对于钻、镗床夹具，则是指钻（镗）套与定位元件间的位置尺寸、钻（镗）套之间的位置尺寸，以及钻（镗）套与刀具导向部分的配合尺寸等。

d. 夹具内部的配合尺寸：它们与工件、机床、刀具无关，主要是为了保证夹具装置后能满足规定的使用要求。

e. 夹具与机床的联系尺寸：用于确定夹具在机床上正确位置的尺寸。对于车、磨床夹具，主要是指夹具与主轴端的配合尺寸；对于铣、刨床夹具，则是指夹具上的定向键与机床工作台上的 T 形槽的配合尺寸。标注尺寸时，常以夹具上的定位元件作为相互位置尺寸的基准。

上述尺寸公差的确定可分为两种情况处理：一是夹具上定位元件之间，对刀、导引元件之间的尺寸公差，直接对工件上相应的加工尺寸发生影响，因此可根据工件的加工尺寸公差确定，一般可取工件加工尺寸公差的 1/3～1/5；二是定位元件与夹具体的配合尺寸公差，夹紧装置各组成零件间的配合尺寸公差等，则应根据其功用和装配要求，按一般公差与配合原则决定。

⑧ 规定总图上应控制的精度项目，标注相关的技术条件。夹具的安装基面、定向键侧面以及与其相垂直的平面（称为三基面体系）是夹具的安装基准，也是夹具的测量基准，因而应该以此作为夹具的精度控制基准来标注技术条件。在夹具总图上应标注的技术条件（位置精度要求）有如下几个方面。

a. 定位元件之间或定位元件与夹具体底面间的位置要求，其作用是保证工件加工面与工件定位基准面间的位置精度。

b. 定位元件与连接元件（或找正基面）间的位置要求。

c. 对刀元件与连接元件（或找正基面）间的位置要求。

d. 定位元件与导引元件的位置要求。

e. 夹具在机床上安装时的位置精度要求。

上述技术条件是保证工件相应的加工要求所必需的，其数量应取工件相应技术要求所规定数值的 1/3～1/5。当工件没注明要求时，夹具上的那些主要元件间的位置公差，可以按经验取为 (100∶0.02)～(100∶0.05)mm，或在全长上不大于 0.03～0.05mm。

⑨ 编制零件明细表。夹具总图上还应画出零件明细表和标题栏，写明夹具名称及零件明细表上所规定的内容。

（2）夹具精度校核

在夹具设计中，当结构方案拟订之后，应该对夹具的方案进行精度分析和估算；在夹具总图设计完成后，还应该根据夹具有关元件的配合性质及技术要求，再进行一次复核。这是为确保产品加工质量而必须进行的误差分析。

（3）绘制夹具零件工作图

夹具总图绘制完毕后，对夹具上的非标准件要绘制零件工作图，并规定相应的技术要求。零件工作图应严格遵照所规定的比例绘制。视图、投影应完整，尺寸要标注齐全，所标注的公差及技术条件应符合总图要求，加工精度及表面光洁度应选择合理。

在夹具设计图纸全部完毕后，还有待于精心制造、实践和使用来验证设计的科学性。经试用后，有时还可能要对原设计做必要的修改。因此，要获得一项完善的优秀的夹具设计，设计人员通常应参与夹具的制造、装配、鉴定和使用的全过程。

（4）设计质量评估

夹具设计质量评估，就是对夹具的磨损公差的大小和过程误差的留量这两项指标进行考核，以确保夹具的加工质量稳定和使用寿命。

1.7 夹具设计的相关资料

1.7.1 机械加工定位、夹紧及常用装置符号

JB/T 5601—91 规定了机械加工定位支承符号（简称定位符号）、辅助支承符号、夹紧符号和常用定位、夹紧装置符号（简称装置符号）的类型、画法和使用要求。

（1）定位支承符号（表 1-1）

表 1-1 定位支承符号

定位支承类型	符 号			
	独立定位		联合定位	
	标注在视图轮廓线上	标注在视图正面	标注在视图轮廓线上	标注在视图正面
固定式				
活动式				

注：视图正面是指观察者面对的投影面。

（2）辅助支承符号（表 1-2）

表 1-2 辅助支承符号

独立支承		联合支承	
标注在视图轮廓线上	标注在视图正面	标注在视图轮廓线上	标注在视图正面

（3）夹紧符号（表 1-3）

表 1-3 夹紧符号

夹紧动力源类型	符 号			
	独立夹紧		联合夹紧	
	标注在视图轮廓线上	标注在视图正面	标注在视图轮廓线上	标注在视图正面
手动夹紧	↓	↓	↓ ↓	↓ ↓
液压夹紧	Y	Y	Y	Y
气动夹紧	Q	Q	Q	Q
电磁夹紧	D	D	D	D

注：表中的字母代号为大写汉语拼音字母。

（4）常用装置符号（表 1-4）

表 1-4 常用装置符号

序号	符号	名称	简 图	序号	符号	名称	简 图
1	<	固定顶尖		2	>	内顶尖	

续表

序号	符号	名称	简 图	序号	符号	名称	简 图
3		回转顶尖		12		三爪卡盘	
4		外拨顶尖		13		四爪卡盘	
5		内拨顶尖		14		中心架	
6		浮动顶尖		15		跟刀架	
7		伞形顶尖		16		圆柱衬套	
8		圆柱心轴		17		螺纹衬套	
9		锥度心轴		18		止口盘	
10		螺纹心轴	（花键心轴也用此符号）	19		拨杆	
11		弹性心轴	（包括塑料心轴）				
		弹簧夹头					

序号	符号	名称	简 图	序号	符号	名称	简 图
20		垫铁	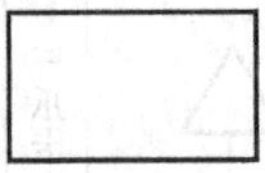	24	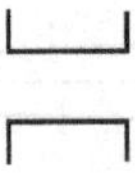	平口钳	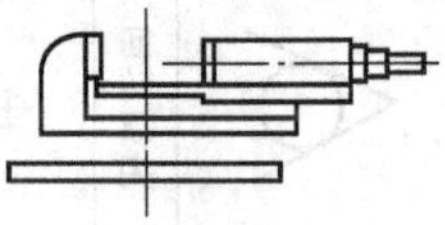
21	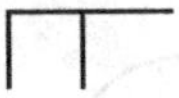	压板		25	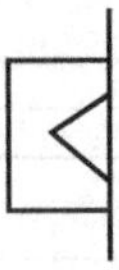	中心堵	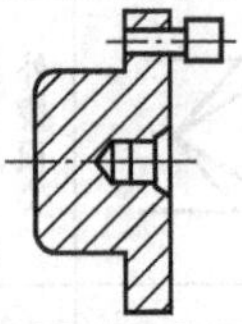
22	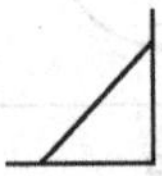	角铁	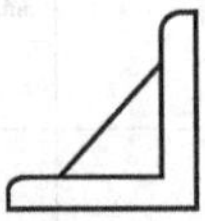	26		V形块	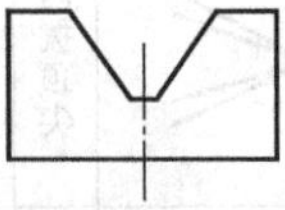
23		可调支承	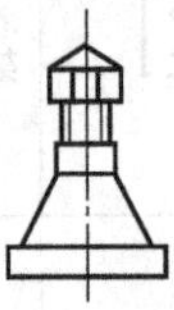	27		软爪	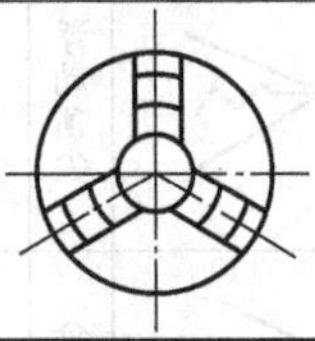

（5）定位、夹紧符号与装置符号综合标注示例（表1-5）

表1-5　定位、夹紧符号与装置符号综合标注示例

序号	说　明	定位、夹紧符号标注示意图	装置符号标注或与定位、夹紧符号联合标注示意图
1	床头固定顶尖,床尾固定顶尖定位,拨杆夹紧	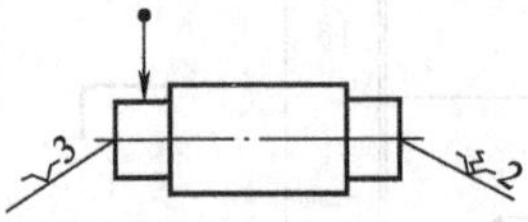	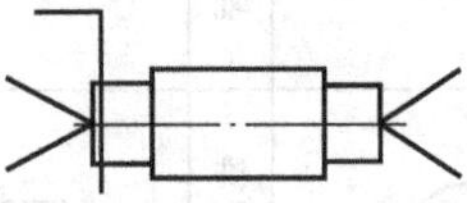
2	床头固定顶尖,床尾浮动顶尖定位,拨杆夹紧	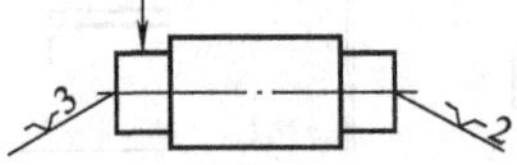	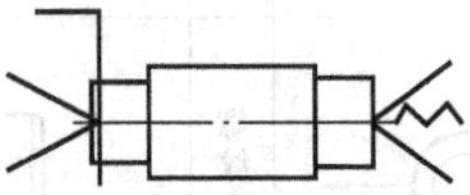
3	床头内拨顶尖,床尾回转顶尖定位、夹紧	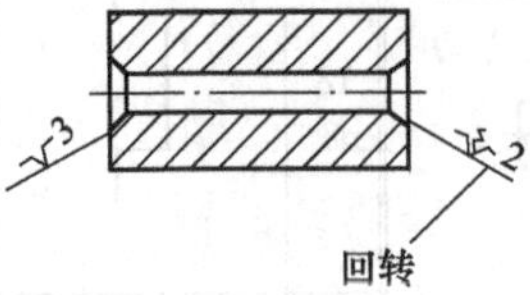 回转	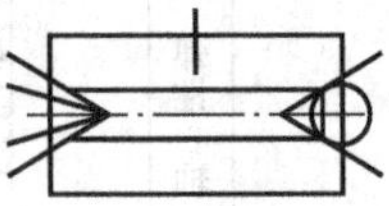
4	床头外拨顶尖,床尾回转顶尖定位、夹紧	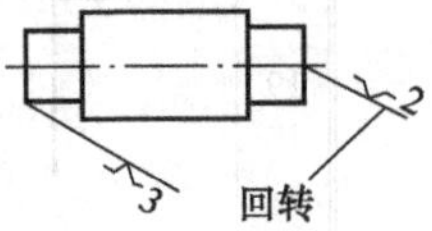 回转	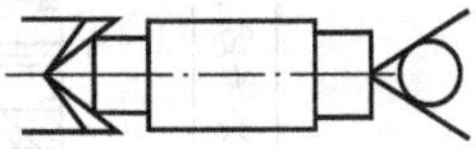

续表

序号	说　　明	定位、夹紧符号标注示意图	装置符号标注或与定位、夹紧符号联合标注示意图
5	床头弹簧夹头定位夹紧,夹头内带有轴向定位,床尾内顶尖定位		
6	弹簧夹头定位、夹紧		
7	液压弹簧夹头定位、夹紧,夹头内带有轴向定位		
8	弹性心轴定位、夹紧		
9	气动弹性心轴定位、夹紧,带端面定位		
10	锥度心轴定位、夹紧		
11	圆柱心轴定位、夹紧带端面定位		
12	三爪卡盘定位、夹紧		
13	液压三爪卡盘定位、夹紧,带端面定位		

续表

序号	说　明	定位、夹紧符号标注示意图	装置符号标注或与定位、夹紧符号联合标注示意图
14	四爪卡盘定位、夹紧，带轴向定位		
15	四爪卡盘定位、夹紧，带端面定位		
16	床头固定顶尖，床尾浮动顶尖定位，中部有跟刀架辅助支承，拨杆夹紧（细长轴类零件）		
17	床头三爪卡盘带轴向定位夹紧，床尾中心架支承定位		
18	止口盘定位，螺栓压板夹紧		
19	止口盘定位，气动压板联动夹紧		
20	螺纹心轴定位、夹紧		
21	圆柱衬套带有轴向定位，外用三爪卡盘夹紧		

序号	说　　明	定位、夹紧符号标注示意图	装置符号标注或与定位、夹紧符号联合标注示意图
22	螺纹衬套定位,外用三爪卡盘夹紧		
23	平口钳定位、夹紧		
24	电磁盘定位、夹紧		—
25	软爪三爪卡盘定位、卡紧		
26	床头伞形顶尖,床尾伞形顶尖定位,拨杆夹紧		
27	床头中心堵,床尾中心堵定位,拨杆夹紧		
28	角铁、V形块及可调支承定位,下部加辅助可调支承,压板联动夹紧		
29	一端固定V形块,下平面垫铁定位,另一端可调V形块定位、夹紧		可调

1.7.2　常用夹具元件的公差配合

（1）机床夹具公差与配合的制定

① 按工件公差选取夹具公差（表1-6）

表1-6　按工件公差选取夹具公差

夹具类别	被加工件的尺寸公差				
	0.03～0.10	0.10～0.20	0.20～0.30	0.30～0.50	自由尺寸
车床夹具	1/4	1/4	1/5	1/5	1/5
钻床夹具	1/3	1/3	1/4	1/4	1/5
镗床夹具	1/2	1/2	1/3	1/3	1/5

② 按照工件的直线尺寸公差确定夹具相应尺寸公差的参考数值（表1-7）

表1-7　按照工件的直线尺寸公差确定夹具相应尺寸公差的参考数值　　　/mm

工件尺寸公差		夹具尺寸公差	工件尺寸公差		夹具尺寸公差
由	至		由	至	
0.008	0.01	0.005	0.20	0.24	0.08
0.01	0.02	0.006	0.24	0.28	0.09
0.02	0.03	0.010	0.28	0.34	0.10
0.03	0.05	0.015	0.34	0.45	0.15
0.05	0.06	0.025	0.45	0.65	0.20
0.06	0.07	0.030	0.65	0.90	0.30
0.07	0.08	0.035	0.90	1.30	0.40
0.08	0.09	0.040	1.30	1.50	0.50
0.09	0.10	0.045	1.50	1.80	0.60
0.10	0.12	0.050	1.80	2.00	0.70
0.12	0.16	0.060	2.00	2.50	0.80
0.16	0.20	0.070			

③ 按照工件的角度公差确定夹具相应角度公差的参考数值（表1-8）

表1-8　按照工件的角度公差确定夹具相应角度公差的参考数值　　　/mm

工件角度公差		夹具角度公差	工件角度公差		夹具角度公差
由	至		由	至	
0°00′50″	0°01′30″	0°00′30″	0°20′	0°25′	0°10′
0°01′30″	0°02′30″	0°01′00″	0°25′	0°35′	0°12′
0°02′30″	0°03′30″	0°01′30″	0°35′	0°50′	0°15′
0°03′30″	0°04′30″	0°02′00″	0°50′	1°00′	0°20′
0°04′30″	0°06′00″	0°02′30″	1°00′	1°35′	0°30′
0°06′00″	0°08′00″	0°03′00″	1°35′	2°00′	0°40′
0°08′00″	0°10′00″	0°04′00″	2°00′	3°00′	1°00′
0°10′00″	0°15′00″	0°05′00″	3°00′	4°00′	1°20′
0°15′00″	0°20′00″	0°08′00″	4°00′	5°00′	1°40′

④ 夹具上常用配合的选择（表1-9）

表 1-9　夹具上常用配合的选择

工作形式	精度要求		示　例
	一般精度	较高精度	
定位元件与工件定位基准间	H7/h6，H7/g6，H7/f7	H6/h5，H6/g5，H6/f5	定位销与工件基准孔
有引导作用并有相对运动的元件间	H7/h6，H7/g6，H7/f7，G7/h6，F7/h6	H6/h5，H6/g5，H6/f6，G6/h5，F6/h5	滑动定位件；刀具与导套
无引导作用但有相对运动的元件间	H7/f9，H9/d9	H7/d8	滑动夹具底座板
没有相对运动的元件间	H7/n6，H7/p6，H7/r6，H7/s6，H7/u6，H8/t7（无紧固件）；H7/m6，H7/k6，H7/js6，H7/m7，H8/k7（有紧固件）	H7/n6，H7/p6，H7/r6，H7/s6，H7/u6，H8/t7（无紧固件）；H7/m6，H7/k6，H7/js6，H7/m7，H8/k7（有紧固件）	固定支承钉定位

（2）常用元件的配合

① 常用夹具元件的配合（表 1-10）

表 1-10　常用夹具元件的配合

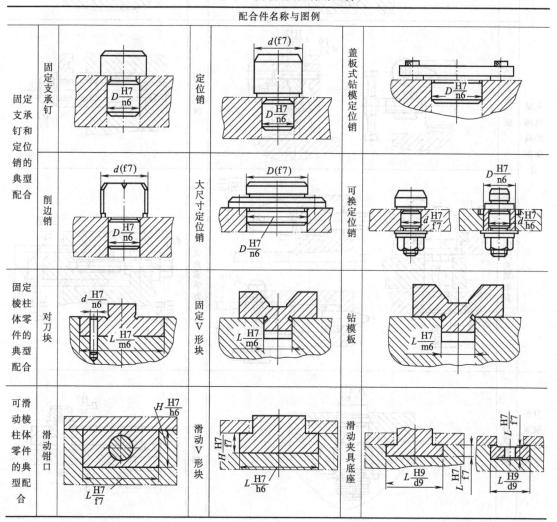

配合件名称与图例

配合件名称与图例

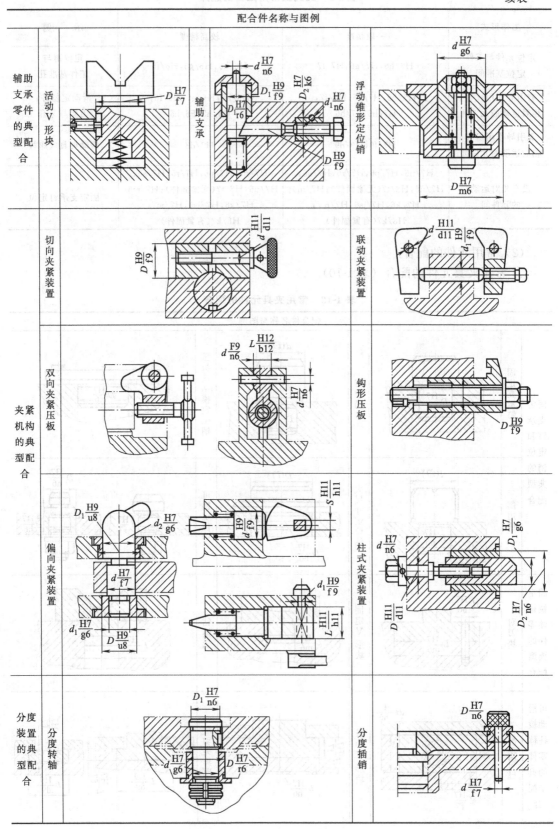

	配合件名称与图例		
分度装置的典型配合	偏心式定位器	齿条定位销	杠杆式定位器
其他机构的典型配合	铰链式钻模板		

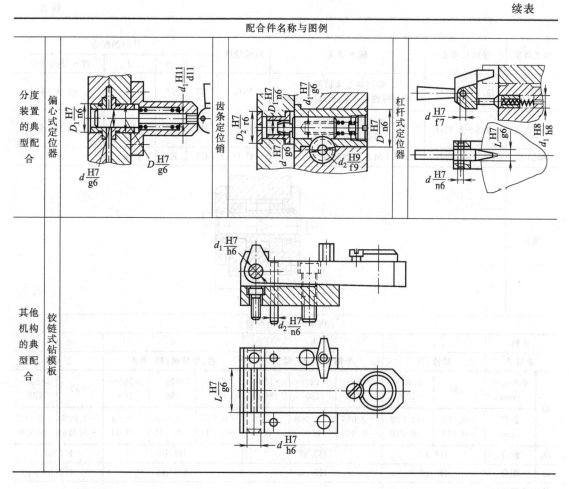

② 导套的配合（表 1-11）

表 1-11　导套的配合

	固定式导套的配合			
	工 艺 方 法	配合尺寸 d	配合尺寸 D	配合尺寸 D_1
钻孔	刀具切削部分引导	F8/h6，G7/h6	H7/g6，H7/f7	H7/r6，H7/s6，H7/n6
钻孔	刀具柄部或刀杆引导	H7/f7，H7/g6	H7/g6，H7/f7	H7/r6，H7/s6，H7/n6
铰孔	粗铰	G7/h6，H7/h6	H7/g6，H7/h6	H7/r6，H7/n6
铰孔	精铰	G6/h5，H6/h5	H6/g5，H6/h5	H7/r6，H7/n6
镗孔	粗镗	H7/h6	H7/g6，H7/h6	H7/r6，H7/n6
镗孔	精铰	H6/h5	H6/g5，H6/h5	H7/r6，H7/n6
图例				

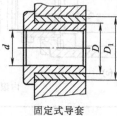

固定式导套

外滚式导套的配合								
加工要求	导向长度 L	轴承形式	轴承精度	导向的配合				
				D	D_1	d	镗杆导向外径	
粗加工	$(2.5\sim3.5)D$	单列向心球轴承，单列圆锥滚子轴承，滚针轴承	F，G	H7	J7	k6	g6 或 h6	
半精加工	$(2.5\sim3.5)D$	单列向心球轴承，向心推力球轴承	D，E	H7	J7	k6	G5 或 h6	
精加工	$(2.5\sim3.5)D$	向心推力球轴承	C，D	H6	K7	j5，k5	h6	

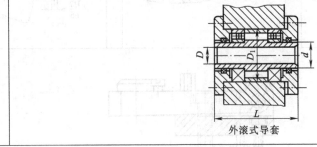

图例

外滚式导套

内滚式导套的配合											
结构		a		b			c			d	
常用于		精镗；铰		半精镗；半精、精扩			粗、半精镗；粗、半扩			扩；铰	
D	基本尺寸/mm	~80	>80~120	>80~120	>120~180	>180~260	>80~120	>120~180	>180~260	~80	>80~120
	公差/mm	-0.003 -0.016	-0.003 -0.018	-0.007 -0.030	-0.008 -0.035	-0.01 -0.04	-0.007 -0.030	-0.008 -0.035	-0.01 -0.04	-0.006 -0.026	-0.007 -0.030
D_1	配合	H7/k6		H7/k7			H7/k7			H7/h7	
d	配合	H6/g5		H6/js6			H6/js6			H6/h6	
装配后固定滑动套、刀杆的径向跳动/mm		0.015~0.025		0.025~0.04							

注：
（1）结构（a）前端 1：15 圆锥部分铜套应与刀杆配研；
（2）结构（b）用于精镗时，配合精度可适当提高；
（3）D 的公差应保持滑动套与夹具导套有间隙，其上限尺寸略小于基本尺寸，其公差值分别等于 h5 或 h6。

图例

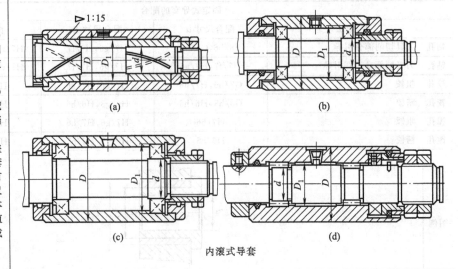

(a)

(b)

(c)

(d)

内滚式导套

（3）夹具零件的其他公差要求（表 1-12）

表 1-12 夹具零件的其他公差要求

非配合的锥度和角度的自由角度公差					
公称尺寸/mm	公 差	公称尺寸/mm	公 差	公称尺寸/mm	公 差
≤3	±2°30′	>18~30	±1°	>120~180	±25′
>3~6	±2°	>30~50	±50′	>180~260	±20′
>6~10	±1°30′	>50~80	±40′		
>10~18	±1°15′	>80~120	±30′		

零件的滚花/mm							
零件的网纹滚花				零件的直纹滚花			
滚花前的直径	工件宽度			滚花前的直径	工件宽度		
	≤6	>6~30	>30		≤6	>6~30	>30
	滚花节距 t				滚花节距 t		
≤8	0.6	0.6	0.6	≤16	0.6	0.6	0.6
>8~16	0.8	0.8	0.8	>16~65	0.8	0.8	0.8
>16~65	0.8	1.2	1.2				

螺栓和螺钉头部对螺杆轴线的同轴度/mm											
尺寸 d	4	5	6	8	10	12	16	20	24	30	36
同轴度	0.25	0.25	0.25	0.30	0.30	0.35	0.35	0.45	0.45	0.60	0.60

螺钉旋具槽对螺杆轴线的对称度/mm										
尺寸 d	4	5	6	8	10	12	16	20	24	30
对称度	0.25	0.25	0.25	0.30	0.30	0.35	0.35	0.45	0.45	0.45

螺母的外廓对螺孔的同轴度/mm												
尺寸 d	3	4	5	6	8	10	12	16	20	24	30	36	42
同轴度	0.20	0.25	0.25	0.30	0.30	0.40	0.40	0.50	0.50	0.60	0.60	0.60	0.70

垫圈的外廓对内孔的同轴度/mm				
公称直径	4~8	10~12	16~20	>24
同轴度	0.4	0.5	0.6	0.7

夹具零件的尺寸(角度)公差	
夹具零件的尺寸(角度)	公差数值
相应于工件无尺寸公差的直线尺寸	±0.1mm
相应于工件无角度公差的角度	±10′
相应于工件有尺寸公差的直线尺寸	(1/2~1/5)尺寸公差
紧固件用的孔中心距	±0.1mm $L<150$mm；±0.15mm $L>150$mm
夹具体上找正基面与安装元件的平面间的垂直度	不大于 0.01mm
找正基面的直线度与平面度	0.005mm
夹具体、模块、立柱、角铁、定位心轴等零件的平面之间、平面与孔之间、孔与孔之间的平行度、垂直度	取工件相应公差之半

夹具零件主要表面的粗糙度(Ra)/μm					
表面形状	表面名称	精度等级	外圆和外侧面	内孔和内侧面	举 例
平面	有相对运动的一般配合表面	7	0.4(0.5,0.63)	0.4(0.5,0.63)	T 形槽
		8,9	0.8(1.0,1.25)	0.8(1.0,1.25)	活动 V 形块、铰链两侧面
		11	1.6(2.0,2.5)	1.6(2.0,2.5)	叉头零件
	有相对运动的特殊配合表面	精确	0.4(0.5,0.63)	0.4(0.5,0.63)	燕尾导轨
		一般	1.6(2.0,2.5)	1.6(2.0,2.5)	燕尾导轨

夹具零件主要表面的粗糙度(Ra)/μm					
表面形状	表面名称	精度等级	外圆和外侧面	内孔和内侧面	举 例
平面	无相对运动的表面	8,9	0.8(1.0,1.25)	1.6(2.0,2.5)	定位键两侧面
		特殊	0.8(1.0,1.25)	1.6(2.0,2.5)	键两侧面
	有相对运动的导轨面	精确	0.4(0.5,0.63)	0.4(0.5,0.63)	导轨面
		一般	1.6(2.0,2.5)	1.6(2.0,2.5)	导轨面
	无相对运动的夹具体基面	精确	0.4(0.5,0.63)	0.4(0.5,0.63)	夹具体安装面
		中等	0.8(1.0,1.25)	0.8(1.0,1.25)	夹具体安装面
		一般	1.6(2.0,2.5)	1.6(2.0,2.5)	夹具体安装面
	无相对运动安装夹具零件的基面	精确	0.4(0.5,0.63)	0.4(0.5,0.63)	安装元件的表面
		中等	1.6(2.0,2.5)	1.6(2.0,2.5)	安装元件的表面
		一般	3.2(4.0,5.0)	3.2(4.0,5.0)	安装元件的表面
圆柱面	有相对运动的配合表面	6	0.2(0.25,0.32)	0.2(0.25,0.32)	快换钻套、手动定位销
		7	0.2(0.25,0.32)	0.4(0.5,0.63)	导向销
		8,9	0.4(0.5,0.63)	0.4(0.5,0.63)	衬套定位销
		11	1.6(2.0,2.5)	1.6(2.0,2.5)	转动轴颈
	无相对运动的配合表面	7	0.4(0.5,0.63)	0.8(1.0,1.25)	圆柱销
		8,9	0.8(1.0,1.25)	1.6(2.0,2.5)	手柄
		自由	3.2(4.0,5.0)	3.2(4.0,5.0)	活动手柄、压板
锥形表面	顶尖孔	精确	0.4(0.5,0.63)	0.4(0.5,0.63)	顶尖、顶尖孔、铰链侧面
		一般	1.6(2.0,2.5)	1.6(2.0,2.5)	导向定位元件导向部分
	无相对运动安装锥柄刀具	精确	0.2(0.25,0.32)	0.4(0.5,0.63)	工具圆锥
		一般	0.4(0.5,0.63)	0.8(1.0,1.25)	弹簧夹头、圆锥销、轴
	固定紧固用		0.4(0.5,0.63)	0.8(1.0,1.25)	锥面锁紧表面
紧固表面	螺钉头部		3.2(4.0,5.0)	3.2(4.0,5.0)	螺栓、螺钉
	插件的内孔面		6.3(8.0,10.0)	6.3(8.0,10.0)	压板孔
密封性配合	有相对运动		0.1(0.125,0.16)	0.1(0.125,0.16)	缸体内表面
	软垫圈		1.6(2.0,2.5)	1.6(2.0,2.5)	缸盖端面
	金属垫圈		0.8(1.0,1.25)	0.8(1.0,1.25)	缸盖端面
定位平面		精确	0.4(0.5,0.63)	0.4(0.5,0.63)	定位件工作表面
		一般	1.6(2.0,2.5)	1.6(2.0,2.5)	定位件工作表面
孔面	径向轴承	D、E	0.4(0.5,0.63)	0.4(0.5,0.63)	安装轴承内孔
	径向轴承	D、E	0.8(1.0,1.25)	0.8(1.0,1.25)	安装轴承内孔
	滚针轴承		0.4(0.5,0.63)	0.4(0.5,0.63)	安装轴承内孔
端面	推力轴承		1.6(2.0,2.5)	1.6(2.0,2.5)	安装推力轴承端面
刮研平面	20～25 点/25mm×25mm		0.05(0.063,0.080)	0.05(0.063,0.080)	结合面

1.7.3 夹具零件的材料与技术要求

(1) 夹具主要零件所采用的材料与热处理（表 1-13）

表 1-13 夹具主要零件所采用的材料与热处理

元件种类	零件名称	材料	热处理
壳体零件	夹具壳体及形状复杂壳体	HT200	时效
	焊接壳体	A3	—
	花盘和车床夹具壳体	HT300	时效
定位元件	定位心轴	$D \leqslant 35\text{mm}$ T8A	淬火 55～60HRC
	定位心轴	$D > 35\text{mm}$ 45	淬火 43～48HRC
夹紧零件	斜楔	20	渗碳($t=0.8\sim1.2\text{mm}$)、淬火-回火 54～60HRC
	各种形状的压板	45	淬火-回火 40～45HRC
	卡爪	20	渗碳($t=0.8\sim1.2\text{mm}$)、淬火-回火 54～60HRC
	钳口	20	渗碳($t=0.8\sim1.2\text{mm}$)、淬火-回火 54～60HRC
	虎钳丝杠	45	淬火-回火 35～40HRC
	切向夹紧用螺栓和衬套	45	调质 225～255HB
	弹簧夹头心轴用螺母	45	淬火-回火 35～40HRC
	弹性夹头	65Mn	夹持部分淬火-回火 56～61HRC 弹性部分淬火-回火 43～48HRC
其他零件	活动零件用导板	45	淬火-回火 35～40HRC
	靠模、凸轮	20	渗碳($t=0.8\sim1.2\text{mm}$)、淬火-回火 54～60HRC
	分度盘	20	渗碳($t=0.8\sim1.2\text{mm}$)、淬火-回火 54～60HRC
	低速运转轴承衬套和轴瓦	ZQSn6-6-3	—
	低速运转轴承衬套和轴瓦	ZQPb12-8	—

（2）夹具零件的技术条件

① 夹具技术条件数值（表 1-14）

表 1-14 夹具技术条件数值

技 术 条 件	参考数值/mm
同一平面上的支承钉或支承板的等高公差	不大于 0.02
定位元件工作表面对定位键槽侧面的平行度或垂直度	不大于 0.02：100
定位元件工作表面对夹具体底面的平行度或垂直度	不大于 0.02：100
钻套轴线对夹具体底面的垂直度	不大于 0.05：100
镗模前后镗套的同轴度	不大于 0.02
对刀块工作表面对定位元件工作表面的平行度或垂直度	不大于 0.03：100
对刀块工作表面对定位键槽侧面的平行度或垂直度	不大于 0.03：100
车磨夹具的找正基面对其回转中心的径向跳动	不大于 0.02

② 车磨夹具技术条件（表 1-15）

表 1-15 车磨夹具技术条件

工件上的定位直径	车床心轴制造公差/mm			
	刚性心轴		弹性胀开式心轴	
	精加工	一般加工	精加工	一般加工
0～10	−0.005 −0.015	−0.023 −0.045	−0.013 −0.027	−0.035 −0.060
10～18	−0.006 −0.018	−0.030 −0.055	−0.016 −0.033	−0.045 −0.075

车床心轴制造公差/mm				
工件上的定位直径	刚性心轴		弹性胀开式心轴	
	精加工	一般加工	精加工	一般加工
18～30	−0.008　−0.022	−0.040　−0.070	−0.020　−0.040	−0.060　−0.095
30～50	−0.010　−0.027	−0.050　−0.085	−0.025　−0.050	−0.075　−0.115
50～80	−0.012　−0.032	−0.060　−0.105	−0.030　−0.060	−0.095　−0.145
80～120	−0.015　−0.038	−0.080　−0.125	−0.040　−0.075	−0.120　−0.175
120～180	−0.018　−0.045	−0.100　−0.155	−0.050　−0.0905	−0.150　−0.210
180～260	−0.022　−0.052	−0.120　−0.180	−0.060　−0.105	−0.180　−0.250

车、磨床夹具径向全跳动公差/mm		
工件径向全跳动公差	心轴类夹具	一般车磨夹具
0.05～0.10	0.005～0.010	0.01～0.02
0.10～0.20	0.010～0.015	0.02～0.04
0.20 以上	0.015～0.030	0.04～0.06

车床、圆磨床夹具技术条件示例	
表面 F 对中心孔轴线的径向跳动公差为……	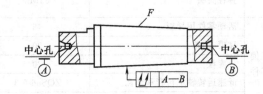
(1)表面 F 对中心孔轴线的径向跳动公差为…… (2)端面 R 对中心孔轴线的端面圆跳动公差为……	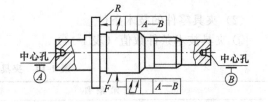
(1)表面 F 对锥表面 N 的径向全跳动公差为…… (2)端面 R 对锥表面 N 的端面圆跳动公差为……	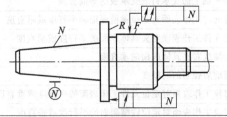
(1)表面 F 对表面 N 的径向跳动公差为…… (2)表面 F 对平面 L 的垂直度公差为…… (3)表面 R 对平面 L 的平行度公差为……	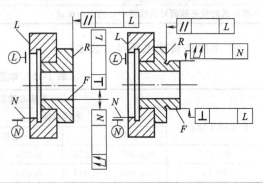

车床、圆磨床夹具技术条件示例	
(1)V 形块的轴线对表面 N 的轴线同轴度公差为…… (2)V 形块的轴线对表面 L 的垂直度公差为……	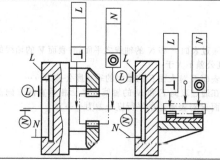
(1)通过表面 F 和 N 的轴线之平面对表面 V 的轴线的位置度公差为…… (2)表面 R 对端面 L 的垂直度公差为……	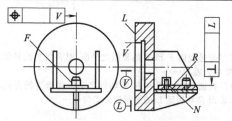
(1)表面 R 对表面 L 的平行度公差为…… (2)通过表面 F 和 N 的轴线之平面对表面 V 的轴线的位置度公差为……	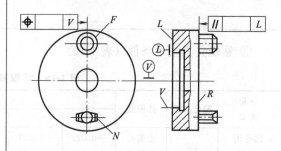
(1)V 形块的轴线对表面 N 的轴线共面且垂直,位置度公差为…… (2)V 形块的轴线对表面 L 的平行度公差为……	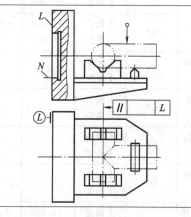
(1)表面 R 对表面 F 的垂直度公差为…… (2)表面 F 的轴线对表面 N 的轴线共面且垂直,位置度公差为……	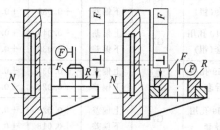

车床、圆磨床夹具技术条件示例

(1)通过表面 F 和 N 的轴线之平面,对表面 V 的轴线的位置度公差不大于……
(2)表面 R 对表面 F 的轴线的垂直度公差为……
(3)在通过表面 F 和 N 的轴线之平面相垂直的方向测量,表面 R 对表面 L 的平行度公差为……

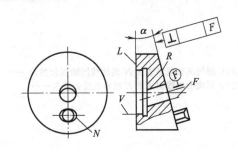

(1)通过表面 F 和 N 的轴线之平面,对表面 V 的轴线的位置度公差为……
(2)在通过表面 F 和 N 的轴线之平面相垂直的方向测量,表面 R 对表面 L 的平行度公差为……

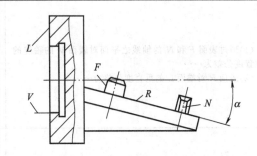

③ 钻镗夹具技术条件（表 1-16）

表 1-16　钻镗夹具技术条件

导套类型	配合类型	孔偏差	工件的名义尺寸/mm						
			>1～3	>3～6	>6～10	>10～18	>18～30	>30～50	>50～80
钻孔用导套	F8	上偏差	+0.022	+0.027	+0.033	+0.040	+0.050	+0.060	+0.070
		下偏差	+0.008	+0.010	+0.013	+0.016	+0.020	+0.025	+0.030
钻孔用导套	G7	上偏差	+0.013	+0.017	+0.021	+0.025	+0.030	+0.035	+0.042
		下偏差	+0.003	+0.004	+0.005	+0.006	+0.008	+0.010	+0.012
1 号扩孔钻用导套	F8	上偏差	—	—	−0.137	−0.170	−0.020	−0.230	−0.280
		下偏差			−0.157	−0.194	−0.230	−0.265	−0.320
1 号扩孔钻用导套	G7	上偏差	—	—	−0.149	−0.185	−0.220	−0.255	−0.308
		下偏差			−0.165	−0.204	−0.242	−0.280	−0.338
2 号扩孔钻用导套	F8	上偏差	—	—	+0.093	+0.110	+0.130	+0.160	+0.190
		下偏差			+0.073	+0.086	+0.100	+0.125	+0.150
2 号扩孔钻用导套	G7	上偏差	—	—	+0.081	+0.095	+0.110	+0.135	+0.162
		下偏差			+0.065	+0.076	+0.088	+0.110	+0.132
铰 H10 孔用导套（粗）	F8	上偏差	+0.052	+0.063	+0.077	+0.093	+0.113	+0.135	+0.162
		下偏差	+0.038	+0.046	+0.057	+0.069	+0.083	+0.100	+0.132
铰 H10 孔用导套（粗）	G7	上偏差	+0.043	+0.053	+0.065	+0.078	+0.093	+0.110	+0.132
		下偏差	+0.033	+0.040	+0.049	+0.059	+0.071	+0.085	+0.102
铰 H9 孔用导套	F8	上偏差	+0.037	+0.046	+0.056	+0.066	+0.084	+0.098	+0.115
		下偏差	+0.023	+0.029	+0.036	+0.042	+0.054	+0.063	+0.075
铰 H9 孔用导套	G7	上偏差	+0.028	+0.036	+0.044	+0.051	+0.064	+0.073	+0.087
		下偏差	+0.018	+0.023	+0.028	+0.032	+0.042	+0.048	+0.057

导套 类型	配合类型	孔偏差	工件的名义尺寸/mm						
			>1~3	>3~6	>6~10	>10~18	>18~30	>30~50	>50~80
铰 H7 孔用 导套	F8	上偏差	+0.021	+0.027	+0.034	+0.040	+0.048	+0.057	+0.066
		下偏差	+0.011	+0.014	+0.018	+0.021	+0.028	+0.032	+0.036
铰 H7 孔用 导套	G6	上偏差	+0.018	+0.022	+0.027	+0.032	+0.038	+0.047	+0.053
		下偏差	+0.011	+0.014	+0.018	+0.021	+0.025	+0.031	+0.034

导套中心对夹具安装面的相互位置要求(mm/100mm)

孔对定位基面的垂直度要求	中线对定位基面的垂直度要求
0.05~0.10	0.01~0.02
0.10~0.25	0.02~0.05
0.25 以上	0.05

导套中心距或导套中心到定位基面间的制造公差/mm

孔中心距或中心到基面的公差	平行或垂直时	不平行、不垂直时
±0.05~0.10	±0.005~±0.02	±0.005~±0.015
±0.10~0.25	±0.02~±0.05	±0.015~±0.035
±0.25 以上	±0.05~±0.10	±0.035~±0.080

钻床、镗床夹具技术条件示例

技术条件	夹具简图
(1)表面 F 的轴线(或钻套轴线)对表面 R 的垂直度公差为…… (2)表面 F 的轴线对表面 S 的轴线的同轴度公差为……	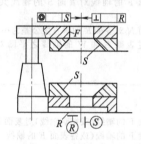
(1)表面 F 的轴线(或钻套轴线)对表面 R 的垂直度公差为…… (2)表面 F 的轴线对表面 S 的轴线的同轴度公差为…… (3)表面 L 对表面 R 的平行度公差为……	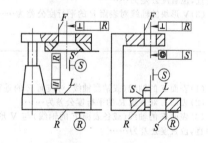
(1)表面 F 的轴线(或钻套轴线)对表面 R 的垂直度公差为…… (2)表面 L 对表面 R 的平行度公差为…… (3)通过两表面 F 的轴线之平面对表面 S 的轴线位置度公差为……	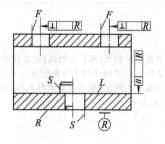

技术条件	夹具简图
钻床、镗床夹具技术条件示例	
(1)表面 F 的轴线(或钻套轴线)对表面 R 的垂直度公差为…… (2)表面 F 的轴线对表面 S 的轴线共面且垂直,位置度公差为…… (3)表面 N 对表面 R 的垂直度公差为……	
(1)表面 F 的轴线(或钻套轴线)对表面 R 的垂直度公差为…… (2)表面 F 的轴线对表面 S 的轴线共面且垂直,位置度公差为…… (3)表面 N 对表面 R 的垂直度公差为…… (4)通过表面 S 和 W 的轴线之平面对表面 R 的平行度公差为……	
(1)表面 F 的轴线(或钻套轴线)对表面 R 的垂直度公差为…… (2)表面 F 的轴线对表面 S 的轴线共面且垂直,位置度公差为…… (3)表面 N 对表面 R 的垂直度公差为…… (4)通过表面 S 和 W 的轴线之平面对表面 R 的平行度公差为……	
(1)表面 F 的轴线(或钻套轴线)对表面 R 的垂直度公差为…… (2)表面 F 的轴线(或各表面 F 的轴线)与 V 形块对称面共面且垂直,位置度公差为…… (3)V 形块的轴线对表面 R 的平行度公差为……	
(1)表面 F 的轴线(或钻套轴线)对表面 R 的垂直度公差为…… (2)表面 L 对表面 R 的平行度公差为…… (3)表面 F 的轴线(或各表面 F 的轴线)与 V 形块对称面共面且垂直,位置度公差为……	
(1)表面 F 的轴线(或钻套轴线)对表面 R 的垂直度公差为…… (2)表面 L 对表面 R 的平行度公差为…… (3)表面 F 的轴线(或各表面 F 的轴线)与 V 形块对称面共面,位置度公差为……	

钻床、镗床夹具技术条件示例	
技术条件	夹具简图
(1)表面 F 的轴线(或钻套轴线)对表面 R 的垂直度公差为…… (2)表面 L 对表面 R 的平行度公差为…… (3)表面 F 的轴线(或各表面 F 的轴线)与 V 形块对称面共面,位置度公差为……	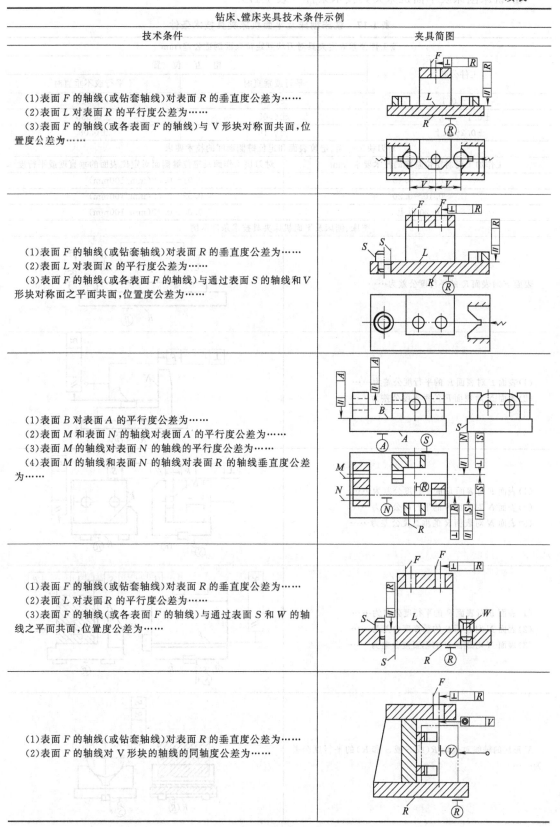
(1)表面 F 的轴线(或钻套轴线)对表面 R 的垂直度公差为…… (2)表面 L 对表面 R 的平行度公差为…… (3)表面 F 的轴线(或各表面 F 的轴线)与通过表面 S 的轴线和 V 形块对称面之平面共面,位置度公差为……	
(1)表面 B 对表面 A 的平行度公差为…… (2)表面 M 和表面 N 的轴线对表面 A 的平行度公差为…… (3)表面 M 的轴线对表面 N 的轴线的平行度公差为…… (4)表面 M 的轴线和表面 N 的轴线对表面 R 的轴线垂直度公差为……	
(1)表面 F 的轴线(或钻套轴线)对表面 R 的垂直度公差为…… (2)表面 L 对表面 R 的平行度公差为…… (3)表面 F 的轴线(或各表面 F 的轴线)与通过表面 S 和 W 的轴线之平面共面,位置度公差为……	
(1)表面 F 的轴线(或钻套轴线)对表面 R 的垂直度公差为…… (2)表面 F 的轴线对 V 形块的轴线的同轴度公差为……	

④ 铣床刨床及平面机床夹具技术条件（表1-17）

表1-17 铣床刨床及平面机床夹具技术条件

按工件公差确定夹具对刀块到定位表面制造公差/mm		
工件公差	相 互 位 置	
	平行或垂直时	不平行或不垂直时
～±0.1	±0.02	±0.015
±0.1～±0.25	±0.05	±0.035
±0.25 以上	±0.10	±0.08

对刀块工作面、定位表面和定位键侧面间的技术要求	
工作加工面对定位基准的技术要求/mm	对刀块工作面及定位键侧面对定位表面的垂直度或平行度
0.05～0.10	0.01～0.02(mm/100mm)
0.10～0.20	0.02～0.05(mm/100mm)
0.20 以上	0.05～0.10(mm/100mm)

铣床、刨床及平面机床夹具技术条件示例	
表面 F 对表面 R 的平行度公差为……	
(1)表面 F 对表面 R 的平行度公差为…… (2)表面 N 对表面 F 的垂直度公差为……	
(1)表面 F 对表面 R 的平行度公差为…… (2)表面 N 对表面 S 的平行度公差为…… (3)表面 N 对表面 R 的垂直度公差为……	
(1)表面 F 对表面 R 的平行度公差为…… (2)表面 N 对表面 S 的垂直度公差为…… (3)表面 N 对表面 R 的垂直度公差为……	
V 形块的轴线对表面 R（或 S 或 S 和 R）的平行度公差为……	

铣床、刨床及平面机床夹具技术条件示例	
(1)V形块的轴线对表面 R 的平行度公差为…… (2)V形块的轴线对表面 S 的垂直度公差为……	
表面 N 的轴线对表面 R 的垂直度公差为……	
(1)表面 U、V、W、Y 的轴线对表面 R 的垂直度公差为…… (2)表面 U、V、W、Y 的轴线在同一平面的位置度公差为…… (3)通过表面 U 和 Y 的轴线之平面对表面 S 的平行度公差为……	
(1)通过装置在表面 U 和 Y 的检验棒轴线之平面对表面 R 的平行度公差为…… (2)装置在表面 U、V、W 和 Y 的检验棒轴线在同一平面内的位置度公差为…… (3)装置在表面 U、V、W 和 Y 的检验棒的轴线对表面 S 的垂直度公差为……	
(1)通过装置在表面 U 和 Y 的检验棒轴线之平面对表面 R 的平行度公差为…… (2)装置在表面 U、V、W 和 Y 的检验棒轴线在同一平面内的位置度公差为…… (3)装置在表面 U、V、W 和 Y 的检验棒的轴线对表面 R 的垂直度公差为……	
表面 F 的轴线对表面 R(或 S 或 S 和 R)的平行度公差为……	

铣床、刨床及平面机床夹具技术条件示例	
(1)表面 F 的轴线对表面 R 的平行度公差为…… (2)表面 F 的轴线对表面 S 的垂直度公差为……	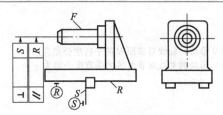
表面 F 的轴线对表面 R(或 N 或 N 和 R)的垂直度公差 为……	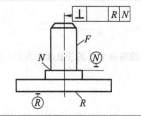
(1)表面 F 对表面 R 的平行度公差为…… (2)表面 U 和 V 的轴线对表面 R 的垂直度公差为…… (3)通过表面 U 和 V 的轴线之平面对表面 S 的平行度 公差为……	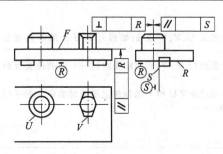
(1)表面 S 对表面 R 的垂直度公差为…… (2)通过表面 U 和 V 的轴线之平面对表面 R 的平行度 公差为……	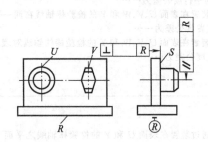
(1)表面 F 对表面 R 的垂直度公差为…… (2)通过表面 U 和 V 的轴线之平面对表面 $N(R)$ 的垂直 度公差为……	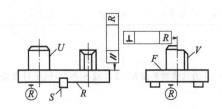

续表

铣床、刨床及平面机床夹具技术条件示例

(1)表面 N 对表面 R 的垂直度公差为…… (2)表面 U 和 V 的轴线对表面 N(R)的垂直度公差为……	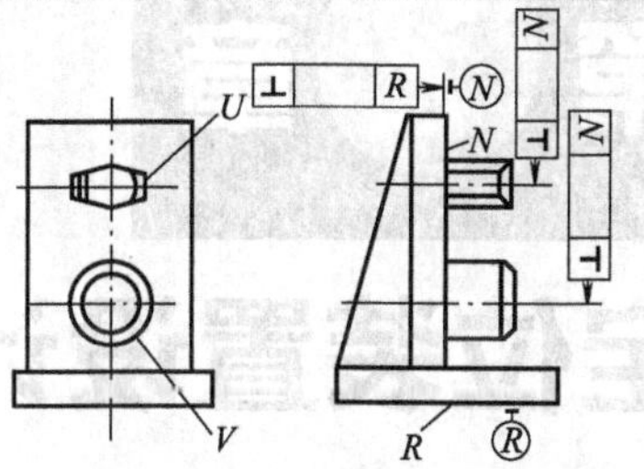
(1)平行于表面 F 的平面与表面 N 的交线对表面 S 的平行度公差为…… (2)平行于表面 F 的平面与表面 N 的交线对表面 R 的平行度公差为…… (3)表面 N 对表面 F 的垂直度公差为……	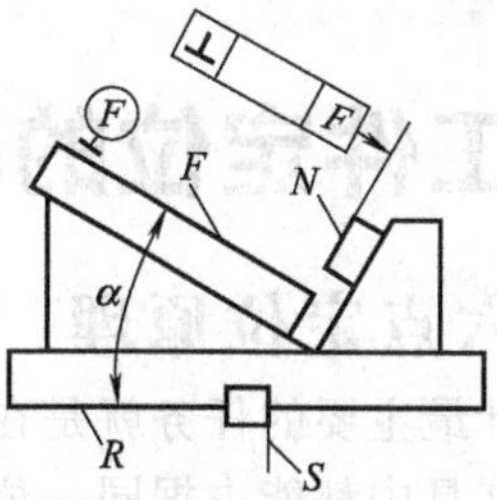
(1)表面 N 对表面 S 的垂直度公差为…… (2)平行于表面 N 的平面与表面 F 的交线对表面 R 的平行度公差为……	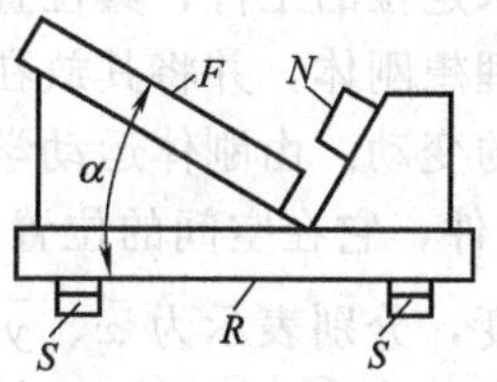
(1)表面 F 的轴线在表面 R 内的投影对表面 S 的平行度公差为…… (2)表面 F 的轴线对表面 N 的垂直度公差为……	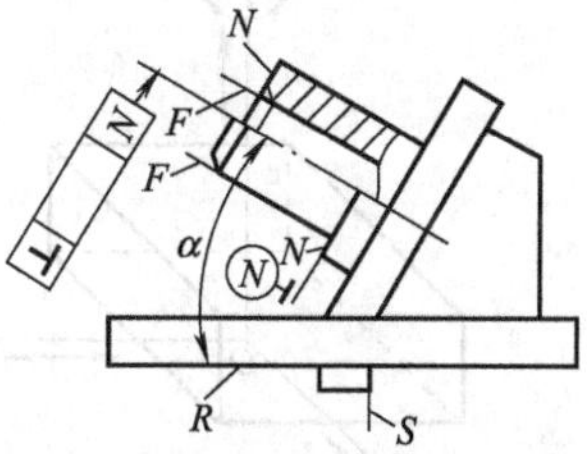
(1)表面 F 的轴线在表面 R 内的投影对表面 S 的平行度公差为…… (2)表面 F 的轴线对表面 N 的垂直度公差为……	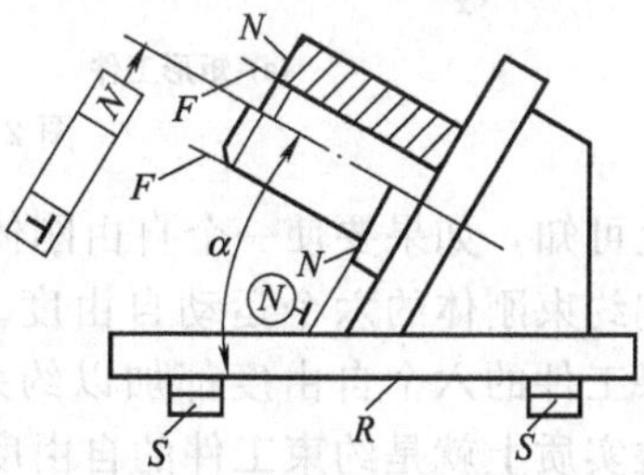

定位装置设计

Chapter **02**

2.1 工件定位的基本原理

2.1.1 六点定位原理

夹具设计最主要的任务就是在一定精度范围内将工件定位。工件的定位就是使一批工件每次放置到夹具中都能占据同一位置。

一个尚未定位的工件，其位置是不确定的，这种位置的不确定性称为自由度。如果将工件假设为一理想刚体，并将其放在一空间直角坐标系中，以此坐标系作为参照系来观察刚体位置和方位的变动。由刚体运动学可知，一个自由刚体，在空间有且仅有六个自由度。如图 2-1 所示的工件，它在空间的位置是任意的，即它既能沿 Ox、Oy、Oz 三个坐标轴移动，称为移动自由度，分别表示为 $\vec{x}$、$\vec{y}$、$\vec{z}$；又能绕 Ox、Oy、Oz 三个坐标轴转动，称为转动自由度，分别表示为 $\hat{x}$、$\hat{y}$、$\hat{z}$。

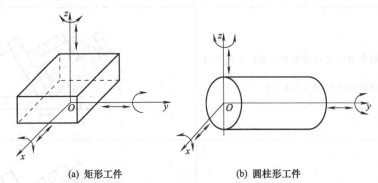

(a) 矩形工件   (b) 圆柱形工件

图 2-1　工件的六个自由度

由上可知，如果要使一个自由刚体在空间有一个确定的位置，就必须设置相应的六个约束，分别约束刚体的六个运动自由度。在讨论工件的定位时，工件就是我们所指的自由刚体。如果工件的六个自由度都加以约束了，工件在空间的位置也就完全被确定下来了。因此，定位实质上就是约束工件的自由度。

分析工件定位时，通常是用一个支承点约束工件的一个自由度。用合理设置的六个支承点，约束工件的六个自由度，使工件在夹具中的位置完全确定，这就是六点定位原理。

例如在如图 2-2（a）所示的矩形工件上铣削半封闭式矩形槽时，为保证加工尺寸 A，可在其底面设置三个不共线的支承点 1、2、3，如图 2-2（b）所示，约束工件的三个自由度：$\hat{x}$、$\hat{y}$、$\vec{z}$；为了保证 B 尺寸，侧面设置两个支承点 4、5，约束 $\hat{y}$、$\vec{z}$ 两个自由度；为了保证 C 尺寸，端面设置一个支承点 6，约束 $\vec{x}$ 自由度。于是工件的六个自由度全部被约束了，实现了六点定位。在具体的夹具中，支承点是由定位元件来体现的。如图 2-2（c）所示，为了将矩形工件定位，设置了六个支承钉。

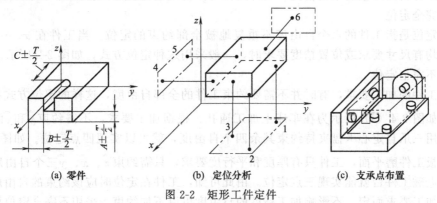

（a）零件   （b）定位分析   （c）支承点布置

图 2-2 矩形工件定件

对于圆柱形工件，如图 2-3（a）所示，可在外圆柱表面上，设置四个支承点 1、3、4、5 约束 $\vec{y}$、$\vec{z}$、$\hat{y}$、$\hat{z}$ 四个自由度；槽侧设置一个支承点 2，约束 $\hat{x}$ 一个自由度；端面设置一个支承点 6，约束 $\vec{x}$ 一个自由度；工件实现完全定位，为了在外圆柱面上设置四个支承点，一般采用 V 形架，如图 2-3（b）所示。

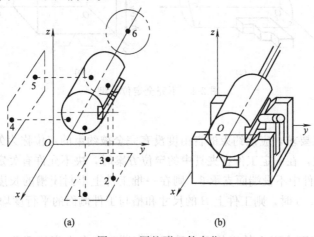

（a）   （b）

图 2-3 圆柱形工件定位

通过上述分析，说明了六点定位原理的以下几个主要问题。

① 定位支承点是定位元件抽象而来的。在夹具的实际结构中，定位支承点是通过具体的定位元件体现的，即支承点不一定用点或销的顶端，而常用面或线来代替。根据数学概念可知，两个点决定一条直线，三个点决定一个平面，即一条直线可以代替两个支承点，一个平面可代替三个支承点。在具体应用时，还可用窄长的平面（条形支承）代替直线，用较小的平面来替代点。

② 定位支承点与工件定位基准面始终保持接触，才能起到约束自由度的作用。

③ 分析定位支承点的定位作用时，不考虑力的影响。工件的某一自由度被约束，是指工件在某个坐标方向有了确定的位置，并不是指工件在受到使其脱离定位支承点的外力时不能运动。使工件在外力作用下不能运动，要靠夹紧装置来完成。

2.1.2 工件定位中的约束分析

运用六点定位原理可以分析和判别夹具中定位结构是否正确，布局是否合理，约束条件是否满足。

根据工件自由度被约束的情况，工件定位可分为以下几种类型。

(1) 完全定位

完全定位是指工件的六个自由度不重复地被全部约束的定位。当工件在 x、y、z 三个坐标方向均有尺寸要求或位置精度要求时，一般采用这种定位方式，如图 2-2 所示。

(2) 不完全定位

根据工件的加工要求，有时并不需要约束工件的全部自由度，这样的定位方式称为不完全定位。如图 2-4 (a) 所示为在车床上加工通孔，根据加工要求，不需约束 $\vec{y}$ 和 $\hat{y}$ 两个自由度，所以用三爪自定心卡盘夹持约束其余四个自由度，就可以实现四点定位。如图 2-4 (b) 所示为平板工件磨平面，工件只有厚度和平行度要求，只需约束 $\vec{z}$、$\hat{x}$、$\hat{y}$ 三个自由度，在磨床上采用电磁工件台就能实现三点定位。由此可知，工件在定位时应该约束的自由度数目应由工序的加工要求而定，不影响加工精度的自由度可以不加约束。采用不完全定位可简化定位装置，因此不完全定位在实际生产中也广泛应用。

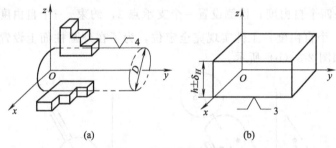

图 2-4 不完全定位示例

(3) 欠定位

根据工件的加工要求，应该约束的自由度没有完全被约束的定位称为欠定位。欠定位无法保证加工要求，因此，在确定工件在夹具中的定位方案时，决不允许有欠定位的现象产生。如在如图 2-2 所示的工件中不设端面支承 6，则在一批工件上半封闭槽的长度就无法保证；若缺少侧面两个支承点 4、5 时，则工件上 B 的尺寸和槽与工件侧面的平行度均无法保证。

(4) 过定位

夹具上的两个或两个以上的定位元件重复约束同一个自由度的现象，称为过定位。如图 2-5 (a) 所示，要求加工平面对 A 面的垂直度公差为 0.04mm。若用夹具的两个大平面实现定位，那么工件的 A 面被约束 $\vec{z}$、$\hat{x}$、$\hat{y}$ 三个自由度，B 面被约束了 $\vec{z}$、$\hat{x}$、$\hat{y}$ 三个自由度，其中 $\hat{x}$ 自由度被 A 面、B 面同时重复约束。由图 2-5 可见，当工件处于加工位置"Ⅰ"时，可保证垂直度要求；而当工件处于加工位置"Ⅱ"时不能保证此要求。这种随机的误差造成了定位的不稳定，严重时会引起定位干涉，因此应该尽量避免和消除过定位现象。

消除或减少过定位引起的干涉，一般有两种方法：一是改变定位元件的结构，如缩小定位元件工作面的接触长度，或者减小定位元件的配合尺寸，增大配合间隙等；二是控制或者提高工件定位基准之间以及定位元件工作表面之间的位置精度。若如图 2-5 (b) 所示，把定位的面接触改为线接触，则消除了引起过定位的自由度 $\hat{x}$。

2.1.3 工件定位中的定位基准

(1) 定位基准的基本概念

在研究和分析工件定位问题时，定位基准的选择是一个关键问题。定位基准就是在加工

中用作定位的基准。一般说来，工件的
定位基准一旦被选定，则工件的定位方
案也基本上被确定。定位方案是否合
理，直接关系到工件的加工精度能否保
证。如图 2-6 所示，轴承座是用底面 A
和侧面 B 来定位的。因为工件是一个整
体，当表面 A 和 B 的位置一确定，
$\phi20H7$ 内孔轴线的位置也确定了。表面
A 和 B 就是轴承座的定位基准。

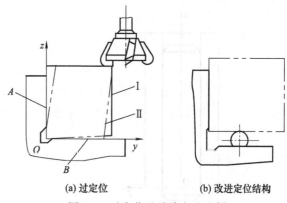

(a) 过定位   (b) 改进定位结构

图 2-5　过定位及消除方法示例

工件定位时，作为定位基准的点和
线，往往由某些具体表面体现出来，这
种表面称为定位基面，例如用两顶尖装
夹车轴时，轴的两中心孔就是定位基面，但它体现的定位基准则是轴的轴线。

（2）定位基准的分类

根据定位基准所约束的自由度数，可将其分为以下几类。

① 主要定位基准面。如图 2-2 中的 xOy 平面设置三个支承点，约束了工件的三个自由
度，这样的平面称为主要定位基面（或称为第一定位基准）。工件上选作主要定位基准面的
表面，应该力求其面积尽可能大，三个定位支承点的分布也应尽可能分散，切不可放置在一
条直线上，这样即可提高定位的稳定性。

② 导向定位基准面。如图 2-2 所示在 xOz 平面设置两个支承点，约束了工件的两个自
由度，这样的平面或圆柱面称为导向定位基面（或称为第二定位基准）。该基准面应选取工
件上窄长的表面，而且两支承点间的距离应尽量远些，以保证对 $\hat{z}$ 的约束精度。由图 2-7 可
知，由于支承销的高度误差 Δh，造成工件的转角误差 $\Delta\theta$。显然，L 越长，转角误差 $\Delta\theta$ 就
越小。

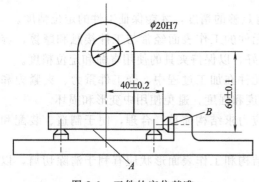

图 2-6　工件的定位基准

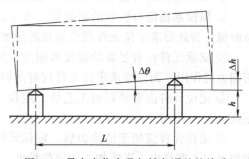

图 2-7　导向定位支承与转角误差的关系

③ 双导向定位基准面。约束工件四个自由度的圆柱面，称为双导向定位基准面，如图
2-8 所示。

④ 双支承定位基准面。约束工件两个移动自由度的圆柱面，称为双支承定位基准面，
如图 2-9 所示。

⑤ 止推定位基准面。约束工件一个移动自由度的表面，称为止推定位基准面（或称为
第三定位基准）。如图 2-2 中的 yOz 平面上只设置了一个支承点，它只约束了工件沿 x 轴方
向的移动。在加工过程中，工件有时要承受切削力和冲击力等，可以选取工件上窄小且与切
削力方向相对的表面作为止推定位基准面。

图 2-8　双导向定位

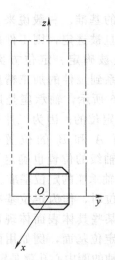

图 2-9　双支承定位

⑥ 防转定位基准面。约束工件一个转动自由度的表面，称为防转定位基准面（或也称为第三定位基准）。如图 2-3 所示，轴的通槽侧面设置了一个防转销，它约束了工件沿 x 轴的转动，减小了工件的角度定位误差。防转支承点距离工件安装后的回转轴线应尽量远些。

2.2　工件的定位方法及其定位元件

工件在夹具中要想获得正确定位，首先应正确选择定位基准，其次则是选择合适的定位元件。工件定位时，工件定位基准和夹具的定位元件接触形成定位副。

2.2.1　对定位元件的基本要求

夹具设计中对定位元件有如下基本要求。

① 限位基面应有足够的精度。定位元件具有足够的精度，才能保证工件的定位精度。

② 限位基面应有较好的耐磨性。由于定位元件的工作表面经常与工件接触和摩擦，容易磨损，为此要求定位元件限位表面的耐磨性要好，以保持夹具的使用寿命和定位精度。

③ 支承元件应有足够的强度和刚度。定位元件在加工过程中，受工件重力、夹紧力和切削力的作用，因此要求定位元件应有足够的刚度和强度，避免使用中变形和损坏。

④ 定位元件应有较好的工艺性。定位元件应力求结构简单、合理，便于制造、装配和更换。

⑤ 定位元件应便于清除切屑。定位元件的结构和工作表面形状应有利于清除切屑，以防切屑嵌入夹具内，影响加工和定位精度。

2.2.2　常用定位元件所能约束的自由度

常用定位元件可按工件典型定位基准面分为以下几类。

① 用于平面定位的定位元件。包括固定支承（钉支承和板支承）、自位支承、可调支承和辅助支承。

② 用于外圆柱面定位的定位元件。包括 V 形架、定位套和半圆定位座等。

③ 用于孔定位的定位元件。包括定位销（圆柱定位销和圆锥定位销）、圆柱心轴和小锥度心轴。

常用定位元件所能约束的自由度见表 2-1。

表 2-1 常用定位元件所能约束的自由度

定位名称	定 位 方 式	约束的自由度
支承钉		每个支承钉约束一个自由度。其中： (1)支承钉 1、2、3 与底面接触，约束三个自由度($\vec{z}$、$\hat{x}$、$\hat{y}$) (2)支承钉 4、5 与侧面接触，约束两个自由度($\vec{x}$、$\hat{z}$) (3)支承钉 6 与端面接触，约束一个自由度($\vec{y}$)
支承板		(1)两条窄支承板 1、2 组成同一平面，与底接触，约束三个自由度($\vec{z}$、$\hat{x}$、$\hat{y}$) (2)一个窄支承板 3 与侧面接触，约束两个自由度($\vec{x}$、$\hat{z}$)
支承板		支承板与圆柱素线接触，约束两个自由度($\vec{z}$、$\hat{x}$)
		支承板与球面接触，约束一个自由度($\vec{z}$)

续表

定位名称	定 位 方 式	约束的自由度
定位销	 (a) 短销　　(b) 长销	(1)短销与圆孔配合,约束两个自由度($\vec{x}$、$\vec{y}$) (2)长销与圆孔配合,约束四个自由度($\vec{x}$、$\vec{y}$、$\hat{x}$、$\hat{y}$)
	 (a) 短削边销　　(b) 长削边销	(1)短削边销与圆孔配合,约束一个自由度($\vec{y}$) (2)长削边销与圆孔配合,约束两个自由度($\hat{x}$、$\vec{y}$)
	 (a) 固定锥销　　(b) 活动锥销	(1)固定锥销与圆孔端面圆周接触,约束三个自由度($\vec{x}$、$\vec{y}$、$\vec{z}$) (2)活动锥销与圆孔端圆周接触,约束两个自由度($\vec{x}$、$\vec{y}$)

定位名称	定 位 方 式	约束的自由度
定位套	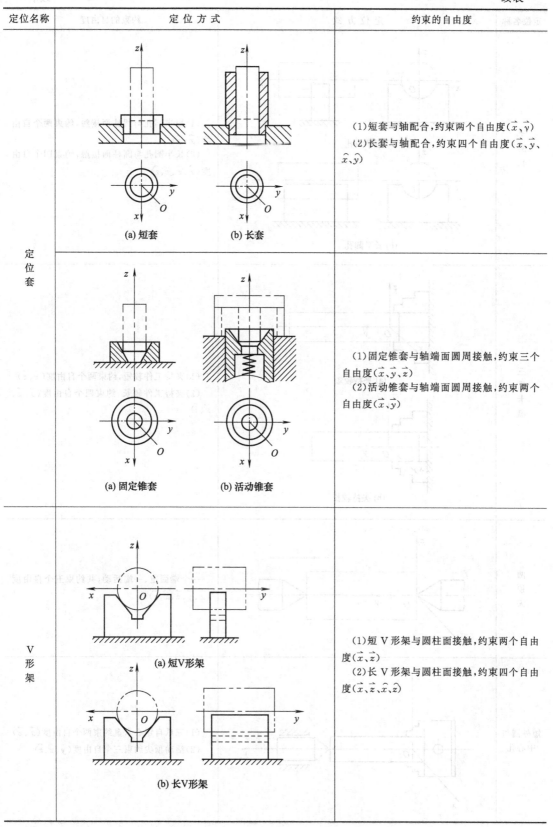(a) 短套　(b) 长套	(1)短套与轴配合,约束两个自由度($\vec{x}$、$\vec{y}$) (2)长套与轴配合,约束四个自由度($\vec{x}$、$\vec{y}$、$\hat{x}$、$\hat{y}$)
	(a) 固定锥套　(b) 活动锥套	(1)固定锥套与轴端面圆周接触,约束三个自由度($\vec{x}$、$\vec{y}$、$\vec{z}$) (2)活动锥套与轴端面圆周接触,约束两个自由度($\vec{x}$、$\vec{y}$)
V形架	(a) 短V形架 (b) 长V形架	(1)短 V 形架与圆柱面接触,约束两个自由度($\vec{x}$、$\vec{z}$) (2)长 V 形架与圆柱面接触,约束四个自由度($\vec{x}$、$\vec{z}$、$\hat{x}$、$\hat{z}$)

定位名称	定位方式	约束的自由度
半圆孔	(a) 短半圆孔 (b) 长半圆孔	(1)短半圆孔与圆柱面接触,约束两个自由度($\vec{x}$、$\vec{z}$) (2)长半圆孔与圆柱面接触,约束四个自由度($\vec{x}$、$\vec{z}$、$\hat{x}$、$\hat{z}$)
三爪卡盘	(a) 夹持较短 (b) 夹持较长	(1)夹持工件较短,约束两个自由度($\vec{x}$、$\vec{z}$) (2)夹持工件较长,约束四个自由度($\vec{x}$、$\vec{z}$、$\hat{x}$、$\hat{z}$)
两顶尖		一个端固定、一端活动,共约束五个自由度($\vec{x}$、$\vec{y}$、$\vec{z}$、$\hat{x}$、$\hat{z}$)
短外圆与中心孔		(1)三爪自定心卡盘约束两个自由度($\vec{x}$、$\vec{z}$) (2)活动顶尖约束三个自由度($\vec{y}$、$\hat{x}$、$\hat{z}$)

续表

定位名称	定位方式	约束的自由度
大平面与两圆柱孔	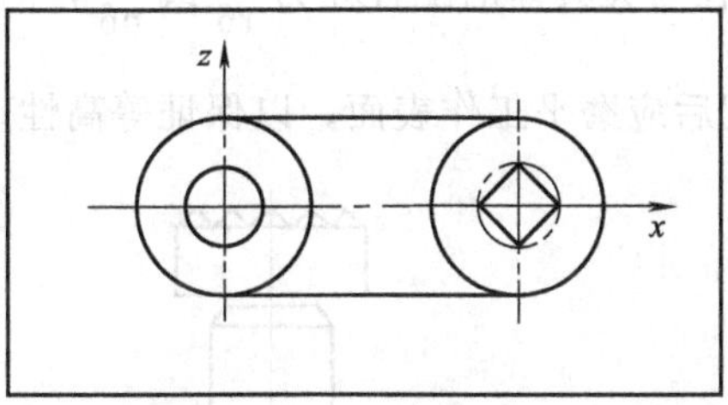	(1)支承板限制三个自由度($\hat{x}$、$\vec{y}$、$\vec{z}$) (2)短圆柱定位销约束两个自由度($\vec{x}$、$\vec{z}$) (3)短菱形销(防转)约束一个自由度($\hat{y}$)
大平面与两外圆弧面	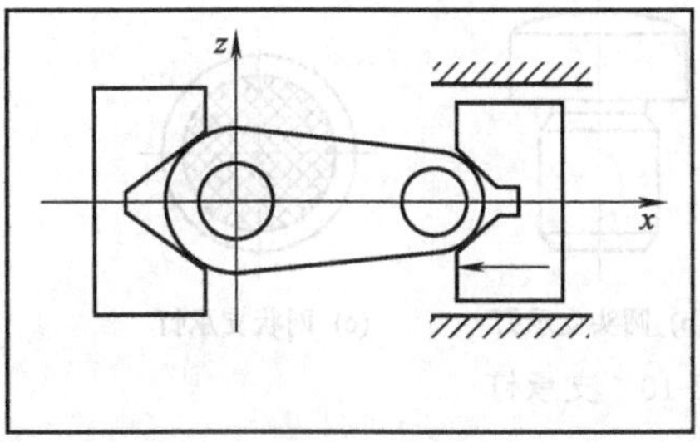	(1)支承板限制三个自由度($\hat{x}$、$\vec{y}$、$\vec{z}$) (2)短固定式 V 形块约束两个自由度($\vec{x}$、$\vec{z}$) (3)短活动式 V 形块(防转)约束一个自由度($\hat{y}$)
大平面与短锥孔	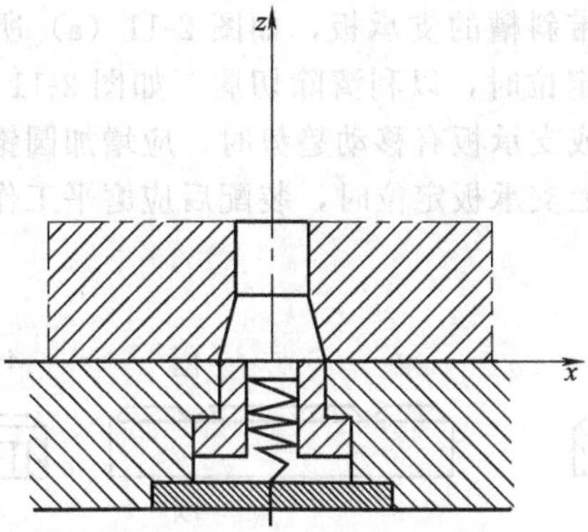	(1)支承板限制三个自由度($\hat{x}$、$\vec{y}$、$\vec{z}$) (2)活动锥销限制两个自由度($\vec{x}$、$\vec{y}$)
长圆柱孔与其他	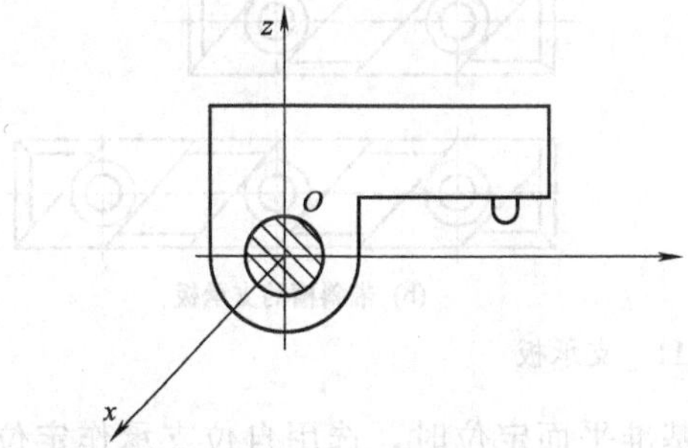	(1)固定式心轴约束两个自由度($\vec{y}$、$\vec{z}$、$\hat{y}$、$\hat{z}$) (2)挡销(防转)约束一个自由度($\hat{x}$)

2.2.3 常用定位元件的选用

常用定位元件选用时,应按工件定位基准面和定位元件的结构特点进行选择。

(1) 工件以平面定位

① 以面积较小的已经加工的基准平面定位时,选用平头支承钉,如图 2-10 (a) 所示;以基准面粗糙不平或毛坯面定位时,选用圆头支承钉,如图 2-10 (b) 所示;侧面定位时,

可选用网状支承钉，如图 2-10（c）所示。支承钉与夹具体孔的配合为 $\frac{H7}{r6}$ 或 $\frac{H7}{n6}$；若支承钉需要经常更换时，则可外加衬套，衬套外径与夹具体的配合亦为 $\frac{H7}{r6}$ 或 $\frac{H7}{n6}$，内径与支承钉的配合为 $\frac{H7}{js6}$；使用几个平头支承钉时，装配后应磨平工作表面，以保证等高性。

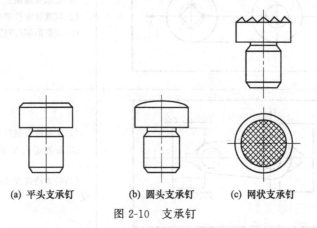

| (a) 平头支承钉 | (b) 圆头支承钉 | (c) 网状支承钉 |

图 2-10 支承钉

② 以面积较大、平面度精度较高的基准平面定位时，选用支承板定位元件，如图 2-11 所示。用于侧面或顶面定位时，可选用不带斜槽的支承板，如图 2-11（a）所示；通常尽可能选用带斜槽的支承板，尤其是用于底面定位时，以利清除切屑，如图 2-11（b）所示。支承板用螺钉紧固在夹具体上。若受力较大或支承板有移动趋势时，应增加圆锥销，将其锁定或将支承板嵌入夹具体槽内；采用两个以上支承板定位时，装配后应磨平工作表面，以保证等高性。

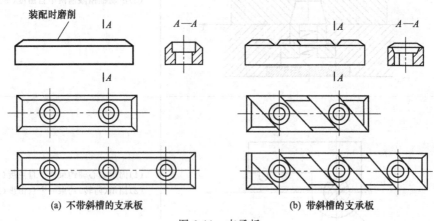

| (a) 不带斜槽的支承板 | (b) 带斜槽的支承板 |

图 2-11 支承板

③ 以毛坯面、阶梯平面和环形平面作基准平面定位时，选用自位支承作定位元件，如图 2-12 所示。但需注意，支承本身在定位过程中所处的位置随工件定位基准面位置的变化而自动与之适应，自位支承虽有两个或三个支承点，由于自位和浮动作用只能作为一个支承点，只约束一个自由度。由于增加了定位基准面接触的点数，故可提高工件的安装刚性和稳定性，适用于工件以粗基准定位或刚性不足的场合。

④ 以毛坯面作为基准平面，调节时可按定位面质量和面积大小分别选用如图 2-13（a）～（c）所示的可调支承作定位元件。可调支承适用于以分批制造的、其形状和尺寸变化

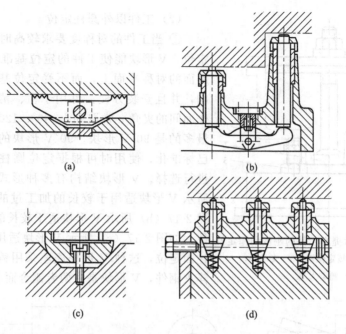

图 2-12　自位支承

较大的毛坯（如铸件）作为粗基准定位的场合，亦可用于同一夹具加工形状相同而尺寸不同的工件，或用于专用可调整夹具和成组夹具中。在一批工件加工前调整一次，调整后用锁紧螺母锁紧。

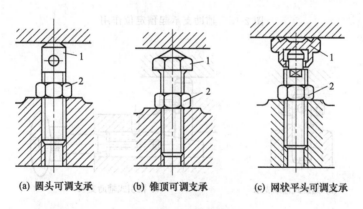

(a) 圆头可调支承　　(b) 锥顶可调支承　　(c) 网状平头可调支承

图 2-13　可调支承
1—调整螺钉；2—紧固螺母

⑤ 当工件定位基准面需要提高定位刚度、稳定性和可靠性时，可选用辅助支承作辅助定位元件，如图 2-14～图 2-16 所示。但需注意，辅助支承不起约束工件自由度的作用，且每次加工均需重新调整支承点高度，以适应工件支承表面的位置变化；支承位置应选在有利于工件承受夹紧力和切削力的地方；自位式辅助支承的支承销高度应高于主要支承，当工件安装在主要支承上后，支承销被工件定位基准面压下，并与其他主要支承一起与工件定位基准面保持接触，然后锁紧，这种辅助支承适用于工件重量较轻、垂直作用的切削力较小的场合；推引式辅助支承的支承销高度应低于主要支承，当工件安装在主要支承上后，推动支承销与工件定位基准面接触，然后锁紧，这种辅助支承适用于工件重量较重、垂直作用的切削力较大的场合，推引支承销的斜面角为 8°～10°。

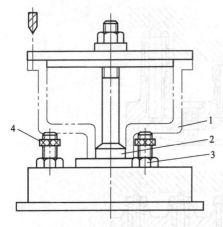

图 2-14 辅助支承提高工件的刚度和稳定性

1—工件；2—短定位销；3—支承环；

4—辅助支承

（2）工件以外圆柱定位

① 当工件的对称度要求较高时，可选用 V 形块定位。V 形块能使工件的定位基准轴线在 V 形块两斜面的对称平面上，而不受定位基准直径误差的影响，并且安装方便；可用于粗、精基准。V 形块工作面间的夹角 α 常取 60°、90°、120°三种，其中应用最多的是 90°V 形块。90°V 形块的典型结构和尺寸已标准化，使用时可根据定位圆柱面的长度和直径进行选择。V 形块结构有多种形式，如图 2-17（a）所示 V 形块适用于较长的加工过的圆柱面定位；如图 2-17（b）所示 V 形块适于较长的粗糙的圆柱面定位；如图 2-17（c）所示 V 形块适用于尺寸较大的圆柱面定位，这种 V 形块底座采用铸件，V 形面采用淬火钢件，V 形块是由两者镶合而成。

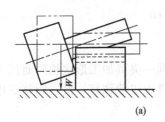
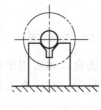
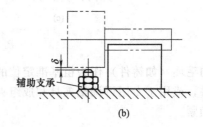

(a)　　　　　　　　　　(b)

图 2-15　辅助支承起预定位作用

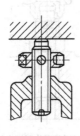
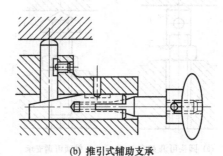

(a) 螺旋式辅助支承　　　(b) 推引式辅助支承

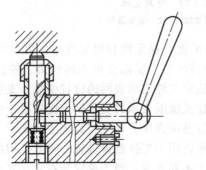
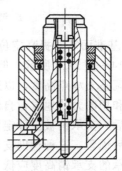

(c) 自位式辅助支承　　　(d) 液压锁定辅助支承

图 2-16　辅助支承的类型

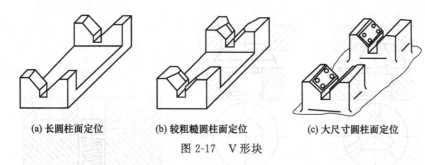

| (a) 长圆柱面定位 | (b) 较粗糙圆柱面定位 | (c) 大尺寸圆柱面定位 |

图 2-17 V 形块

② 当工件定位圆柱面精度较高时（一般不低于 IT8），可选用定位套或半圆形定位座定位。大型轴类和曲轴等不宜以整个圆孔定位的工件，可选用半圆定位座，如图 2-18 所示；定位元件为半圆形衬套，上半圆起夹紧作用，下半圆孔的最小直径应取工件定位基准外圆的最大直径。

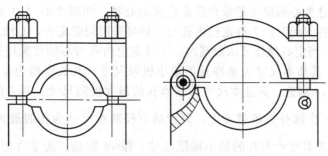

图 2-18 半圆定位座

③ 当工件外圆柱面需要加工时，可选用在圆锥孔中定位，即工件的一端加工出中心孔，用顶尖的锥面定位，另一端则在圆锥孔中定位，如图 2-19 所示。

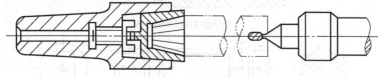

图 2-19 圆锥定位销

（3）工件以内孔定位

① 工件上定位内孔较小时，常选用定位销作定位元件。圆柱定位销的结构和尺寸已标准化，不同直径的定位销有其相应的结构形式，可根据工件定位内孔的直径选用：当工作部分直径 $D < 3\text{mm}$ 时，采用小定位销，夹具体上应有沉孔，使定位销圆角部分沉入孔内而不影响定位；大批量生产时，应采用可换定位销；工作部分的直径，可根据工件的加工要求和安装方便，按 g5、g6、f6、f7 制造，与夹具体的配合为 $\dfrac{\text{H7}}{\text{r6}}$ 或 $\dfrac{\text{H7}}{\text{n6}}$，衬套外径与夹具体的配合为 $\dfrac{\text{H7}}{\text{n6}}$，其内径与定位销的配合为 $\dfrac{\text{H7}}{\text{h6}}$ 或 $\dfrac{\text{H7}}{\text{h5}}$。当工件圆柱孔用孔端边缘定位时，需选用圆锥定位销，如图 2-20 所示。当工件圆孔端边缘形状精度较差时，选用如图 2-20（a）所示形式的圆锥定位销；当工件圆孔端边缘形状精度较高时，选用如图 2-20（b）所示形式的圆锥定位销；当工件需平面和圆孔端边缘同时定位时，选用如图 2-20（c）所示形式的浮动锥销；当采用工件上的孔与端面组合定位时，应该加上支承垫板或支承垫圈。

② 在套类、盘类零件的车削、磨削和齿轮加工中，大都选用心轴定位，为了便于夹紧和减小工件因间隙造成的倾斜，当工件定位内孔与基准端面垂直精度较高时，常以孔和端面

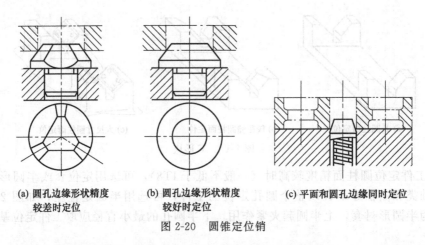

(a) 圆孔边缘形状精度　　　(b) 圆孔边缘形状精度　　　(c) 平面和圆孔边缘同时定位
　　较差时定位　　　　　　　较好时定位

图 2-20　圆锥定位销

联合定位。因此，这类心轴通常是带台阶定位面的心轴，如图 2-21（a）所示，当定心精度不高，要求装卸工件方便时，工件定位内孔与心轴可采用间隙配合，心轴工作部分按基孔制 h6、g6 或 f7 制造。当定心精度要求较高时，工件定位内孔与心轴可采用过盈配合，引导部分直径按 e8 制造，其基本尺寸为基准孔的最小极限尺寸，其长度约为基准孔长度的一半；工作部分直径则按 r6 制造，其基本尺寸为基准孔的最大极限尺寸。当工件基准孔的长径比 $\frac{L}{D} > 1$ 时，心轴的工作部分应稍带锥度，其大端直径基本尺寸为孔的最大极限尺寸，按 r6 制造；其小端直径基本尺寸为孔的最小极限尺寸，按 r6 制造；为了方便车削端面时退刀，

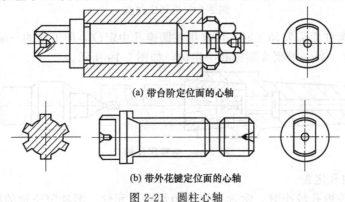

(a) 带台阶定位面的心轴

(b) 带外花键定位面的心轴

图 2-21　圆柱心轴

心轴上还应加工凹槽。这种心轴制造简便，定心准确，但装卸工件很不方便，并且容易损伤工件定位孔表面。当工件以内花键为定位基准时，可选用外花键轴，如图 2-21（b）所示；当内孔带有花键槽时，可在圆柱心轴上设置键槽配装键块；当工件内孔精度很高，而加工时工件力矩很小时，可选用小锥度心轴定位。花键心轴定位应根据工件的不同定心方式确定心轴的结构。

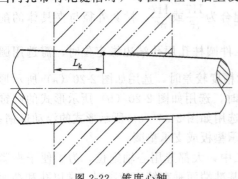

图 2-22　锥度心轴

③ 当工件定心精度较高，而轴向基准位移较大，对工件进行精加工时，可采用锥度心轴进行定位，由于是依靠基准孔与心轴表面弹性变形夹紧工件，因此传递的扭矩较小，如图 2-22 所示。

（4）工件以特殊表面定位

① 工件以 V 形导轨面定位。例如车床的拖

板、床鞍等零件，常以底部的 V 形导轨面定位，其定位装置如图 2-23 所示。左边一列是两个固定在夹具体上的 V 形座和短圆柱 1，起主要限位作用，约束工件的四个自由度；右边一列是两个可移动的 V 形座和短圆柱 2，只约束工件的 $\hat{y}$ 一个自由度。

两列 V 形座（包括短圆柱）的工作高度 T_1 的等高度误差不大于 0.005mm。V 形座常用 20 钢制造，渗碳淬火后硬度为 58～62HRC。短圆柱常用 T7A 制造，淬火硬度为 53～58HRC。当夹具中需要设置对刀或导向装置时，需计算尺寸 T_1，当 $\alpha = 90°$ 时，$T_1 = H + 1.207D - 0.5N$。

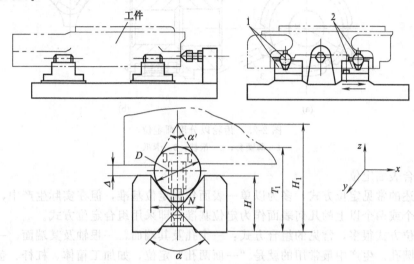

图 2-23　床鞍以 V 形导轨面定位

② 工件以燕尾导轨面定位。燕尾导轨面一般有 55° 和 60° 两种夹角。常用的定位装置有两种。一种如图 2-24（a）所示，右边是固定的短圆柱和 V 形座，组成主要限位基准，约束四个自由度；左边是形状与燕尾导轨面对应的可移动钳口 K，约束一个自由度，并兼有夹紧作用。另外一种如图 2-24（b）所示，定位装置相当于两个钳口为燕尾形的虎钳，工件以燕尾导轨面定位，夹具的左边为固定钳口，这是主限位基面，约束工件四个自由度，右边的活动钳口约束一个自由度，并兼起夹紧作用。

定位元件与对刀元件或导向元件间的距离 a 可按如下公式计算

$$a = b + u - d = b + d/2 \cot(\beta/2) - d/2 = b + d/2[\cot(\beta/2) - 1]$$

式中　β——燕尾面的夹角，当 $\beta = 55°$ 时，$a = b + 0.4605d$。

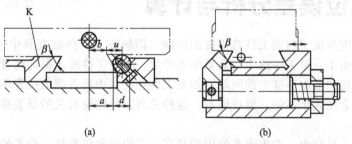

图 2-24　工件以燕尾导轨面定位

③ 工件以渐开线齿面定位。对于整体淬火的齿轮，一般都要在淬火后磨内孔和齿形面。为了保证磨齿形面时余量均匀，应贯彻"互为基准"的原则，先以齿形面的分度圆定位磨内孔，然后以内孔定位磨齿形面。

如图 2-25 所示为以齿形面分度圆定位磨内孔时的定位示意图，即在齿轮分度圆上相隔约 120°的三等分（尽可能如此）位置上放入三根精度很高的定位滚柱 2，套上薄壁套 1，起保持滚柱的作用，然后将其一起放入膜片卡盘内，以卡爪 3 自动定心夹紧。

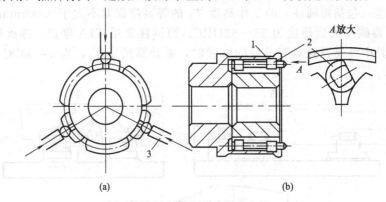

图 2-25　齿轮以分度圆定位
1—薄壁套；2—滚柱；3—卡爪

（5）组合表面定位

以上所述的常见定位方式，多为以单一表面作为定位基准，但在实际生产中，通常都以工件上的两个或两个以上的几何表面作为定位基准，即采用组合定位方式。

组合定位方式很多，常见的组合方式：一个孔及其端面，一根轴及其端面，一个平面及其上的两个圆孔。生产中最常用的就是"一面两孔"定位，如加工箱体、杠杆、盖板支架类零件。采用"一面两孔"定位，容易做到工艺过程中的基准统一，保证工件的相对位置精度。

工件采用"一面两孔"定位时，两孔可以是工件结构上原有的，也可以是定位需要专门设计的工艺孔。相应的定位元件是支承板和两定位销。当两孔的定位方式都选用短圆柱销时，支承板约束工件三个自由度；两短圆柱销分别约束工件的两个自由度；有一个自由度被两短圆柱销重复约束，产生过定位现象，严重时会发生工件不能安装的现象。因此，必须正确处理过定位，并控制各定位元件对定位误差的综合影响。为使工件能方便地安装到两短圆柱销上，可把一个短圆柱销改为菱形销，采用一圆柱销、一菱形销和一支承板的定位方式，如表 2-1 所示。这样可以消除过定位现象，提高定位精度，有利于保证加工质量。

2.3　定位误差分析与计算

六点定位原理解决了约束工件自由度的问题，即解决了工件在夹具中位置"定与不定"的问题。但是，由于一批工件逐个在夹具中定位时，各个工件所占据的位置不完全一致，即出现工件位置定得"准与不准"的问题。如果工件在夹具中所占据的位置不准确，加工后各工件的加工尺寸必然大小不一，形成误差。这种只与工件定位有关的误差称为定位误差，用 Δ_D 表示。

在工件的加工过程中，产生误差的因素很多，定位误差仅是加工误差的一部分，为了保证加工精度，一般限定定位误差不超过工件加工公差 T 的 $1/5 \sim 1/3$，即

$$\Delta_D \leqslant (1/5 \sim 1/3)T \tag{2-1}$$

式中　Δ_D——定位误差，mm；

　　　T——工件的加工误差，mm。

2.3.1　定位误差产生的原因

工件逐个在夹具中定位时，各个工件的位置不一致的原因主要是基准不重合，而基准不重合又分为两种情况：一是定位基准与限位基准不重合产生的基准位移误差；二是定位基准与工序基准不重合产生的基准不重合误差。

（1）基准位移误差 Δ_Y

由于定位副的制造误差或定位副配合间所导致的定位基准在加工尺寸方向上最大位置变动量，称为基准位移误差，用 Δ_Y 表示。不同的定位方式，基准位移误差的计算方式也不同。

如图 2-26 所示，工件以圆柱孔在心轴上定位铣键槽，要求保证尺寸内 $b^{+\delta b}_{0}$ 和 $a^{0}_{-\delta a}$。其中尺寸 $b^{+\delta b}_{0}$ 由铣刀保证，而尺寸 $a^{0}_{-\delta a}$ 按心轴中心调整的铣刀位置保证。如果工件内孔直径与心轴外圆直径做成完全一致，做无间隙配合，即孔的中心线与轴的中心线位置重合，则不存在因定位引起的误差。但实际上，如图 2-26 所示，心轴和工件内孔都有制造误差。于是工件套在心轴上必然会有间隙，孔的中心线与轴的中心线位置不重合，导致这批工件的加工尺寸 H 中附加了工件定位基准变动误差，其变动量即为最大配合间隙。可按下式计算

$$\Delta_Y = a_{max} - a_{min} = 1/2(D_{max} - d_{min}) = 1/2(\delta_D + \delta_d) \tag{2-2}$$

式中　Δ_Y——基准位移误差，mm；

　　　D_{max}——孔的最大直径，mm；

　　　d_{min}——轴的最小直径，mm；

　　　δ_D——工件孔的最大直径公差，mm；

　　　δ_d——圆柱心轴和圆柱定位销的直径公差，mm。

基准位移误差的方向是任意的。减小定位配合间隙，即可减小基准位移误差 Δ_Y 值，以提高定位精度。

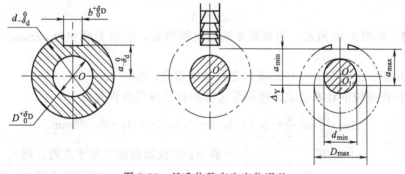

图 2-26　基准位移产生定位误差

（2）基准不重合误差 Δ_B

如图 2-27 所示，加工尺寸 h 的基准是外圆柱面的母线上，但定位基准是工件圆柱孔中心线。这种由于工序基准与定位基准不重合所导致的工序基准在加工尺寸方向上的最大位置变动量，称为基准不重合误差，用 Δ_B 表示。此时除定位基准位移误差外，还有基准不重合误差。在图 2-27 中，基准位移误差应为 $\Delta_Y = 1/2(\delta_D + \delta_{d_0})$，基准不重合误差则为

$$\Delta_B = 1/2\delta_d \tag{2-3}$$

式中　Δ_B——基准不重合误差，mm；

　　　δ_d——工件的最大外圆面积直径公差，mm。

因此，尺寸 h 的定位误差为

$$\Delta_D = \Delta_Y + \Delta_B = 1/2(\delta_D + \delta_{d_0}) + 1/2\delta_d$$

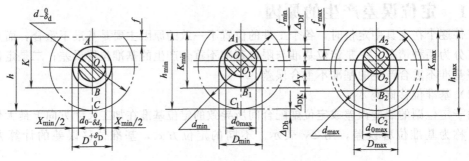

图 2-27 基准不重合产生定位误差

计算基准不重合误差时，应注意判别定位基准和工序基准。当基准不重合误差由多个尺寸影响时，应将其在工序尺寸方向上合成。

基准不重合误差的一般计算式为

$$\Delta_B = \sum \delta_i \cos\beta \tag{2-4}$$

式中　δ_i——定位基准与工序基准间的尺寸链组成环的公差，mm；

　　　β——δ_i 的方向与加工尺寸方向间的夹角，(°)。

2.3.2　定位误差的计算

（1）定位误差的计算

计算定位误差时，可以分别求出基准位移误差和基准不重合误差，再求出它们在加工尺寸方向上的矢量和；也可以按最不利情况，确定工序基准的两个极限位置，根据几何关系求出这两个位置的距离，将其投影到加工方向上，求出定位误差。

① $\Delta_B = 0$、$\Delta_Y \neq 0$ 时，产生定位误差的原因是基准位移误差，故只要计算出 Δ_Y 即可，即

$$\Delta_D = \Delta_Y \tag{2-5}$$

【例 2-1】　如图 2-28 所示，用单角度铣刀铣削斜面，求加工尺寸为 39mm±0.04mm 的定位误差。

【解】　由图 2-28 可知，工序基准与定位基准重合，$\Delta_B = 0$。

根据 V 形槽定位的计算公式，得到沿 z 方向的基准位移误差为

$$\Delta_Y = \frac{\delta_d}{2} \sin\frac{\alpha}{2} = 0.707\delta_d/2 = 0.707 \times 0.04 = 0.028 \text{mm}$$

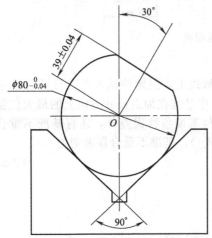

将 Δ_Y 值投影到加工尺寸方向，则

$$\Delta_D = \Delta_Y \cos 30° = 0.028 \times 0.866 = 0.024 \text{mm}$$

② $\Delta_B \neq 0$、$\Delta_Y = 0$ 时，产生定位误差的原因是基准不重合误差 Δ_B，故只要计算出 Δ_B 即可，即

$$\Delta_D = \Delta_B \tag{2-6}$$

【例 2-2】　如图 2-29 所示以 B 面定位，铣工件上的台阶面 C，保证尺寸 20mm±0.15mm，求加工尺寸为 20mm±0.15mm 的定位误差。

【解】　由图 2-29 可知，以 B 面定位加工 C 面时，平面 B 与支承接触好，$\Delta_Y = 0$。

由图 2-29（a）可知，工序基准是 A 面，定位基准是 B 面，故基准不重合。

图 2-28　定位误差计算示例之一

按式（2-4）得 $\qquad \Delta_B = \sum \delta_i \cos\beta = 0.28\cos 0° = 0.28\text{mm}$

因此 $\qquad\qquad\qquad\qquad \Delta_D = \Delta_B = 0.28\text{mm}$

而加工尺寸 (20 ± 0.15) mm 的公差为 0.30mm，留给其他的加工误差仅为 0.02mm，在实际加工中难以保证。为保证加工要求，可在前工序加工 A 面时，提高加工精度，减小工序基准与定位基准之间的联系尺寸的公差值。也可以改为如图 2-29（b）所示的定位方案，使工序基准与定位基准重合，则定位误差为零。但改为新的定位方案后，工件需从下向上夹紧，夹紧方案不够理想，且使夹具结构复杂。

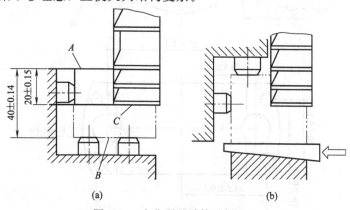

图 2-29　定位误差计算示例之二

③ $\Delta_B \neq 0$、$\Delta_Y \neq 0$ 时，造成定位误差的原因是相互独立的因素时（δ_d、δ_D、δ_i 等），应将两项误差相加，即

$$\Delta_D = \Delta_B + \Delta_Y \qquad\qquad (2\text{-}7)$$

如图 2-26 所示即属此类情况。

综上所述，工件在夹具上定位时，因定位基准发生位移、定位基准与工序基准不重合产生定位误差。基准位移误差和基准不重合误差分别独立、互不相干，它们都使工序基准位置产生变动。定位误差包括基准位移误差和基准不重合误差。当无基准位移误差时，$\Delta_Y = 0$；当定位基准与工序基准重合时，$\Delta_B = 0$；若两项误差都没有，则 $\Delta_D = 0$。分析和计算定位误差的目的，是为了对定位方案能否保证加工要求有一个明确的定量概念，以便对不同定位方案进行分析比较，同时也是在决定定位方案时的一个重要依据。

（2）组合表面定位的误差分析

① 两圆柱销—支承板的定位方式

如图 2-30 所示，要在连杆盖上钻四个定位销孔。按照加工要求，用平面 A 及直径为 $\phi 12^{+0.027}_{0}$ 的两个螺栓孔定位。工件是以支承板平面作主要定位基准，约束工件的三个自由度；采用两个短圆柱销与两定位孔配合时，将使沿连心线方向的自由度被重复约束，出现过定位。

当工件的孔间距 $\left(L \pm \dfrac{\delta_{LD}}{2}\right)$ 与夹具的销间距 $\left(L \pm \dfrac{\delta_{Ld}}{2}\right)$ 的公差之和大于工件两定位孔 $(D_1、D_2)$ 与夹具两定位销 $(d_1、d_2)$ 之间的间隙之和时，将妨碍部分工件的装入。要使同一工序中的所有工件都能顺利地装卸，必须满足下列条件：当工件两孔径为最小 $(D_{1\min}、D_{2\min})$、夹具两销径为最大 $(d_{1\max}、d_{2\max})$、孔间距为最大 $\left(L + \dfrac{\delta_{LD}}{2}\right)$、销间距为最小 $\left(L - \dfrac{\delta_{Ld}}{2}\right)$，或者孔间距为最小 $\left(L - \dfrac{\delta_{LD}}{2}\right)$、销间距为最大 $\left(L + \dfrac{\delta_{Ld}}{2}\right)$ 时，D_1 与 d_1、D_2 与 d_2

之间仍有最小间隙 X_{1min}、X_{2min} 存在。

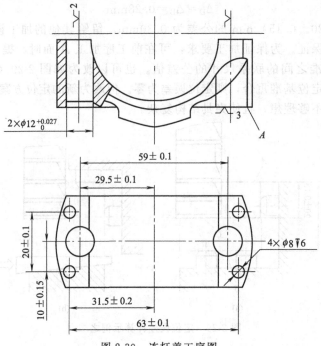

$2\times\phi12^{+0.027}_{0}$

59 ± 0.1

29.5 ± 0.1

20 ± 0.1

10 ± 0.15

31.5 ± 0.2

63 ± 0.1

$4\times\phi8\overline{\triangledown}6$

图 2-30 连杆盖工序图

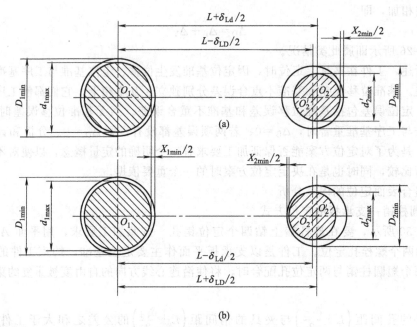

$L+\delta_{Ld}/2$

$L-\delta_{LD}/2$

$X_{2min}/2$

D_{1min}

d_{1max}

d'_{2max}

D_{2min}

O_1

O_2

O'_2

(a)

$X_{1min}/2$

$X_{2min}/2$

D_{1min}

d_{1max}

d'_{2max}

D_{2min}

O_1

O'_2

O_2

$L-\delta_{Ld}/2$

$L+\delta_{LD}/2$

(b)

图 2-31 两圆柱销定位时工件顺利装卸的条件

由图 2-31（a）可以看出，为了满足上述条件，第二销与第二孔不能采用标准配合，第二销的直径应缩小（d'_2），连心线方向的间隙应增大。缩小后的第二销的最大直径为

$$\frac{d'_{2max}}{2}=\frac{D_{2min}}{2}-\frac{X_{2min}}{2}-O_2O'_2$$

式中　X_{2min}——第二销与第二孔采用标准配合时的最小间隙，mm。

从图 2-31（a）可得

$$O_2 O_2' = \left(L + \frac{\delta_{Ld}}{2} \right) - \left(L - \frac{\delta_{LD}}{2} \right) = \frac{\delta_{Ld}}{2} + \frac{\delta_{LD}}{2}$$

因此得出

$$\frac{d_{2max}'}{2} = \frac{D_{2min}}{2} - \frac{X_{2min}}{2} - \frac{\delta_{Ld}}{2} - \frac{\delta_{LD}}{2}$$

从图 2-31（b）也可得到同样的结果。

所以

$$d_{2max}' = D_{2min} - X_{2min} - \delta_{Ld} - \delta_{LD}$$

这就是说，要满足工件顺利装卸的条件，直径缩小后的第二销与第二孔之间的最小间隙应达到

$$X_{2min}' = D_{2min} - d_{2max}' = \delta_{LD} + \delta_{Ld} + X_{2min} \tag{2-8}$$

这种缩小一个定位销的方法，虽然能实现工件的顺利装卸，但增大了工件的转动误差，因此只能在加工要求不高的情况下使用。

② 一圆柱销一削边销一支承板的定位方式

采用如图 2-32 所示的方法，不缩小定位销的直径，而是将定位销"削边"，也能增大连心线方向的间隙。削边量越大，连心线方向的间隙也越大。当间隙达到 $a = \frac{X_{2min}'}{2}$（单位为 mm）时，便可满足工件顺利装卸的条件。由于这种方法只增大连心线方向的间隙，不增大工件的转动误差，因而定位精度较高。

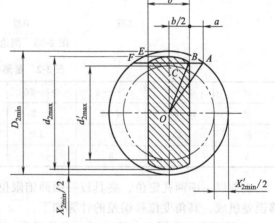

图 2-32　削边销的厚度

根据式（2-8）得

$$a = \frac{X_{2min}'}{2} = \frac{\delta_{LD} + \delta_{Ld} + X_{2min}}{2}$$

实际应用时，可取

$$a = \frac{X_{2min}'}{2} = \frac{\delta_{LD} + \delta_{Ld}}{2} \tag{2-9}$$

由图 2-32 得

$$OA^2 - AC^2 = OB^2 - BC^2 \tag{2-10}$$

而 $OA = \frac{D_{2min}}{2}$，$AC = a + \frac{b}{2}$，$BC = \frac{b}{2}$，$OB = \frac{d_{2max}}{2} = \frac{D_{2min} - X_{2min}}{2}$

代入式（2-10）　$\left(\frac{D_{2min}}{2} \right)^2 - \left(a + \frac{b}{2} \right)^2 = \left(\frac{D_{2min} - X_{2min}}{2} \right)^2 - \left(\frac{b}{2} \right)^2$

求得

$$b = \frac{2D_{2min}X_{2min} - X_{2min}^2 - 4a^2}{4a}$$

由于 X_{2min}^2 和 $4a^2$ 的数值都很小，可忽略不计，所以

$$b = \frac{D_{2min}X_{2min}}{2a} \tag{2-11}$$

或者

$$X_{2min} = \frac{2ab}{D_{2min}} \tag{2-12}$$

削边销已经标准化，其结构如图 2-33 所示。B 型结构简单，容易制造，但刚性较差。A 型又名菱形销，应用较广，其尺寸见表 2-2。削边销的有关参数可查"夹具标准"。

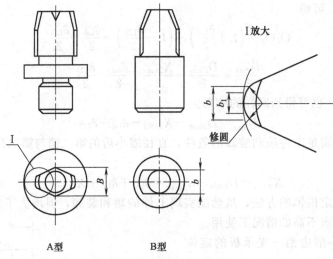

A型　　　　　　B型

图 2-33　削边销的结构

表 2-2　菱形销的尺寸

d	>3~6	>6~8	>8~20	>20~24	>24~30	>30~40	>40~50
B	$d-0.5$	$d-1$	$d-2$	$d-3$	$d-4$	$d-5$	$d-6$
b_1	1	2	3	3	3	4	5
b	2	3	4	5	5	6	8

　　工件以一面两孔定位、夹具以一面两销限位时，基准位移误差由直线位移误差和角度位移误差组成。其角度位移误差的计算如下。

　　① 设两定位孔同方向移动时，定位基准（两孔中心连线）的转角［见图 2-34（a）］为 $\Delta\beta$，则

$$\Delta\beta = \arctan\frac{O_2O_2' - O_1O_1'}{L} = \arctan\frac{X_{2max} - X_{1max}}{2L} \qquad (2\text{-}13)$$

　　② 设两定位孔反方向移动时，定位基准的转角［见图 2-34（b）］为 $\Delta\alpha$，则

$$\Delta\alpha = \arctan\frac{O_2O_2' + O_1O_1'}{L} = \arctan\frac{X_{2max} + X_{1max}}{2L} \qquad (2\text{-}14)$$

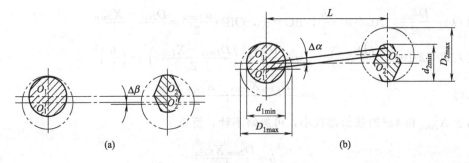

图 2-34　一面两孔定位时定位基准的转动

2.3.3　设计示例

　　如图 2-30 所示的连杆盖上要钻四个定位销孔，其定位方式如图 2-35（a）所示，设计步骤如下。

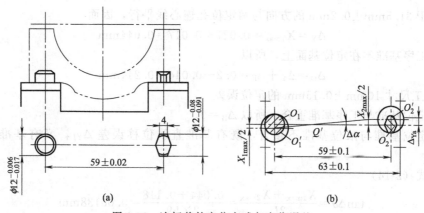

图 2-35　连杆盖的定位方式与定位误差

（1）确定两定位销的中心距

两定位销中心距的基本尺寸应等于工件两定位孔中心距的平均尺寸，其公差一般为

$$\delta_{Ld} = \left(\frac{1}{3} \sim \frac{1}{5} \right) \delta_{LD}$$

因　　　　　　　　　　　　$L_D = 59mm \pm 0.1mm$

故取　　　　　　　　　　　$L_d = 59mm \pm 0.02mm$

（2）确定圆柱销直径

圆柱销直径的基本尺寸应等于与之配合的工件孔的最小极限尺寸，其公差一般取 g6 或 h7。

因连杆盖定位孔的直径为 $\phi 12^{+0.027}_{0}mm$，故取圆柱销的直径 $d_1 = \phi 12g6 = \phi 12^{-0.006}_{-0.017}mm$。

（3）确定菱形销的尺寸 b

查表 2-2，$b = 4mm$。

（4）确定菱形销的直径

① 按式（2-12）计算 X_{2min}

因　　　　　　　　　$a = \frac{\delta_{LD} + \delta_{Ld}}{2} = 0.1 + 0.02 = 0.12mm$

$$b = 4mm; \quad D_2 = \phi 12^{+0.027}_{0}mm$$

所以　$X_{2min} = \frac{2ab}{D_{2min}} = \frac{2 \times 0.12 \times 4}{12} = 0.08mm$

采用修圆菱形销时，应以 b_1 代替 b 进行计算。

② 按公式 $d_{2max} = D_{2min} - X_{2min}$ 计算出菱形销的最大直径

$$d_{2max} = (12 - 0.08)mm = 11.92mm$$

③ 确定菱形销的公差等级

菱形销直径的公差等级一般取 IT6 或 IT7，因 IT6 = 0.011mm，所以 $d_2 = \phi 12^{-0.080}_{-0.091}mm$。

（5）计算定位误差

连杆盖本工序的加工尺寸较多，除了四孔的直径和深度外，还有 63mm ± 0.1mm、20mm ± 0.1mm、31.5mm ± 0.2mm 和 10mm ± 0.15mm。其中，63mm ± 0.1mm 和 20mm ± 0.1mm 的大小主要取决于钻套间的距离，与本工序无关，没有定位误差；31.5mm ± 0.2mm 和 10mm ± 0.15mm 均受工件定位的影响，有定位误差。

① 加工尺寸 31.5mm ± 0.2mm 的定位误差

由于定位基准与工序基准不重合，定位尺寸 $S = 29.5mm \pm 0.1mm$，所以 $\Delta_B = \delta_S = 0.2mm$。

又由于 31.5mm±0.2mm 的方向与两定位孔连心线平行，因而

$$\Delta_Y = X_{1max} = 0.027 + 0.017 = 0.044mm$$

因为工序基准不在定位基面上，所以

$$\Delta_D = \Delta_Y + \Delta_B = 0.2 + 0.044 = 0.244mm$$

② 加工尺寸 10mm±0.15mm 的定位误差

由于定位基准与工序基准重合，所以 $\Delta_B = 0$。

由于定位基准与限位基准不重合，既有基准直线位移误差 Δ_{Y1}，又有基准角位移误差 Δ_{Y2}。

根据式（2-14）

$$\tan\Delta\alpha = \frac{X_{1max} + X_{2max}}{2L} = \frac{0.044 + 0.118}{2 \times 59} = 0.00138mm$$

于是得到，左边两小孔的基准位移误差为

$$\Delta_{Y左} = X_{1max} + 2L_1\tan\Delta\alpha = 0.044 + 2 \times 2 \times 0.00138 = 0.05mm$$

右边两小孔的基准位移误差为

$$\Delta_{Y右} = X_{2max} + 2L_2\tan\Delta\alpha = 0.118 + 2 \times 2 \times 0.00138 = 0.124mm$$

因为 10mm±0.15mm 是对四小孔的统一要求，因此其定位误差为 $\Delta_D = \Delta_Y = 0.124mm$。

2.3.4 定位误差计算示例

表 2-3 中列举了一些常见定位形式定位误差的计算公式和数值。

表 2-3 定位误差计算示例

定位形式		定位简图	定位误差计算式/mm
以平面作定位基准	一个平面定位		$\Delta_{D \cdot W(A)} = 0$ $\Delta_{D \cdot W(B)} = \delta$
	两个垂直平面定位		$\alpha = 90°$，当 $h < H/2$ 时 $\Delta_{D \cdot W(B)} = 2(H-h)\tan\Delta\alpha_g$
	两个垂直平面定位		$\Delta_{D \cdot W(A)} = 2\delta_C\cos\alpha + 2\delta_B\cos(90°-\alpha)$
	两个水平面定位		工件在水平面内最大角向定位误差 $\Delta_{J \cdot W} = \arctan\dfrac{\delta_{Hg} + \delta_{Hz}}{L}$

定位形式		定位简图	定位误差计算式/mm
以孔与平面作定位基准	一孔一平面定位		任意边接触 $\Delta_{D \cdot W} = \delta_D + \delta_d + \Delta_{min}$ 固定边接触 $\Delta_{D \cdot W} = \dfrac{\delta_D + \delta_d}{2}$
			$\Delta_{D \cdot W(Y)} = 0$ $\Delta_{D \cdot W(X)} = \delta_D + \delta_d + \Delta_{min}$
	一面两孔定位		$\Delta_{D \cdot W(Y)} = \delta_{D_1} + \delta_{d_1} + \Delta_{1min}$ $\Delta_{J \cdot W} = \arctan \dfrac{\delta_{D_1} + \delta_{d_1} + \Delta_{1min} + \delta_{D_2} + \delta_{d_2} + \Delta_{2min}}{2L}$
以外圆柱面作定位基准	两垂直面定位		$\Delta_{D \cdot W(A)} = \dfrac{1}{2}\delta_D$ $\Delta_{D \cdot W(B)} = 0$ $\Delta_{D \cdot W(C)} = \delta_D$ $\Delta_{D \cdot W(D)} = \dfrac{1}{2}\delta_D$
	平面定位 V 形块定心		$\Delta_{D \cdot W(A)} = \dfrac{1}{2}\delta_D$ $\Delta_{D \cdot W(B)} = 0$ $\Delta_{D \cdot W(C)} = \dfrac{1}{2}\delta_D \cos\gamma$

续表

定位形式		定位简图	定位误差计算式/mm
以外圆柱面作定位基准	平面定位V形块定心		$\Delta_{D \cdot w(A)} = 0$ $\Delta_{D \cdot w(B)} = \dfrac{1}{2}\delta_D$ $\Delta_{D \cdot w(C)} = \dfrac{\delta_D}{2} - \dfrac{\delta_D}{2}\cos\gamma$
			$\Delta_{D \cdot w(A)} = \delta_D$ $\Delta_{D \cdot w(B)} = \dfrac{1}{2}\delta_D$ $\Delta_{D \cdot w(C)} = \dfrac{\delta_D}{2} + \dfrac{\delta_D}{2}\cos\gamma$
	V形块定位		$\Delta_{D \cdot w(A)} = \dfrac{\delta_D}{2\sin\dfrac{\alpha}{2}}$ $\Delta_{D \cdot w(B)} = \dfrac{\delta_D}{2}\left(\dfrac{1}{\sin\dfrac{\alpha}{2}} - 1\right)$ $\Delta_{D \cdot w(C)} = \dfrac{\delta_D}{2}\left(\dfrac{1}{\sin\dfrac{\alpha}{2}} + 1\right)$ 表如下

α	$\Delta_{D \cdot w(A)}$	$\Delta_{D \cdot w(B)}$	$\Delta_{D \cdot w(C)}$
60°	δ_D	$0.5\delta_D$	$1.5\delta_D$
90°	$0.71\delta_D$	$0.21\delta_D$	$1.21\delta_D$
120°	$0.58\delta_D$	$0.08\delta_D$	$1.08\delta_D$

$\Delta_{D \cdot w(A)} = 0$

$\Delta_{D \cdot w(B)} = \dfrac{1}{2}\delta_D$

$\Delta_{D \cdot w(C)} = \dfrac{1}{2}\delta_D$

$\Delta_{D \cdot w(A)} = \dfrac{\delta_D\sin\beta}{2\sin\dfrac{\alpha}{2}}$

$\Delta_{D \cdot w(B)} = \dfrac{\delta_D}{2}\left(1 - \dfrac{\sin\beta}{\sin\dfrac{\alpha}{2}}\right)$

$\Delta_{D \cdot w(C)} = \dfrac{\delta_D}{2}\left(1 + \dfrac{\sin\beta}{\sin\dfrac{\alpha}{2}}\right)$

续表

定位形式		定位简图	定位误差计算式/mm
以外圆柱面作定位基准	定心机构定位		$\Delta_{D\cdot w(A)}=0$ $\Delta_{D\cdot w(B)}=\dfrac{1}{2}\delta_D$ $\Delta_{D\cdot w(C)}=\dfrac{1}{2}\delta_D$
	双V形块组合定位		$\Delta_{D\cdot w(A_1)}=\dfrac{\delta_{d_1}}{2\sin\frac{\alpha}{2}}\times\dfrac{L_3-L_1+L}{L}$ $\Delta_{D\cdot w(A_2)}=\dfrac{\delta_{d_1}}{2\sin\frac{\alpha}{2}}+\dfrac{L_1-L_2}{L_1}\times\left(\dfrac{\delta_{d_2}}{2\sin\frac{\alpha}{2}}-\dfrac{\delta_{d_1}}{2\sin\frac{\alpha}{2}}\right)$ $\Delta_{J\cdot w}=\pm\arctan\dfrac{\dfrac{\delta_{d_1}}{2\sin\frac{\alpha}{2}}+\dfrac{\delta_{d_2}}{2\sin\frac{\alpha}{2}}}{2L_1}$

符号注释	$\Delta_{D\cdot w}$——工件在夹具中的定位误差 $\Delta_{J\cdot w}$——转角误差 Δ_{min}——定位孔与定位销间的最小间隙	Δ_{1min}——第一定位孔与圆定位销间的最小间隙 Δ_{2min}——第二定位孔与削边定位销间的最小间隙

2.4　定位装置设计典型图例

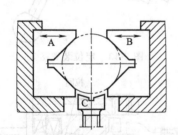

图 2-36　定位装置-1

说明：工件搁在定位件 C 上，直至 V 形块 A、B 把工件提起并夹紧。

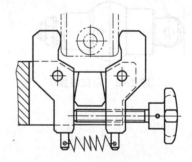

图 2-37　定位装置-2

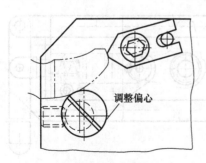

图 2-38　定位装置-3

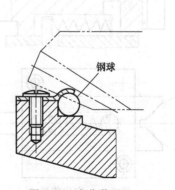

图 2-39　定位装置-4

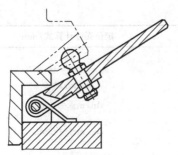

图 2-40　定位装置-5

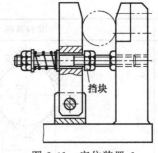

图 2-41　定位装置-6

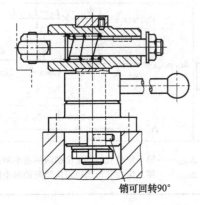

销可回转90°

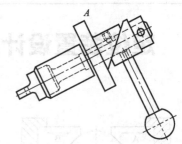

图 2-43　定位装置-8

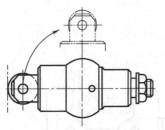

图 2-42　定位装置-7

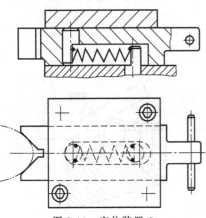

图 2-44　定位装置-9

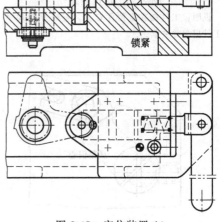

图 2-45　定位装置-10

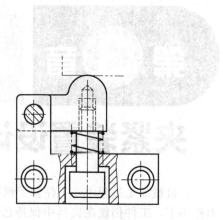

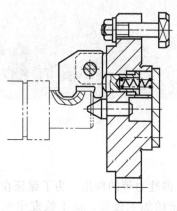

图 2-46　定位装置-11

图 2-47　定位装置-12

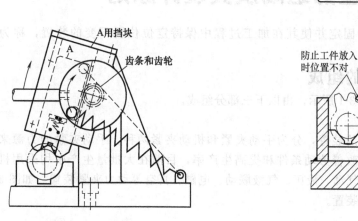

图 2-48　定位装置-13

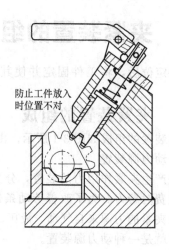

图 2-49　定位装置-14

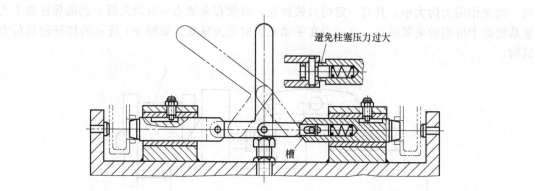

图 2-50　定位装置-15

第3章

Chapter 03

夹紧装置设计

在机械加工过程中，工件会受到切削力、离心力、惯性力等的作用。为了保证在这些外力作用下，工件仍能在夹具中保持已由定位元件所确定的加工位置，而不致发生振动和位移，在夹具结构中必须设置一定的夹紧装置将工件可靠地夹牢。

3.1 夹紧装置的组成及其设计原则

工件定位后，将工件固定并使其在加工过程中保持定位位置不变的装置，称为夹紧装置。

3.1.1 夹紧装置的组成

夹紧装置的组成如图 3-1 所示，由以下三部分组成。

（1）动力源装置

它是产生夹紧作用力的装置，分为手动夹紧和机动夹紧两种。手动夹紧的力源来自人力，比较费时费力。为了改善劳动条件和提高生产率，目前在大批量生产中均采用机动夹紧。机动夹紧的力源来自气动、液压、气液联动、电磁、真空等动力夹紧装置。如图 3-1 所示的气缸就是一种动力源装置。

（2）传力机构

它是介于动力源和夹紧元件之间传递动力的机构。传力机构的作用是：改变作用力的方向；改变作用力的大小；具有一定的自锁性能，以便在夹紧力一旦消失后，仍能保证整个夹紧系统处于可靠的夹紧状态，这一点在手动夹紧时尤为重要。如图 3-1 所示的杠杆就是传力机构。

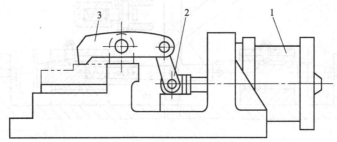

图 3-1 夹紧装置的组成
1—气缸；2—杠杆；3—压板

（3）夹紧元件

它是直接与工件接触完成夹紧作用的最终执行元件。如图 3-1 所示的压板就是夹紧元件。

3.1.2 夹紧装置的设计原则

在夹紧工件的过程中，夹紧作用的效果会直接影响工件的加工精度、表面粗糙度以及生产效率。因此，设计夹紧装置应遵循以下原则。

(1) 工件不移动原则

夹紧过程中，应不改变工件定位后所占据的正确位置，即在夹紧力的作用下，工件不应离开定位支承。

(2) 工件不变形原则

夹紧力的大小要适当、可靠，既要保证工件在加工过程中小产生移动和振动，又应使工件在夹紧力的作用下不致产生加工精度所不允许的变形。

(3) 工件不振动原则

对刚性较差的工件，或者进行断续切削，以及不宜采用气缸直接压紧的情况，应提高支承元件和夹紧元件的刚性，并使夹紧部位靠近加工表面，以避免工件和夹紧系统的振动。

(4) 安全可靠原则

夹紧传力机构应有足够的夹紧行程，手动夹紧要有自锁性能，以保证夹紧可靠。

(5) 经济实用原则

夹紧装置的自动化和复杂程度应与生产纲领相适应，在保证生产效率的前提下，其结构应力求简单，便于制造、维修，工艺性能好；操作方便、省力，使用性能好。

3.1.3 夹紧机构的设计要求

夹紧机构是指能实现以一定的夹紧力夹紧工件、选定夹紧点的功能的完整结构。它主要包括与工件接触的压板、支承件和施力机构。对夹紧机构通常有如下要求。

(1) 可浮动

由于工件上各夹紧点之间总是存在位置误差，为了使压板可靠地夹紧工件或使用一块压板实现多点夹紧，一般要求夹紧机构和支承件等要有浮动自位的功能。要使压板及支承件等产生浮动，可用球面垫圈、球面支承及间隙连接销来实现，如图 3-2 所示。

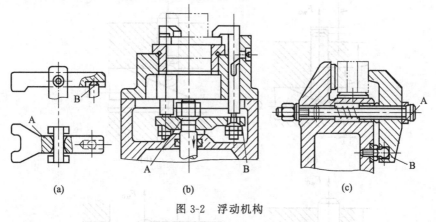

(a)　　　　　(b)　　　　　(c)

图 3-2　浮动机构

(2) 可联动

为了实现几个方向的夹紧力同时作用或顺序作用，并使操作简便，设计中应广泛采用各种联动机构，如图 3-3～图 3-5 所示。

(3) 可增力

为了减小动力源的作用力，在夹紧机构中常采用增力机构。最常用的增力机构有螺旋、杠杆、斜面、铰链及其组合。

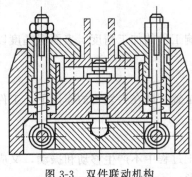

图 3-3　双件联动机构

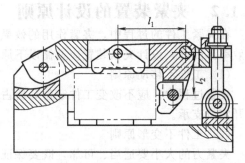

图 3-4　实现相互垂直作用力的联动机构

杠杆增力机构的增力比及行程的适应范围较大，结构简单，如图 3-6 所示。

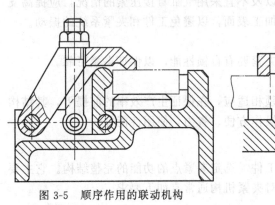

图 3-5　顺序作用的联动机构

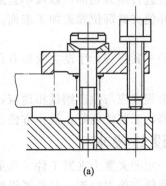

图 3-6　杠杆机构的常见情况

斜面增力机构的增力比较大，但行程较小，且结构复杂，多用于要求有稳定夹紧力的精加工夹具中，如图 3-7 所示。

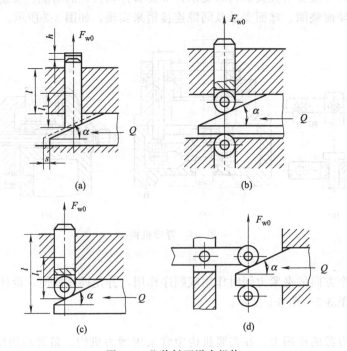

图 3-7　几种斜面增力机构

螺旋的增力原理和斜面一样。此外，还有气动液压增力机构等。

铰链增力机构常和杠杆机构组合使用，称为铰链杠杆机构，它是气动夹具中常用的一种增力机构。其优点是增力比较大，而摩擦损失较小。如图 3-8 所示为常用铰链杠杆增力机构的示意图。

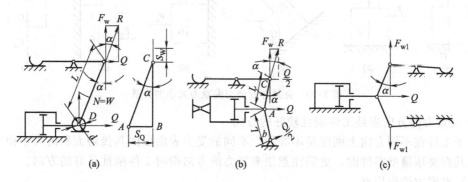

图 3-8　铰链杠杆增力机构

（4）可自锁

当去掉动力源的作用力之后，仍能保持对工件的夹紧状态，称为夹紧机构的自锁。自锁是夹紧机构的一种十分重要并且十分必要的特性。常用的自锁机构有螺旋、斜面及偏心机构等。

3.2　夹紧力的确定

3.2.1　确定夹紧力的基本原则

设计夹紧装置时，夹紧力的确定包括夹紧力的方向、作用点和大小三个要素。

（1）夹紧力的方向

夹紧力的方向与工件定位的基本配置情况，以及工件所受外力的作用方向等有关。选择时必须遵守以下准则。

① 夹紧力的方向应有助于定位稳定，且主夹紧力应朝向主要定位基面。

见图 3-9（a）直角支座镗孔，要求孔与 A 面垂直，所以应以 A 面为主要定位基面，且夹紧力 F_w 方向与之垂直，则较容易保证质量。如图 3-9（b）和图 3-9（c）所示中的 F_w 都不利于保证镗孔轴线与 A 的垂直度，如图 3-9（d）所示中的 F_w 朝向了主要定位基面，则有利于保证加工孔轴线与 A 面的垂直度。

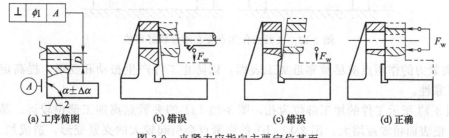

（a）工序简图　　　（b）错误　　　（c）错误　　　（d）正确

图 3-9　夹紧力应指向主要定位基面

② 夹紧力的方向应有利于减小夹紧力，以减小工件的变形、减轻劳动强度。

为此，夹紧力 F_w 的方向最好与切削力 F、工件的重力 G 的方向重合。如图 3-10 所示为工件在夹具中加工时常见的几种受力情况。显然，图 3-10 (a) 为最合理，图 3-10 (f) 情况为最差。

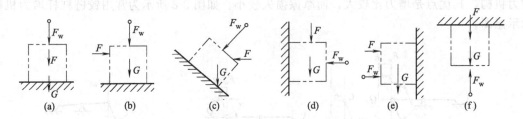

图 3-10　夹紧力方向与夹紧力大小的关系

③ 夹紧力的方向应是工件刚性较好的方向。

由于工件在不同方向上刚度是不等的。不同的受力表面也因其接触面积的大小而变形各异。尤其在夹压薄壁零件时，更需注意使夹紧力的方向指向工件刚性最好的方向。

（2）夹紧力的作用点

夹紧力作用点是指夹紧件与工件接触的一小块面积。选择作用点的问题是指在夹紧方向已定的情况下确定夹紧力作用点的位置和数目。夹紧力作用点的选择是达到最佳夹紧状态的首要因素。合理选择夹紧力作用点必须遵守以下准则。

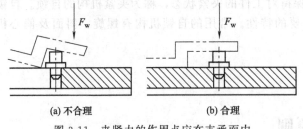

(a) 不合理　　(b) 合理

图 3-11　夹紧力的作用点应在支承面内

① 夹紧力的作用点应落在定位元件的支承范围内，应尽可能使夹紧点与支承点对应，使夹紧力作用在支承上。

如图 3-11 (a) 所示，夹紧力作用在支承面范围之外，会使工件倾斜或移动，夹紧时将破坏工件的定位；而如图 3-11 (b) 所示则是合理的。

② 夹紧力的作用点应选在工件刚性较好的部位。

这对刚度较差的工件尤其重要，如图 3-12 所示，将作用点由中间的单点改成两旁的两点夹紧，可使变形大为减小，并且夹紧更加可靠。

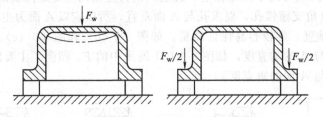

图 3-12　夹紧力作用点应在刚性较好部位

③ 夹紧力的作用点应尽量靠近加工表面，以防止工件产生振动和变形，提高定位的稳定性和可靠性。

如图 3-13 所示工件的加工部位为孔，图 3-13 (a) 的夹紧点离加工部位较远，易引起加工振动，使表面粗糙度增大；图 3-13 (b) 的夹紧点会引起较大的夹紧变形，造成加工误差；图 3-13 (c) 是比较好的一种夹紧点选择。

（3）夹紧力的大小

夹紧力的大小，对于保证定位稳定、夹紧可靠，确定夹紧装置的结构尺寸，都有着密切

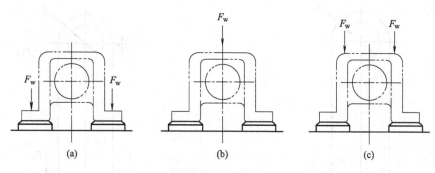

图 3-13　夹紧力作用点应靠近加工表面

的关系。夹紧力的大小要适当。夹紧力过小则夹紧不牢靠，在加工过程中工件可能发生位移而破坏定位，其结果轻则影响加工质量，重则造成工件报废甚至发生安全事故。夹紧力过大会使工件变形，也会对加工质量不利。

理论上，夹紧力的大小应与作用在工件上的其他力（力矩）相平衡；而实际上，夹紧力的大小还与工艺系统的刚度、夹紧机构的传递效率等因素有关，计算过程是很复杂的。因此，实际设计中常采用估算法、类比法和试验法确定所需的夹紧力。

当采用估算法确定夹紧力的大小时，为简化计算，通常将夹具和工件看成一个刚性系统。根据工件所受切削力、夹紧力（大型工件应考虑重力、惯性力等）的作用情况，找出加工过程中对夹紧最不利的状态，按静力平衡原理计算出理论夹紧力，最后再乘以安全系数作为实际所需夹紧力，即

$$F_{wk} = KF_w \qquad (3-1)$$

式中　F_{wk}——实际所需夹紧力，N；

　　　F_w——在一定条件下，由静力平衡算出的理论夹紧力，N；

　　　K——安全系数，粗略计算时，粗加工取 $K=2.5\sim3$，精加工取 $K=1.5\sim2$。

夹紧力三要素的确定，实际是一个综合性问题。必须全面考虑工件结构特点、工艺方法、定位元件的结构和布置等多种因素，才能最后确定并具体设计出较为理想的夹紧装置。

（4）减小夹紧变形的措施

有时一个工件很难找出合适的夹紧点。如图 3-14 所示的较长的套筒在车床上镗内孔和如图 3-15 所示的高支座在镗床上镗孔，以及一些薄壁零件的夹持等，均不易找到合适的夹紧点。这时可以采取以下措施减少夹紧变形。

图 3-14　车床上镗深孔

① 增加辅助支承和辅助夹紧点。如图 3-15 所示的高支座可采用如图 3-16 所示的方法，增加一个辅助支承点及辅助夹紧力 F_{w1}，就可以使工件获得满意的夹紧状态。

② 分散着力点。如图 3-17 所示，用一块活动压板将夹紧力的着力点分散成两个或四个，从而改变着力点的位置，减少着力点的压力，获得减少夹紧变形的效果。

③ 增加压紧件接触面积。如图 3-18 所示为三爪卡盘夹紧薄壁工件的情形。将图 3-18（a）改为图 3-18（b）的形式，改用宽卡爪增大和工件的接触面积，减小了接触点的比压，从而减小了夹紧变形。图 3-19 列举了另外两种减少夹紧变形装置。图 3-19（a）为常见的浮

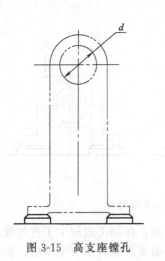

图 3-15　高支座镗孔

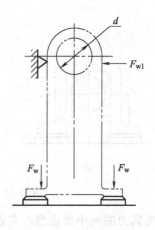

图 3-16　辅助夹紧

动压块，图 3-19（b）为在压板下增加垫环，使夹紧力通过刚性好的垫环均匀地作用在薄壁工件上，避免工件局部压陷。

④ 利用对称变形。加工薄壁套筒时，采用图 3-18 的方法加宽卡爪，如果夹紧力较大，仍有可能发生较大的变形。因此，在精加工时，除减小夹紧力外，夹具的夹紧设计应保证工件能产生均匀的对称变形，以便获得变形量的统计平均值，通过调整刀具适当消除部分变形量，也可以达到所要求的加工精度。

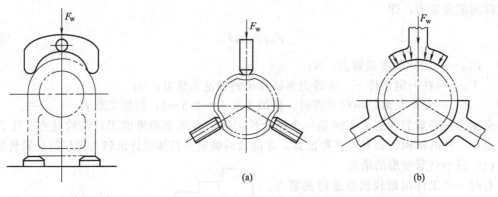

图 3-17　分散着力点

(a)　　　　　　　(b)

图 3-18　薄壁套的夹紧变形及改善

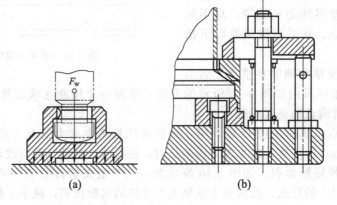

(a)　　　　　　　(b)

图 3-19　采用浮动压块和垫环减少工件夹紧变形

⑤ 其他措施。对于一些极薄的特形工件,靠精密冲压加工仍达不到所要求的精度而需要进行机械加工时,上述各种措施通常难以满足需要,可以采用一种冻结式夹具。这类夹具是将极薄的特形工件定位于一个随行的型腔里,然后浇灌低熔点金属,待其固结后一起加工,加工完成后,再加热熔解低熔点金属,取出工件。低熔点金属的浇灌及熔解分离,都是在生产线上进行的。

3.2.2 计算实际所需夹紧力的安全系数

计算实际夹紧力时的安全系数如表 3-1 和表 3-2 所示。

表 3-1 安全系数 $K_0 \sim K_6$ 的数值

符号	考虑的因素		系 数 值
K_0	考虑工件材料及加工余量均匀性的基本安全系数		$1.2 \sim 1.5$
K_1	加工性质	粗加工	1.2
		精加工	1.0
K_2	刀具钝化程度(详见表 3-2)		$1.0 \sim 1.9$
K_3	切削特点	连续切削	1.0
		断续切削	1.2
K_4	夹紧力的稳定性	手动夹紧	1.3
		机动夹紧	1.0
K_5	手动夹紧时的手柄位置	操作方便	1.0
		操作不方便	1.2
K_6	仅有力矩使工件回转时,工件与支承面接触的情况	接触点确定	1.0
		接触点不确定	1.5

表 3-2 安全系数 K_2 的数值

加 工 方 法	切削力情况	K_2	
		铸铁	钢
钻削	M_k	1.15	1.15
	F_c	1.0	1.0
粗扩 (毛坯)	M_k	1.3	1.3
	F_c	1.2	1.2
精扩	M_k	1.2	1.2
	F_c	1.2	1.2
粗车或粗镗	F_c	1.0	1.0
	F_p	1.2	1.4
	F_f	1.25	1.6

续表

加工方法	切削力情况	K_2	
		铸铁	钢
精车或精镗	F_c	1.05	1.0
	F_p	1.4	1.05
	F_f	1.3	1.0
圆周铣削(粗、精)	F_c	1.2~1.4	1.6~1.8(含碳量小于0.3%)
			1.2~1.4(含碳量大于0.3%)
端面铣削(粗、精)	F_c	1.2~1.4	1.6~1.8(含碳量小于0.3%)
			1.2~1.4(含碳量大于0.3%)
磨削	F_c	—	1.15~1.2
拉削	F	—	1.5

3.2.3 各种加工方法的切削力计算

（1）车削切削力的计算（表 3-3）

表 3-3 车削切削力的计算公式

车削切削力 F_c 计算

车削力类型	计 算 条 件			计 算 公 式
	工件材料	刀具材料	加工方式	
圆周分力 F_c	结构钢或铸钢 ($\sigma_b=736\text{MPa}$)	硬质合金	纵向和横向车、镗孔	$F_c=2943a_p f^{0.75} v_c^{-0.15} K_p$
			带修光刃车刀纵向车削	$F_c=3767a_p^{0.9} f^{0.9} v_c^{-0.15} K_p$
			切断和割槽	$F_c=4002a_p^{0.72} f^{0.8} K_p$
			车螺纹	$F_c=1452 f^{1.7} i^{-0.71} K_p$
		高速钢	纵向和横向车、镗孔	$F_c=1962a_p f^{0.75} K_p$
			切断和割槽	$F_c=2423a_p f K_p$
			成形车削	$F_c=2080a_p f^{0.75} K_p$(当切削深度较浅、形状较简单时,切削力可减少10%~15%)
	耐热钢(141HB) (1Cr18Ni9Ti)	硬质合金	纵向和横向车、镗孔	$F_c=2001a_p f^{0.75} K_p$
	灰铸铁 (190HB)	硬质合金	纵向和横向车、镗孔	$F_c=902a_p f^{0.75} K_p$
		硬质合金	带修光刃车刀纵向车削	$F_c=1207a_p f^{0.85} K_p$
		硬质合金	车螺纹	$F_c=1010 f^{1.8} i^{-0.82} K_p$
		高速钢	切断和割槽	$F_c=1550a_p f K_p$
	可锻铸铁 (150HB)	硬质合金	纵向和横向车、镗孔	$F_c=795a_p f^{0.75} K_p$
		高速钢	纵向和横向车、镗孔	$F_c=981a_p f^{0.75} K_p$
		高速钢	切断和割槽	$F_c=1364a_p f K_p$
	铜合金 (120HB)	高速钢	纵向和横向车、镗孔	$F_c=540a_p f^{0.66} K_p$
		高速钢	切断和割槽	$F_c=736a_p f K_p$
	铝、硅铝合金	高速钢	纵向和横向车、镗孔	$F_c=392a_p f^{0.75} K_p$
		高速钢	切断和割槽	$F_c=491a_p f K_p$

续表

车削切削力 F_c 计算				
车削力类型	计算条件			计算公式
	工件材料	刀具材料	加工方式	
径向分力 F_p	结构钢或铸钢 ($\sigma_b = 736\text{MPa}$)	硬质合金	纵向和横向车、镗孔	$F_p = 2383 a_p^{0.9} f^{0.6} v_c^{-0.3} K_p$
			带修光刃车刀纵向车削	$F_p = 3483 a_p^{0.6} f^{0.8} v_c^{-0.3} K_p$
			切断和割槽	$F_p = 1697 a_p^{0.73} f^{0.67} K_p$
		高速钢	纵向和横向车、镗孔	$F_p = 1226 a_p^{0.9} f K_p$
	灰铸铁 (190HB)	硬质合金	纵向和横向车、镗孔	$F_p = 530 a_p^{0.9} f K_p$
		硬质合金	带修光刃车刀纵向车削	$F_p = 598 a_p^{0.6} f^{0.5} K_p$
	可锻铸铁 (150HB)	硬质合金	纵向和横向车、镗孔	$F_p = 422 a_p^{0.9} f K_p$
		高速钢	纵向和横向车、镗孔	$F_p = 863 a_p^{0.9} f K_p$
轴向分力 F_f	结构钢或铸钢 ($\sigma_b = 736\text{MPa}$)	硬质合金	纵向和横向车、镗	$F_f = 3326 a_p f^{0.5} v_c^{-0.4} K_p$
			带修光刃车刀纵向车削	$F_f = 2364 a_p^{1.05} f^{0.2} v_c^{-0.4} K_p$
		高速钢	纵向和横向车、镗孔	$F_f = 657 a_p^{1.2} f^{0.65} K_p$
	灰铸铁 (190HB)	硬质合金	纵向和横向车、镗孔	$F_f = 451 a_p f^{0.4} K_p$
		硬质合金	带修光刃车刀纵向车削	$F_f = 235 a_p^{1.05} f^{0.2} K_p$
	可锻铸铁 (150HB)	硬质合金	纵向和横向车、镗孔	$F_f = 373 a_p f^{0.4} K_p$
		高速钢	纵向和横向车、镗孔	$F_f = 392 a_p^{1.2} f^{0.65} K_p$
符号注释	a_p——背吃刀量,mm,在切断、割槽和成形车削时,a_p 指切削刃的长度 f——每转进给量,mm v_c——切削速度,m/min K_p——修正系数 $\quad K_p = K_{mp} K_{Kr} p K_{\gamma o} p K_{\lambda s} p K_r p$,对于车螺纹,$K_p = K_{mp}$ K_{mp}——考虑工件材料力学性能的系数 $K_{Kr} p K_{\gamma o} p K_{\lambda s} p K_r p$——考虑刀具几何参数的系数 i——螺纹车削的次数			

K_{mp} 值				
工件材料	结构钢、铸钢	灰铸铁	可锻铸铁	铜
K_{mp}	$(\sigma_b / 736)^n$	$(HB/150)^n$	$(HB/150)^n$	1.7~2.1

工件材料	铜 合 金					铝 合 金			
	多 相		含铅量 <10%的 铜铅合金	单相金 相组织	含铅量 <15%的 铜铅合金	铝、硅铝 合金	硬 铝		
	硬度 HB =120	硬度 HB >120					$\sigma_b = 245\text{MPa}$	$\sigma_b = 343\text{MPa}$	$\sigma_b = 345\text{MPa}$
K_{mp}	1.0	0.75	0.65~0.70	1.8~2.2	0.25~0.45	1.0	1.5	2.0	2.75

指数 n 值						
工件材料	F_c		F_p		F_f	
	硬质合金	高速钢	硬质合金	高速钢	硬质合金	高速钢
结构钢 $\sigma_b \leqslant 587\text{MPa}$	0.75	0.35	1.35	2.0	1.0	1.5
铸钢 $\sigma_b > 587\text{MPa}$	0.75	0.75	1.35	2.0	1.0	1.5
灰铸铁、可锻铸铁	0.4	0.55	1.0	1.3	0.8	1.1

系数 K_{pKr}、$K_{p\gamma o}$、$K_{p\lambda s}$、K_{pr}值

刀具参数		刀具材料	系 数			
			符号	数 值		
名称	数值			F_c	F_p	F_f
主偏角 K_r/(°)	30	硬质合金	K_{pKr}	1.08	1.30	0.78
	45			1.0	1.0	1.0
	60			0.94	0.77	1.11
	90			0.89	0.50	1.17
	30	高速钢		1.08	1.63	0.70
	45			1.0	1.0	1.0
	60			0.98	0.71	1.27
	90			1.08	0.44	1.82
前角 γ_o/(°)	−15	硬质合金	$K_{p\gamma o}$	1.25	2.0	2.0
	0			1.1	1.4	1.4
	10			1.0	1.0	1.0
	12~15	高速钢		1.15	1.6	1.7
	20~25			1.0	1.0	1.0
刃倾角 λ_s/(°)	−5	硬质合金	$K_{p\lambda s}$	1.0	0.75	1.07
	0			1.0	1.0	1.0
	5			1.0	1.25	0.85
	15			1.0	1.7	0.65
刀尖圆弧半径 r_ϵ/mm	0.5	高速钢	K_{pr}	0.87	0.66	1.0
	1.0			0.93	0.82	1.0
	2.0			1.0	1.0	1.0
	3.0			1.04	1.14	1.0
	5.0			1.10	1.33	1.0

（2）钻削切削力的计算（表 3-4）

表 3-4 钻削切削力的计算公式

钻削切削力的计算				
钻削力矩 M	工 件 材 料	刀具材料	加工方式	计 算 公 式
	结构钢（σ_b=736MPa）	高速钢	钻	$M=0.34d^2 f^{0.8} K_p$
			扩钻	$M=0.88da_p^{0.8} f^{0.8} K_p$

续表

	工 件 材 料	刀具材料	加工方式	计 算 公 式
钻削力矩 M	耐热钢(141HB)(1Cr18Ni9Ti)	高速钢	钻	$M=0.40d^2f^{0.7}K_p$
	灰铸铁(190HB)	高速钢	钻	$M=0.21d^2f^{0.8}K_p$
		硬质合金	钻	$M=0.12d^{2.2}f^{0.8}K_p$
		高速钢	扩钻	$M=0.83d^2a_p^{0.75}f^{0.8}K_p$
	可锻铸铁	高速钢	钻	$M=0.21d^2f^{0.8}K_p$
		硬质合金	钻	$M=0.098d^{2.2}f^{0.8}K_p$
	多金相组织铜合金(平均硬度:120HB)	高速钢	钻	$M=0.12d^2f^{0.7}K_p$
钻削力 F	结构钢($\sigma_b=736$MPa)	高速钢	钻	$F_f=667df^{0.7}K_p$
			扩钻	$F_f=371a_p^{1.3}f^{0.7}K_p$
	耐热钢(141HB)(1Cr18Ni9Ti)	高速钢	钻	$F_f=1402df^{0.7}K_p$
	灰铸铁(190HB)	高速钢	钻	$F_f=419df^{0.8}K_p$
		硬质合金	钻	$F_f=412d^{1.2}f^{0.75}K_p$
		高速钢	扩钻	$F_f=231a_p^{1.2}f^{0.4}K_p$
	可锻铸铁	高速钢	钻	$F_f=425df^{0.8}K_p$
		硬质合金	钻	$F_f=319d^{1.2}f^{0.75}K_p$
	多金相组织铜合金(平均硬度:120HB)	高速钢	钻	$F_f=309df^{0.8}K_p$

修正系数 K_p 值

工件材料	结构钢、铸钢	灰铸铁	可锻铸铁	铜
K_p	$(\sigma_b/736)^{0.75}$	$(HB/150)^{0.6}$	$(HB/150)^{0.6}$	1.7~2.1

工件材料	铜 合 金					铝 合 金			
	多 相		含铅量<10%的铜铅合金	单相金相组织	含铅量<15%的铜铅合金	铝、硅铝合金	硬 铝		
	硬度 HB=120	硬度 HB>120					$\sigma_b=245$MPa	$\sigma_b=343$MPa	$\sigma_b=345$MPa
K_p	1.0	0.75	065~0.70	1.8~2.2	0.25~0.45	1.0	1.5	2.0	2.75

符号注释	M——切削力矩,N·m F_f——轴向切削力,N d——钻头直径,mm	f——每转进给量,mm K_p——修正系数	a_p——切削层的深度,mm $a_p=0.5(d-D)$

(3)铣削切削力的计算（表 3-5）

表 3-5　铣削切削力的计算公式

铣削切削力的计算

刀具材料	工件材料	铣 刀 类 型	计 算 公 式
高速钢	碳钢、青铜、铝合金、可锻铸铁	圆柱铣刀、立铣刀、盘铣刀、锯片铣刀、角度铣刀、半圆成形铣刀	$F=C_pa_p^{0.86}f_z^{0.72}d^{-0.86}BzK_p$
		端铣刀	$F=C_pa_p^{1.1}f_z^{0.8}d^{-1.1}B^{0.95}zK_p$
	灰铸铁	圆柱铣刀、立铣刀、盘铣刀、锯片铣刀	$F=C_pa_p^{0.86}f_z^{0.72}d^{-0.86}BzK_p$
		端铣刀	$F=C_pa_p^{0.83}f_z^{0.65}d^{-0.83}BzK_p$

铣削切削力的计算			
刀具材料	工件材料	铣 刀 类 型	计 算 公 式
硬质合金	碳钢	圆柱铣刀	$F=912a_p^{0.88}f_z^{0.8}d^{-0.87}Bz$
		三面刃铣刀	$F=2335a_p^{0.9}f_z^{0.8}d^{-1.1}B^{1.1}n^{-0.1}z$
		两面刃铣刀	$F=2452a_p^{0.8}f_z^{0.7}d^{-1.1}B^{0.85}z$
		立铣刀	$F=118a_p^{0.85}f_z^{0.75}d^{-0.73}Bn^{-0.18}z$
		端铣刀	$F=11281a_p^{1.06}f_z^{0.88}d^{-1.3}B^{0.9}n^{-0.18}z$
	可锻铸铁	端铣刀	$F=44341a_p^{1.1}f_z^{0.75}d^{-1.3}Bn^{-0.2}z$
	灰铸铁	圆柱铣刀	$F=510a_p^{0.9}f_z^{0.8}d^{-0.9}Bz$
		端铣刀	$F=490a_p^{1.0}f_z^{0.74}d^{-1.0}B^{0.9}z$

符号注释	F——铣削力,N C_p——在用高速钢铣刀铣削时,考虑工件材料及铣刀类型的系数 a_p——铣削深度,mm HB——工件材料的布氏硬度值(取最大值)	d——铣刀直径,mm f_z——每齿进给量,mm B——铣削宽度,mm z——铣刀齿数 n——铣刀每分钟转数 a_p——铣削层的深度,mm f_z——每齿进给量,mm	K_p——用高速钢铣刀铣削时,考虑工件材料力学性能不同的修正系数对于结构钢、铸钢: $K_p=(\sigma_b/736)^{0.8}$ 对于灰铸铁: $K_p=(HB/190)^{0.55}$

C_p 值					
铣刀 类型	C_p 值				
	碳钢	可锻铸铁	灰铸铁	青铜	镁合金
圆柱铣刀、立铣刀等	669	294	294	222	167
圆盘铣刀、锯片铣刀	808	510	510	368	177
端铣刀	670	294	294	221	167
角度铣刀	382				
半圆成形铣刀	461				

3.2.4 典型夹紧形式实际所需夹紧力的计算

实际所需夹紧力的计算是一个很复杂的问题,一般只能做粗略的估算。为了简化计算,在设计夹紧装置时,可以只考虑切削力(矩)对夹紧的影响,并假定工艺系统是刚性的,切削过程稳定不变。表 3-6 列出了典型夹紧形式实际所需夹紧力的计算公式。

表 3-6 典型夹紧形式所需夹紧力的计算公式

典型夹紧形式实际所需夹紧力的计算公式			
计 算 条 件		计 算 简 图	计 算 公 式
定位形式	夹紧形式		
工件以平面定位	夹紧力与切削力方向相反		$W_k=KF$

续表

典型夹紧形式实际所需夹紧力的计算公式			
计 算 条 件		计 算 简 图	计 算 公 式
定位形式	夹紧形式		
工件以平面定位	夹紧力与切削力方向一致		无
	夹紧力与切削力方向垂直		$W_k = KF/(\mu_1 + \mu_2)$
			$W_k = KFL/(\mu_1 H + l)$
	工件多面同时受力		$W_k = \dfrac{K(\sqrt{F_1^2 + F_3^2} + F_2\mu_2)}{\mu_1 + \mu_2}$

典型夹紧形式实际所需夹紧力的计算公式			
计 算 条 件		计 算 简 图	计 算 公 式
定 位 形 式	夹 紧 形 式		
工件以两垂直面定位	侧向夹紧		$$W_k = \frac{K[F_2(L+c\mu)+F_1 b]}{c\mu+L\mu+a}$$
套类零件	轴向夹紧		$$W_k = \frac{K\left[M-\dfrac{1}{3}F\mu_2\left(\dfrac{D^3-d^3}{D^2-d^2}\right)\right]}{\mu_1 R+\dfrac{1}{3}\mu_2\left(\dfrac{D^3-d^3}{D^2-d^2}\right)}$$
	压板压紧在三个支点上		$$W_k = \frac{K(M-\mu_2 F R_1)}{\mu_1 R_2+\mu_2 R_1}$$
工件以内孔定位	定心夹紧		$$Q = \frac{K F_c D}{\tan\varphi_2 d}[\tan(\alpha+\varphi)+\tan\varphi_1]$$
	端面夹紧		$$Q = \frac{3 K F_c D}{2\left(\mu_1 \dfrac{D_1^3-d^3}{D_1^2-d^2}+\mu_2 \dfrac{D_2^3-d^3}{D_1^2-d^2}\right)}$$

续表

典型夹紧形式实际所需夹紧力的计算公式

计 算 条 件		计 算 简 图	计 算 公 式
定位形式	夹紧形式		
工件以外圆定位	卡盘夹紧		$W_k = \dfrac{2KM}{nD\mu}$
	弹簧夹头夹紧无轴向定位		$Q = K\left[\dfrac{\sqrt{\left(\dfrac{2M}{D}\right)^2 + F_f^2}}{\tan\varphi_2} + W_D\right] \times$ $\tan(\alpha + \varphi_1)$
	弹簧夹头夹紧有轴向定位		$Q = K\left[\dfrac{\sqrt{\left(\dfrac{2M}{D}\right)^2 + F_f^2}}{\tan\varphi_2} + W_D\right] \times$ $\left[\tan(\alpha + \varphi_1) + \tan\varphi_2\right]$
	V 形块定位压板夹紧工件受切削扭矩		防止工件转动 $W_k = \dfrac{KM\sin\dfrac{\alpha}{2}}{\mu_1 R\sin\dfrac{\alpha}{2} + \mu_2 R}$
	V 形块定位压板夹紧工件受切削扭矩		防止工件移动 $W_k = \dfrac{KF_f\sin\dfrac{\alpha}{2}}{\mu_3\sin\dfrac{\alpha}{2} + \mu_4}$
	V 形块定位 V 形块夹紧防止工件转动		$W_k = \dfrac{KM\sin\dfrac{\alpha}{2}}{2R\mu_1}$
	V 形块定位 V 形块夹紧防止工件移动		$W_k = \dfrac{KF\sin\dfrac{\alpha}{2}}{2\mu_2}$

典型夹紧形式实际所需夹紧力的计算公式

符号注释	W_k——实际所需夹紧力，N F_c——切削力，N K——安全系数 M——切削扭矩，N·m W_D——消耗于弹簧夹头的弹性 　　　变形力，N	μ_1——夹紧元件与工件间的摩 　　　擦因数 μ_2——工件与夹具支承面间的 　　　摩擦因数	φ——斜面上的摩擦角，(°) $\tan\varphi_1$、$\tan\varphi_2$——工件与心轴在轴向 　　　方向的摩擦角，(°) n——夹爪数 α——弹簧夹头的半锥 　　　角，(°)

摩　擦　系　数

摩　擦　条　件	μ
工件为加工过的表面	0.16
工件为未加工过的毛坯表面(铸、锻)，固定支承为球面	0.2~0.25
夹紧元件和支承表面有齿纹，并在较大的相互作用力下工作	0.7
用卡盘或弹簧夹头夹紧，其夹爪为：光滑表面	0.16~0.18
用卡盘或弹簧夹头夹紧，其夹爪为：沟槽与切削力方向一致	0.3~0.4
用卡盘或弹簧夹头夹紧，其夹爪为：沟槽相互垂直	0.4~0.5
用卡盘或弹簧夹头夹紧，其夹爪为：齿纹表面	0.7~1.0

3.3　夹紧误差的估算

3.3.1　夹紧误差的概念

工件在夹紧过程中，由于弹性变形、位移或偏转，以及工件定位基准面与定位元件支承面之间的接触变形，将造成工序基准的位移。对一批工件来说，由于夹紧所造成的工序基准位移均相同，因此可通过调整对刀尺寸和夹具在机床上的安装位置来消除它对加工精度的影响。如果夹紧所造成的工序基准位移不稳定，那么工序基准的位移值必在一定范围内变化。这种因夹紧引起的工序基准的最大位移值与最小位移值之差在工序尺寸方向上的投影即为夹紧误差，可用下式表示

$$\Delta_{j.j} = (y_{max} - y_{min})\cos\alpha \tag{3-2}$$

式中　y_{max}——在夹紧作用下，同一批工件中工序基准的最大位移；

y_{min}——在夹紧作用下，同一批工件中工序基准的最小位移；

α——工序基准位移方向与工序尺寸方向之间的夹角。

工序基准的最大位移与最小位移是由于夹紧力的波动引起的，故可按最大夹紧力与最小夹紧力分别计算。

3.3.2　弹性变形的计算

工件在夹紧过程中的弹性变形可按有关力学公式进行。在设计夹紧机构时，应正确选择夹紧力的方向和作用点，合理设置定位元件，以便尽量减小工件的弹性变形。

3.3.3　接触变形的计算

工件在夹紧过程中，工件定位基准与定位元件支承面之间的接触变形可分为以下三种情形来计算。

（1）工件在固定支承上定位

当工件在固定支承钉或支承板上定位并夹紧时，其接触变形位移 y_j 可按下式计算

$$y_j = \left[(k_{R_z}Rz + k_{HB}HB) + c_1\right]\frac{N_z^n}{9.81S^m}\ (\mu m) \tag{3-3}$$

式中　　　　　N_z——作用在支承上的法向力，N；

　　　　　　　S——支承元件与工件的接触面积，cm^2；

　　　　　　　Rz——工件定位基准面的粗糙度，μm；

　　　　　　HB——工件材料的硬度；

k_{R_z}，k_{HB}，c_1，n，m——系数，其值见表3-7。

表 3-7　工件在固定支承上的接触变形计算系数

支 承 元 件	工件材料	k_{R_z}	k_{HB}	c_1	n	m
球头支承钉 （球面半径 r/mm）	钢	0	−0.003	$0.67 + \frac{6.23}{r}$	0.8	0
	铸铁	0	−0.008	$2.70 + \frac{9.28}{r}$		0
有齿纹平头支承钉 （直径为 D/mm）	钢	0	−0.004	$0.38 + 0.0034D$	0.6	0
	铸铁	0	−0.008	$1.76 − 0.03D$		0
平头支承钉支承板	钢	0.004	−0.0016	$0.40 + 0.012F$		0.7
	铸铁	0.016	−0.0045	$0.776 + 0.053F$		0.6

（2）工件在 V 形块上定位

当工件在 V 形块上定位并夹紧时，其接触变形位移 y_j 可按下式计算

$$y_j = \left[k_{R_z}Rz + \frac{k_{HB}}{HB} + c_1\right]\left(\frac{N_z}{1.962l}\right)^n(\mu m) \tag{3-4}$$

式中　l——接触长度，mm。

其他符号意义同前，各系数数值见表3-8。

表 3-8　工件在 V 形块中的接触变形计算系数

支 承 元 件	k_{R_z}	k_{HB}	c_1	n
V 形块夹角 $\alpha = 90°$	0.005	15	$0.086 + \frac{8.4}{D_g}$	0.7

注：D_g——工件定位基准直径，mm。

（3）工件在顶尖上装夹

当工件材料为 45 钢，接触部分的压强不大于 7.85MPa 时，接触变形位移值 y_j 可按下式计算：

$$y_j = c\left(\frac{P}{9.81}\right)^{0.5}(\mu m) \tag{3-5}$$

式中　P——在位移方向上的切削分力，N；

　　　c——系数，随顶尖孔直径大小而异，各系数数值见表3-9。

表 3-9　工件在顶尖间的接触变形计算系数

位移方向	顶尖孔直径/mm											
	1	2	2.5	4	5	6	7.5	10	12.5	15	20	30
径向	15.7	11.8	8.6	5.8	3.8	3.2	2.9	2.1	1.7	1.4	1.0	0.7
轴向	12.1	8.6	6.6	4.1	2.9	2.5	2.2	1.6	1.3	1.1	0.8	0.55

3.4 斜楔夹紧机构

斜楔是夹紧机构中最基本的增力和锁紧元件。斜楔夹紧机构是利用楔块上的斜面直接或间接（如用杠杆）地将工件夹紧的机构，如图3-20所示。

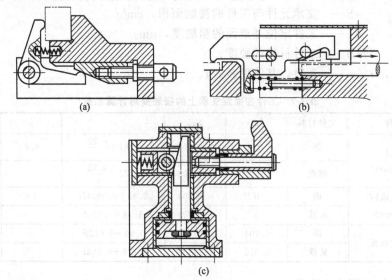

(a)　　　　　　　　　(b)

(c)

图 3-20　斜楔夹紧机构

3.4.1　斜楔夹紧机构夹紧力的计算

斜楔夹紧时产生的夹紧力可按下式计算

$$W_0 = \frac{Q}{\tan(\alpha+\varphi_1)+\tan\varphi_2} \tag{3-6}$$

式中　W_0——斜楔夹紧产生的夹紧力，N；

　　　Q——原始作用推力，N；

　　　α——斜楔升角，(°)；

　　　φ_1——平面摩擦时作用在斜楔面上的摩擦角，(°)；

　　　φ_2——平面摩擦时作用在斜楔基面上的摩擦角，(°)。

3.4.2　斜楔夹紧机构的自锁条件

斜楔夹紧后应能自锁。选用斜楔夹紧机构时，应根据需要确定斜角 α。凡有自锁要求的楔块夹紧，其斜角 α 必须小于斜楔斜面与基面两处摩擦角之和，即 $\alpha<\varphi_1+\varphi_2$。

一般钢铁件接触面的摩擦因数 $\mu=0.1\sim0.15$，因而摩擦角 $\varphi=\tan^{-1}(0.1\sim0.15)=5°43'\sim8°30'$，故相应升角 $\alpha=2\varphi=11°\sim17°$，为可靠起见，通常选取 $\alpha=6°\sim8°$。

在现代夹具中，斜楔夹紧机构常与气压、液压传动装置联合使用，由于气压和液压可保持一定压力，楔块斜角 α 不受此限，可取更大些，一般在 $15°\sim30°$ 内选择。

斜楔夹紧机构结构简单，操作方便，但传力系数小，夹紧行程短，自锁能力差。

3.4.3　斜楔夹紧机构的增力特性与升角的关系

在斜楔夹紧力的计算公式中，如设 $i_p=\dfrac{W_0}{Q}$ 为增力比（或称力系数），则

$$i_p = \frac{1}{\tan(\alpha+\varphi_1)+\tan\varphi_2} \tag{3-7}$$

在不考虑摩擦力的情况下，理想增力比为

$$i'_p = \frac{1}{\tan\alpha} \tag{3-8}$$

工件所要求的夹紧行程 h 和斜楔相应的移动距离 s 有如下关系

$$i_s = \frac{h}{s} = \tan\alpha \tag{3-9}$$

式中　i_s——行程比；

　　　h——夹紧行程，mm；

　　　s——斜楔在外力作用下的位移，mm。

斜楔传动的传动效率为

$$\eta = i_p \tan\alpha \tag{3-10}$$

3.4.4　斜楔夹紧机构夹紧力的计算

（1）斜楔夹紧机构的计算

斜楔夹紧机构夹紧力的计算公式及各类斜楔机构原始推力的计算如表 3-10 所示。

表 3-10　斜楔夹紧机构的计算公式及各类斜楔机构原始推力的计算

斜楔夹紧机构夹紧力的计算公式					
主要参数计算	计算项目	符号	中间公式	计算公式	
	所需推力/N	Q	$Q=W_k/i_p$	$Q=W_k[\tan(\alpha+\varphi_1)+\tan\varphi_2]$	
	斜楔移动距离/mm	s	$s=h/i_s$	$s=h/\tan\alpha$	
	传动效率	η		$\eta=\tan\alpha/[\tan(\alpha+\varphi_1)+\tan\varphi_2]$	
符号注释	W_k——实际所需夹紧力,N i_p——增力比,$i_p=1/[\tan(\alpha+\varphi_1)+\tan\varphi_2]$ i'_p——理想增力比,$i'_p=1/\tan\alpha$ α——斜楔夹紧机械的斜楔角,(°)			φ_1,φ_2——平面摩擦时,作用在斜楔面上的摩擦角,(°) h——夹紧所需行程,mm i_s——行程比,$i_s=h/s=\tan\alpha$	
推力分类计算	斜楔机构	斜楔面形式	运动形式	计算简图	计算公式
	无移动柱塞	单斜楔面	两面滑动		$Q=W_k[\tan(\alpha+\varphi_1)+\tan\varphi_2]$
			斜面滚动		$Q=W_k[\tan(\alpha+\varphi_{1d})+\tan\varphi_2]$
			两面滚动		$Q=W_k[\tan(\alpha+\varphi_{1d})+\tan\varphi_{2d}]$

斜楔机构	斜楔面形式	运动形式	计 算 简 图	计 算 公 式
无移动柱塞	多斜楔面	斜面滑动		$Q = W_k \tan(\alpha + \varphi_1)$
		斜面滚动		$Q = W_k \tan(\alpha + \varphi_{1d})$
推力分类计算 有移动柱塞	单斜楔面双导向孔	两面滑动		$Q = W_k \dfrac{\tan(\alpha + \varphi_1) + \tan\varphi_2}{1 - \tan(\alpha + \varphi_1)\tan\varphi_3}$
		斜面滚动		$Q = W_k \dfrac{\tan(\alpha + \varphi_1) + \tan\varphi_2}{1 - \tan(\alpha + \varphi_1)\tan\varphi_3}$
		两面滚动		$Q = W_k \dfrac{\tan(\alpha + \varphi_{1d}) + \tan\varphi_2}{1 - \tan(\alpha + \varphi_{1d})\tan\varphi_3}$

斜楔机构	斜楔面形式	运动形式	计算简图	计算公式
推力分类计算	单斜楔面单导向孔	两面滑动		$Q=W_k \dfrac{\tan(\alpha+\varphi_{1d})+\tan\varphi_2}{1-\tan(\alpha+\varphi_{1d})\tan\varphi_3'}$
有移动柱塞		斜面滚动		$Q=W_k \dfrac{\tan(\alpha+\varphi_{1d})+\tan\varphi_2}{1-\tan(\alpha+\varphi_{1d})\tan\varphi_3'}$
		两面滚动		$Q=W_k \dfrac{\tan(\alpha+\varphi_{1d})+\tan\varphi_{2d}}{1-\tan(\alpha+\varphi_{1d})\tan\varphi_3'}$
	多斜楔面	斜面滑动		$Q=W_k \dfrac{\tan(\alpha+\varphi_1)}{1-\tan(\alpha+\varphi_1)\tan\varphi_3'}$
		斜面滚动		$Q=W_k \dfrac{\tan(\alpha+\varphi_{1d})}{1-\tan(\alpha+\varphi_{1d})\tan\varphi_3'}$

符号注释	
W_k——实际所需夹紧力,N Q——所需推力,N α——斜楔夹紧机械的斜楔角,(°) φ_1,φ_2——平面摩擦时,作用在斜楔面上的摩擦角,(°) φ_3——移动柱塞双头导向时,导向孔对移动柱塞的摩擦角,(°)	$\varphi_{1d},\varphi_{2d}$——滚珠作用在斜楔面上的当量摩擦角,(°),$\tan\varphi_{1d}=(d_1/d_2)\tan\varphi$ d_1——滚珠转轴直径,mm d_2——滚珠外径,mm φ_3'——移动柱塞单头导向时,导向孔对移动柱塞的摩擦角,(°),$\tan\varphi_3'=(3l/h)\tan\varphi_3$ l——移动柱塞导向孔的中点至斜楔面的距离,mm h——移动柱塞导向孔长,mm

（2）斜楔夹紧机构示例

表 3-11 列举了各类斜楔夹紧机构的计算数值。

表 3-11　斜楔夹紧机构的计算数值

斜楔角 α	i_p、η	无移动柱塞式 单斜楔面 两面滑动 I	无移动柱塞式 单斜楔面 斜面滚动 II	无移动柱塞式 多斜楔面 两面滚动 III	无移动柱塞式 多斜楔面 斜面滑动 IV	无移动柱塞式 多斜楔面 斜面滚动 V	移动柱塞式 单斜楔面 双头导向 两面滑动 VI	移动柱塞式 单斜楔面 双头导向 斜面滚动 VII	移动柱塞式 单斜楔面 双头导向 两面滚动 VIII	移动柱塞式 单斜楔面 单头导向 斜面滑动 IX	移动柱塞式 单斜楔面 单头导向 斜面滚动 X	移动柱塞式 单斜楔面 单头导向 XI	移动柱塞式 多斜楔面 斜面滑动 XII	移动柱塞式 多斜楔面 斜面滚动 XIII	行程比 i_s	理想增力比 i_p'
2°	i_p	4.25	5.40	7.40	7.40	11.8	4.20	5.35	7.35	4.15	5.30	6.60	7.20	11.5	0.035	28.636
	η	0.15	0.19	0.26	0.26	0.41	0.15	0.19	0.26	0.14	0.18	0.23	0.25	0.40		
3°	i_p	3.95	4.93	6.54	6.54	9.71	3.89	4.88	6.49	3.82	4.83	6.41	6.33	9.52	0.052	19.081
	η	0.21	0.26	0.34	0.34	0.51	0.20	0.26	0.34	0.20	0.25	0.34	0.33	0.50		
4°	i_p	3.69	4.55	5.88	5.85	8.33	3.62	4.48	5.81	3.56	4.42	5.71	5.56	8.13	0.070	14.301
	η	0.26	0.32	0.41	0.41	0.58	0.25	0.31	0.40	0.25	0.31	0.40	0.39	0.57		
5°	i_p	3.46	4.20	5.32	5.30	7.25	3.40	4.15	5.25	3.30	4.10	5.16	5.10	7.00	0.087	11.430
	η	0.30	0.36	0.46	0.46	0.63	0.30	0.36	0.46	0.29	0.36	0.45	0.44	0.61		
6°	i_p	3.26	3.91	4.85	4.83	6.41	3.18	3.85	4.78	3.12	3.77	4.69	4.61	6.21	0.105	9.514
	η	0.34	0.41	0.51	0.51	0.67	0.33	0.40	0.50	0.33	0.40	0.49	0.48	0.65		
7°	i_p	3.08	3.65	4.46	4.44	5.75	3.00	3.58	4.39	2.92	3.52	4.31	4.22	5.55	0.123	8.144
	η	0.38	0.45	0.55	0.54	0.71	0.37	0.44	0.54	0.36	0.43	0.53	0.52	0.68		
8°	i_p	2.91	3.42	4.13	4.10	5.21	2.83	3.36	4.05	2.76	3.29	3.97	3.89	5.00	0.140	7.115
	η	0.41	0.48	0.58	0.58	0.73	0.40	0.47	0.57	0.39	0.46	0.56	0.55	0.70		
9°	i_p	2.76	3.23	3.85	3.82	4.76	2.69	3.15	3.76	2.60	3.09	3.68	3.60	4.55	0.158	6.314
	η	0.44	0.51	0.61	0.60	0.75	0.42	0.50	0.60	0.41	0.49	0.58	0.51	0.72		
10°	i_p	2.62	3.05	3.60	3.56	4.38	2.55	3.00	3.50	2.47	2.90	3.40	3.35	4.20	0.176	5.671
	η	0.46	0.54	0.63	0.63	0.77	0.45	0.53	0.62	0.44	0.51	0.60	0.59	0.74		
11°	i_p	2.50	2.88	3.37	3.33	4.05	2.42	2.82	3.29	2.34	2.73	3.19	3.13	3.85	0.194	5.144
	η	0.49	0.56	0.65	0.65	0.79	0.47	0.55	0.64	0.45	0.53	0.62	0.61	0.75		
12°	i_p	2.39	2.74	3.17	3.13	3.77	2.31	2.67	3.09	2.23	2.58	2.99	2.92	3.56	0.213	4.705
	η	0.51	0.58	0.67	0.67	0.80	0.49	0.57	0.66	0.47	0.55	0.64	0.62	0.76		
13°	i_p	2.28	2.60	2.99	2.95	3.52	2.20	2.53	2.91	2.12	2.45	2.82	2.74	3.31	0.231	4.331
	η	0.53	0.60	0.69	0.68	0.81	0.51	0.58	0.67	0,49	0.56	0.65	0.63	0.76		
14°	i_p	2.18	2.48	2.83	2.79	3.30	2.11	2.40	2.91	2.02	2.33	2.65	2.58	3.09	0.249	4.011
	η	0.54	0.62	0.71	0.70	0.82	0.52	0.60	0.68	0.50	0.58	0.66	0.64	0.77		
15°	i_p	2.09	2.37	2.69	2.65	3.11	2.01	2.29	2.60	1.93	2.21	2.51	2.43	2.89	0.268	3.732
	η	0.56	0.63	0.72	0.71	0.83	0.54	0.61	0.70	0.52	0.59	0.67	0.65	0.77		
20°	i_p	1.72	1.92	2.12	2.08	2.37	1.64	1.83	2.03	1.55	1.75	1.93	1.87	2.16	0.364	2.747
	η	0.63	0.70	0.77	0.76	0.86	0.60	0.67	0.74	0.56	0.64	0.70	0.68	0.79		
25°	i_p	1.44	1.59	1.73	1.68	1.89	2.65	1.51	1.64	1.26	1.41	1.54	1.47	1.68	0.466	2.144
	η	0.67	0.74	0.81	0.78	0.88	0.63	0.70	0.76	0.59	0.66	0.72	0.69	0.78		
30°	i_p	1.22	1.34	1.44	1.39	1.55	1.13	1.25	1.34	1.04	1.16	1.24	1.18	1.34	0.577	1.732
	η	0.70	0.77	0.83	0.80	0.89	0.65	0.72	0.78	0.60	0.67	0.72	0.68	0.77		
自锁角	$α_{自锁}$	11°25'	8°34'	5°40'	5°43'	2°52'	11°25'	8°34'	5°43'	11°25'	8°34'	5°43'	5°43'	2°52'		

注：1. 本表计算条件：$\tan\varphi_1 = \tan\varphi_2 = \tan\varphi_3 = 0.1$，$\varphi_1 = \varphi_2 = \varphi_3 = 5°43'$，$d/D = 0.5$，$l/h = 0.7$；

2. η 为斜楔机构效率；

3. 计算公式见表 3-10。

（3）斜楔夹紧机构示例

表 3-12 列举了各种类型斜楔夹紧机构的示例及其原始推力与所需夹紧力之间的关系。

表 3-12　斜楔夹紧机构及原始推力的计算公式

类型	斜楔夹紧机构	受力简图	原始推力计算公式/N
Ⅰ			$Q=W_{\mathrm{k}}\big[\tan(\alpha+\varphi_1)+\tan\varphi_2\big]\dfrac{l_2}{l_1}\times\dfrac{1}{\eta_0}$
			$Q=W_{\mathrm{k}}\big[\tan(\alpha+\varphi_1)+\tan\varphi_2\big]\dfrac{l_2}{l_1}\times\dfrac{1}{\eta_0}$
Ⅱ			$Q=W_{\mathrm{k}}\big[\tan(\alpha+\varphi_{1\mathrm{d}})+\tan\varphi_2\big]\dfrac{l_2}{l_1}\times\dfrac{1}{\eta_0}$
Ⅲ			$Q=W_{\mathrm{k}}\big[\tan(\alpha+\varphi_{1\mathrm{d}})+\tan\varphi_2\big]\dfrac{l_2}{l_1}\times\dfrac{1}{\eta_0}$
Ⅳ			$Q=W_{\mathrm{k}}\tan(\alpha+\varphi_1)\dfrac{1}{\eta_0}$
Ⅴ			$Q=W_{\mathrm{k}}\tan(\alpha+\varphi_{1\mathrm{d}})\dfrac{l_2}{l_1}\times\dfrac{1}{\eta_0}$

类型	斜楔夹紧机构	受力简图	原始推力计算公式/N
Ⅵ			$Q = W_k \dfrac{\tan(\alpha + \varphi_1) + \tan\varphi_2}{1 - \tan(\alpha + \varphi_1)\tan\varphi_3} \times \dfrac{1}{\eta_0}$
Ⅶ			$Q = W_k \dfrac{\tan(\alpha + \varphi_{1d}) + \tan\varphi_2}{1 - \tan(\alpha + \varphi_{1d})\tan\varphi_3} \times \dfrac{l_1 + l_2}{l_1} \times \dfrac{1}{\eta_0}$
			$Q = W_k \left(1 + \dfrac{3L\mu}{H}\right) \dfrac{\tan(\alpha + \varphi_{1d}) + \tan\varphi_2}{1 - \tan(\alpha + \varphi_{1d})\tan\varphi_3} \times \dfrac{1}{\eta_0}$
Ⅷ			$Q = W_k \dfrac{\tan(\alpha + \varphi_{1d}) + \tan\varphi_2}{1 - \tan(\alpha + \varphi_{1d})\tan\varphi_3} \times \dfrac{l_2}{l_1} \times \dfrac{1}{\eta_0}$

类型	斜楔夹紧机构	受力简图	原始推力计算公式/N
IX	梯形螺纹		$Q=W_k\left(1+\dfrac{3L\mu}{H}\right)\dfrac{\tan(\alpha+\varphi_1)+\tan\varphi_2}{1-\tan(\alpha+\varphi_1)\tan\varphi_3'}\times\dfrac{1}{\eta_0}$
X			$Q=W_k\dfrac{\tan(\alpha+\varphi_{1d})+\tan\varphi_2}{1-\tan(\alpha+\varphi_{1d})\tan\varphi_3'}\times\dfrac{1}{\eta_0}$
XI			$Q=W_k\dfrac{\tan(\alpha+\varphi_{1d})+\tan\varphi_{2d}}{1-\tan(\alpha+\varphi_{1d})\tan\varphi_3'}\times\dfrac{l_2}{l_1}\times\dfrac{1}{\eta_0}$
XII			$Q=W_k\dfrac{\tan(\alpha+\varphi_1)}{1-\tan(\alpha+\varphi_1)\tan\varphi_3'}\times\dfrac{1}{\eta_0}$

续表

类型	斜楔夹紧机构	受力简图	原始推力计算公式/N
XIII	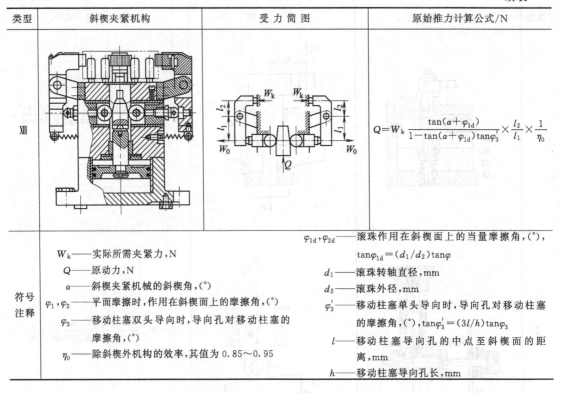		$Q=W_k\dfrac{\tan(\alpha+\varphi_{1d})}{1-\tan(\alpha+\varphi_{1d})\tan\varphi_3'}\times\dfrac{l_2}{l_1}\times\dfrac{1}{\eta_0}$

符号注释	W_k——实际所需夹紧力,N Q——原动力,N α——斜楔夹紧机械的斜楔角,(°) φ_1,φ_2——平面摩擦时,作用在斜楔面上的摩擦角,(°) φ_3——移动柱塞双头导向时,导向孔对移动柱塞的摩擦角,(°) η_0——除斜楔外机构的效率,其值为 0.85~0.95	$\varphi_{1d},\varphi_{2d}$——滚珠作用在斜楔面上的当量摩擦角,(°),$\tan\varphi_{1d}=(d_1/d_2)\tan\varphi$ d_1——滚珠转轴直径,mm d_2——滚珠外径,mm φ_3'——移动柱塞单头导向时,导向孔对移动柱塞的摩擦角,(°),$\tan\varphi_3'=(3l/h)\tan\varphi_3$ l——移动柱塞导向孔的中点至斜楔面的距离,mm h——移动柱塞导向孔长,mm

3.5 螺旋夹紧机构

由螺钉、螺母、垫圈、压板等元件组成,采用螺旋直接夹紧或与其他元件组合实现夹紧工件的机构,统称为螺旋夹紧机构。螺旋夹紧机构不仅结构简单、容易制造,而且自锁性能好、夹紧可靠,夹紧力和夹紧行程都较大,是夹具中用得最多的一种夹紧机构。

3.5.1 螺旋夹紧机构的形式

(1) 简单螺旋夹紧机构

这种装置有两种形式。如图 3-21 (a) 所示的机构螺杆直接与工件接触,容易使工件受损害或移动,一般只用于毛坯和粗加工零件的夹紧。如图 3-21 (b) 所示的是常用的螺旋夹紧机构,其螺钉头部常装有摆动压块,可防止螺杆夹紧时带动工件转动和损伤工件表面,螺杆上部装有手柄,夹紧时不需要扳手,操作方便、迅速。当工件夹紧部分不宜使用扳手,且夹紧力要求不大的部位,可选用这种机构。简单螺旋夹紧机构的缺点是夹紧动作慢,工件装卸费时。为了克服这一缺点,可以采用如图 3-22 所示的快速螺旋夹紧机构。

(2) 螺旋压板夹紧机构

在夹紧机构中,结构形式变化最多的

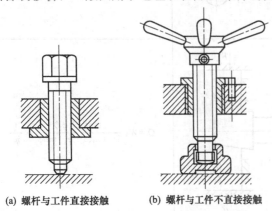

(a) 螺杆与工件直接接触 (b) 螺杆与工件不直接接触

图 3-21 简单螺旋夹紧机构

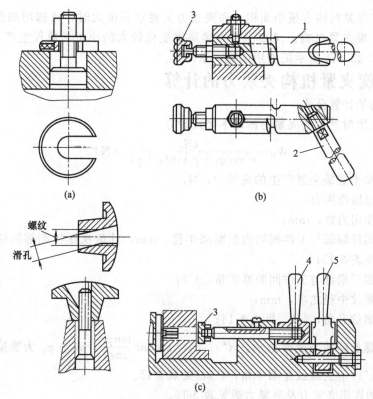

图 3-22　快速螺旋夹紧机构
1—夹紧轴；2,4,5—手柄；3—摆动压块

是螺旋压板机构，常用的螺旋压板夹紧机构如图 3-23 所示。选用时，可根据夹紧力大小的要求、工作高度尺寸的变化范围、夹具上夹紧机构允许占有的部位和面积进行选择。例如，

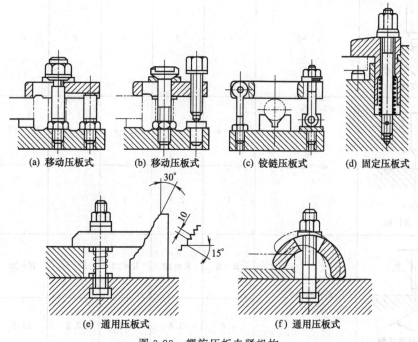

图 3-23　螺旋压板夹紧机构

当夹具中只允许夹紧机构占很小面积、而夹紧力又要求不很大时，可选用如图 3-23（a）所示的螺旋钩形压板夹紧机构。又如工件夹紧高度变化较大的小批、单件生产，可选用如图 3-23（e）和图 3-23（f）所示的通用压板夹紧机构。

3.5.2 螺旋夹紧机构夹紧力的计算

（1）夹紧力的计算公式

单个螺旋夹紧时产生的夹紧力按以下公式计算

$$W_0 = \frac{QL}{r'\tan\varphi_1 + r_z\tan(\alpha+\varphi_2')} \quad (N) \tag{3-11}$$

式中 W_0——单个螺旋夹紧产生的夹紧力，N；

Q——原始作用力；

L——作用力臂，mm；

r'——螺杆端部与工件间的当量摩擦半径，mm，其值视螺杆端部的结构形式而定，见表 3-13；

φ_1——螺杆端部与工件间的摩擦角，（°）；

r_z——螺纹中径之半，mm；

α——螺纹升角，（°），见表 3-14；

φ_2'——螺旋副的当量摩擦角，（°），$\varphi_2' = \arctan\dfrac{\tan\varphi_2}{\cos\beta}$，式中 φ_2 为螺旋副的摩擦角，（°），β 为螺纹牙形半角，（°），见表 3-15。

各种螺栓的许用夹紧力及夹紧力矩见表 3-16。

表 3-13 螺旋副的当量摩擦半径

示 意 图	计算公式	取 值					
		M8	M10	M12	M16	M20	M24
Ⅰ——点接触	$r'=0$	0	0	0	0	0	0
Ⅱ——平面接触	$d_0=d_0/3$	$d_0=6$	$d_0=7$	$d_0=9$	$d_0=12$	$d_0=15$	$d_0=18$
		2	2.3	3	4	5	6
Ⅲ——圆周线接触	$r'=R\cot\dfrac{\beta_1}{2}$	$R=8$	$R=10$	$R=12$	$R=16$	$R=20$	$R=25$
		4.6	5.8	6.9	9.2	11.5	14.4

续表

示　意　图	计　算　公　式	取　值					
		M8	M10	M12	M16	M20	M24
D_0 D IV——圆环面接触	$r' = \dfrac{1}{3} \times \dfrac{D^3 - D_0^3}{D^2 - D_0^2}$	6.22	7.78	9.33	12.44	15.56	18.67

注：$\beta = 120°$，$D \approx 2D_0$。

表 3-14　普通螺纹升角

公称直径	螺距 P	升角 α	公称直径	螺距 P	升角 α
6	1	3°24′	18	2.5	2°47′
	1.75	2°29′		2	2°11′
8	1.25	3°10′		1.5	1°36′
	1	2°29′		1	1°03′
	0.75	1°49′	20	2.5	2°29′
10	1.5	3°01′		2	1°57′
	1.25	2°29′		1.5	1°26′
	1	1°57′		1	0°57′
	0.75	1°26′	24	3	2°29′
12	1.75	2°56′		2	1°36′
	1.5	2°29′		1.5	1°11′
	1.25	2°02′		1	0°47′
	1	1°36′	30	3.5	2°18′
14	2	2°52′		3	1°16′
	1.5	2°41′		2	1°36′
	1	1°22′		1.5	0°57′
16	2	2°29′		1	0°37′
	1.5	1°49′	36	4	2°11′
	1	1°11′		3	1°36′
				2	1°03′
				1.5	0°47′

表 3-15　螺旋副的当量摩擦角 φ_2'

螺纹形状	三角螺纹	梯形螺纹	方牙螺纹
螺纹牙形角	30°	15°	0°
$\varphi_2' = \arctan \dfrac{\tan\varphi_2}{\cos\beta}$	9°50′	8°50′	8°32′

表 3-16　各种螺栓的许用夹紧力及夹紧力矩

螺纹公称直径/mm		8	10	12	16	20	24	27	30
许用夹紧力/N		2550	3924	5690	10300	15696	22563	28940	35316
加在螺母上的夹紧扭矩/N·mm	螺线支承面有滚动轴承	2.158	4.120	7.161	16.775	31.883	54.838	78.382	106.64
	螺线支承面无滚动轴承	4.905	9.320	15.892	37.180	65.727	121.15	175.40	239.36

注：表中数据仅供粗略估算时参考。

（2）单个普通螺旋的夹紧力（表 3-17）

表 3-17　单个普通螺旋的夹紧力

示意图	螺纹直径/mm	螺距/mm	手柄长度/mm	作用力/N	夹紧力/N
Ⅰ——点接触	10	1.5	120	25	4000
	12	1.75	140	35	5500
	16	2	190	65	10600
	20	2.5	240	100	16000
	24	3	310	130	23000
Ⅱ——平面接触	10	1.5	120	25	3080
	12	1.75	140	35	4200
	16	2	190	65	7900
	20	2.5	240	100	12000
	24	3	310	130	17000
Ⅲ——圆周接触	10	1.5	120	25	2300
	12	1.75	140	35	3100
	16	2	190	65	5900
	20	2.5	240	100	9200
	24	3	310	130	13000

（3）螺母的夹紧力（表 3-18）

表 3-18　螺母的夹紧力

结构简图	螺纹直径/mm	螺距/mm	手柄长度/mm	作用力/N	夹紧力/N
带柄螺母	8	1.25	50	50	2050
	10	1.5	60	50	1970
	12	1.75	80	80	3510
	16	2	100	100	4140
	20	2.5	140	100	4640
用扳手的六角螺母	10	1.5	120	45	3550
	12	1.75	140	70	5380
	16	2	190	100	7870
	20	2.5	240	100	7950
	24	3	310	150	12840

续表

结构简图	螺纹直径 /mm	螺距 /mm	手柄长度 /mm	作用力 /N	夹紧力 /N
	4	0.7	8	10	130
	5	0.8	9	15	180
	6	1	11	20	240
	8	1.25	14	30	340
	10	1.5	17	40	450
	12	1.75	20.5	45	510
碟形螺母	16	2	26	50	540

3.5.3　螺旋夹紧机构原动力计算示例（表 3-19）

表 3-19　螺旋夹紧机构原动力计算示例

类型	螺旋夹紧机构	受力简图	计算公式
			$$M_Q = 1.414 W_k \left[r' \tan\varphi_1 + r_z \tan(\alpha + \varphi_2') \right] \frac{1}{\eta_0}$$
采用浮动压板或移动压板			$$M_Q = W_k \left[r' \tan\varphi_1 + r_z \tan(\alpha + \varphi_2') \right] \frac{1}{\eta_0}$$
			$$M_Q = W_k \left[r' \tan\varphi_1 + r_z \tan(\alpha + \varphi_2') \right] \frac{1}{\eta_0}$$

类型	螺旋夹紧机构	受力简图	计 算 公 式
采用浮动压板或移动压板	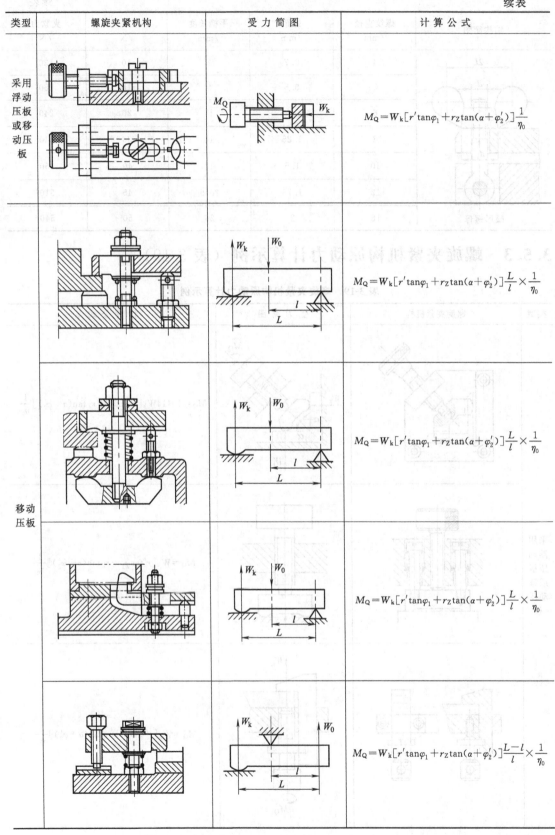		$M_Q = W_k [r' \tan\varphi_1 + r_z \tan(\alpha + \varphi_2')] \dfrac{1}{\eta_0}$
移动压板			$M_Q = W_k [r' \tan\varphi_1 + r_z \tan(\alpha + \varphi_2')] \dfrac{L}{l} \times \dfrac{1}{\eta_0}$
			$M_Q = W_k [r' \tan\varphi_1 + r_z \tan(\alpha + \varphi_2')] \dfrac{L}{l} \times \dfrac{1}{\eta_0}$
			$M_Q = W_k [r' \tan\varphi_1 + r_z \tan(\alpha + \varphi_2')] \dfrac{L}{l} \times \dfrac{1}{\eta_0}$
			$M_Q = W_k [r' \tan\varphi_1 + r_z \tan(\alpha + \varphi_2')] \dfrac{L-l}{l} \times \dfrac{1}{\eta_0}$

类型	螺旋夹紧机构	受力简图	计算公式
移动压板			$M_Q = W_k[r'\tan\varphi_1 + r_z\tan(\alpha+\varphi_2')]\dfrac{L-l}{l}\times\dfrac{1}{\eta_0}$
			$M_Q = W_k[r'\tan\varphi_1 + r_z\tan(\alpha+\varphi_2')]\dfrac{L-l}{l}\times\dfrac{1}{\eta_0}$
铰链压板			$M_Q = W_k[r'\tan\varphi_1 + r_z\tan(\alpha+\varphi_2')]\dfrac{l}{L}\times\dfrac{1}{\eta_0}$
			$M_Q = W_k[r'\tan\varphi_1 + r_z\tan(\alpha+\varphi_2')]\dfrac{L}{l}\times\dfrac{1}{\eta_0}$
可卸压板			$M_Q = W_k[r'\tan\varphi_1 + r_z\tan(\alpha+\varphi_2')]\dfrac{L}{l}\times\dfrac{1}{\eta_0}$

续表

类型	螺旋夹紧机构	受力简图	计算公式
可卸压板			$M_Q = W_k [r' \tan\varphi_1 + r_Z \tan(\alpha + \varphi_2')] \dfrac{1}{\eta_0}$
钩形压板			$M_Q = W_k \left(1 + \dfrac{3L\mu}{H}\right) [r' \tan\varphi_1 + r_Z \tan(\alpha + \varphi_2')]$
其他压板			$M_Q = W_k [r' \tan\varphi_1 + r_Z \tan(\alpha + \varphi_2')] \dfrac{L}{l} \times \dfrac{1}{\eta_0}$
			$M_Q = W_k [r' \tan\varphi_1 + r_Z \tan(\alpha + \varphi_2')] \dfrac{L}{l} \times \dfrac{1}{\eta_0}$

类型	螺旋夹紧机构	受力简图	计算公式
其他压板			$M_Q = \dfrac{W_k}{\cos\alpha}[r'\tan\varphi_1 + r_Z\tan(\alpha+\varphi_2')]\dfrac{L}{l}\times\dfrac{1}{\eta_0}$
			$M_Q = W_k[r'\tan\varphi_1 + r_Z\tan(\alpha+\varphi_2')]\dfrac{L-l}{l}\times\dfrac{1}{\eta_0}$
			$M_Q = W_k[r'\tan\varphi_1 + r_Z\tan(\alpha+\varphi_2')]\dfrac{L-l}{l}\times\dfrac{1}{\eta_0}$
			$M_Q = W_k[r'\tan\varphi_1 + r_Z\tan(\alpha+\varphi_2')]\dfrac{L-l}{l}\times\dfrac{1}{\eta_0}$
			$M_Q = W_k[r'\tan\varphi_1 + r_Z\tan(\alpha+\varphi_2')]\dfrac{L-l}{l}\times\dfrac{1}{\eta_0}$
			$M_Q = \dfrac{W_k}{\cos\alpha}[r'\tan\varphi_1 + r_Z\tan(\alpha+\varphi_2')]\dfrac{L-l}{l}\times\dfrac{1}{\eta_0}$

类型	螺旋夹紧机构	受力简图	计算公式
			$M_Q = W_k [r' \tan\varphi_1 + r_Z \tan(\alpha + \varphi_2')] \dfrac{l_2}{l_1} \times \dfrac{1}{\eta_0}$
			$M_Q = 2W_k [r' \tan\varphi_1 + r_Z \tan(\alpha + \varphi_2')] \dfrac{1}{\eta_0}$
其他压板			$M_Q = \dfrac{W_k}{\cos\alpha}[r' \tan\varphi_1 + r_Z \tan(\alpha + \varphi_2')] \dfrac{L-l}{l} \times \dfrac{1}{\eta_0}$
			$M_Q = W_k [r' \tan\varphi_1 + r_Z \tan(\alpha + \varphi_2')] \dfrac{l_2}{l_1} \times \dfrac{1}{\eta_0}$
			$M_{Q_1} = W_{k1} [r' \tan\varphi_1 + r_Z \tan(\alpha + \varphi_2')] \dfrac{l}{L} \times \dfrac{1}{\eta_0}$
			$M_{Q_2} = W_{k2} [r' \tan\varphi_1 + r_Z \tan(\alpha + \varphi_2')] \dfrac{l_2}{l_1} \times \dfrac{1}{\eta_0}$

续表

类型	螺旋夹紧机构	受力简图	计 算 公 式
其他压板			$M_{Q_1} = W_{k1}\left[r'\tan\varphi_1 + r_Z\tan(\alpha+\varphi_2')\right]\dfrac{L}{l}\times\dfrac{1}{\eta_0}$
			$M_{Q_2} = W_{k2}\left[r'\tan\varphi_1 + r_Z\tan(\alpha+\varphi_2')\right]\dfrac{l_2}{l_1}\times\dfrac{1}{\eta_0}$
			$M_Q = \left(W_k\dfrac{l_2}{l_1}+q\right)\left[r'\tan\varphi_1 + r_Z\tan(\alpha+\varphi_2')\right]\dfrac{1}{\eta_0}$

符号注释	W_k——实际所需夹紧力,N M_Q——原动力,N·mm α——螺纹升角,(°) r'——螺杆端部与工件间的当量摩擦半径,mm r_Z——螺纹中径之半径,mm	η_0——除斜楔外机构的效率,其值为 0.85~0.95 φ_1——螺杆端与工件间的摩擦角,(°) φ_2'——螺杆副的当量摩擦角,(°),$\varphi_2'=\cot\dfrac{\tan\varphi_2}{\cos\beta}$,其中 φ_2 　　为螺旋副的摩擦角,(°),β 为螺纹牙形半角,(°)

3.5.4　快速螺旋夹紧机构

为了克服螺旋夹紧机构动作慢、效率低的缺点,在有些场合可将其设计成快速夹紧螺旋夹紧机构。表 3-20 列出了各种快速夹紧机构的图例。

表 3-20　各种快速夹紧机构的图例

机 构 简 图	工作原理及使用说明
	带有开口垫圈的螺母夹紧,螺母外径小于工件孔径。稍松螺母,取下开口垫圈,工件即可穿过螺母取出

续表

机 构 简 图	工作原理及使用说明
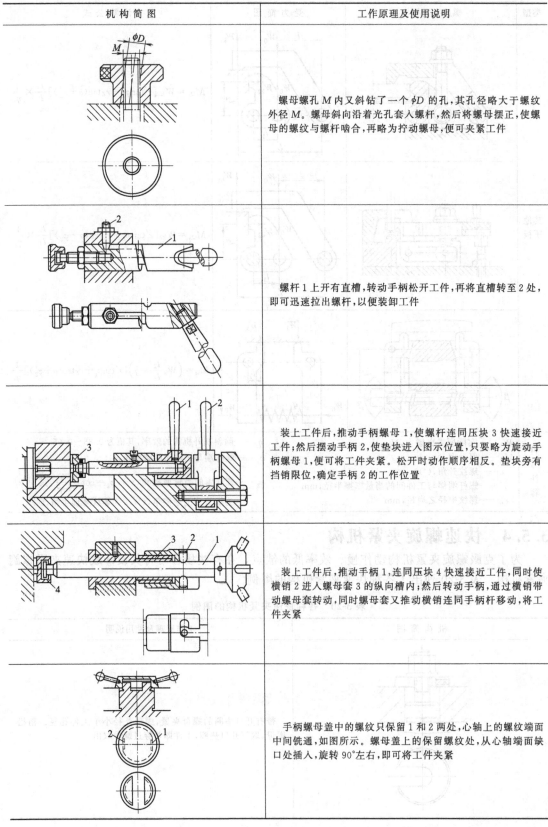	螺母螺孔 M 内又斜钻了一个 ϕD 的孔,其孔径略大于螺纹外径 M。螺母斜向沿着光孔套入螺杆,然后将螺母摆正,使螺母的螺纹与螺杆啮合,再略为拧动螺母,便可夹紧工件
	螺杆 1 上开有直槽,转动手柄松开工件,再将直槽转至 2 处,即可迅速拉出螺杆,以便装卸工件
	装上工件后,推动手柄螺母 1,使螺杆连同压块 3 快速接近工件;然后摆动手柄 2,使垫块进入图示位置,只要略为旋动手柄螺母 1,便可将工件夹紧。松开时动作顺序相反。垫块旁有挡销限位,确定手柄 2 的工作位置
	装上工件后,推动手柄 1,连同压块 4 快速接近工件,同时使横销 2 进入螺母套 3 的纵向槽内;然后转动手柄,通过横销带动螺母套转动,同时螺母套又推动横销连同手柄杆移动,将工件夹紧
	手柄螺母盖中的螺纹只保留 1 和 2 两处,心轴上的螺纹端面中间铣通,如图所示。螺母盖上的保留螺纹处,从心轴端面缺口处插入,旋转 90°左右,即可将工件夹紧

机 构 简 图	工作原理及使用说明
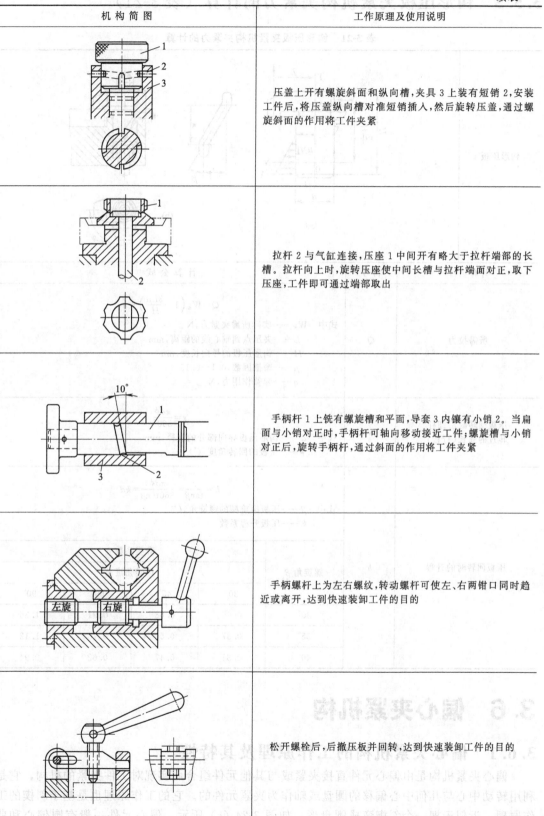	压盖上开有螺旋斜面和纵向槽,夹具 3 上装有短销 2,安装工件后,将压盖纵向槽对准短销插入,然后旋转压盖,通过螺旋斜面的作用将工件夹紧
	拉杆 2 与气缸连接,压座 1 中间开有略大于拉杆端部的长槽。拉杆向上时,旋转压座使中间长槽与拉杆端面对正,取下压座,工件即可通过端部取出
	手柄杆 1 上铣有螺旋槽和平面,导套 3 内镶有小销 2。当扁面与小销对正时,手柄杆可轴向移动接近工件;螺旋槽与小销对正后,旋转手柄杆,通过斜面的作用将工件夹紧
	手柄螺杆上为左右螺纹,转动螺杆可使左、右两钳口同时趋近或离开,达到快速装卸工件的目的
	松开螺栓后,后撤压板并回转,达到快速装卸工件的目的

3.5.5　钩形压板夹紧机构夹紧力的计算（表 3-21）

表 3-21　钩形压板夹紧机构夹紧力的计算

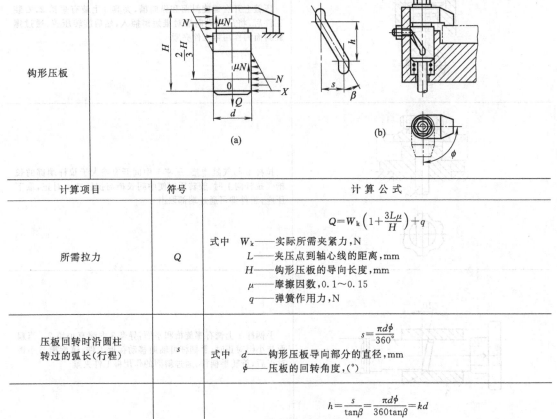

计算项目	符号	计 算 公 式
所需拉力	Q	$$Q=W_k\left(1+\frac{3L\mu}{H}\right)+q$$ 式中　W_k——实际所需夹紧力，N 　　　L——夹压点到轴心线的距离，mm 　　　H——钩形压板的导向长度，mm 　　　μ——摩擦因数，0.1～0.15 　　　q——弹簧作用力，N
压板回转时沿圆柱转过的弧长(行程)	s	$$s=\frac{\pi d\phi}{360}$$ 式中　d——钩形压板导向部分的直径，mm 　　　ϕ——压板的回转角度，(°)
压板回转时的升程	h	$$h=\frac{s}{\tan\beta}=\frac{\pi d\phi}{360\tan\beta}=kd$$ 式中　β——压板螺旋槽的螺旋角，(°) 　　　k——压板升程系数

螺旋角 β	升程系数 k			
	回转角度 ϕ			
	30°	45°	60°	90°
30°	0.45	0.68	0.91	1.36
35°	0.37	0.56	0.75	1.12
40°	0.31	0.47	0.62	0.94

3.6　偏心夹紧机构

3.6.1　偏心夹紧机构的工作原理及其特性

　　偏心夹紧机构是由偏心元件直接夹紧或与其他元件组合而实现对工件夹紧的机构，它是利用转动中心与几何中心偏移的圆盘或轴作为夹紧元件的。它的工作原理也是基于斜楔的工作原理，近似于把一个斜楔弯成圆盘形，如图 3-24（a）所示。偏心元件一般有圆偏心和曲线偏心两种类型，圆偏心因结构简单、容易制造而得到广泛应用。

偏心夹紧机构结构简单、制造方便，与螺旋夹紧机构相比，还具有夹紧迅速、操作方便等优点；其缺点是夹紧力和夹紧行程均不大，自锁能力差，结构不抗振，故一般适用于夹紧行程及切削负荷较小且平稳的场合。在实际使用中，偏心轮直接作用在工件上的偏心夹紧机构不多见，偏心夹紧机构一般多和其他夹紧元件联合使用。如图 3-24（b）所示即为偏心压板夹紧机构。

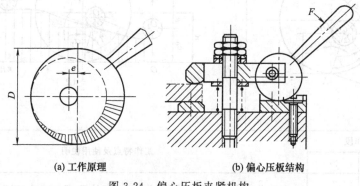

(a) 工作原理　　　　　　　(b) 偏心压板结构

图 3-24　偏心压板夹紧机构

3.6.2　偏心夹紧机构的自锁条件

偏心夹紧机构必须保证自锁，即应使偏心轮工作圆弧段中夹紧点的升角 α 满足以下条件

$$\alpha \leqslant \varphi_1 + \varphi_2 \tag{3-12}$$

式中　φ_1——偏心轮转轴处的摩擦角，(°)；

　　　φ_2——偏心轮与垫板（或工件）间的摩擦角，(°)。

为了简化计算，可忽略 φ_1（这种忽略使自锁更可靠），则

$$\frac{e\sin\gamma}{R - e\cos\gamma} \leqslant \tan\varphi_2 \tag{3-13}$$

即

$$R \geqslant e\left(\frac{\sin\gamma}{\tan\varphi_2} + \cos\gamma\right) \tag{3-14}$$

式中　R——偏心轮半径，mm

　　　e——偏心距，mm

　　　γ——偏心轮几何中心与转动中心的连线和几何中心与夹紧点的连线之间的夹角，(°)。

若以最大升角计算，γ 角接近 90°，则

$$R \geqslant \frac{e}{\tan\varphi_2} \tag{3-15}$$

当 $\tan\varphi_2 = 0.1$ 时，$R \geqslant 10e$；

　$\tan\varphi_2 = 0.15$ 时，$R \geqslant 7e$。

R/e 称为偏心轮特性，表示偏心轮工作的可靠性，此值大于 10～7 时，偏心轮圆周上各夹紧点均能自锁。

3.6.3　偏心轮工作段的选择

从理论上讲，偏心轮下半部整个轮廓曲线上的任何一点都可用来夹紧工件，但实际上为了防止松夹或咬死，常取圆周上部分圆弧作为工作段。根据夹紧点的不同，偏心轮可分为三种类型，见表 3-22。

表 3-22 偏心轮的基本类型

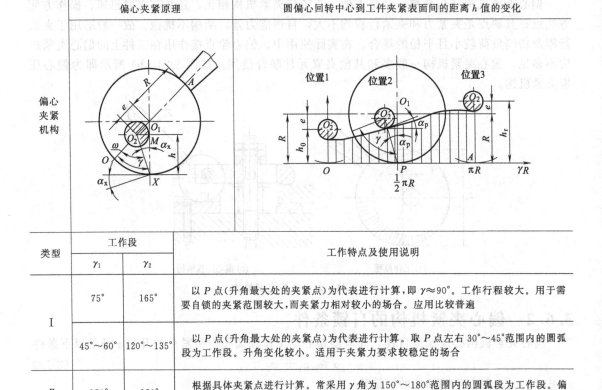

类型	工作段		工作特点及使用说明
	γ_1	γ_2	
I	75°	165°	以 P 点(升角最大处的夹紧点)为代表进行计算,即 $\gamma \approx 90°$。工作行程较大。用于需要自锁的夹紧范围较大,而夹紧力相对较小的场合。应用比较普遍
	45°~60°	120°~135°	以 P 点(升角最大处的夹紧点)为代表进行计算。取 P 点左右 30°~45°范围内的圆弧段为工作段。升角变化较小。适用于夹紧力要求较稳定的场合
II	150°	180°	根据具体夹紧点进行计算。常采用 γ 角为 150°~180°范围内的圆弧段为工作段。偏心特性较小时,可做成偏心轴式,使结构更为紧凑
III	180°	180°	用 $\gamma = 180°$ 时的圆弧点进行夹紧。具有自锁性能的夹紧行程接近于零。故用于夹紧那些表面位置不变的零部件,而不用于夹紧工件

3.6.4 偏心轮的工作行程

偏心轮的工作行程见表 3-23。

表 3-23 偏心轮的工作行程 /mm

偏心轮的工作行程(JB/T 8011.1—1999,JB/T 8011.2—1999)							
偏心轮直径	偏心量	工作行程					
		75°~165°	45°~120°	45°~135°	60°~120°	60°~135°	150°~180°
25	1.3	1.6	1.57	1.84	1.3	1.57	0.17
32	1.7	2.08	2.05	2.4	1.7	2.05	0.23
40	2	2.45	2.41	2.83	2	2.41	0.27
50	2.5	3.06	3.02	3.54	2.5	3.02	0.33
60	3	3.67	3.62	4.24	3	3.62	0.40
65	3.5	4.29	4.22	4.95	3.5	4.22	0.47
70	3.5	4.29	4.22	4.95	3.5	4.22	0.47
80	5	6.12	6.04	7.07	5	6.04	0.67
100	6	7.35	7.24	8.49	6	7.24	0.80

续表

偏心轮的工作行程(JB/T 8011.3—1999,JB/T 8011.4—1999)							
偏心轮直径	偏心量	工 作 行 程					
		75°～165°	45°～120°	45°～135°	60°～120°	60°～135°	150°～180°
30	3	3.67	3.62	4.24	3	3.62	0.40
40	4	4.90	4.83	5.66	4	4.83	0.54
50	5	6.12	6.04	7.07	5	6.04	0.67
60	6	7.35	7.24	8.49	6	7.24	0.80
70	7	8.57	8.45	9.90	7	8.45	0.94

3.6.5　偏心夹紧力的计算

偏心夹紧时，夹紧力可按下式计算

$$W_0 = \frac{QL}{\mu(R+r)+e(\sin\gamma-\mu\cos\gamma)} \tag{3-16}$$

式中　W_0——偏心夹紧时的夹紧力，N；

　　　Q——作用在手柄上的作用力，N；

　　　L——力臂长，mm；

　　　r——转轴半径，mm；

　　　μ——摩擦因数，$\tan\varphi_1 = \tan\varphi_2 = \mu$；

　　　γ——偏心轮几何中心与转动中心的连线和几何中心与夹紧点的连线之间的夹角，(°)；

　　　R——偏心轮半径，mm；

　　　e——偏心距，mm。

$$K = \frac{1}{\mu(R+r)+e(\sin\lambda-\mu\cos\gamma)}，见表 3-24。$$

表 3-24　K 值和夹紧力的计算

偏心轮直径或半径 /mm		转轴直径 /mm	偏心量 /mm	K 值/mm^{-1}			作用力 Q/N	力臂长 L /mm	夹紧力/N $W_0 = KQL$		
				Ⅰ型	Ⅱ型	Ⅲ型			Ⅰ型	Ⅱ型	Ⅲ型
				$\gamma=90°$	$\gamma=150°$	$\gamma=180°$					
JB/T 8011.1—1999		25	6	1.3	0.35	0.43	0.60	100	70	2450	3010	4200
		32	8	1.7	0.27	0.33	0.46	100	80	2160	2640	3680
		40	10	2	0.22	0.27	0.37	100	100	2200	2700	3700
		50	12	2.5	0.18	0.22	0.30	100	120	2160	2640	3600
		60	16	3	0.15	0.18	0.24	100	150	2250	2700	3600
		70	16	3.5	0.13	0.16	0.22	100	160	2080	2560	3520
JB/T 8011.2—1999		25	4	1.3	0.36	0.45	0.63	100	70	2520	3150	4410
		32	5	1.7	0.28	0.35	0.50	100	80	2240	2800	4000
		40	6	2	0.23	0.29	0.40	100	100	2300	2900	4000
		50	8	2.5	0.19	0.23	0.32	100	120	2280	2760	3840
		65	10	3.5	0.14	0.17	0.24	100	150	2100	2550	3600
		80	12	4	0.10	0.13	0.20	100	190	1900	2470	3800
		100	16	6	0.08	0.11	0.16	100	210	1680	2310	3360

续表

偏心轮直径或半径 /mm		转轴直径 /mm	偏心量 /mm	K 值/mm^{-1}			作用力 Q/N	力臂长 L /mm	夹紧力/N $W_0=KQL$		
				Ⅰ型 $\gamma=90°$	Ⅱ型 $\gamma=150°$	Ⅲ型 $\gamma=180°$			Ⅰ型	Ⅱ型	Ⅲ型
JB/T 8011.3—1999 JB/T 8011.4—1999	30	—	3	0.17	0.21	0.30	100	150	2550	3150	4500
	40	—	4	0.13	0.16	0.23	100	190	2470	3040	4370
	50	—	5	0.10	0.13	0.18	100	210	2100	2730	3780
	60	—	6	0.08	0.11	0.15	100	260	2080	2860	3900
	70	—	7	0.07	0.09	0.13	100	300	2100	2700	3900

注：表中数值计算条件为：$\tan\varphi_1=\tan\varphi_2=0.1$；$L=(2\sim2.5)D_0$。

3.6.6　偏心轮的设计与计算

设计非标准偏心轮时，可按表 3-25 中所列步骤进行。

表 3-25　圆偏心轮的计算

计算项目	符号	计算公式
偏心轮工作行程	s	$s=s_1+s_2+s_3+s_4$ 式中　s_1——为装卸工件方便所需的空隙，一般应≥0.3mm 　　　s_2——夹紧机构弹性变形的补偿量，可取 0.05～0.15mm 　　　s_3——工件在夹紧方向的尺寸误差补偿量，即尺寸公差 δmm 　　　s_4——行程储备量 0.1～0.3mm
偏心轮工作段	$\gamma_1\sim\gamma_2$	参见本表前述内容
偏心量	e	$e=\dfrac{s}{\cos\gamma_1-\cos\gamma_2}$(mm)
偏心轮直径或半径	D、R	$D\geqslant(14\sim20)e$ 或 $R\geqslant(7\sim10)e$
转轴直径	d	$d\approx0.25D$(mm)
夹紧力	W_0	$W_0=\dfrac{QL}{\mu(R+r)+e(\sin\gamma-\mu\cos\gamma)}$ 式中符号见式(3-16)之下 应保证 $W_0\geqslant W_k$，W_k 为实际所需夹紧力

3.6.7　偏心夹紧机构示例及其夹紧力矩的计算（表 3-26）

表 3-26　偏心夹紧机构示例及其夹紧力矩的计算

压紧方式	偏心夹紧机构	受力简图	计算公式
移动滑块1			$M_Q=W_k\left[\mu(R+r)+e(\sin\gamma-\mu\cos\gamma)\right]\dfrac{1}{\eta_0}$

压紧方式	偏心夹紧机构	受 力 简 图	计 算 公 式
移动 滑块 2			$M_Q = W_k [\mu(R+r) + e(\sin\gamma - \mu\cos\gamma)] \dfrac{1}{\eta_0}$
摆动 压块 1			$M_Q = \dfrac{W_k}{\cos\alpha} [\mu(R+r) + e(\sin\gamma - \mu\cos\gamma)] \dfrac{L}{l} \times \dfrac{1}{\eta_0}$
摆动 压块 2			$M_Q = W_k [\mu(R+r) + e(\sin\gamma - \mu\cos\gamma)] \dfrac{1}{\eta_0}$
摆动 压块 3			$M_Q = W_k [\mu(R+r) + e(\sin\gamma - \mu\cos\gamma)] \dfrac{L}{l} \times \dfrac{1}{\eta_0}$
移动 压块 1			$M_Q = W_k [\mu(R+r) + e(\sin\gamma - \mu\cos\gamma)] \dfrac{L}{l} \times \dfrac{1}{\eta_0}$
移动 压块 2			$M_Q = W_k [\mu(R+r) + e(\sin\gamma - \mu\cos\gamma)] \dfrac{L-l}{l} \times \dfrac{1}{\eta_0}$

压紧方式	偏心夹紧机构	受力简图	计算公式
转动压块 1			$M_Q = W_k[\mu(R+r) + e(\sin\gamma - \mu\cos\gamma)]\dfrac{1}{\eta_0}$
转动压块 2			$M_Q = W_k[\mu(R+r) + e(\sin\gamma - \mu\cos\gamma)]\dfrac{L-l}{l} \times \dfrac{1}{\eta_0}$
转动压块 3			$M_Q = W_k[\mu(R+r) + e(\sin\gamma - \mu\cos\gamma)]\dfrac{L-l}{l} \times \dfrac{1}{\eta_0}$
钩形压板	允许压板转动60°		$M_Q = W_k\left(1 + \dfrac{3L\mu}{H}\right)[\mu(R+r) + e(\sin\gamma - \mu\cos\gamma)]\dfrac{1}{\eta_0}$
可卸压板			$M_Q = W_k[\mu(R+r) + e(\sin\gamma - \mu\cos\gamma)]\dfrac{1}{\eta_0}$
其他压板 1			$M_Q = W_k[\mu(R+r) + e(\sin\gamma - \mu\cos\gamma)]\dfrac{L-l}{l} \times \dfrac{1}{\eta_0}$

压紧方式	偏心夹紧机构	受力简图	计算公式
其他 压板 2	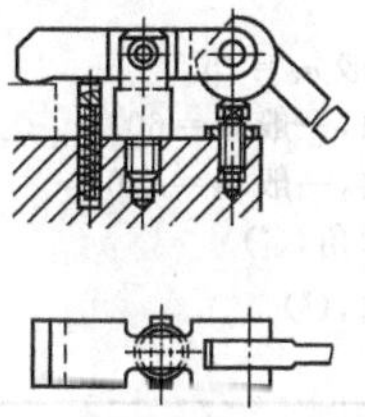	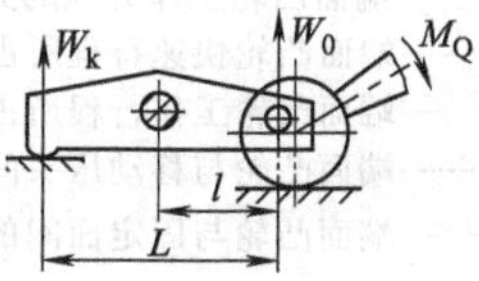	$M_Q = W_k [\mu(R+r) + e(\sin\gamma - \mu\cos\gamma)] \dfrac{L-l}{l} \times \dfrac{1}{\eta_0}$
其他 压板 3	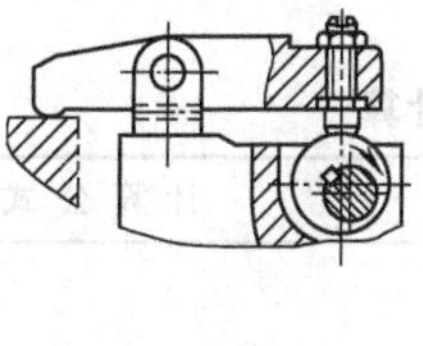	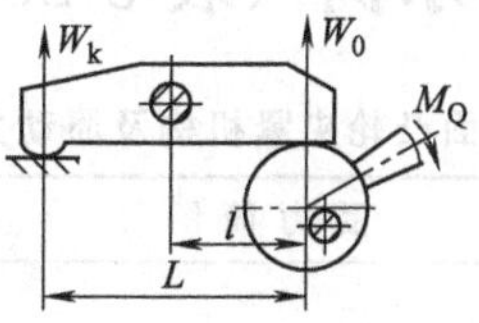	$M_Q = W_k [\mu(R+r) + e(\sin\gamma - \mu\cos\gamma)] \dfrac{L-l}{l} \times \dfrac{1}{\eta_0}$
其他 压板 4	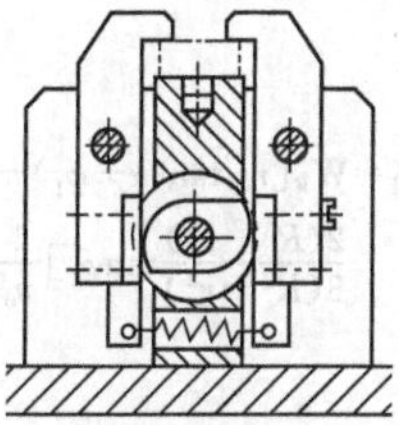	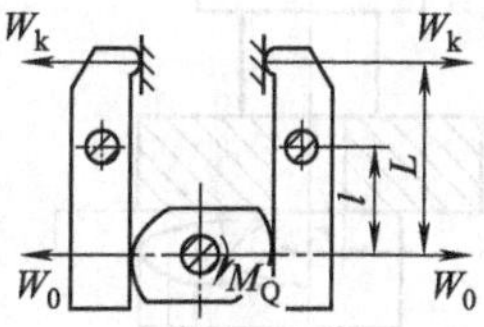	$M_Q = W_k [\mu(R+r) + e(\sin\gamma - \mu\cos\gamma)] \dfrac{L-l}{l} \times \dfrac{1}{\eta_0}$
符号 注 释	W_k——实际所需夹紧力,N M_Q——原动力,N·mm μ——摩擦因数 R——偏心轮半径,mm r——转轴半径,mm		γ——偏心轮几何中心与转动中心连线和几何中心与夹 　　紧点连线间的夹角,(°) η_0——除偏心外机构的效率,其值为 0.85~0.95 其余如图所示

3.7　端面凸轮夹紧机构

3.7.1　偏心夹紧的工作原理

　　端面凸轮夹紧原理是利用端面凸轮斜面的楔紧作用,直接或间接夹紧工件,并具有自锁性能。

3.7.2　端面凸轮夹紧机构夹紧力及夹紧行程的计算（表 3-27）

表 3-27　端面凸轮夹紧力及夹紧行程的计算公式

符号	公式说明	参数示意图
W_0	$W_0 = \dfrac{Q(L+R)}{r_{cp}\tan(\alpha+\varphi_1) + \dfrac{2(R^3-r^3)}{3(R^2-r^2)}\tan\varphi_2}$	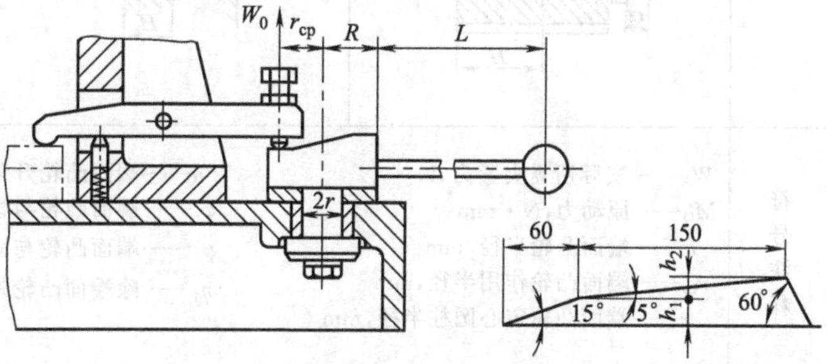
S	$S = r_{cp}\dfrac{\pi}{180°}(\beta_1\tan\alpha_1 + \beta_2\tan\alpha_2)$	

符号	公式说明	参数示意图
符号注释	Q——原始作用力,N R——端面凸轮半径,mm r——端面凸轮定心圆柱半径,mm L——手柄长度,mm r_{cp}——端面凸轮作用半径,mm α_1——端面凸轮快速升程的升角,一般 $\alpha_1 = 15°$	α_2——端面凸轮工作升程的升角,一般 $\alpha_2 = 15°$ β_1——端面凸轮快速行程所占的夹角,一般 $\beta_1 = 60°$ β_2——端面凸轮工作行程所占的夹角,一般 $\beta_2 = 150°$ φ_1——端面凸轮与移动压头间的摩擦角,(°) φ_2——端面凸轮与固定面间的摩擦角,(°)

3.7.3 端面凸轮夹紧机构示例（表 3-28）

表 3-28 端面凸轮夹紧机构及原动力的计算

类型	端面凸轮夹紧机构	受力简图	计算公式
直接夹紧			$M_Q = W_k \left[r_{cp} \tan(\alpha + \varphi_1) + \dfrac{2(R^3 - r^3)}{3(R^2 - r^2)} \tan\varphi_2 \right] \dfrac{1}{\eta_0}$
压板式一			$M_Q = W_k \left[r_{cp} \tan(\alpha + \varphi_1) + \dfrac{2(R^3 - r^3)}{3(R^2 - r^2)} \tan\varphi_2 \right] \dfrac{L-l}{l} \times \dfrac{1}{\eta_0}$
压板式二			$M_Q = W_k \left(1 + \dfrac{3L\mu}{H}\right) \left[r_{cp} \tan(\alpha + \varphi_1) + \dfrac{2(R^3 - r^3)}{3(R^2 - r^2)} \tan\varphi_2 \right] \dfrac{1}{\eta_0}$
符号注释	W_k——实际所需夹紧力,N M_Q——原动力,N·mm R——端面凸轮半径,mm r_{cp}——端面凸轮作用半径,mm r——端面凸轮定心圆柱半径,mm	α——端面凸轮升角,(°) φ_1——端面凸轮与移动压头间的摩擦角,(°) φ_2——端面凸轮与固定面间的摩擦角,(°) η_0——除端面凸轮外机构的效率,其值取 0.85~0.95	

3.8　铰链夹紧机构

3.8.1　铰链夹紧机构的类型

　　铰链夹紧机构是一种增力夹紧机构。由于其机构简单，增力倍数大，在气压夹具中获得较广泛的运用，以弥补气缸或气室力量的不足。如图 3-25 所示是铰链夹紧机构的三种基本结构。图 3-25（a）为单臂铰链夹紧机构，臂的两头是铰链的连线，一头带滚子；图 3-25（b）为双臂单作用铰链夹紧机构；图 3-25（c）为双臂双作用铰链夹紧机构。也可细分为五种基本类型，即单臂铰链夹紧机构、双臂单作用无滑柱铰链夹紧机构、双臂单作用有滑柱铰链夹紧机构、双臂双作用无滑柱铰链夹紧机构和双臂双作用有滑柱铰链夹紧机构。

<table>
<tr><td>(a) 单臂铰链夹紧机构</td><td>(b) 双臂单作用铰链夹紧机构</td><td>(c) 双臂双作用铰链夹紧机构</td></tr>
</table>

图 3-25　铰链夹紧机构

3.8.2　铰链夹紧机构主要参数的计算（表 3-29）

表 3-29　铰链夹紧机构主要参数的计算

类型	机 构 简 图	计 算 参 数	计 算 公 式
单臂	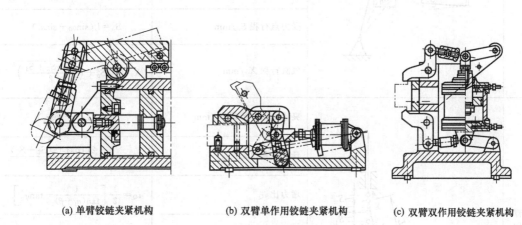	夹紧端储备行程 S_c/mm	$S_c = L(1-\cos\alpha_c)$
		计算夹紧角 α_j/(°)	$\alpha_j = \arccos\dfrac{L\cos\alpha_c - (S_2+S_3)}{L}$
		增力比 i_Q	$i_Q = \dfrac{1}{\tan(\alpha_j+\beta)+\tan\varphi_1'}$
		铰链机构的夹紧力 W_0/N	$W_0 = i_Q Q$
		开始状态杆臂倾斜角/(°)	$\alpha_0 = \arccos\dfrac{L\cos\alpha_j - S_1}{L}$
		受力点行程 S_0/mm	$S_0 = L(\sin\alpha_0 - \sin\alpha_c)$
		气缸行程 X_0/mm	$X_0 = S_0$

续表

类型	机构简图	计算参数	计算公式
双臂单作用、无滑柱		夹紧端储备行程 S_c/mm	$S_c = 2L(1-\cos\alpha_c)$
		计算夹紧角 α_j/(°)	$\alpha_j = \arccos \dfrac{2L\cos\alpha_c - (S_2+S_3)}{2L}$
		增力比 i_Q	$i_Q = \dfrac{1}{2\tan(\alpha_j+\beta)}$
		铰链机构的夹紧力 W_0/N	$W_0 = i_Q Q$
		开始状态杆臂倾斜角/(°)	$\alpha_0 = \arccos \dfrac{2L\cos\alpha_j - S_1}{2L}$
		受力点行程 S_0/mm	$S_0 = L(\sin\alpha_0 - \sin\alpha_c)$
		气缸行程 X_0/mm	$X_0 = \sqrt{S_0^2 + \left(\dfrac{S_1+S_2+S_3}{2}\right)^2}$
双臂单作用、有滑柱		夹紧端储备行程 S_c/mm	$S_c = 2L(1-\cos\alpha_c)$
		计算夹紧角 α_j/(°)	$\alpha_j = \arccos \dfrac{2L\cos\alpha_c - (S_2+S_3)}{2L}$
		增力比 i_Q	$i_Q = \dfrac{1}{2}\left[\dfrac{1}{\tan(\alpha_j+\beta)} - \tan\varphi_2'\right]$
		铰链机构的夹紧力 W_0/N	$W_0 = i_Q Q$
		开始状态杆臂倾斜角/(°)	$\alpha_0 = \arccos \dfrac{2L\cos\alpha_j - S_1}{2L}$
		受力点行程 S_0/mm	$S_0 = L(\sin\alpha_0 - \sin\alpha_c)$
		气缸行程 X_0/mm	$X_0 = \sqrt{S_0^2 + \left(\dfrac{S_1+S_2+S_3}{2}\right)^2}$
双臂双作用、无滑柱		夹紧端储备行程 S_c/mm	$S_c = L(1-\cos\alpha_c)$
		计算夹紧角 α_j/(°)	$\alpha_j = \arccos \dfrac{L\cos\alpha_c - (S_2+S_3)}{L}$
		增力比 i_Q	$i_Q = \dfrac{1}{2\tan(\alpha_j+\beta)}$
		铰链机构的夹紧力 W_0/N	$W_0 = i_Q Q$
		开始状态杆臂倾斜角/(°)	$\alpha_0 = \arccos \dfrac{L\cos\alpha_j - S_1}{L}$
		受力点行程 S_0/mm	$S_0 = L(\sin\alpha_0 - \sin\alpha_c)$
		气缸行程 X_0/mm	$X_0 = S_0$

续表

类型	机构简图	计算参数	计算公式
双臂双作用、有滑柱		夹紧端储备行程 S_c/mm	$S_c = L(1-\cos\alpha_c)$
		计算夹紧角 α_j/(°)	$\alpha_j = \arccos\dfrac{L\cos\alpha_c - (S_2+S_3)}{L}$
		增力比 i_Q	$i_Q = \dfrac{1}{2}\left[\dfrac{1}{\tan(\alpha_j+\beta)} - \tan\varphi_2'\right]$
		铰链机构的夹紧力 W_0/N	$W_0 = i_Q Q$
		开始状态杆臂倾斜角/(°)	$\alpha_0 = \arccos\dfrac{L\cos\alpha_j - S_1}{L}$
		受力点行程 S_0/mm	$S_0 = L(\sin\alpha_0 - \sin\alpha_c)$
		气缸行程 X_0/mm	$X_0 = S_0$

符号注释	
W_k——实际所需夹紧力,N Q——原始作用力,N L——杠杆两头铰接点之间的距离,mm α_j——计算夹紧角(杠杆倾斜角),(°) α_0——开始状态杆臂倾斜角,(°) α_c——夹紧储备角,(°) S_c——夹紧端的储备行程,mm S_0——受力点的行程,mm S_1——空行程,mm S_2——工件公差,mm S_3——系统变形量,mm,一般取 0.05～0.15 d——铰链孔直径,mm	D——滚子直径,mm β——铰链杠杆的摩擦角,$\beta = \arcsin\dfrac{d}{L}\mu$,(°) μ——摩擦因数 i_Q——增力比 $\tan\varphi_1'$——滚子支承面的当量摩擦因数,$\tan\varphi_1' = (d/D)\tan\varphi_1$,$d/D = 0.5$ $\tan\varphi_2'$——滚子支承面的当量摩擦因数,$\tan\varphi_2' = (2l/h)\tan\varphi_2$,$l/h = 0.7$ l——导向孔中点至铰链中心的距离,mm h——导向孔长度,mm X_0——气缸行程,mm

3.8.3 铰链夹紧机构的设计步骤

铰链夹紧机构的设计一般按如下步骤进行。

① 初步确定铰链夹紧机构的结构尺寸。

根据铰链机构力和运动的传递方式以及传递距离和相关连接尺寸初步确定铰链机构的结构尺寸。

② 确定所需的各种行程量及其相应的臂的倾斜角。

铰链夹紧机构的末端 A 有一个行程终点 ($\alpha = 0°$)。

当机构处于夹紧状态时,A 端离终点应保持一个最小储备值 S_0,否则机构可能会失效。一般 $S_0 \geqslant 0.5$mm 比较安全。

A 端的行程包括两部分:一部分为空行程 S_1,用于获得足够的空隙以方便装卸工件;另一部分为夹紧行程 $S_2 + S_3$,其中 S_2 用于补偿被夹紧表面的尺寸偏差,S_3 用于补偿机构的受力变形。根据 $S_2 + S_3$ 可以计算出臂的夹紧起始倾斜角 α_j;根据 $S_1 + S_2 + S_3$ 可以计算出行程起始倾斜角 α_0。

③ 计算铰链夹紧机构的夹紧力 W_0,或原始作用力 Q。

按以上相应的公式计算 i_Q,然后根据预定的原始作用力 Q 来计算夹紧力 W_0。W_0 应大于或等于实际所需夹紧力 W_k。也可根据 W_k 计算原始作用力 Q 作为设计依据。

④ 计算铰链夹紧机构动力装置的结构尺寸。

根据确定的原始作用力 Q 来计算动力缸直径。根据 α_0 和 α_j，按上述公式计算出动力缸行程 X_0。

3.8.4　铰链夹紧机构示例

铰链夹紧机构多采用铰链臂与杠杆、压板组成复合夹紧机构。表 3-30 列举了一些典型铰链夹紧机构及其原动力与实际所需夹紧力之间的关系。

表 3-30　典型铰链夹紧机构及其原动力与实际所需夹紧力之间的关系

类型	机构简图	受力简图	计算公式
单臂			$Q = W_k[\tan(\alpha_j + \beta) + \tan\varphi_1']$ $\dfrac{l_2}{l_1} \times \dfrac{1}{\eta_0}$
双臂单作用、无滑柱			$Q = 2W_k\tan(\alpha_j + \beta)\dfrac{l_2}{l_1} \times \dfrac{1}{\eta_0}$
双臂单作用、有滑柱			$Q = 2W_k \dfrac{\tan(\alpha_j + \beta)}{1 - \tan\varphi_2'\tan(\alpha_j + \beta)} \times$ $\dfrac{1}{\eta_0}$

续表

类型	机构简图	受力简图	计 算 公 式
双臂双作用、无滑柱			$Q = 2W_k \tan(\alpha_j + \beta)\dfrac{l_2}{l_1} \times \dfrac{1}{\eta_0}$
双臂双作用、有滑柱			$Q = 2W_k\dfrac{\tan(\alpha_j + \beta)}{1 - \tan\varphi_2 \tan(\alpha_j + \beta)} \times$ $\dfrac{l_2}{l_1} \times \dfrac{1}{\eta_0}$

注：表中符号如前；η_0——除铰链外机构的效率，其值取 $0.85 \sim 0.95$。

3.9 联动夹紧机构

3.9.1 联动夹紧机构的类型

在工件的装夹过程中，有时需要夹具同时有几个点对工件进行夹紧；有时则需要同时夹紧几个工件；而有些夹具除了夹紧动作外，还需要松开或固紧辅助支承等，这时为了提高生产率，减少工件装夹时间，可以采用各种联动机构。下面介绍一些常见的联动夹紧机构。

（1）多点联动夹紧

多点联动夹紧是用一个原始作用力，通过一定的机构分散到数个点上对工件进行夹紧。如图 3-26 所示为两种常见的浮动压头。如图 3-27 所示为几种浮动夹紧机构的例子。

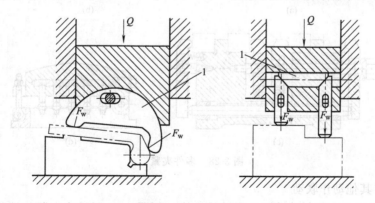

图 3-26 浮动压头
1—浮动零件

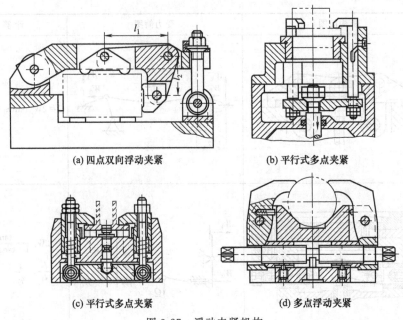

（a）四点双向浮动夹紧　　　　　　（b）平行式多点夹紧

（c）平行式多点夹紧　　　　　　（d）多点浮动夹紧

图 3-27　浮动夹紧机构

（2）多件联动夹紧

多件联动夹紧是用一个原始作用力，通过一定的机构实现对数个相同或不同的工件进行夹紧。如图 3-28 所示为部分常见的多件联动夹紧机构。

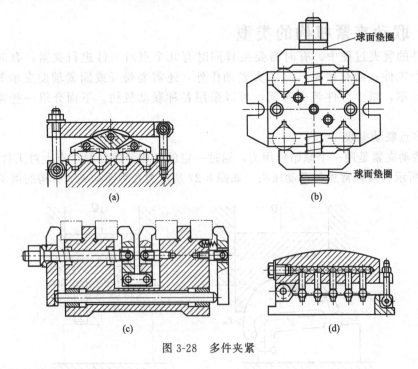

球面垫圈

球面垫圈

（a）　　　　　　　　　　（b）

（c）　　　　　　　　　　（d）

图 3-28　多件夹紧

（3）夹紧与其他动作联动

如图 3-29 所示为夹紧与移动压板联动的机构；如图 3-30 所示为夹紧与锁紧辅助支承联动的机构；如图 3-31 所示为先定位后夹紧的联动机构。

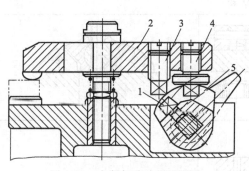

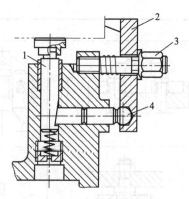

图 3-29　夹紧与移动压板联动

1—拨销；2—压板；3,4—螺钉；5—偏心轮

图 3-30　夹紧与锁紧辅助支承联动

1—辅助支承；2—压板；3—螺母；4—锁销

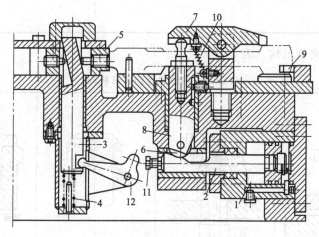

图 3-31　先定位后夹紧联动机构

1—油缸；2—活塞杆；3,8—推杆；4,10—弹簧；5—活块；6—滚子；

7—压板；9—定位块；11—螺钉；12—拨杆

3.9.2　联动夹紧机构示例

（1）多点联动夹紧机构

① 浮动夹头（表 3-31）

表 3-31　浮动夹头

类型	典型结构		
两点浮动	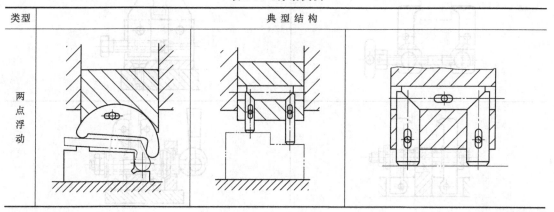		

续表

类型	典 型 结 构		
两点浮动	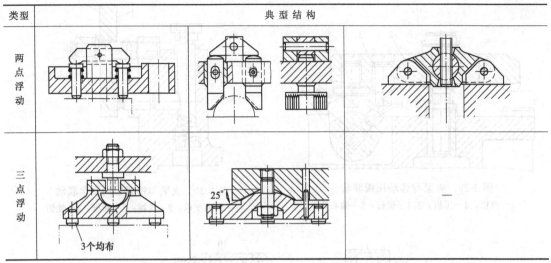		
三点浮动			

② 摆块式浮动夹紧机构（表 3-32）

表 3-32　摆块式浮动夹紧机构

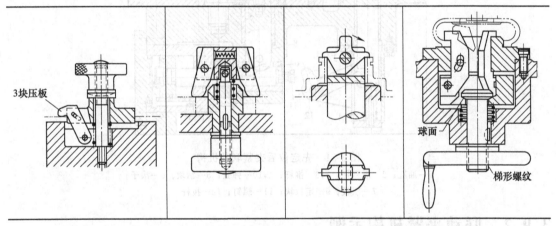

③ 钳口式浮动夹紧机构（表 3-33）

表 3-33　钳口式浮动夹紧机构

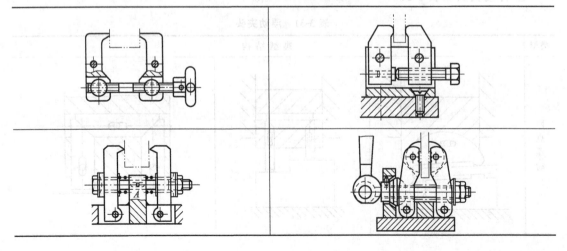

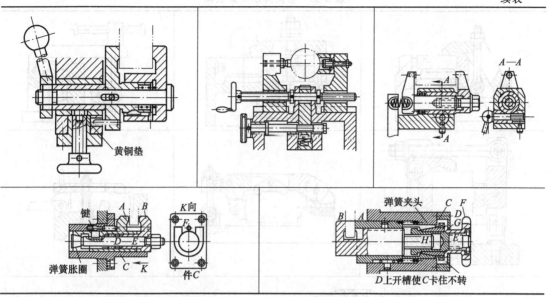

④ 平行下压浮动夹紧机构（表 3-34）

表 3-34　平行下压浮动夹紧机构

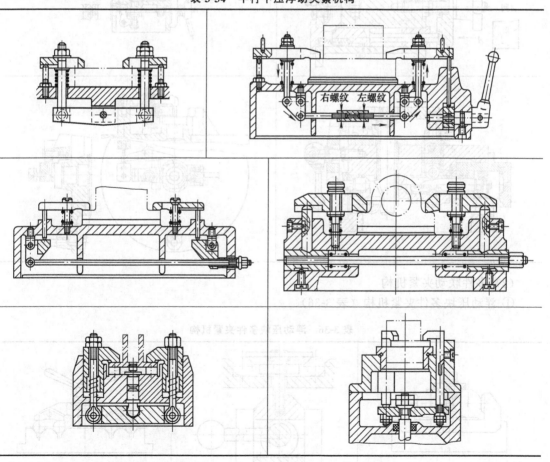

⑤ 多向浮动夹紧机构（表 3-35）

表 3-35　多向浮动夹紧机构

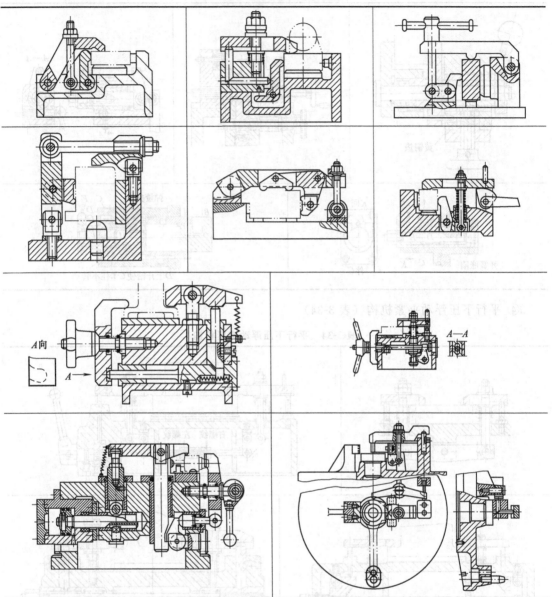

（2）多件联动夹紧机构

① 浮动压块多件夹紧机构（表 3-36）

表 3-36　浮动压块多件夹紧机构

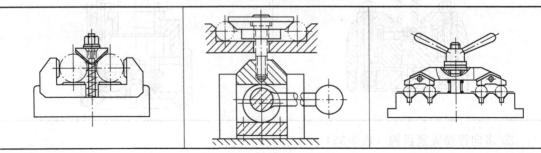

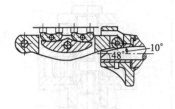	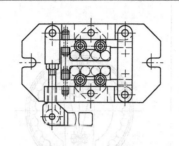	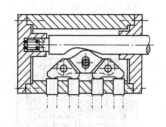

② 压板联动多件夹紧机构（表 3-37）

表 3-37　压板联动多件夹紧机构

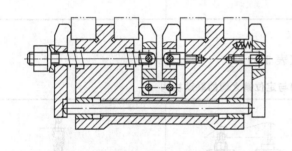

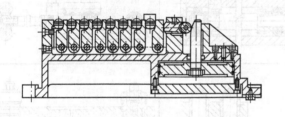

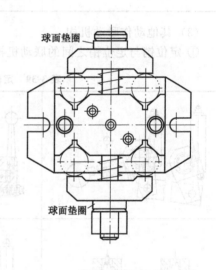

③ 其他多件夹紧机构（表 3-38）

表 3-38　其他多件夹紧机构

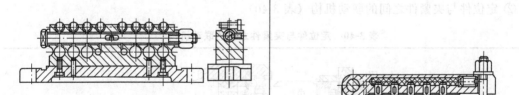

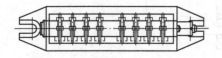

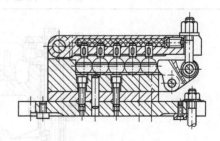

续表

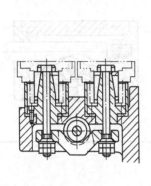
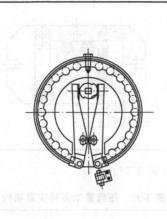
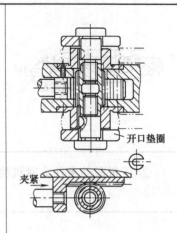

（3）其他动作联动机构

① 定位销与定位销之间的联动机构（表 3-39）

表 3-39　定位销与定位销之间的联动机构

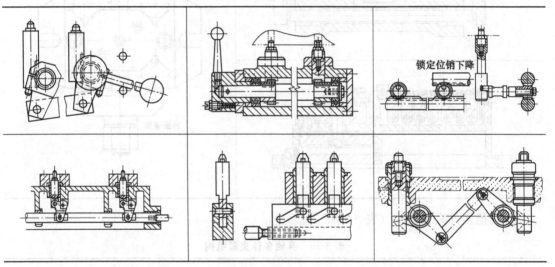

② 定位件与夹紧件之间的联动机构（表 3-40）

表 3-40　定位件与夹紧件之间的联动机构

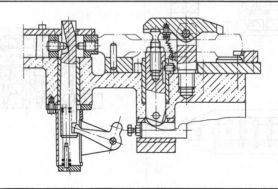

③ 夹紧件与锁紧辅助支承之间的联动机构（表 3-41）

表 3-41　夹紧件与锁紧辅助支承之间的联动机构

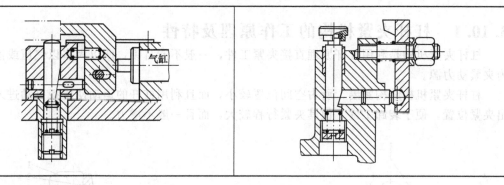

④ 其他形式的联动机构（表 3-42）

表 3-42　其他形式的联动机构

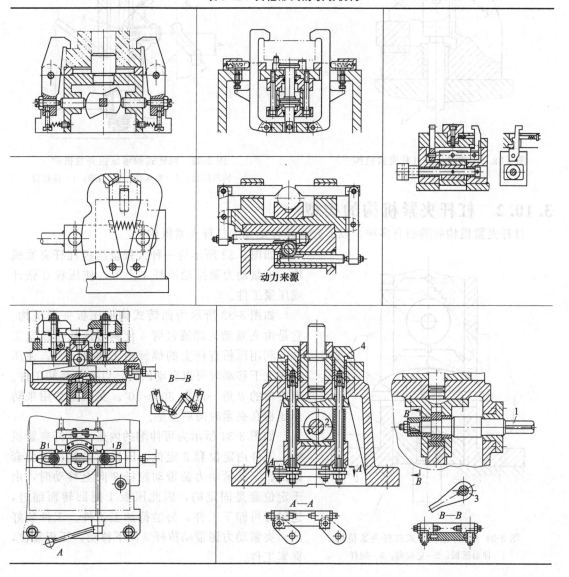

3.10 杠杆夹紧机构

3.10.1 杠杆夹紧机构的工作原理及特性

杠杆夹紧机构是利用杠杆原理直接夹紧工件，一般不能自锁，所以大多以气压或液压作为夹紧动力源。

杠杆夹紧机构结构紧凑，所占空间位置较小，而且利用杠杆的运动使压板自动进入或退出夹紧位置，便于装卸工件。但其夹紧行程较大，而且一般不增力。

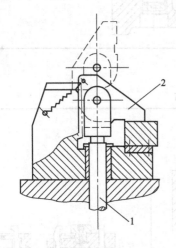

图 3-32　大张量压板杠杆夹紧机构
1—推杆；2—压板

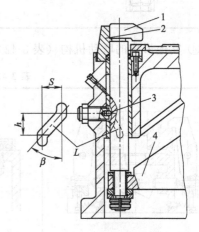

图 3-33　回转式钩形压板夹紧机构
1—钩形压板；2—支承套；3—钢球；4—连接臂

3.10.2 杠杆夹紧机构的类型

杠杆夹紧机构的类型有多种，以下介绍几种常见的杠杆夹紧机构。

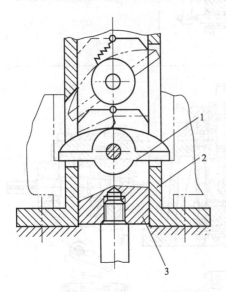

图 3-34　可伸缩内压式杠杆夹紧机构
1—伸缩压板；2—定位套；3—拉杆

如图 3-32 所示为一种大张量压板杠杆夹紧机构。夹紧动力源拉动推杆 1 上下，使压板 2 张开或压紧工件。

如图 3-33 所示为回转式钩形压板夹紧机构。它是由夹紧动力源通过臂 4 使钩形压板 1 压紧工件。利用压板直杆上的螺旋槽 L 和钢球 3，使压板在上下移动时可以自动回转，以方便装卸工件。螺旋槽的 β 角一般取 30°～40°。支承套 2 用来防止压板在夹紧时向后变形。

如图 3-34 所示为可伸缩的内压式杠杆夹紧机构。工件由定位套 2 定位，压板 1 安置在定位套内部。当夹紧动力源带动拉杆 3 向上移动时，由于定位套是固定的，因此压板 1 便回转而缩进，这时便可卸下工件，另装待加工工件。工件装好后，夹紧动力源带动拉杆 3 向下移动，压板复位，夹紧工件。

3.10.3 钩形压板夹紧机构夹紧力的计算（表 3-43）

表 3-43 钩形压板夹紧机构夹紧力的计算

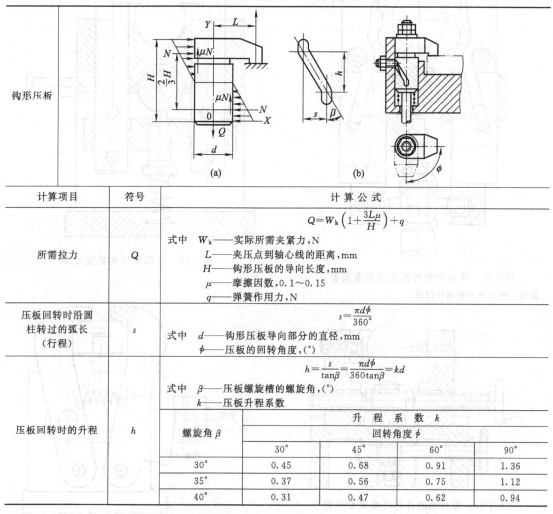

计 算 项 目	符号	计 算 公 式
所需拉力	Q	$$Q=W_k\left(1+\frac{3L\mu}{H}\right)+q$$ 式中 W_k——实际所需夹紧力，N 　　L——夹压点到轴心线的距离，mm 　　H——钩形压板的导向长度，mm 　　μ——摩擦因数，0.1～0.15 　　q——弹簧作用力，N
压板回转时沿圆柱转过的弧长（行程）	s	$$s=\frac{\pi d\phi}{360°}$$ 式中 d——钩形压板导向部分的直径，mm 　　ϕ——压板的回转角度，(°)
压板回转时的升程	h	$$h=\frac{s}{\tan\beta}=\frac{\pi d\phi}{360\tan\beta}=kd$$ 式中 β——压板螺旋槽的螺旋角，(°) 　　k——压板升程系数

螺旋角 β	升 程 系 数 k			
	回转角度 ϕ			
	30°	45°	60°	90°
30°	0.45	0.68	0.91	1.36
35°	0.37	0.56	0.75	1.12
40°	0.31	0.47	0.62	0.94

3.11 夹紧装置设计典型图例

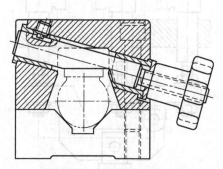

图 3-35 常见外部夹紧装置

说明：夹紧轴的小斜角可牢固夹紧工件，带圆柱端的紧定螺钉防止夹紧轴转动。

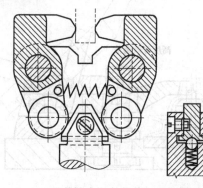

图 3-36 不自锁的外部浮动夹紧装置-1

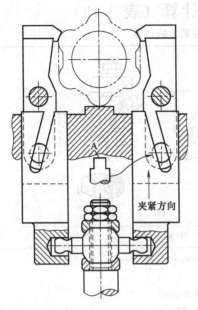

图 3-37　不自锁的外部浮动夹紧装置-2
说明：轴 A 末端铣扁作键用。

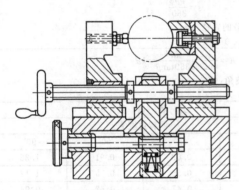

图 3-38　带自锁的外部浮动夹紧装置

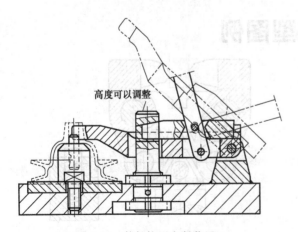

图 3-39　外部拉压夹紧装置-1
说明：用手柄向后拉出夹紧楔后，压板即可如图所示那样
转动。

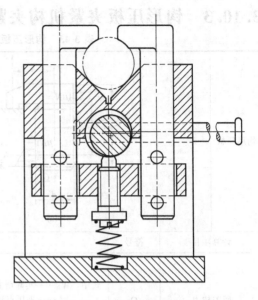

图 3-40　外部拉压夹紧装置-2

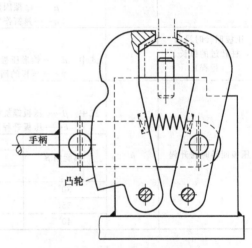

图 3-41　外部浮动拉压夹紧装置-1

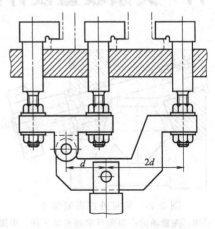

图 3-42　外部浮动拉压夹紧装置-2

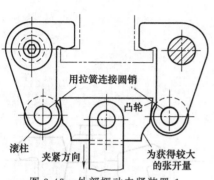

图 3-43　外部摆动夹紧装置-1

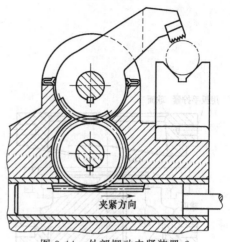

图 3-44　外部摆动夹紧装置-2

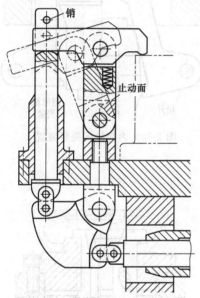

图 3-45　外部摆动夹紧装置-3

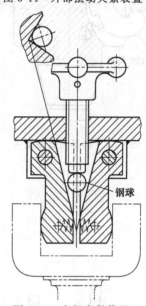

图 3-46　内部夹紧装置-1

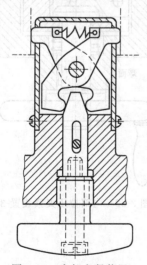

图 3-47　内部夹紧装置-2

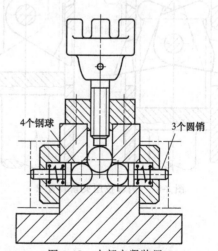

图 3-48　内部夹紧装置-3

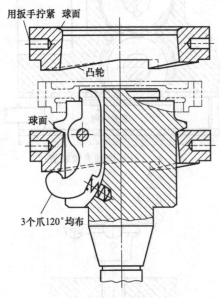

图 3-49　内部夹紧装置-4

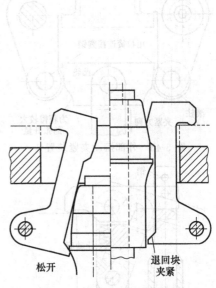

图 3-50　内部拉压夹紧装置-1

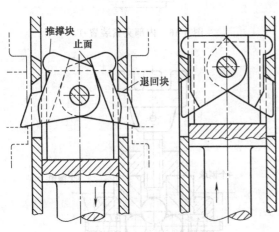

图 3-51　内部拉压夹紧装置-2

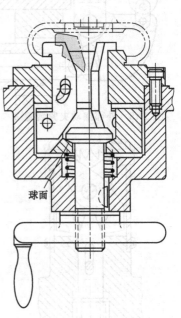

图 3-52　内部拉压夹紧装置-3

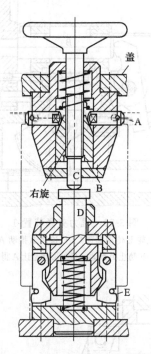

图 3-53　内部二位置夹紧装置-1

说明：当手柄顺时针转动时，螺母 B（胀块）撑出三个夹爪 A，螺钉 C 迫使胀块 D 向下以撑出三个夹爪 E。弹簧使这两个胀块退回，夹紧盘簧则拉回这两组夹爪。夹爪 A 在 B 的槽内滑动。

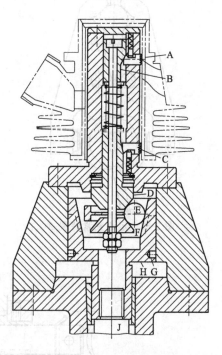

图 3-54　内部二位置夹紧装置-2

说明：若 J 提升 H，则三个钢球 E 推动 D 向上并拉动 F 向下。胀块 D 撑开三个夹爪 C，同时 F 拉下螺栓和胀块 B，B 撑开三个夹爪 A。装配此部件时，用销插入 G 孔内而把 H 与 J 紧固在一起。

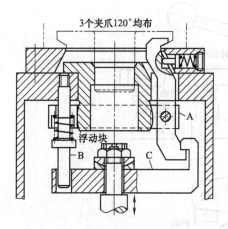

图 3-55　内部浮动拉压夹紧装置

说明：在松开操作时，弹簧顶起托架 A，夹爪内摆。B 是弹簧的基座并可防止 C 转动。

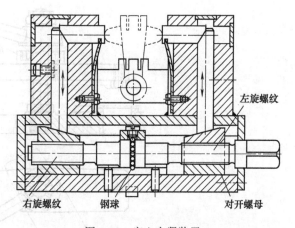

图 3-56　定心夹紧装置-1

说明：在右边不能装配整体螺母，因此用对开螺母，在对开螺母的切开处加垫片，并用圆柱头螺钉拧紧在一起。钢球用来减少摩擦并防止轴向窜动。

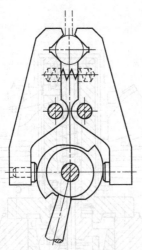

图 3-57 定心夹紧装置-2

A
B
C
D
F
G
E

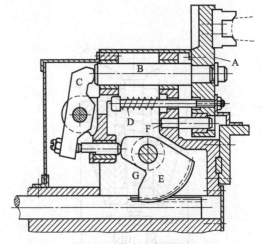

图 3-58 推力夹紧装置-1

说明：凸轮 E 传动摇臂 C，C 迫使 B 推动 A 至工件。弹簧 D 退回 A，F 防止 A 转动。G 处形状是让 A 得以充分退回。

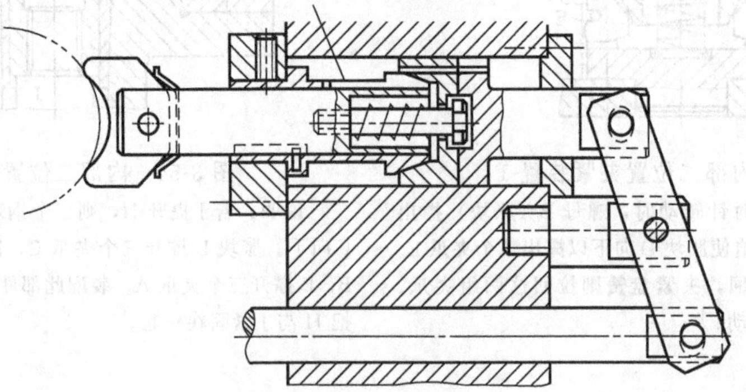

弹性夹套(锁紧用)

图 3-59 推力夹紧装置-2

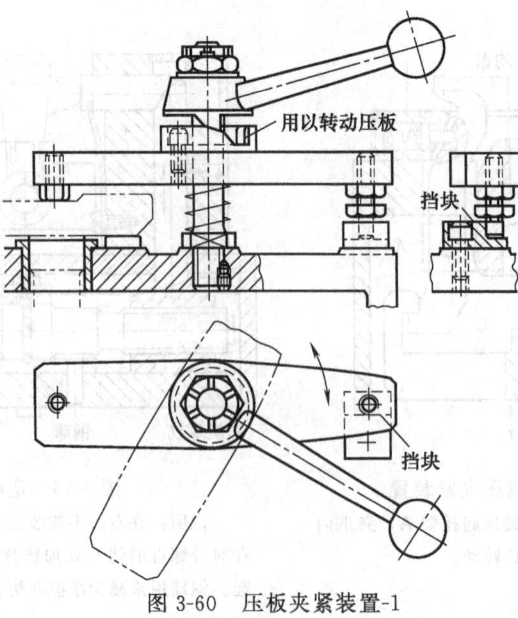

用以转动压板
挡块
挡块

图 3-60 压板夹紧装置-1

说明：按反时针方向转动手柄时，凸轮下降到凹槽中，使压板转动。注意在夹紧位置处必须有挡块。

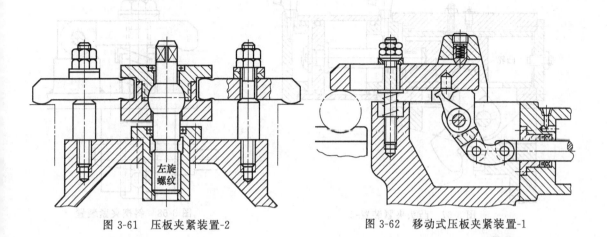

图 3-61　压板夹紧装置-2

图 3-62　移动式压板夹紧装置-1

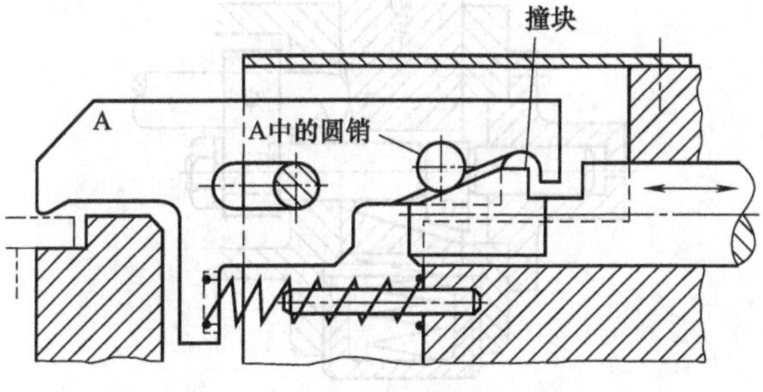

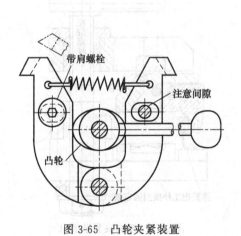

图 3-63　移动式压板夹紧装置-2

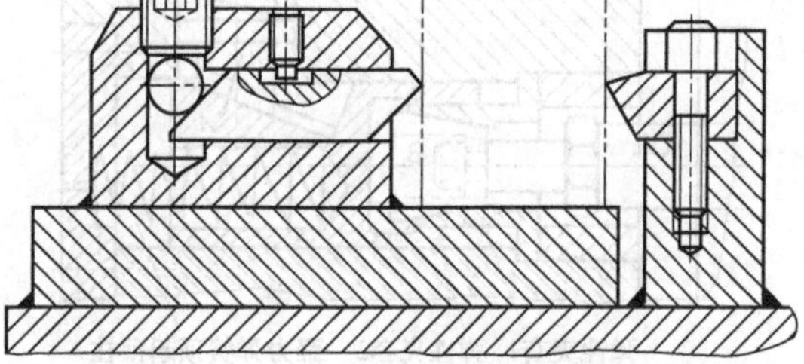

图 3-64　刀口夹紧装置

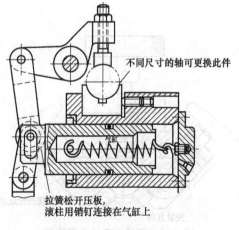

图 3-65　凸轮夹紧装置

图 3-66　凸头夹紧装置-1

说明：气缸操纵肘杆机构。气缸和压板均由强力弹簧退回。

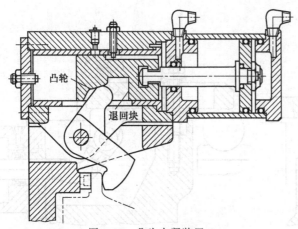

图 3-67 凸头夹紧装置-2

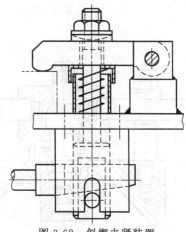

图 3-68 斜楔夹紧装置

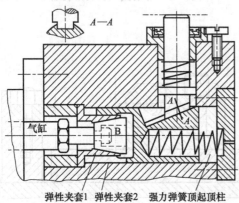

图 3-69 内锁顶柱夹紧装置

说明：胀块 B 撑开弹性夹套 1，随后，弹性夹套 2 也被撑开，从而把凸轮夹紧。B 推动凸轮向右，退出顶柱。

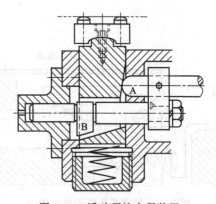

图 3-70 浮动顶柱夹紧装置

说明：A 锁紧受弹簧载荷的顶柱，B 使支柱退出。注意排气孔的习惯用法。

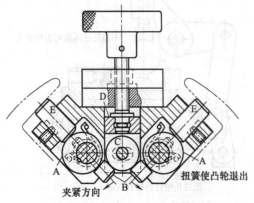

图 3-71 双浮动顶柱夹紧装置

说明：销 B 固定在凸轮 A 上。当滚柱 C 驱动销 B 时，就使凸轮 A 转动并顶起两个顶柱 E。C 上的销在 D 的槽中滑动。

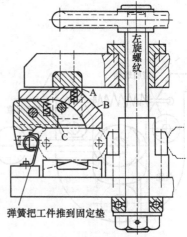

图 3-72 双向夹紧装置-1

说明：压板 B 和浮动块 C 向工件三个部位加压。B 被销接在吊架 A 上，C 又销接在 B 上。为了适应夹紧时总是把手轮向右旋转的习惯，应采用左旋丝杠。此装置夹紧两个工件。

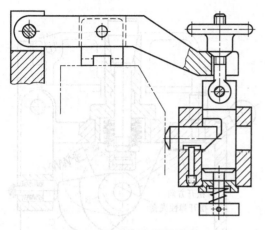

图 3-73　双向夹紧装置-2

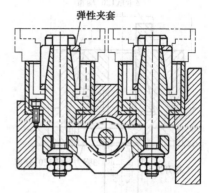

图 3-74　多位夹紧装置-1

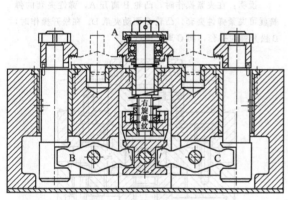

图 3-75　多位夹紧装置-2

说明：转动螺母时，A 夹紧两个工件，同时摇臂 B 和 C 拉下两个夹紧柱，也可夹紧两个工件。

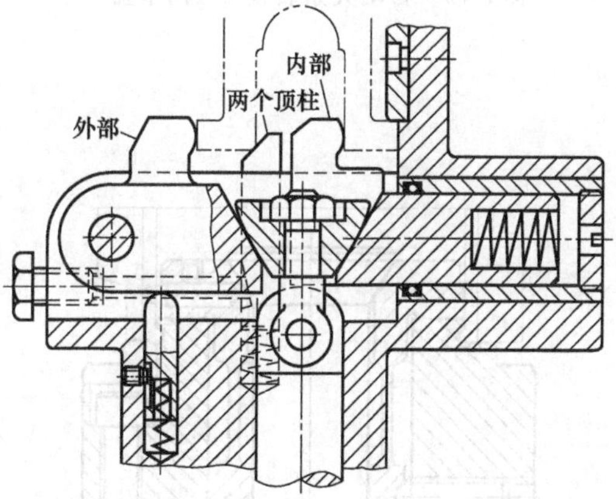

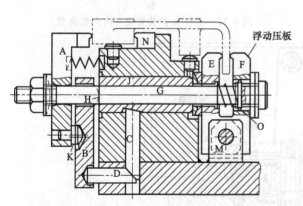

图 3-76　复合夹紧装置-1（内部、外部、顶柱）

图 3-77　复合夹紧装置-2（外部和在后部夹紧）

说明：在夹紧操作时，A 推动工件至挡块 N，然后，压板 E 和 F 绕 M 转动并为了适应工件而浮动。K 迫使 B 经过 H 推动 J。J 推动 E。B 还推动 D，D 推动 C，C 锁紧 J。螺栓 G 由圆销 O 来防止转动，O 在 F 的两个键槽中滑动。O 还用作弹簧的一个支座。

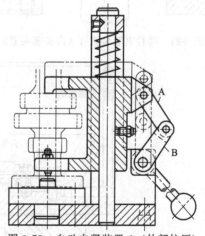

图 3-78　自动夹紧装置-1（外部拉压）

说明：肘杆 A 和 B 使夹爪处于开放位置。

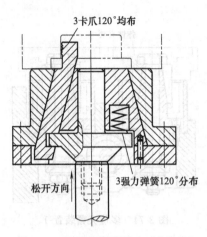

图 3-79　自动夹紧装置-2（内卡盘）

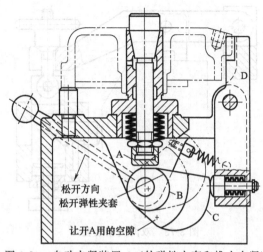

图 3-80　自动夹紧装置-3（外弹性夹套和推力夹紧）
　　说明：在夹紧操作时，凸轮 B 离开 A，弹性夹套的弹簧就可夹紧弹性夹套。凸轮 C 驱动夹爪 D。在松开操作时，B 松开弹性夹套，而 C 离开夹爪 D。

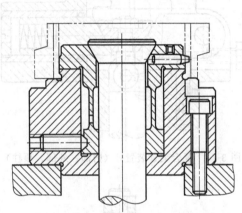

图 3-81　弹性夹紧装置-1（内夹套夹紧）

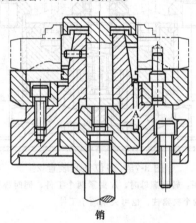

图 3-82　弹性夹紧装置-2（内夹套夹紧）

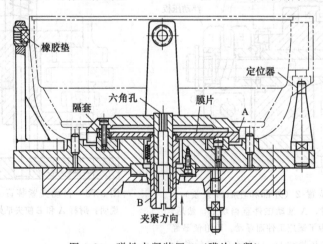

图 3-83　弹性夹紧装置-3（膜片夹紧）
　　说明：当 B 提升膜片时，驱使卡爪把工件的内孔夹紧在膜片的圆周上相当于 A 处。四个橡胶垫对薄壁工件加工时的振动起阻尼作用。

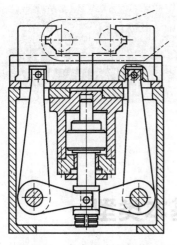

图 3-84　台虎钳式夹紧装置

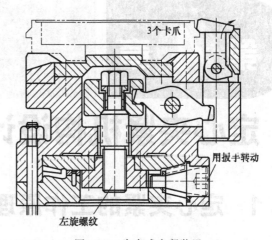

图 3-85　卡盘式夹紧装置

第4章

定心夹紧机构设计

4.1 定心夹紧的工作原理和基本类型

4.1.1 定心夹紧机构的工作原理及其特点

（1）定心夹紧机构的工作原理

在工件定位时，常常将工件的定心定位和夹紧结合在一起，这种机构称为定心夹紧机构。它是机床夹具中的一种特殊夹紧机构，是在准确定心或对中的同时夹紧工件的，所以又称为自动定心夹紧机构。

定心夹紧机构中与工件定位基准相接触的元件，既是定位元件，又是夹紧元件。

（2）定心夹紧机构的特点

定心夹紧机构的特点是：

① 定位和夹紧是同一元件；

② 元件之间有精确的联系；

③ 能同时等距离地移向或退离工件；

④ 能将工件定位基准的误差对称地分布开来。

4.1.2 定心夹紧机构的基本类型

常见的定心夹紧机构有：利用斜面作用的定心夹紧机构、利用杠杆作用的定心夹紧机构以及利用薄壁弹性元件的定心夹紧机构等。

（1）斜面作用的定心夹紧机构

属于此类夹紧机构的有：螺旋式、偏心式、斜楔式以及弹簧夹头等。如图 4-1 所示为部分这类定心夹紧机构。图 4-1（a）为螺旋式定心夹紧机构；图 4-1（b）为偏心式定心夹紧机构；图 4-1（c）为斜面（锥面）定心夹紧机构。

弹簧夹头亦属于利用斜面作用的定心夹紧机构。如图 4-2 所示为弹簧夹头的结构简图。图中 1 为夹紧元件——弹簧套筒，2 为操纵件——拉杆。

（2）杠杆作用的定心夹紧机构

如图 4-3 所示的车床卡盘即属此类夹紧机构。气缸力作用于拉杆 1，拉杆 1 带动滑块 2 左移，通过三个钩形杠杆 3 同时收拢三个夹爪 4，对工件进行定心夹紧。夹爪的张开是靠滑块上的三个斜面推动的。

如图 4-4 所示为齿轮齿条传动的定心夹紧机构。气缸（或其他动力）通过拉杆推动右端钳口时，通过齿轮齿条传动，使左面钳口同步向心移动夹紧工件，使工件在 V 形块中自动定心。

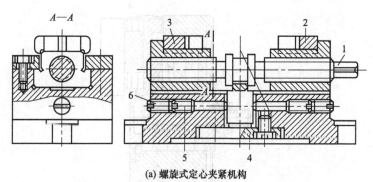

(a) 螺旋式定心夹紧机构

1—螺杆；　2,3—V形块；　4—叉形零件；　5,6—螺钉

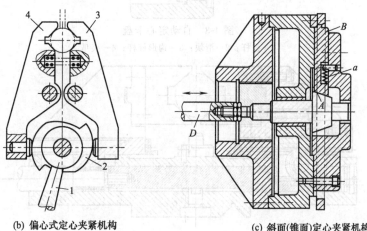

(b) 偏心式定心夹紧机构

1—手柄；　2—双面凸轮；　3,4—夹爪

(c) 斜面(锥面)定心夹紧机构

图 4-1　斜面定心夹紧机构

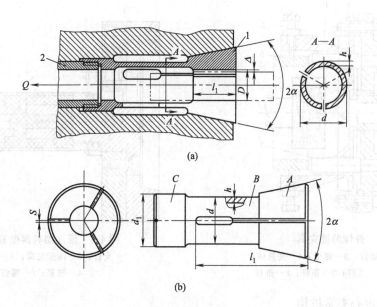

(a)

(b)

图 4-2　弹簧夹头的结构

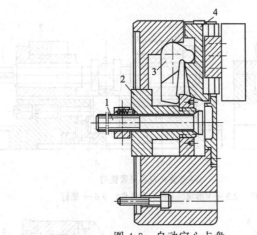

图 4-3　自动定心卡盘

1—拉杆；2—滑块；3—钩形杠杆；4—夹爪

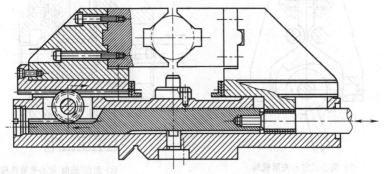

图 4-4　齿轮齿条定心夹紧机构

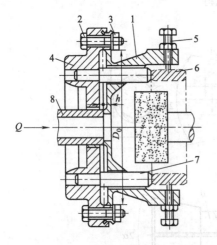

图 4-5　弹性薄壁夹具

1—弹性盘；2—螺钉；3—螺母；4—夹具体；

5—可调螺钉；6—工件；7—顶杆；8—推杆

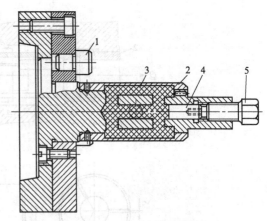

图 4-6　液性塑料薄壁套筒夹具

1—支钉；2—薄壁套筒；3—液性塑料；

4—柱塞；5—螺钉

（3）弹性定心夹紧机构

弹性定心夹紧机构是利用弹性元件受力后的均匀变形实现对工件的自动定心的。根据弹性元件的不同,有弹性薄壁夹具、碟形弹簧夹具、液性塑料薄壁套筒夹具及折纹管夹具等。如图 4-5 所示为弹性薄壁夹具,如图 4-6 所示为液性塑料薄壁套筒夹具。

4.2 弹性夹头的设计与计算

4.2.1 弹性夹头的结构尺寸

弹性夹头大都已经标准化,自行设计时各部分尺寸的计算可参考表 4-1。

表 4-1 弹性夹头各部分尺寸的计算公式

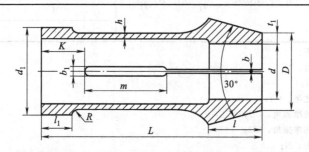

当 $D/d_1 = 0.8 \sim 1.0$ 时 $\qquad d_1$——弹簧夹头配合直径

结构参数	计算公式	结构参数	计算公式		
D	$D = d + 2t_1$	L	$L = \dfrac{3.3 d_1}{\sqrt[6]{d_1}} + 13$		
l	$l = 1.67\sqrt[4]{d_1^3}$	l_1	$l_1 = 2.72\sqrt{d_1}$		
h	$h = 0.37\sqrt{d_1}$ (常取 1.5～3mm)	t_1	$t_1 = 0.75\sqrt{d_1}$		
b	$b = 0.6\sqrt[3]{d_1}$	b_1	$b_1 = \dfrac{0.88(d_1+2)-1}{\sqrt{d_1}}$		
K	$K = 2.9\sqrt{d_1} + 0.5$	m	$m = 4.5\sqrt{d_1}$		
R	$R = (0.1 \sim 0.2)d_1$	d	≤30	>30～80	>80
		i(槽数)	3	4	6

注:材料一般的用 T6A～T10A,薄壁的可用 9SiCr,大型的可用 15CrA、12CrNi3A。

4.2.2 弹性夹头夹紧力的计算

弹性夹头夹紧力的计算可参考表 4-2。

表 4-2 弹性夹头夹紧力的计算公式

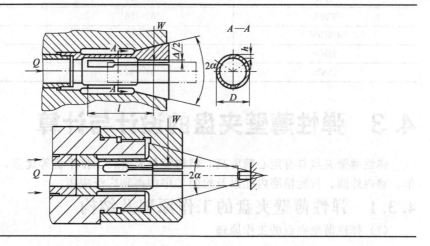

无轴向定位	有轴向定位
$W=\dfrac{Q}{\tan(\alpha+\varphi_1)}-R$ $Q=(W+B)\tan(\alpha+\varphi_1)$	$W=\dfrac{Q-R\tan(\alpha+\varphi_1)}{\tan(\alpha+\varphi_1)+\tan\varphi_2}$ $Q=(W+B)\tan(\alpha+\varphi_1)+W\tan\varphi_2$

式中 $B=0.1875\dfrac{EhD^3\Delta}{l^3}\left(\alpha_1+\sin\alpha_1\cos\alpha_1-\dfrac{2\sin^2\alpha_1}{\alpha_1}n\right)=K\dfrac{hD^3\Delta}{l_3}$	n	K
	3	6000
	4	2000
	6	400

注：表中符号解释如下。

W——总的径向夹紧力，N；

Q——轴向作用力，N；

α——弹性夹爪锥角之半，(°)；

φ_1——夹爪与套筒间的摩擦角，(°)；

φ_2——夹爪与工件间的摩擦角，(°)；

R——夹爪的变形阻力，N；

D——夹头弯曲部分的外径，mm；

h——夹爪弯曲部分的厚度，mm；

Δ——夹爪与工件的径向间隙（直径上），mm；

l——夹爪的根部至锥面中点的距离，mm；

E——材料弹性模量，MPa；

α_1——弹性夹爪每瓣所占扇形角之半，rad；

n——夹爪瓣数；

K——系数。

4.2.3 弹性筒夹的材料及热处理规范

弹性筒夹的材料及热处理规范见表 4-3。

表 4-3 弹性筒夹的材料及热处理规范

材　料	硬度（HRC）	
	工作部分	尾　部
T7A	43～52	30～32
T8A	55～60	32～35
T10A	52～56	40～45
4SiCrV	57～60	47～50
9SiCr	56～62	40～45
65Mn	57～62	40～45

4.3 弹性薄壁夹盘的设计与计算

弹性薄壁夹盘具有定心精度高、结构简单紧凑、工作平稳等优点，因此在环形工件的精车、磨内外圆、齿轮精磨内孔以及检验工序中得到广泛应用。

4.3.1 弹性薄壁夹盘的工作原理及结构

（1）弹性薄壁夹盘的工作原理

弹性薄壁夹盘的工作原理如图 4-7 所示。图 4-7 (a) 为夹盘的不工作状态，卡爪内径小于工件被夹持表面的外径；图 4-7 (b) 为薄壁盘在推力作用下产生变形使夹爪向外张开，卡爪内径大于工件被夹持表面的外径，工件可以放入；图 4-7 (c) 为作用在薄壁盘上的推力消失后，由于工件被夹持表面的外径大于卡爪内径，所以薄壁盘没有完全恢复到原来的位置，而是保持一定的残余弹性变形，工件即被薄壁盘的弹性恢复力定心和夹紧。残余弹性变形越大，则夹紧力也越大。

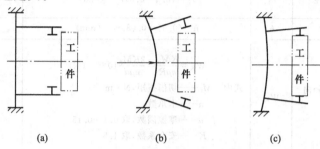

(a)   (b)   (c)

图 4-7 弹性薄壁夹盘的工作原理图

（2）弹性薄壁夹盘的结构

弹性薄壁夹盘的结构如图 4-5 所示。弹性盘 1 为定心和夹紧元件，用螺钉 2 和螺母 3 紧固在夹具体 4 上。弹性盘上有 6～12 个夹爪，爪上装有可调螺钉 5，用于对工件定心和夹紧，螺钉位置调整好后用螺母锁紧。然后"就地"磨削螺钉头部定位表面，以保证与机床主轴回转中心同轴。磨削应在夹爪有一定预张量的情况下进行，端面圆弧直径磨到被夹紧表面的下限尺寸。装工件时，弹性盘在外力 Q 通过推杆 8 的作用下发生弹性变形，使夹爪张开，放入工件后去掉外力 Q，靠弹性盘的弹性恢复力对工件进行定心和夹紧。

4.3.2　弹性盘的设计与计算

设计弹性盘时，有关参数的计算可参照表 4-4 进行。

表 4-4　弹性盘的设计与计算

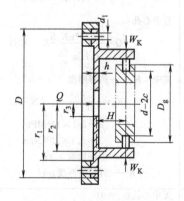

序号	计算项目	符号	计算公式	设计说明
1	弹性盘夹持直径	d	$d = D_g \text{(mm)}$	D_g 为工件夹持表面直径
2	弹性盘安装直径	D	$D = (1.33 \sim 3)d$　(mm)	—
3	卡爪悬伸长度	H	$H = (0.25 \sim 0.5)D$　(mm)	在保证砂轮越程位置时，H 小一些对结构有利
4	卡爪斜角	α	$\alpha = 0° \sim 45°$	—

序号	计算项目	符号	计算公式	设计说明
5	弹性盘有效变形半径	r_1	$r_1=\dfrac{D}{2}-1.8d_1$ （mm） 式中 d_1——螺栓安装孔直径，mm	——
6	卡爪位置半径	r_2	$r_2=(0.4\sim0.6)r_1$ （mm）	r_1 大时取小值，反之则取大值
7	弹性盘厚度	h	$h=(0.05\sim0.08)r_1$ （mm）	——
8	每个卡爪所需径向夹紧力	W_K	$W_K=\dfrac{KM_p}{n\mu R}=\dfrac{2KM_p}{n\mu d}10^{-3}$ （N） 式中 M_p——切削扭矩，N·m 　　　n——卡爪数 　　　μ——摩擦因数，取 $0.1\sim0.15$ 　　　K——安全系数，取 1.5	——
9	根据径向夹紧力卡爪所需张量	c	无中心孔（$r_3=0$） $2c=\dfrac{W_K nH^2}{10^5 h^3}K_1$ （mm） 有中心孔 $2c=\dfrac{W_K nH^2}{10^5 h^3}K_2$ （mm）	K_1 数值由表 4-5 查得 K_2 数值由表 4-6 查得
10	卡爪实际所需张量	S	$2S=2c+\Delta+\delta$ （mm） 式中 Δ——放入工件时所需间隙，取 $0.03\sim0.05$，mm 　　　δ——工件夹持表面直径公差	——
11	薄壁盘所需推（拉）力	Q	无中心孔（$r_3=0$） $Q=\dfrac{4\times10^3\pi K_c S}{r_2 H\ln\dfrac{r_2}{r_1}}$ （N） 有中心孔 $Q=\dfrac{4\times10^3\pi K_c S}{r_2 H\ln\dfrac{r_2}{r_1}}K_3$ （N） 式中 K_c——抗弯刚度 $K_c=\dfrac{Eh^3}{12(1-\mu^2)}$ （N·m） $E=2.1\times10^5$ MPa $=2.1\times10^{11}$ N/m² 　　　μ——泊松比取 0.3； 　　　h——弹性盘厚度，m	K_3 数值由表 4-7 查得
12	验算弹性盘厚度	h	无中心孔（$r_3=0$） $h^2\geqslant\dfrac{3Q(1+\mu)}{2\pi[\sigma]}\left(\ln\dfrac{r_1}{r_0}+\dfrac{r_0^2}{4r_1^2}\right)$ （mm） 式中 r_0——推杆头部与弹性板接触面的半径，取 $r_0=3\sim5$，mm 　　　$[\sigma]$——材料的许用应力，MPa 有中心孔 $h^2\geqslant\dfrac{Q}{[\sigma]}K_4$ （mm）	K_4 数值由表 4-8 查得

表 4-5　系数 K_1

r_1/r_2	1.20	1.25	1.30	1.35	1.40	1.45	1.50	1.55	1.60	1.65
K_1	0.253	0.298	0.338	0.374	0.405	0.434	0.460	0.483	0.504	0.524
r_1/r_2	1.70	1.75	1.80	1.85	1.90	1.95	2.00	2.05	2.10	2.15
K_1	0.541	0.557	0.572	0.586	0.598	0.610	0.621	0.631	0.640	0.649
r_1/r_2	2.20	2.25	2.30	3.35	2.40	2.45	2.50	2.55	2.60	2.65
K_1	0.657	0.664	0.671	0.678	0.684	0.690	0.695	0.700	0.705	0.710
r_1/r_2	2.70	2.75	2.80	2.85	2.90	2.95	3.00	3.05	3.10	3.15
K_1	0.714	0.718	0.722	0.726	0.729	0.733	0.736	0.739	0.741	0.744
r_1/r_2	3.20	3.25	3.30	3.35	3.40	3.45	3.50	3.55	3.60	3.65
K_1	0.747	0.749	0.752	0.754	0.756	0.758	0.760	0.762	0.764	0.765
r_1/r_2	3.70	3.75	3.80	3.85	3.90	3.95	4.00	5	6	7
K_1	0.767	0.769	0.770	0.772	0.773	0.775	0.776	0.795	0.805	0.811

注	$K_1 = \dfrac{2.6}{\pi}\left(1 - \dfrac{1}{m^2}\right), m = \dfrac{r_1}{r_2}$ 计算条件 $$E = 2.1 \times 10^5 (\text{MPa}) = 2.1 \times 10^{11} (\text{N/m}^2), K_c = \dfrac{Eh^3}{12(1-\mu^2)} \quad (\text{N} \cdot \text{m}), \mu = 0.3$$ 式中　h——弹性盘厚度,m

表 4-6　系数 K_2

r_2/r_3 ＼ r_1/r_2	1.5	1.7	1.8	1.9	2.0	2.1	2.2	2.3	2.4	2.5	2.75	3
2	0.558	0.683	0.733	0.776	0.814	0.848	0.877	0.903	0.927	0.948	0.991	1.024
2.2	0.544	0.661	0.708	0.748	0.784	0.815	0.842	0.866	0.887	0.906	0.946	0.976
2.5	0.527	0.637	0.680	0.717	0.749	0.778	0.802	0.824	0.844	0.861	0.896	0.924
2.8	0.515	0.619	0.659	0.695	0.725	0.751	0.774	0.795	0.813	0.828	0.861	0.887
3	0.508	0.609	0.649	0.683	0.712	0.737	0.760	0.779	0.797	0.812	0.843	0.868
3.2	0.503	0.602	0.640	0.673	0.701	0.726	0.748	0.767	0.783	0.798	0.829	0.852
3.5	0.496	0.592	0.629	0.661	0.689	0.712	0.733	0.751	0.767	0.782	0.811	0.833
3.8	0.491	0.585	0.621	0.652	0.679	0.702	0.722	0.739	0.755	0.769	0.797	0.819
4	0.488	0.581	0.616	0.647	0.673	0.696	0.716	0.733	0.748	0.762	0.789	0.811
4.2	0.485	0.577	0.613	0.643	0.668	0.690	0.710	0.727	0.742	0.756	0.783	0.804
4.5	0.482	0.573	0.607	0.637	0.662	0.684	0.704	0.720	0.735	0.748	0.775	0.795
4.8	0.480	0.569	0.603	0.632	0.657	0.679	0.698	0.714	0.729	0.742	0.768	0.788
5	0.478	0.563	0.601	0.630	0.655	0.676	0.695	0.711	0.725	0.738	0.764	0.784
5.2	0.477	0.565	0.599	0.628	0.652	0.673	0.692	0.708	0.722	0.735	0.761	0.780
5.5	0.475	0.563	0.596	0.624	0.649	0.670	0.688	0.704	0.718	0.731	0.756	0.776
5.8	0.474	0.560	0.594	0.621	0.646	0.667	0.685	0.701	0.715	0.727	0.752	0.772
6	0.473	0.559	0.592	0.620	0.644	0.665	0.683	0.699	0.713	0.725	0.750	0.769
6.2	0.472	0.558	0.591	0.619	0.643	0.664	0.682	0.697	0.711	0.723	0.748	0.767
6.5	0.471	0.557	0.589	0.617	0.641	0.661	0.679	0.695	0.709	0.721	0.745	0.764
6.8	0.470	0.555	0.588	0.616	0.639	0.660	0.677	0.693	0.706	0.718	0.743	0.762
7	0.469	0.554	0.587	0.615	0.638	0.659	0.676	0.692	0.705	0.717	0.742	0.760

注	$$K_2 = \dfrac{5.2(1-m^2)(1.3+0.7y^2)}{\pi\left[(1.3+0.7y^2)(1.3+0.7m^2)+0.91(1-y^2)(1-m^2)\right]}$$ 式中　$m = \dfrac{r_1}{r_2}, y = \dfrac{r_2}{r_3}$　计算条件同表 4-5

表 4-7　系数 K_3

r_1/r_3 ＼ r_1/r_2	1.25	1.5	1.75	2.0	2.25	2.5	2.75	3.0
10	0.93	0.92	0.90	0.89	0.87	0.86	0.84	0.83
5	0.87	0.84	0.82	0.80	0.78	0.75	0.67	0.60
4	0.87	0.83	0.80	0.79	0.77	0.74	0.65	
3	0.88	0.85	0.83	0.81	0.79			
2.5	0.92	0.90	0.88					

表 4-8　系数 K_4

r_1/r_3	2	2.1	2.2	2.3	2.4	2.5	2.6	2.7	2.8	2.9
K_4	0.270	0.310	0.351	0.393	0.434	0.475	0.516	0.556	0.596	0.635
r_1/r_3	3	3.1	3.2	3.3	3.4	3.5	3.6	3.7	3.8	3.9
K_4	0.673	0.711	0.748	0.785	0.820	0.855	0.890	0.924	0.957	0.989
r_1/r_3	4	4.1	4.2	4.3	4.4	4.5	4.6	4.7	4.8	4.9
K_4	1.020	1.052	1.082	1.112	1.141	1.170	1.198	1.226	1.253	1.279
r_1/r_3	5	5.1	5.2	5.3	5.4	5.5	5.6	5.7	5.8	5.9
K_4	1.305	1.331	1.356	1.380	1.405	1.428	1.452	1.475	1.497	1.520
r_1/r_3	6	6.1	6.2	6.3	6.4	6.5	6.6	6.7	6.8	6.9
K_4	1.541	1.563	1.584	1.605	1.625	1.645	1.665	1.685	1.704	1.723
r_1/r_3	7	7.1	7.2	7.3	7.4	7.5	7.6	7.7	7.8	7.9
K_4	1.742	1.760	1.778	1.796	1.814	1.831	1.848	1.865	1.882	1.899
r_1/r_3	8	8.1	8.2	8.3	8.4	8.5	8.6	8.7	8.8	8.9
K_4	1.915	1.931	1.947	1.963	1.978	1.993	2.008	2.023	2.038	2.052
r_1/r_3	9	9.1	9.2	9.3	9.4	9.5	9.6	9.7	9.8	9.9
K_4	2.067	2.081	2.096	2.110	2.123	2.137	2.150	2.163	2.177	2.190

r_1/r_2	10	
K_4	2.203	式中，μ 为泊松系数，取 0.3；$\alpha-r_1/r_3$；K_4 取绝对值

$$K_4=\frac{3}{2\pi}\left[\mu+\frac{(1-\mu)\alpha^2-(1+\mu)-2(1-\mu^2)\alpha^2\ln\alpha}{(1+\mu)+(1-\mu)\alpha^2}\right]$$

弹性盘主要结构参数推荐值见表 4-9。

表 4-9　弹性盘主要结构参数推荐值

工件外径/mm	弹性盘安装直径/mm	弹性盘厚度/mm	卡爪数
10～35	105	6	8
30～52	125	7	8
55～100	155	8	8
80～140	220	11	10
140～200	280	11	10
200～260	320	12	10
260～320	380	14	16
320～420	480	15	16

弹性盘材料：65Mn，T7A，50 钢；淬火硬度 40～50HRC

4.4　液性塑料薄壁套筒夹具的设计与计算

4.4.1　液性塑料薄壁套筒夹具的结构及工作原理

液性塑料薄壁套筒夹具的结构如图 4-6 所示。工件以孔和端面定位，工件套在薄壁套筒 3 上，端面靠在三个支承钉 1 上。拧动螺钉 5 推动柱塞 4，挤压液性塑料 2。由于液性塑料不可压缩，因而迫使薄壁套筒 3 径向胀大，压在工件孔壁上，从而使工件得到定心夹紧。

4.4.2　薄壁套筒的设计与计算

薄壁套筒的设计与计算可按表 4-10 所示步骤进行。

表 4-10　薄壁套筒主要结构参数及夹紧力的计算

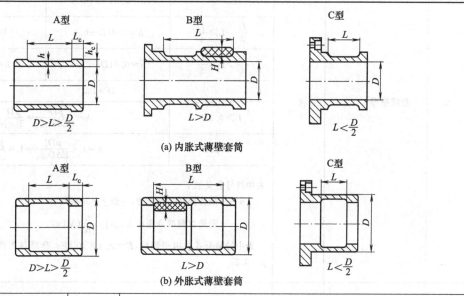

序号	计算项目	符号	计 算 公 式
1	薄壁套筒直径	D	$D=D_k$　（mm） 式中　D_k——工件定位面直径，mm，公差按 g6 或 f7 制造
2	套筒薄壁部分长度	L	一般情况：$L=(1\sim1.3)l$（mm） 式中　l——工件定位面长度，mm l 较长时：$L=(0.7\sim0.8)l$（mm）
3	套筒结构形式		$D>l>\dfrac{D}{2}$ 时，选用 A 型 $l>D$ 时，选用 B 型，或采用两个薄壁套筒 $l<\dfrac{D}{2}$ 时，选用 C 型
4	工件与套筒定位面之间在未夹紧时的最大配合间隙	$\Delta_{\max}$	当工件以内孔定位时 $$\Delta_{\max}=D_{k\max}-D_{\min}\quad(\text{mm})$$ 式中　$D_{k\max}$——工件内孔的最大直径，mm 　　　　$D_{\min}$——套筒定位面最小直径，mm 当工件以外圆定位时 $$\Delta_{\max}=D_{\max}-D_{k\min}(\text{mm})$$ 式中　$D_{\max}$——套筒定位面最大直径，mm 　　　　$D_{k\min}$——工件外圆的最小直径，mm

序号	计算项目	符号	计算公式
5	套筒最大允许径向变形量	ΔD_{max}	$\Delta D_{max}=\dfrac{\sigma_s}{EK}D$ （mm） 式中 σ_s——套筒材料的屈服极限，Pa 　　E——套筒材料的弹性模量，一般钢为 2.1×10^{11}Pa 　　K——安全系数，一般取 $1.2\sim1.5$ ［对于铬锰钢材 $\Delta D_{max}=(0.003\sim0.002)D$］

序号	计算项目	符号	计算公式		
6	套筒壁厚	h	$D<150$　　　　　　　　　　　　　　　　　　（mm）		

L	套筒壁厚 h	
	$D=10\sim50$	$D=50\sim150$
$L>\dfrac{D}{2}$	$h=0.015D+0.5$	$h=0.025D$
$\dfrac{D}{2}>L\geqslant\dfrac{D}{4}$	$h=0.01D+0.5$	$h=0.02D$
$\dfrac{D}{4}>L\geqslant\dfrac{D}{8}$	$h=0.01D+0.25$	$h=0.015D$

$D>150$	
$L>0.3D$	$h=\dfrac{pD^2}{2E\Delta D_{max}}=\dfrac{pD}{2[\sigma]}$
$L<0.3D$	$h=1.6\dfrac{pDL}{E\Delta D_{max}}=1.6\dfrac{pL}{[\sigma]}$

表中符号含义如下

p——液性塑料工作压力，一般 $p=30$MPa

$[\sigma]$——套筒材料的许用应力，$[\sigma]=\dfrac{\sigma_s}{K}$（MPa）

表中经验公式适用于钢材，$E=2.1\times10^{11}$Pa，套筒与工件之间摩擦因数 $\mu=0.2$

序号	计算项目	符号	/mm						
7	套筒固定部分长度 套筒固定部分厚度 套筒槽高	L_c h_c H	D	$\leqslant30$	$>30\sim50$	$>50\sim80$	$>80\sim120$	$>120\sim160$	$>160\sim200$	$>200\sim250$

D	$\leqslant30$	$>30\sim50$	$>50\sim80$	$>80\sim120$	$>120\sim160$	$>160\sim200$	$>200\sim250$
L_c	6	8	11	16	22	28	36
h_c	5	6	9	12	16	18	26
H	$H=2\sqrt[3]{D}$						

序号	计算项目	符号	/mm				
8	套筒与夹具体的配合过盈量	δ_c	D	$\leqslant50$	$>50\sim80$	$>80\sim120$	$>120\sim180$	$>180\sim250$

D	$\leqslant50$	$>50\sim80$	$>80\sim120$	$>120\sim180$	$>180\sim250$
δ_c	0.03	0.05	0.07	0.10	0.15

当切削力较大，而套筒与夹具体之间无销钉固定时，取 $\delta_c=0.0012D$

序号	计算项目	符号	计算公式
9	套筒产生的夹紧力矩	M	$M=5\times10^3 m\sqrt{m}\Delta_g D^2$ （N·mm） 式中　　$m=\dfrac{2h}{D}$ $\Delta_g=\Delta D_{max}-\Delta_{max}$
10	套筒产生的轴向夹紧力	W_0	$W_0=\dfrac{2M}{D}=10^5 m\sqrt{m}\Delta_g D$ （N）

续表

序号	计算项目	符号	计算公式
11	套筒与工件定位面的实际接触长度	L_k	$L<\frac{1}{2}\varepsilon D$ 时 $$L_k=L\sqrt{\frac{\Delta_g}{\Delta_g+\delta_{max}}}\quad(mm)$$ $L>\frac{1}{2}\varepsilon D$ 时 $$L_k=\frac{1}{2}\varepsilon D\sqrt{\frac{\Delta_g}{\Delta_g+\delta_{max}}}+(L-\frac{1}{2}\varepsilon D)$$ 式中　ε——套筒薄壁部分的最小长度系数,其值如下表 应保证　　$\dfrac{L_k}{L}>(0.5\sim0.8)$
12	工件夹紧时,套筒内工作容积的最大增大量	ΔV	$$\Delta V=\frac{\pi}{2}L_k\delta_{max}+cV\quad(mm^3)$$ 式中　c——液性塑料中气泡体积的压缩系数,$c=0.001\sim0.003$; 　　　V——在自由状态下液性塑料的体积,mm^3

序号11内嵌小表:

$\frac{2h}{D}$	0.01	0.02	0.03	0.04	0.05	0.06	0.07	0.08	0.09	0.10
ε	0.35	0.5	0.6	0.7	0.75	0.85	0.90	1.05	1.1	1.15

4.4.3　滑柱的设计与计算

滑柱直径与推力的计算可按表 4-11 所示步骤进行。

表 4-11　滑柱直径与推力的计算

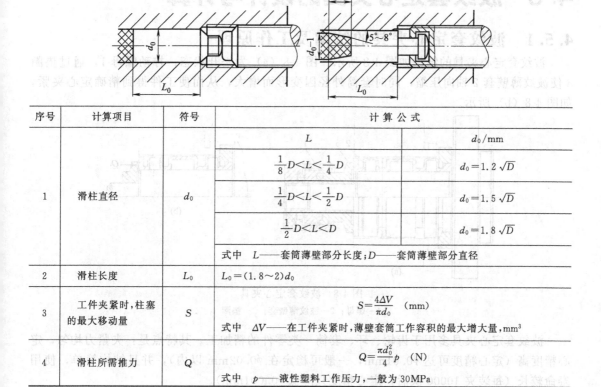

序号	计算项目	符号	计算公式	
			L	d_0/mm
1	滑柱直径	d_0	$\frac{1}{8}D<L<\frac{1}{4}D$	$d_0=1.2\sqrt{D}$
			$\frac{1}{4}D<L<\frac{1}{2}D$	$d_0=1.5\sqrt{D}$
			$\frac{1}{2}D<L<D$	$d_0=1.8\sqrt{D}$
			式中　L——套筒薄壁部分长度;D——套筒薄壁部分直径	
2	滑柱长度	L_0	$L_0=(1.8\sim2)d_0$	
3	工件夹紧时,柱塞的最大移动量	S	$S=\dfrac{4\Delta V}{\pi d_0^2}\quad(mm)$ 式中　ΔV——在工件夹紧时,薄壁套筒工作容积的最大增大量,mm^3	
4	滑柱所需推力	Q	$Q=\dfrac{\pi d_0^2}{4}p\quad(N)$ 式中　p——液性塑料工作压力,一般为 30MPa	

4.4.4 套筒的材料和液性塑料的配方

(1) 套筒的材料

套筒材料一般采用合金钢 65Mn、40Cr、30CrMnSi，或者采用 T7A、45 钢；淬火硬度为 35~40HBC。

(2) 液性塑料的配方

液性塑料薄壁套筒夹具所用的液性塑料的配方如表 4-12 所示。

表 4-12　液性塑料的配方

成分	重量百分比/%				功　用
	A	B	C	D	
聚氯乙烯树脂	10	12	15	18	
磷苯二甲酸二丁酯	88	86	83	80	作增塑剂。含量大，塑性大
硬脂酸钙	2	2	2	2	作稳定剂。使塑料受热不分解，不变质
真空油	适量	适量	适量	适量	作润滑剂。与塑料不化合，浮于表面，减小流动阻力
特性	流动性大	适用于管道较长的多位夹具或定心精度高的夹具	适用于压力传递较近的夹具。此配方应用最广	流动性较差，适于作填料	

4.5　波纹套定心夹具的设计与计算

4.5.1　波纹套定心夹具的结构及工作原理

波纹套定心夹具的结构如图 4-8 所示。图 4-8（a）为松开状态；拧动螺母 1，通过垫圈 3 使波纹薄壁套 2 轴向压缩，同时套筒外径因变形而增大，从而使工件得到精确定心夹紧，如图 4-8（b）所示。

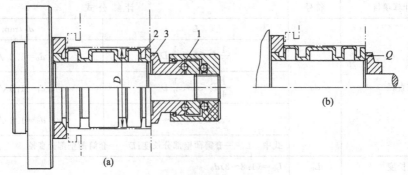

图 4-8　波纹套定心夹具
1—螺母；2—波纹薄壁套；3—垫圈

波纹套定心夹具多用于齿轮、环、套筒一类零件的精加工。其特点是：夹紧力均匀，定心精度高（定心精度可达 ϕ0.01mm，一般可稳定在 ϕ0.02mm 以内），并且结构简单，使用寿命较长（每装夹 10000 次后，定心精度只降低 ϕ0.001mm）。

4.5.2　波纹薄壁套的结构尺寸

波纹薄壁套的结构尺寸见表 4-13 和表 4-14。

表 4-13　波纹薄壁套的结构尺寸（1）

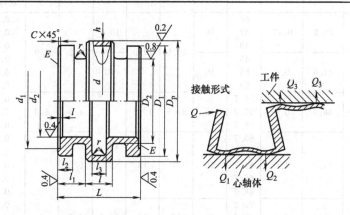

工件定位基准直径 D_g		D_1 (h9)	D_2 (h9)	h	d_1 (H9)	d_2 (H6)	L	l	l_1	l_2	l_3	计算系数	
自	至											$x/(\mu m/N)$	$\psi/(1/mm^2)$
20	21	19.8			16							0.0162	0.767
21	22	20.8			17							0.0180	0.841
22	23	21.8	12.8	0.4	18	12	19.4	6.4				0.0211	0.917
23	24	22.8			19							0.0236	0.989
24	25	23.8			20							0.0200	0.714
25	26	24.8			21							0.024	0.779
26	27	25.8	15.8		22				6.5	3.5	4	0.0248	0.841
27	28	26.8			23							0.0272	0.900
28	29	27.8			24							0.0296	0.952
29	30	28.8			25							0.0319	0.986
30	31	29.8	18.9	0.45	26	18	21					0.0210	0.629
31	32	30.8			27							0.0229	0.648
32	33	31.8			28							0.0204	0.552
33	34	32.8			29							0.0223	0.588
34	35	33.8	21		30	20	24			4		0.0240	0.628
35	36	34.8			31							0.0260	0.665
36	37	35.8			32			8			5	0.0133	0.280
37	38	36.8			33							0.0144	0.302
38	39	37.8	26		34	25	25					0.0155	0.321
39	40	38.8			35							0.0167	0.343
40	41	39.8		0.6	36							0.0178	0.354
41	42	40.8			37							0.0082	0.122
42	43	41.8	32.2		38	32	29	10		4.5	5.5	0.0088	0.134
43	44	42.8			39							0.0097	0.148
44	45	43.8			40							0.0105	0.160
45	46	44.8			41			9.5				0.0059	0.081
46	47	45.8			42							0.0067	0.090
47	48	46.8	35.5	0.75	43	34	29.5	10.5			6.0	0.0075	0.100
48	49	47.8			44							0.0083	0.109
49	50	48.8			45							0.0092	0.117

工件定位基准直径 D_g 自	至	D_1 (h9)	D_2 (h9)	h	d_1 (H9)	d_2 (H6)	L	l	l_1	l_2	l_3	计算系数 x/(μm/N)	ψ/(1/mm²)
50	51	49.8			46							0.0090	0.115
51	52	50.8	39.5	0.77	47	38			10.9			0.0098	0.124
52	53	51.8			48		30.5	10.5		4.5	6.0	0.0106	0.134
53	55	52.8			49							0.0083	0.118
55	57	54.8	41.6	0.8	51	40			10			0.0109	0.131
57	59	56.8			53							0.0121	0.145
59	61	58.5			54.7							0.0080	0.091
61	63	60.5	46.6	0.9	56.7	45	31.5	10.5		4.5	6.0	0.0091	0.101
63	65	62.5			58.7							0.0101	0.112
65	67	64.5			60.7							0.0057	0.060
67	69	66.5			62.7				10.5			0.0063	0.068
69	71	68.5	51.7	1.0	64.7	50	34	13		5.5		0.0077	0.082
71	73	70.5			66.7							0.0084	0.089
73	75	72.5			68.7							0.0092	0.097
75	77	74.5			70.5							0.0072	0.072
77	79	76.5	54.7	1.1	72.5	53	37	14	11.5	6.5	7	0.080	0.080
79	80	78.5			74.5							0.0088	0.090
80	82	79.5			75.5							0.0088	0.060
82	84	81.5			77.5							0.0095	0.065
84	86	83.5	57.7	1.2	79.5	56	42	15	13.5	7.5		0.0098	0.071
86	88	85.5			81.5							0.0104	0.076
88	90	87.5			83.5							0.0109	0.082
90	92	80.5			84.5							0.0087	0.072
92	94	91.5			86.5							0.0092	0.076
94	96	93.5	61.8	1.3	88.5	60	51	18			10	0.0097	0.081
96	98	95.5			90.5							0.0101	0.086
98	100	97.5			92.5							0.0106	0.090
100	105	99.5			93.5				16.5	8.5		0.0093	0.078
105	110	104.5			98.5							0.0100	0.088
110	115	109.5	73	1.5	103.5	71	54	21			11	0.0108	0.098
115	120	114.5			108.5							0.0114	0.109
120	125	119.5			113.5							0.0086	0.048
125	130	124.5	82.5	1.6	118.5	80	55	22			12	0.0074	0.053
130	135	129.5			123.5							0.0081	0.057
135	140	134.5	103	1.75	128.5	100	64	25	19.5	9.5	15	0.0043	0.026
140	145	139.5			133.5							0.0049	0.029
145	150	144.5			137.5							0.0032	0.018
150	155	149.5	113.5	2.0	142.5	110	77	32			18	0.0037	0.020
155	160	154.5			147.5							0.0042	0.030
160	165	159.5			152.5				22.5	10.5		0.0033	0.017
165	170	164.5	123.5	2.25	157.5	120	79	34			20	0.0037	0.019
170	175	169.5			162.5							0.0041	0.021
175	180	174.5			167.5							0.0046	0.023
180	185	179.5			169.5							0.0034	0.015
185	190	184.5	134	2.5	174.5	130	97	36	30.5	15.5	22	0.0037	0.017
190	195	189.5			179.5							0.0041	0.018
195	200	194.5			184.5							0.0044	0.020

注：1. D_p 相对于 d_2 径向跳动按 2 级精度。

　　D_2 相对于 d_2 径向跳动按 5 级精度。

　　2. d 相对于 D_p 径向跳动按 7 级精度。

　　3. 端面 E 相对于 d_2 端面跳动按 4 级精度。

表 4-14　波纹薄壁套的结构尺寸（2）

D_g	50 以下	>50~100	>100~200	D_g	60 以下	>60~90	>90~105	>105~145	>145~200
$t=c$	0.3	0.5	1.0	r	0.15	0.75	1.0	2.5	5.0

4.5.3 波纹套的设计与计算

波纹套的设计方法可按表 4-15 中的步骤进行。

波纹套与心轴的间隙可按表 4-16 选取。

表 4-15 波纹套的设计与计算

序号	计算项目	符号	计算公式
1	波纹套结构尺寸		按工件定位基准直径 D_g 由表 4-13 确定
2	波纹套外径	D_p	$D_p = D_g - \Delta$ （mm） 式中 Δ——工件定位基准与波纹套的配合间隙，μm，由下表确定 <table><tr><td>D_g</td><td>>20~30</td><td>>30~53</td><td>>53~80</td><td>>80~100</td><td>>100</td></tr><tr><td>Δ</td><td>10</td><td>20</td><td>30</td><td>40</td><td>50</td></tr></table>
3	波纹套内径	d	$d = D_p - 2h$ （mm） 式中 h——波纹套壁厚，mm
4	波纹套直径的扩张量	ΔD_p	$\Delta D_p = \delta D_g + \delta D_p + \Delta$ 式中 δD_g——工件定位直径公差； δD_p——波纹套外径公差，μm，由下表确定 <table><tr><td>D_p</td><td><22</td><td>>22~50</td><td>>50~80</td><td>>80~120</td><td>>120~180</td><td>>180</td></tr><tr><td>δD_p</td><td>2.5</td><td>4</td><td>5</td><td>6</td><td>12</td><td>20</td></tr></table>
5	夹紧工件所需轴向力	Q	$Q = \dfrac{D_p}{x}$ （N） 式中 x——计算系数
6	波纹套受轴向力后的最大应力	σ_{max}	$\sigma_{max} = Q\psi$ （MPa） 式中 ψ——计算系数，按表 4-13 确定
7	确定波纹套材料及许用应力	$[\sigma]$	$\sigma_{max} < [\sigma]$ （MPa） 式中 $[\sigma]$——波纹套材料的许用应力
8	波纹套数量	n	$l_g > 2L \quad n = 2$ $l_g < 2L \quad n = 1$ 式中 l_g——工件定位基准长度，mm
9	波纹套能传递的扭矩	M	$M = 1.5 \times 10^{-4} \pi D_g Q n$ （N·mm） 应保证 $M \geqslant KM_p$ 式中 M_p——切削扭矩，N·mm K——安全系数，$K \geqslant 2.5$

表 4-16 波纹套与心轴的间隙 Δ_s

D_g	30 以下	>30~100	100 以上
Δ_s	10μm	20μm	$30 \sim 50\mu$m

加压套外径与 D_1 相同，公差为 h9，与轴的间隙取 0.03~0.05mm，内径与端面的粗糙度为 $R_a0.32$，端面跳动 0.02~0.03。

波纹套的材料通常可采用 T10A、65Mn 等，热处理硬度 6~50HRC。

4.6 碟形弹簧片定心夹具的设计

4.6.1 碟形弹簧片定心夹具的结构及工作原理

碟形弹簧片定心夹紧心轴的结构如图 4-9 所示。心轴体 4 通过锥柄与机床主轴相连接，工件 5 安装在心轴上,旋转螺母 1 通过垫圈 8 和压紧套 2 将轴向力加在碟形弹簧片 3 上,使弹簧片径向胀大,从而将工件定心并夹紧。碟形弹簧片的径向胀开量约为 0.1～0.4mm,定心精度可达 $\phi 0.01～0.002$mm。

当用一片碟形弹簧时,为了传递所需的扭矩 M_k,需要施加的轴向力 Q 为

$$Q = K \frac{2M_k}{D\mu} \tan(\beta - 2) \ (\text{N})$$

式中　　M_k——所需传递的扭矩,N·mm;

　　　　D——工件定位基准的直径,mm;

　　　　μ——装夹表面的摩擦因数;

　　　　β——碟形弹簧片的锥面半角,(°);

　　　　K——安全系数。

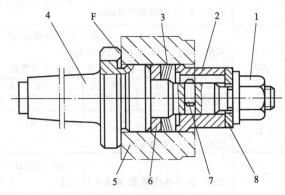

图 4-9　碟形弹簧片心轴

1—压紧螺母;2—压紧套;3—碟形弹簧片;4—心轴体;5—工件;
6—支承环;7—销;8—垫圈;F—定位端面

4.6.2　碟形弹簧片的夹紧特性及结构尺寸

碟形弹簧片的夹紧特性及结构尺寸参见表 4-17。

碟形弹簧片的材料可选用 65Mn 或 30CrMnSi,热处理硬度为 35～40HRC。

表 4-17　碟形弹簧片的规格和性能参数

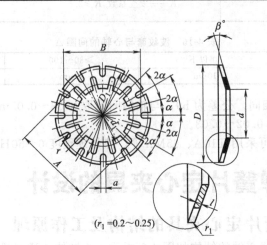

续表

形式	序号	d	D	d_1	D_1	β	t	α	A	B	a	每片弹簧能传递的最大扭矩/N·m	每片所要求的轴向力/N	工件定位表面最大公差/mm
窄型	1	4	18	7	14	9°	0.5	30°	11	11	1	0.13~0.38	127.4~215.6	0.12
	2	7	22	11	18	9°	0.5	30°	15	14	1	0.38~0.93	215.6~343	
	3	10	27	15	22	9°	0.5	20°	19	18	1.5	0.78~1.76	313.6~460.5	
	4	10	32	15	27	10°	0.75	20°	23	19	1.5	1.18~2.65	460.5~686	0.18
	5	15	37	20	32	10°	0.75	20°	28	24	1.5	2.65~4.70	686~980	
	6	20	42	25	37	10°	0.75	15°	33	29	2.0	4.70~7.35	980~1176	
	7	25	47	30	42	10°	0.75	15°	38	34	2.0	7.35~10.58	1176~1372	
	8	30	52	35	47	10°	0.75	15°	43	39	2.0	10.58~14.41	1372~1666	
	9	35	57	40	52	10°	0.75	15°	48	44	2.0	14.41~18.62	1666~1862	
	10	40	62	45	57	10°	0.75	15°	53	49	2.0	18.62~23.52	1862~2058	
	11	45	67	50	62	10°	0.75	15°	58	54	2.0	23.52~29.4	2058~2352	
	12	50	70	55	67	10°	0.75	12°	62	58	2.0	29.4~35.28	2352~2548	
宽型	13	45	75	50	70	12°	1.0	12°	63	57	2.0	30.77~38.22	2793~3087	
	14	50	80	55	75	12°	1.0	12°	68	62	2.0	38.22~46.06	3087~3381	
	15	55	85	60	80	12°	1.0	12°	73	67	2.0	46.06~54.88	3381~3724	
	16	60	90	65	85	12°	1.0	12°	78	72	2.0	54.88~64.19	3724~4018	
	17	65	95	70	90	12°	1.0	12°	83	77	2.0	64.19~73.5	4018~4312	
	18	70	100	75	95	12°	1.0	12°	88	82	2.0	73.5~85.26	4312~4655	0.25
	19	75	105	80	100	12°	1.0	10°	93	87	3.0	85.26~98.00	4655~4949	
	20	80	110	85	105	12°	1.0	10°	98	92	3.0	98.00~110.8	4949~5243	
	21	85	115	90	110	12°	1.0	10°	103	97	3.0	110.8~124.5	5243~5537	
	22	90	120	95	115	12°	1.0	10°	108	102	3.0	124.5~138.2	5537~5880	
	23	95	125	100	120	12°	1.0	10°	113	107	3.0	138.2~153.9	5880~6174	
	24	100	130	105	125	12°	1.0	10°	118	112	3.0	153.9~169.5	6174~6468	
特宽型	25	95	135	100	130	12°	1.25	9°	117	112	3	135.2~149	5880~6125	
	26	100	140	105	135	12°	1.25	9°	122	117	3	149~162.7	6125~6370	
	27	105	145	110	140	12°	1.25	9°	127	122	3	162.7~176.4	6370~6615	
	28	110	150	115	145	12°	1.25	9°	132	127	3	176.4~192.1	6615~6860	
	29	115	155	120	150	12°	1.25	9°	137	132	3	192.1~206.8	6860~7105	
	30	120	160	125	155	12°	1.25	7°30′	142	137	3	206.8~223.4	7105~7350	
	31	125	165	130	160	12°	1.25	7°30′	147	142	3	223.4~240.1	7350~7399	
	32	130	170	135	165	12°	1.25	7°30′	152	147	4	240.1~256.8	7399~7840	0.30
	33	135	175	140	170	12°	1.25	7°30′	157	152	4	256.8~274.4	7840~8085	
	34	140	180	145	175	12°	1.25	7°30′	162	157	4	274.4~293	8085~8330	
	35	145	185	150	180	12°	1.25	7°30′	167	162	4	293~312.6	8330~8575	
	36	150	190	155	185	12°	1.25	7°30′	172	167	4	312.6~332.2	8575~8820	
	37	155	195	160	190	12°	1.25	7°30′	177	172	4	332.2~352.8	8820~9065	
	38	160	200	165	159	12°	1.25	7°30′	182	177	4	352.8~373.4	9065~9310	

4.7　V形弹性盘定心夹具的设计

4.7.1　V形弹性盘定心夹具的结构及工作原理

V形弹性盘定心夹具的结构和碟形弹簧片很相似，如图 4-10 所示为 V 形弹性盘夹紧心轴的结构图。该夹具通过法兰盘 1 与机床主轴相连接，V 形弹性盘 6 安装在心轴 2 上，并用隔套 4 隔开，工件 8 安装在 V 形弹性盘上，轴向用端面垫板 3 定位。旋转螺母 5，通过隔套将轴向力加在 V 形弹性盘上，使其径向胀大，从而将工件定心并夹紧。限位盘 7 起轴向限位作用，防止 V 形弹性盘变形超过弹性极限。

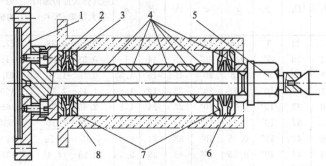

图 4-10　V 形弹性盘夹紧心轴

1—法兰盘；2—心轴；3—端面垫板；4—隔套；5—螺母；
6—V 形弹性盘；7—限位盘；8—工件

4.7.2　V 形弹性盘的结构

V 形弹性盘的剖面为"正 V 形"和"反 V 形"两种，如图 4-11 所示。弹性盘有两个相对的倾斜面，斜面 2 与 3 之间的夹角为 α，两侧有凸台 4 和 5，中间有定心凸台 1。为了提高弹性盘的弹性，在斜面上加工有辐射状的径向槽 6（槽口可以向外，也可以向内，或不开槽）。

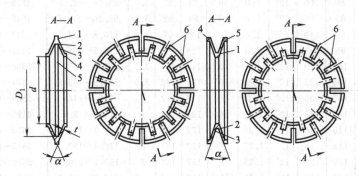

(a) 用于套类零件　　　　　　(b) 用于轴类零件

图 4-11　V 形弹性盘的结构形式

1—定心凸台；2,3—斜面；4,5—凸台；6—径向槽

V 形弹性盘的结构尺寸见表 4-18，技术参数见表 4-19。

表 4-18　V 形弹性盘的结构尺寸

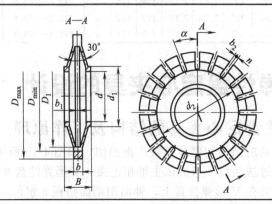

续表

$D_{min} \sim D_{max}$ (f_7)	D_1	d (H_7)	d_1	d_2 (± 0.1)	B (h_{11})	b	b_1	b_2	α (± 2)	n (槽数)	质量/kg
25～32	23.4	12	15	22	6	2.5	1	1	30°	12	0.005～0.006
32～40	30.4	16	20	28	8		1.2				0.006～0.009
40～50	38.4	20	25	36	10	3	1.6		22°31′	16	0.011～0.016
50～63	48.4	25	30	45	12	4	2				0.018～0.027
63～80	61	32	38	56	16	5	2.5	2	18°	20	0.030～0.042
80～100	77.6	40	46	70	20	6	3				0.059～0.082
100～125	96.8	50	58	90	25	8	4				0.122～0.366
125～160	121	63	68	110	32	10	5	2	15°	24	0.421～0.758
16～200	155	80	90	140	40	12	6		12°	30	0.820～1.850

注：弹性盘材料为 65Mn，热处理 48～52HRC。

表 4-19　V 形弹性盘的技术参数

$D_{min} \sim D_{max}$ /mm	弹性盘和工件间的最大间隙/mm	弹性盘的最大变形量/mm	弹性盘所需的轴向压紧力/N	弹性盘传递的扭矩/N·m
25～32	0.18	0.392	2500～6000	3.5～10.0
32～40	0.22	0.490	3200～6000	5.7～12.7
40～50	0.22	0.475	4000～7000	9.0～18.7
50～63	0.26	0.544	4000～8000	11.0～26.6
63～80	0.26	0.530	5000～10000	17.5～41.5
80～100	0.305	0.636	8000～16000	35.6～84.0
100～125	0.305	0.613	10000～20000	55.5～133.0
125～160	0.350	0.699	12500～20000	86.5～167.0
160～200	0.350	0.666	12500～20000	112.0～222.0

4.7.3　V 形弹性盘的安装形式

V 形弹性盘的安装形式如图 4-12 所示。1 和 3 为安全盘，2 为弹性盘，4 和 5 为由聚乙烯制成的安装套，是用于成套保存弹性盘的，使用时将其取出。安装套的主要尺寸见表 4-20。

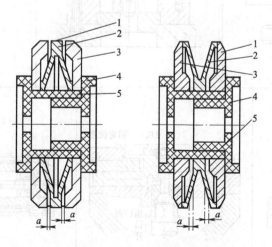

图 4-12　V 形弹性盘的安装形式

1,3—安全盘；2—弹性盘；4,5—安装套

表 4-20 安装套的主要尺寸

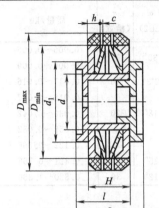

$D_{min} \sim D_{max}$	d (H_7)	d_1	L	l	H	h	c
25~32	12	16	16	13	10	3.25	0.6
32~40	16	20	18	15	12	4.15	0.6
40~50	20	25	22	19	16	5.80	0.8
50~63	25	32	28	24	20	7.20	0.8
63~80	32	40	34	30	25	9.10	1.0
80~100	40	50	40	36	32	12.00	1.0
100~125	50	60	52	46	40	14.90	1.0
125~160	63	80	62	56	50	18.80	1.2
160~200	80	100	72	66	60	22.60	1.6

4.8 定心夹紧机构示例

4.8.1 斜楔式定心夹紧机构（表 4-21）

表 4-21 斜楔式定心夹紧机构

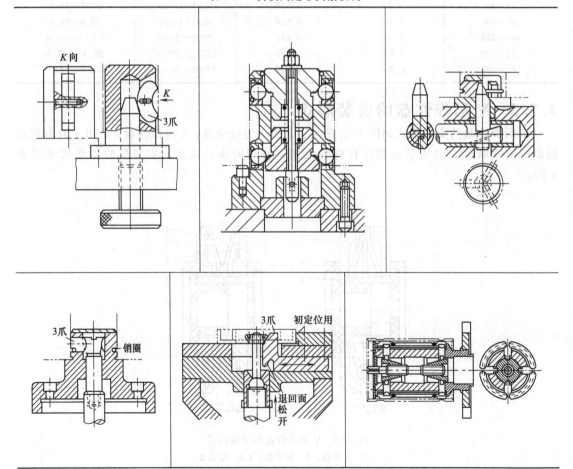

续表

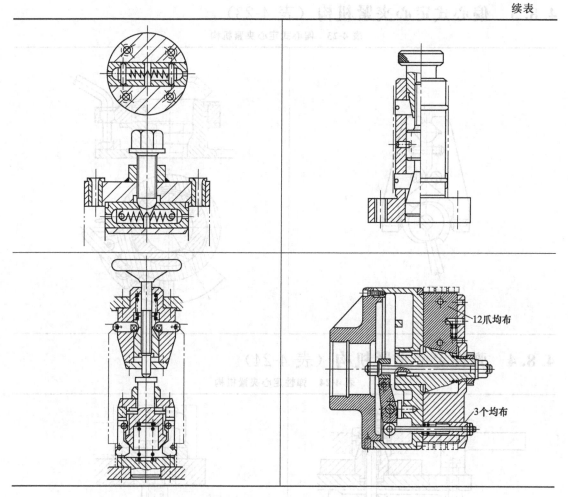

4.8.2 螺旋式定心夹紧机构（表 4-22）

表 4-22 螺旋式定心夹紧机构

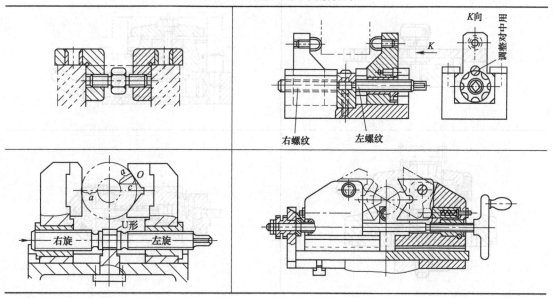

4.8.3　偏心式定心夹紧机构（表 4-23）

表 4-23　偏心式定心夹紧机构

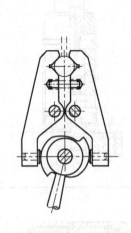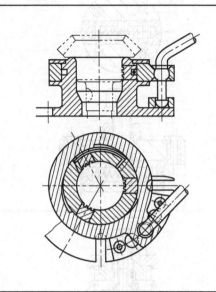

4.8.4　弹性定心夹紧机构（表 4-24）

表 4-24　弹性定心夹紧机构

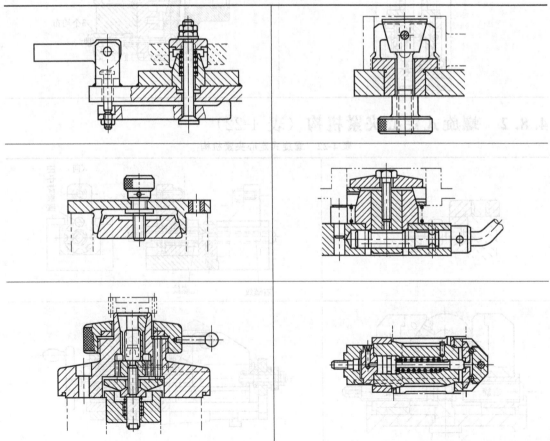

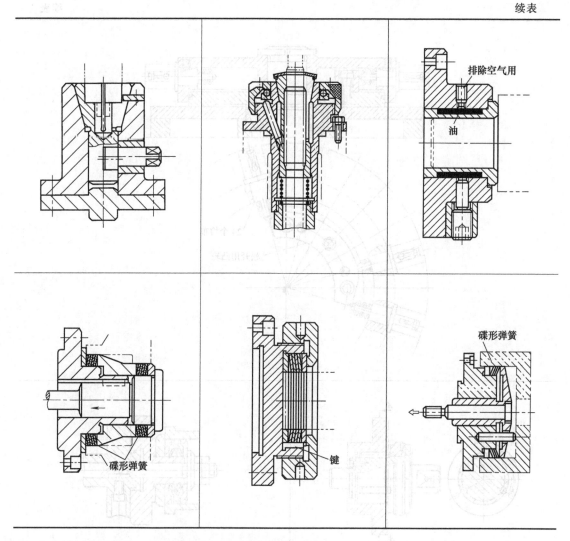

4.8.5　其他定心夹紧机构（表 4-25）

表 4-25　其他定心夹紧机构

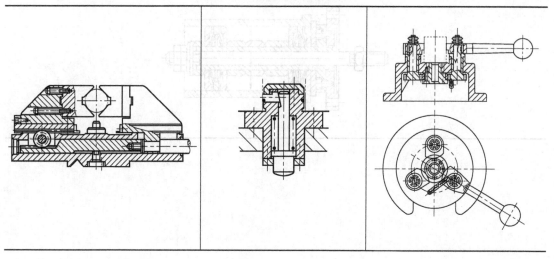

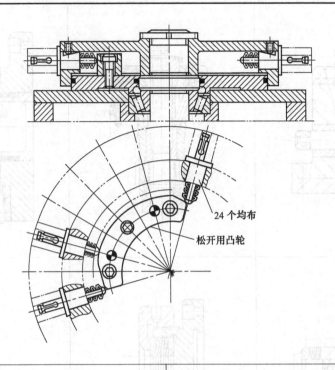

24 个均布

松开用凸轮

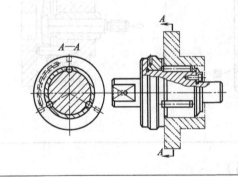

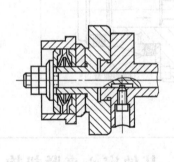

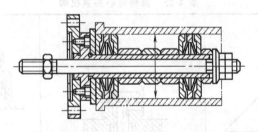

电动、电磁、真空及自夹紧装置设计

5.1 电动夹紧装置

5.1.1 电动卡盘的工作原理

以电动机为动力源的夹紧装置，常见的是电动卡盘。它具有结构紧凑、制造和改装容易、效率高、省力和易于自动化等优点。

图5-1为少齿差行星减速电动卡盘结构图。它是在三爪自动定心卡盘体内装上一套少齿差行星减速机构，电机的动力是从机床主轴后端通过胶木齿轮1和齿轮2传给传动轴3的。在传动轴3的前端装有偏心轴6，偏心轴上装有两个平动齿轮7和8。平动齿轮7和8上有八个孔，套在固定于定位板4上的八个销子5上。偏心轴6转动时，平动齿轮7和8不能自转只能做行星转动，并带动内齿轮9转动。偏心轴6转一转，平动齿轮7和8带动内齿轮9转过两个齿。内齿轮9的端面齿与三爪卡盘的锥齿轮啮合，带动卡爪夹紧或松开工件。

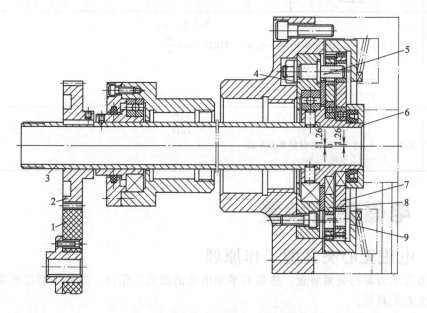

图5-1 少齿差行星减速电动卡盘结构

1—胶木齿轮；2—齿轮；3—传动轴；4—定位板；5—销子；6—偏心轴；7,8—平动齿轮；9—内齿轮

在行星减速机构中，之所以用两个平动齿轮，一方面是为了增加传动齿轮强度；另一方面是为了使其运动时产生的惯性力平衡。套在偏心轴上的两个平动齿轮的外径成对称偏心。为了防止齿顶干涉，其偏心量都为1.26mm。在180°的两个方向上各与内齿轮啮合。为了便

于加工和装配，把偏心轴上的两个偏心轴径设计成不同的尺寸。在平动齿轮上各有八个均布的销孔，在定位板 4 上固定有八个销轴，每个销轴都同时串装在两个平动齿轮上的销孔内，销孔与销轴直径的关系是

$$D = d + 2e + \delta$$

式中　　D——销孔直径，mm；

　　　　d——销轴直径，mm；

　　　　e——偏心量，1.26mm；

　　　　δ——配合间隙，0.02mm。

5.1.2　电动卡盘的主要参数

如图 5-1 所示的少齿差行星减速电动卡盘的主要参数如表 5-1 所示。

表 5-1　少齿差行星减速电动卡盘的主要参数

齿轮参数	模数	平动齿轮齿数	内齿轮齿数	分度圆压力角	齿顶高系数	齿根高系数	变位系数	
	$m = 1$	$Z_1 = 178$	$Z_2 = 180$	$\alpha = 20°$	$f_4 = 0.8$	$f_1 = 1.05$	$\xi_1 = 0$	$\xi_1 = 0.404$

行星减速机构传动比		$i_{H2} = \dfrac{n_H}{n_2} = \dfrac{Z_2}{Z_2 - Z_1} = 90$ 式中　n_H——偏心轴转速，r/min 　　　n_2——内齿轮转速，r/min 　　　Z_1——平动齿轮齿数 　　　Z_2——内齿轮齿数
夹紧扭矩	式中　M_d——电机输出扭矩，N·m，$M_d = 7162 \times 1.36 \dfrac{N}{n}$ 　　　N——电机功率，kW 　　　n——电机转速，r/min 　　　η——传动机构总效率	$M_j = M_d i_{H2} \eta$
夹紧力	式中　μ——卡爪与工件间的摩擦系数 　　　D——工件直径，mm	$W = \dfrac{2M_j}{3\mu D}(N)$

5.2　电磁夹紧装置

5.2.1　电磁无心夹具的工作原理

以磁力为动力源的夹紧装置，主要有平面磨床的磁力工作台、内外圆磨床所用的电磁吸盘及电磁无心夹具等。

电磁夹紧装置所产生的夹紧力不大，一般在 $(2 \sim 13) \times 10^5$ Pa 范围内，适用于夹紧较薄的小型导磁工件。

电磁无心夹具是一种磨削轴承环的先进夹具，可以磨削工件的内外圆及端面。由于工件安装迅速方便，加工精度高（圆度的壁厚差可达 0.02mm），所以在国内外轴承行业中应用广泛。

　　电磁无心夹具的工作原理如图 5-2 所示。工件 3 的外圆表面支在两个支承 1 上，端面靠在随主轴一起转动的磁极 2 上。支承 1 的位置预先调整好，使工件中心 O_1 对机床主轴放置中心 O 有一个很小的偏心量 e（$0.2\sim0.8\text{mm}$），其方向如图 5-2 所示。当主轴通过磁极的磁力带动工件旋转时，由于工件和磁极的旋转中心不重合，两者的旋转速度不同，工件端面和磁极间产生了相对滑动，使工件端面受到与滑动方向相反的摩擦力，此摩擦力的合力 F 将工件压向支承，以保证工件在旋转过程中其外圆表面与支承的可靠接触。

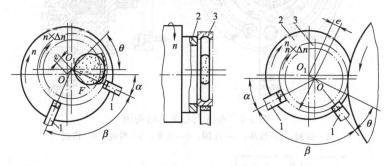

图 5-2　电磁无心夹具原理图
1—支承；2—磁极；3—工件

　　对支承压力的产生可用图 5-3 说明。工件被磁力吸在磁极上并带着转动，但两者有不同的回转中心；磁极绕机床主轴中心 O 回转，而工件则绕定位面中心 O_1 回转。由于两个中心不重合，工件端面与磁极间产生了相对滑动和摩擦力。因为工件通常是一个狭环，磁极对工件的吸力和摩擦力可认为是均匀地分布在接触面上，但摩擦力的方向不同。取 OO_1 连线为 x 轴做直角坐标。现分析对称于 x 轴的两点 A_1 和 A_2 处工件受摩擦力的方向。设磁极以角速度 ω 旋转，由于滑差的存在，工件将以角速度 $\omega-\Delta\omega$ 旋转。磁极 A_1 和 A_2 两点处的速度大小相等，为 $v=r\omega$（r 为磁极半径），其方向分别垂直于 OA_1 和 OA_2。工件在 A_1 和 A_2 两点处速度亦大小相等，为 $v_1=r_1(\omega-\Delta\omega)$（$r_1$ 为工件半径），方向分别

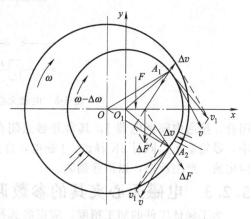

图 5-3　电磁无心夹具受力分析简图

垂直于 O_1A_1 和 O_1A_2。由于 v 和 v_1 的方向及大小不同，工件对磁极产生了相对滑动，其速度为 Δv。因此工件在这两点上将分别受到与滑动方向相反的摩擦力 ΔF，这两点的摩擦力 ΔF 的合力 $\Delta F'$ 将垂直于 $\overline{OO_1}$。根据同样的分析，任意对称于 x 轴的两点，其摩擦力的合力方向均垂直于 $\overline{OO_1}$，从而使工件紧压在两个支承上。同时由于摩擦合力通过工件中心 O_1，从而使工件转动。

5.2.2　电磁无心夹具的结构

　　电磁无心夹具的结构如图 5-4 所示。工件装入夹具后，接通电路，直流电流经碳刷 1 和滑环 2 通过线圈 3 产生磁力。于是工件以端面在磁极端面上定位并被磁力吸紧，由主轴带动旋转。工件的圆柱面在两个支承 4 上定位。支承开有长槽，可在滑板 5 上做径向调整，而滑板 5 在 T 形槽盘 6 上可做圆周方向调整，使支承夹角得到任意调整值。

　　电磁无心夹具的电气控制原理如图 5-5 所示。按下进给按钮，砂轮开始横向移动，2K

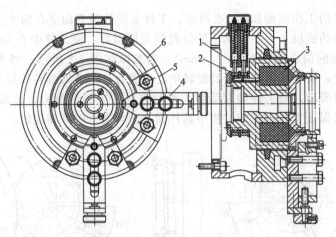

图 5-4　电磁无心夹具结构图

1—碳刷；2—滑环；3—线圈；4—支承；5—滑板；6—槽盘

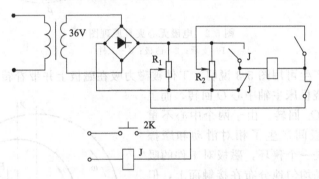

图 5-5　电磁无心夹具的电气控制原理图

闭合，接通中间继电器 J，其常开触点闭合，使夹具线圈通电充磁，吸住工件。当加工完毕，砂轮退出，同时 2K 释放，J 断电，常开触点断开，常闭触点复位闭合，使线圈通入反向电流，产生反磁，以消除剩磁。

5.2.3　电磁无心夹具的参数调整

为了保证工件的加工精度，应正确选择偏心量 e、偏心方向角 θ、支承夹角 α 以及两支承之间的夹角 β 等参数，可参照表 5-2 选择。

表 5-2　电磁无心夹具的主要参数

调整参数	符号	调整数值				调整说明
		外圆定位加工内圆		外圆定位加工外圆		
		粗磨	精磨	粗磨	精磨	
偏心量 /mm	e	0.2~0.35	0.15~0.25	0.25~0.45	0.15~0.25	偏心量 e 决定了工件径向夹持力 F 的大小。增大 e 值可提高工件在磨削过程中的稳定性，但会增大两支承与工件间的摩擦力，易将工件定位面划伤和烧伤 e 值过小时，径向夹持力减小，磨削时工件不稳定。壁厚差将会增大
支承角	α	0°~15°		15°~32°		内圆磨削时，α 角增大，工件的壁厚差增大而椭圆度减小。外圆磨削时，α 角增大，工件的椭圆度会减小。α 过大时，工件位置不稳定

续表

调整 参数	符号	调整数值		调整说明
		外圆定位加工内圆	外圆定位加工外圆	
两支承 间夹角	β	105°～120°	90°～116°	对工件加工精度无显著影响
偏心 方向角	θ	5°～15°	15°～30°	决定径向夹持力 F 的位置,它应使 F 在 两支承角 β 之间,最好在 β 中间。以保证磨 削过程中工件的稳定性

5.3　真空夹紧装置

5.3.1　真空夹紧的工作原理

对于易变形的薄壁零件,或非磁性材料的零件,可以采用真空夹紧装置来吸住工件。其工作原理是使夹具的密闭空腔产生真空,依靠大气压力将工件压紧。图 5-6 为真空夹紧装置工作原理图。图 5-6(a)是未夹紧的状态。夹具体上有橡胶密封圈 B,工件放在密封圈上,使工件与夹具体形成密封腔 A。然后用真空泵通过孔道 C 抽出腔内空气,使密封腔内形成一定真空度,在大气压力作用下,工件定位基准面与夹具支承面接触〔见图 5-6(b)〕,并获得一定的夹紧力。

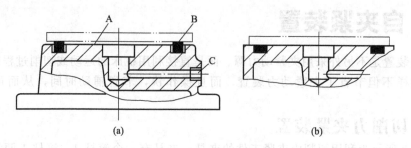

(a)　　　　　　　　(b)

图 5-6　真空夹紧原理图

A—密封腔;B—橡胶密封圈;C—孔道

夹紧力的数值可按下式计算

$$W = S(P_A - P_0) - P_m \quad \text{(N)}$$

式中　S——空腔 A 的有效面积,即为密封圈 B 所包围的面积,mm^2;

　　　P_A——大气压强,0.1MPa;

　　　P_0——腔内剩余压强,一般为 0.01～0.015MPa,更高的真空度对增加夹紧力意义不大;

　　　P_m——橡胶密封圈的反作用力,N。

5.3.2　真空夹紧系统的设计

如图 5-7 所示为真空夹紧装置的系统图。它由电动机 1、真空泵 2、真空罐 3、空气滤清器 4、操纵阀 5、真空夹具 6 等组成。真空罐 3 经常处于真空状态,当它与夹具密封腔接通后,迅速使腔内形成所需的真空而夹紧工件。真空罐的容积应比夹具密封腔容积大 15～20 倍。

系统中还安装了紧急断路器 8,它与机床电动机的电路联锁。当真空度低于规定值时,紧急断路器将电路切断,使机床停止运转,以防发生事故。

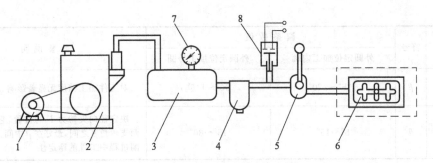

图 5-7 真空夹紧装置的系统图

1—电动机；2—真空泵；3—真空罐；4—空气滤清器；5—操纵阀；
6—真空夹具；7—真空表；8—紧急断路器

真空夹紧所产生的夹紧力较小，其单位压力不超过一个大气压（即小于 10^5 Pa），但分布均匀，故适用于夹紧非导磁薄片工件或刚性差的大型薄壳工件。

设计真空夹具时，为保证密闭腔内的真空度稳定和夹紧力均匀，应注意密封的可靠性，为此要求工件的定位基面有较小的表面粗糙度。在安放工件时，密封件要从沟槽内略为凸起，使工件在大气压力下能紧贴在支承面上。此外，当工件上与夹具贴合的定位面较大时，要有足够的抽气孔和槽，使抽真空后能均匀夹紧工件。为缩短抽真空的时间，密闭空腔的容积不宜过大。

5.4 自夹紧装置

自夹紧装置是不另外采用夹紧动力源、而是直接利用机床的运动或切削过程来实现夹紧的装置。这样不但节省了夹紧动力装置，而且操作快，节省辅助时间，从而可以提高生产率。

5.4.1 切削力夹紧装置

如图 5-8 所示为利用切削力夹紧工件的夹具。夹具有一个滚柱 1，滚柱 1 两端各有一个小轴颈，滚柱以两个小轴颈放置在支架 2 的两个相应槽内。支架 2 则用定位销 3 及螺钉 4 与心轴 5 固定。这样装配后，滚柱只能在支架的两槽内移动及转动。使用时只要将工件套在心轴上，沿切削力方向略一转动，滚柱即楔在工件定位孔的圆柱面与心轴之间。当 α 角（即楔角）在自锁角范围内时，在切削力作用下，滚柱将进一步"楔紧"，带动工件与心轴一体转动。

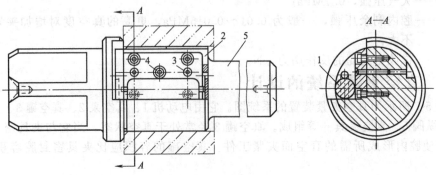

图 5-8 切削力夹紧夹具

1—滚柱；2—支架；3—定位销；4—螺钉；5—心轴

利用切削力夹紧的滚柱心轴的尺寸及夹紧力的计算，见表 5-3。

表 5-3　滚柱心轴尺寸及夹紧力的计算

计 算 简 图	计 算 项 目	计 算 公 式
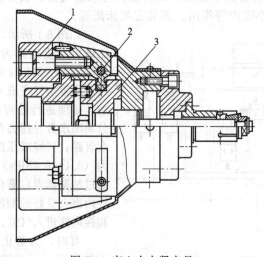	接触点升角 $\alpha/(°)$	取 $4°\sim7°$，一般取 $7°$
	滚柱直径 d/mm	$d=\dfrac{D\cos\alpha-2H}{1+\cos\alpha}=(0.25\sim0.30)D$
	滚柱长度 l/mm	$l\geqslant1.5d$
	心轴中心至夹紧滚柱的平面距离 H/mm	$H=\dfrac{D}{2}\cos\alpha-\dfrac{d}{2}(1+\cos\alpha)=\dfrac{D-d}{2}\cos\alpha-\dfrac{d}{2}$
	夹紧力 W/N	$W=\dfrac{P_2}{n\tan\dfrac{\alpha}{2}}$ 式中　P_2——主切削力，N； 　　　n——滚柱数。
	校验滚柱强度 $/\mathrm{MPa}$	$\sigma_{\mathrm{压}}=0.418\sqrt{\dfrac{2WE}{ld}}\leqslant[\sigma]_{\mathrm{压}}$ 式中　E——弹性模量，MPa

5.4.2　离心力夹紧装置

图 5-9 为利用离心力夹紧的夹具。夹具在机床主轴带动下高速转动时，四个重块 1 产生了离心力。重块在离心力的作用下绕销钉 2 转动，拨动滑块 3，通过拉杆使弹簧夹头张开，从而夹紧工件。

图 5-9　离心力夹紧夹具
1—重块；2—销钉；3—滑块

每个重块的离心力可按下式计算

$$P=mR\omega^2\approx0.01mRn^2\quad(\mathrm{N})$$

式中　m——重块的质量，kg；

　　　R——重块的质心到回转中心的距离，m；

　　　ω——重块的角速度，rad/s；

　　　n——重块每分钟转数，r/min。

第6章

Chapter 06

机床夹具气动系统设计

6.1 气压传动系统的组成及其图形符号

6.1.1 气压传动系统的组成

机床夹具的气压传动系统如图 6-1 所示，一般由下述四个部分组成。

① 气源部分——气压发生装置，如空气压缩机，它将机械能转换成气体的压力能。一般置于单独的动力站内。

② 控制部分——能量控制装置，如压力阀、流量阀、方向阀等，用于控制和调节压缩空气的压力、流量和方向，以满足夹具的动作和性能要求。多装在机床附近。

③ 执行部分——能量输出装置，即气缸。它将气体的压力能转变为机械能，以便实现所需要的动作，如定位、夹紧等。通常直接装在机床夹具上。

④ 辅助部分——包括管路、接头、压力表、分水滤气器、油雾器、消声器等，起连接、测量、过滤、润滑、减小噪声等作用。多装在机床附近。

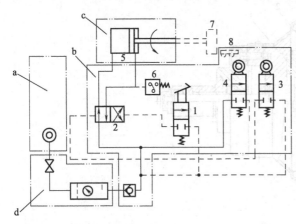

图 6-1　机床夹具的气动系统图

1—脚踏滑阀；2—气控滑阀；3,4—机动滑阀；5—气缸；
6—压力继电器；7—卡盘；8—挡块（装在刀架上）；
a—气源部分；b—控制部分；c—执行部分；d—辅助部分

如图 6-1 所示，气动系统工作时，空气压缩机产生压力为 0.7～0.9MPa 的压缩空气，以 17～25m/s 的流速经开关流向各用气点。压缩空气在进入机床夹具的气缸和气阀前，必须进行处理：首先经过分水滤气器，分离出水分并滤去杂质，以免锈蚀元件及堵塞管路；再经减压阀，使压力降低至工作压力（0.4～0.8MPa）并稳定在该压力；然后通过油雾器混以雾化油，以保证系统中各元件内部有良好的润滑条件；最后经过单向阀和换向阀进入气缸。

有时，为防止因冲击破坏定位或导致工件变形，可在气缸内部或气动回路的适当部位设置节流阀，以起缓冲作用。

夹紧工件后要发出夹紧信号，以便自动接通机床主电机电路，可在气动系统的适当部位（如夹紧气缸的进气管路上）安装压力继电器，气压低于所需夹紧压力时，压力继电器自动断开机床主电机电路，机床自动停车（为使主轴迅速停车，还可装一气动或电动刹车装置）。

当气动夹具动作频繁或集中时，可在换向阀或快速排气阀的排气口安装消声器，以减小噪声。

6.1.2 常用气压传动系统图形符号

常用气压传动系统图形符号见表 6-1。

表 6-1　常用气压传动系统图形符号

类别	名　称	符　号	类别	名　称	符　号
管路连接及接头	工作管路		压缩机、泵、马达及气缸	双向变量马达	
	控制管路				
	连接管路			摆动马达	
	交叉管路		单作用气缸	柱塞式缸	
	软管连接			活塞式缸	
	气体流动方向			伸缩式套筒缸	
	气体传压方向			弹簧复位缸	
	排气口			薄膜式缸	
	引出排气口			单活塞杆缸	
	堵头		双作用气缸	不可调单向缓冲式缸	
	压力接点			不可调双向缓冲式缸	
	开关			双作用带可调单向缓冲式缸	
	一般快速接头			双作用带可调双向缓冲式缸	
	带单向元件的快速接头			双活塞杆缸	
	一般快速接头组			差动式缸	
	带一个单向元件快速接头组			伸缩式套筒缸	
	伸缩接头		增压缸	同一介质增压缸	
压缩机、泵、马达及气缸	空气压缩机			不同介质增压缸	
	真空泵				
	单向定量马达				
	双向定量马达				
	单向变量马达				

续表

类别	名 称		符 号	类别	名 称		符 号
控制方式	手柄式			压力控制阀	溢流阀		
	转动式				减压阀	不带溢流	
	按钮式					带溢流	
	脚踏式				顺序阀		
	弹簧式			流量控制阀	固定节流器		
	顶杆式				可调节流器		
	滚轮式				固定式节流阀		
	可通过滚轮式				可调式节流阀		
	气压控制	直控式	压力控制		二位二通阀	常断式	
			泄压控制			常通式	
		先导式	压力控制	方向控制阀	二位三通阀		
			泄压控制		二位四通阀		
	电磁控制（单线圈式）						
	复合控制	顺序动作式			二位五通阀		
		选择动作式					
	定位机构（缺口数根据定位数而定）				三位四通阀		
	锁紧机构		✱ 表示锁紧机构方式				

续表

类别	名　称	符　号	类别	名　称	符　号
方向控制阀	三位五通阀		辅件及其他装置	分水过滤器 自动放水	
	单向元件			油雾器 一次雾化	
	单向阀			二次雾化	
	气控单向阀			压力继电器	
	双压阀			消声器	
	梭门			气源	
	快速排气阀		基本符号的典型组合示例	过滤器-减压阀-油雾器	详图 简图
辅件及其他装置	气罐			一路转动分配阀	C P A F B E C D
	气液传送器			气动延时阀（延时接通）	
	冷却器	凝冷却介质通道 简易符号		气动延时阀（延时切断）	
	粗过滤器			气动脉冲阀	
	精过滤器			气动-液压阻尼缸	
分水过滤器	人工放水				

6.2 机床夹具用气压传动元件

6.2.1 气缸

（1）地脚式气缸

① 管接式地脚气缸（图 6-2）

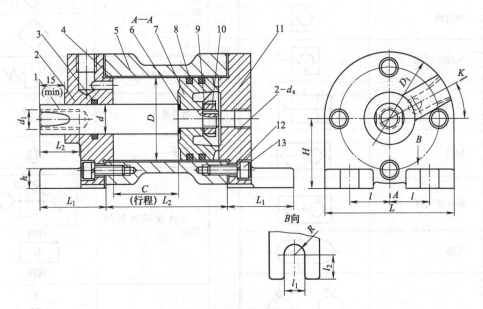

图 6-2 管接式地脚气缸

1—活塞杆；2—前盖；3,8—密封圈；4,6—垫片；5—缸筒；7—活塞；9,12—垫圈；
10—螺母；11—后盖；13—螺钉

② 板接式地脚气缸（图 6-3）

（2）法兰式气缸

① 管接式法兰气缸（图 6-4）

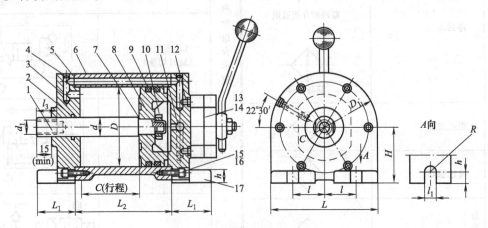

图 6-3 板接式地脚气缸

1—活塞杆；2,9,12—密封圈；3—前盖；4—塞堵；5,7—垫片；6—缸筒；8—活塞；
10—螺母；11,15—垫圈；13—气阀；14,16—螺钉；17—后盖

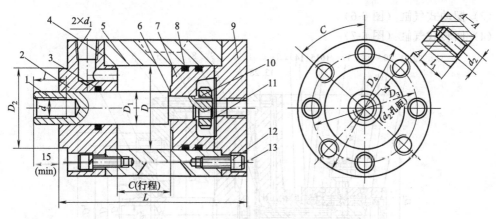

图 6-4　管接式法兰气缸

1—活塞杆；2—前盖；3,8—密封圈；4,6—垫片；5—缸筒；7—活塞；9—后盖；10,12—垫圈；11—螺母；13—螺钉

② 板接式法兰气缸（图 6-5）

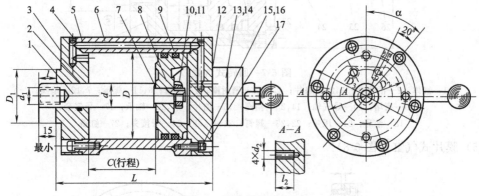

图 6-5　板接式法兰气缸

1—活塞杆；2,9,12—密封圈；3—前盖；4—塞堵；5,7—垫片；6—缸筒；8—活塞；10—螺母；11,15—垫圈；
13—气阀；14,16—螺钉；17—后盖

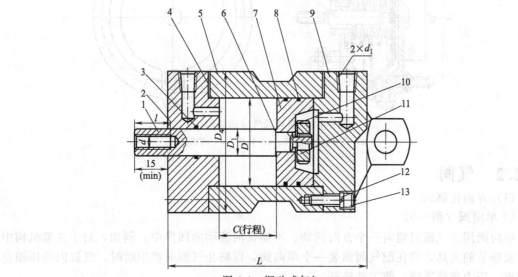

图 6-6　摆动式气缸

1—活塞杆；2—前盖；3,8—密封圈；4,6—垫片；5—缸筒；7—活塞；9—后盖；10,12—垫圈；11—螺母；13—螺钉

（3）摆动式气缸（图6-6）

（4）回转式气缸（图6-7）

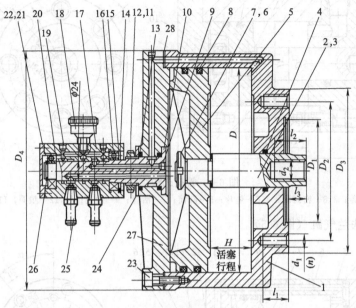

图6-7　回转式气缸

1—缸体；2—活塞杆；3,28—垫片；4,8,13—密封圈；5—活塞；6,11—螺母；7,12—垫圈；
9,19—塞堵；10—导气轴；14,26—挡圈；15—挡片；16,20—轴承；17—导气套；
18—油环；21—压盖；22,23—螺钉；24—压环；25—管接头；27—缸盖

（5）膜片式气缸（图6-8）

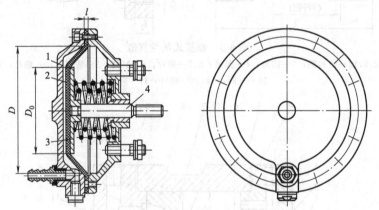

图6-8　膜片式气缸的结构

1—壳体；2—膜片；3—托盘；4—活塞杆

6.2.2　气阀

（1）方向控制阀

① 单向阀（图6-9）

单向阀用于气流只能向一个方向流动、不能反向流动的回路中。例如，对于夹紧机构中无自锁环节的夹具，应在配气阀前装一个单向阀，以防止气源突然中断时，气缸内的压缩空气流出，压力突然下降，使工件松开。

② 电磁阀（图6-10）

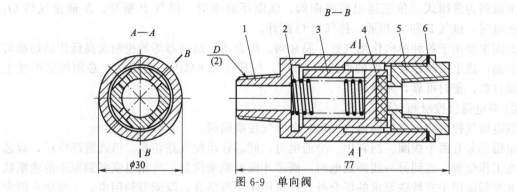

图 6-9　单向阀

1—本体；2—弹簧；3—活塞；4—密封垫；5—接头；6—垫片

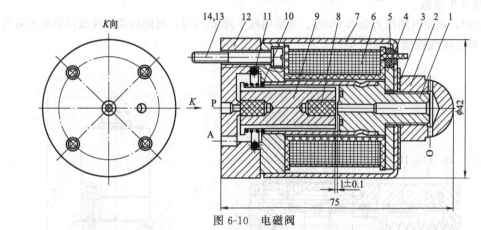

图 6-10　电磁阀

1—阀体；2—螺母；3—标牌；4—导磁板；5—引线套；6—线圈；7—外壳；8—密封垫；
9—衔铁；10—弹簧；11—密封圈；12—阀座；13—螺钉；14—垫圈

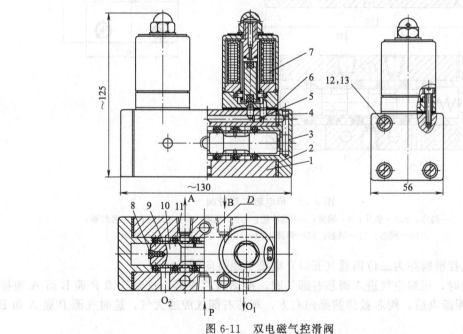

图 6-11　双电磁气控滑阀

1—阀体；2,6—垫片；3—端盖；4,5—塞堵；7—电磁阀；8—缓冲垫；
9—隔套；10—阀芯；11—密封圈；12—螺钉；13—垫圈

电磁阀为常闭式二位三通电磁换向阀。线圈不通电时，供气 P 断开，A 通排气口 O；线圈通电时，供气 P 和 A 相通，排气口 O 断开。

此阀主要用于各种单向作用气缸、膜片阀、离合器、制动器等的控制及高低压的切换与程序控制。该电磁阀正常工作的电压为 220V，气压为 0.6MPa。使用时，必须保证衔铁上下运动自如，密封可靠，无噪声。

③ 双电磁气控滑阀（图 6-11）

双电磁气控滑阀为二位四通（五口）电磁气控换向阀。

电磁部分有两个线圈。当其中一个通电时，阀芯移动使气路切换。该线圈断电后，阀芯仍停在工作位置，直到另一线圈通电时，阀芯才回到原来位置，气路也恢复到原来的通断状态。此类阀除用于有特殊要求的场合外，还可用于一般场合，既能节约用电，又能防止因突然停电而发生事故。

使用时，在主气路压力为 0.6MPa、额定电压下降 15% 时，滑阀应换向灵敏可靠而不漏气。

④ 单电磁气控滑阀（图 6-12）

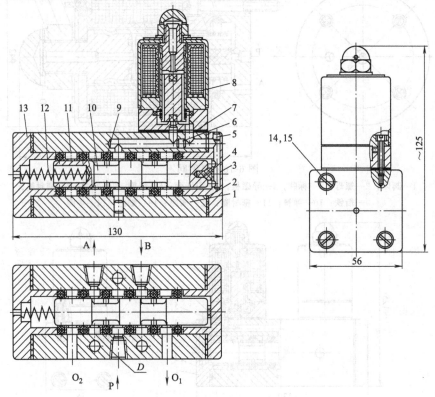

图 6-12 单电磁气控滑阀

1—阀体；2,7—垫片；3—端盖；4—缓冲垫；5,6—塞堵；8—电磁阀；9—密封圈；
10—阀芯；11—隔套；12—弹簧；13—后盖；14—螺钉；15—垫圈

单电磁气控滑阀亦为二位四通（五口）电磁气控换向阀。

线圈断电时，压缩空气进入阀芯右部气腔，推动阀芯左移，这时气源 P 通 B 而 A 通排气口 O_2。线圈断电后，阀芯被弹簧推向右方，阀芯右部气腔通大气，这时气源 P 通 A 而 B 通排气口 O_1。

使用时，在主气路压力为 0.6MPa、额定电压下降 15% 时，滑阀应换向灵敏可靠而不漏气。

⑤ 气控滑阀（图 6-13）

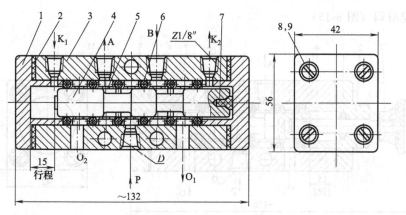

图 6-13　气控滑阀

1—端盖；2—垫片；3—阀体；4—阀芯；5—隔套；6—密封圈；7—缓冲垫；8—螺钉；9—垫圈

　　气控滑阀为二位四通（五口）气控换向阀。

　　如图 6-13 所示的滑阀位置，是阀芯被控制气路 K_1 中输来的压缩空气推到右端，主气路中的压缩空气由 P 通 A 而 B 通排气口 O_1。当阀芯换向被推向左端时，P 通 B 而 A 通排气口 O_2。

　　使用时，在主气路压力为 0.6MPa、控制气路压力为 0.2MPa 的条件下，滑阀应换向灵敏可靠而不漏气。

　　⑥ 机控滑阀（图 6-14）

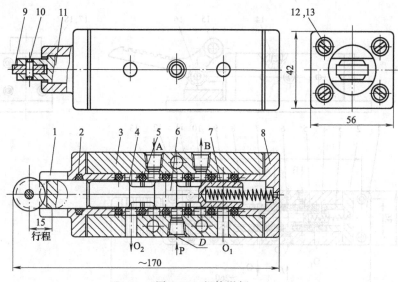

图 6-14　机控滑阀

1—前盖；2—毛毡；3—阀体；4—隔套；5—密封圈；6—阀芯；7—弹簧；8—后盖；
9—滚子；10—销子；11—导轴；12—螺钉；13—垫圈

　　机控滑阀又称行程阀，是以撞块、凸轮、分配轴或其他机械外力推动阀芯使其切换气流的阀。用于控制运动机构的行程或改变其运动方向。

　　如图 6-14 所示为二位四通（五口）机控滑阀。当阀芯处于图示位置时，气源 P 通 B 而 A 通排气口 O_2；当阀芯被机械外力推向右端时，气源 P 通 A 而 B 通排气口 O_1。

　　技术条件为：①阀芯与密封圈的静摩擦力在润滑的情况下不大于 20N；②在气压为 0.6MPa、滚子由最终位置返回时，滑阀应换向灵敏可靠而不漏气。

⑦ 手控滑阀（图 6-15）

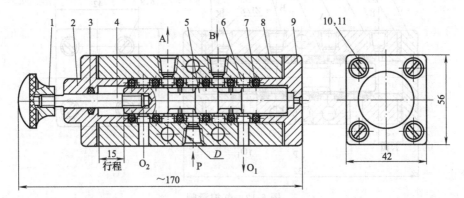

图 6-15　手控滑阀

1—拉手；2—前盖；3—毛毡；4—拉杆；5—阀芯；6—隔套；7—密封圈；8—阀体；9—后盖；10—螺钉；11—垫圈

手控滑阀又称为推拉式手动阀。如图 6-15 所示为二位四通（五口）手控滑阀。当阀芯处于图示位置时，气源 P 通 A 而 B 通排气口 O_1；当拉手扭到左端时，气源 P 通 B 而 A 通排气口 O_2。

这种阀具有定位功能，即阀芯能停留在两个位置中的任一位置。可作为气控系统的气开关用。

技术条件为：在气压为 0.6MPa 时，手柄来回移动应灵敏可靠而不漏气。

⑧ 脚踏滑阀（图 6-16）

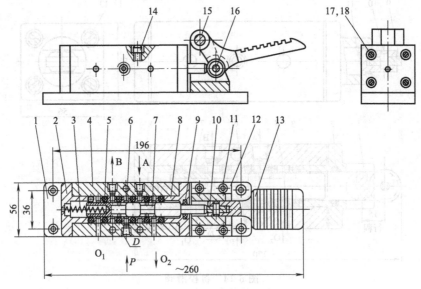

图 6-16　脚踏滑阀

1—底板；2—后盖；3—弹簧；4—阀体；5—密封圈；6—隔套；7—阀芯；8—前盖；9—毛毡；10—滚子；
11,14,17—螺钉；12—支架；13—踏板；15,16—圆柱销；18—垫圈

脚踏滑阀又称为滑柱式脚动阀。其结构原理与机动滑阀相似，不同的是以踏板取代滚子，以脚踏力推动阀芯，复位也靠弹簧。适于坐着操作。其安装位置不能太高，行程不能太长。操作力较手动阀大些。

如图 6-16 所示为二位四通（五口）脚踏滑阀。当阀芯处于图示位置时，气源 P 通 B 而 A 通排气口 O_2；踏下踏板时，气源 P 通 A 而 B 通排气口 O_1。

技术条件为：a. 阀芯与密封圈的静摩擦力在润滑的情况下不大于 20N；b. 在气压为 0.6MPa 时，脚踏板靠弹簧力能返回原位，滑阀应动作灵敏而不漏气。

⑨ 管接式转阀（图 6-17）

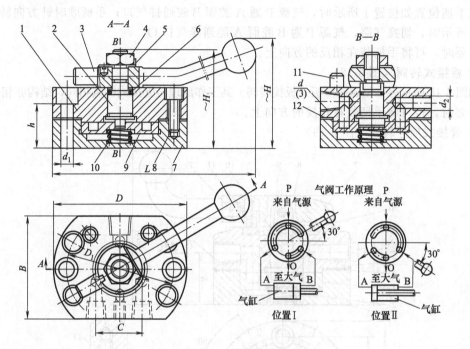

图 6-17　管接式转阀

1—盖；2—轴；3—手柄；4—螺母；5—垫圈；6—密封圈；7—本体；8—螺钉；9—分流阀；
10—弹簧；11—销；12—垫片

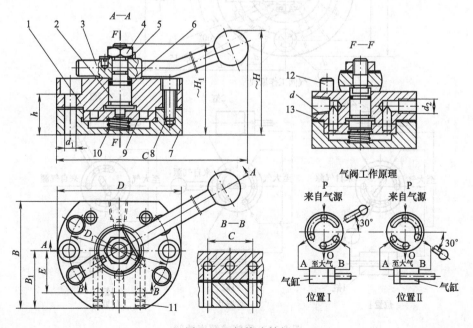

图 6-18　板接式转阀

1—盖；2—轴；3—手柄；4—螺母；5—垫圈；6—密封圈；7—本体；8—螺钉；9—分流阀；
10—弹簧；11—塞堵；12—销；13—垫片

如图 6-17 所示为二位四通滑板式（亦称为圆盘式）管接式转阀，多用于控制一个或多个同时动作的双向作用气缸的工作方向。若将 B 孔或 A 孔堵住，便可作为二位三通换向阀用，以控制单向作用气缸。

当手柄位置如位置 I 所示时，气源 P 通 A 腔而 B 腔通排气口；手柄顺时针方向转 60°至位置 II 所示时，切换气路，气源 P 通 B 腔而 A 腔通排气口 O。

需要时，可将手柄装在相反的方向上。

⑩ 板接式转阀（图 6-18）

如图 6-18 所示为二位四通滑板式板接转阀。其工作原理与管接式转阀相同，结构亦相似。

需要时，也可将手柄装在相反的方向上。

⑪ 管接式顺序转阀（图 6-19）

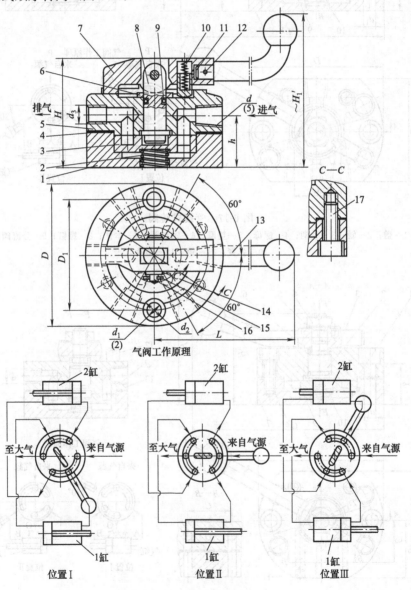

图 6-19 管接式顺序转阀

1—本体；2,10—弹簧；3—分流阀；4—垫片；5—盖；6,14—垫圈；7—定位杆；8—拨杆；
9—密封圈；11—套；12—销；13—手柄；15—开口销；16—销轴；17—螺钉

如图 6-19 所示为三位六通管接式顺序转阀。主要用于控制两个或两组气缸的顺序动作，如气动夹具中先定位后夹紧或先分度后锁紧的动作。

管接式顺序转阀有四个工作腔。可以两腔同时进气，另外两腔同时排气，以便同时控制两个气缸。

手把可定位在三个位置。位置Ⅰ，来自气源的压缩空气同时进入二缸有杆腔，二活塞杆均退回；位置Ⅱ，2 缸活塞杆伸出；位置Ⅲ，1 缸活塞杆也伸出。

⑫ 板接式顺序阀（图 6-20）

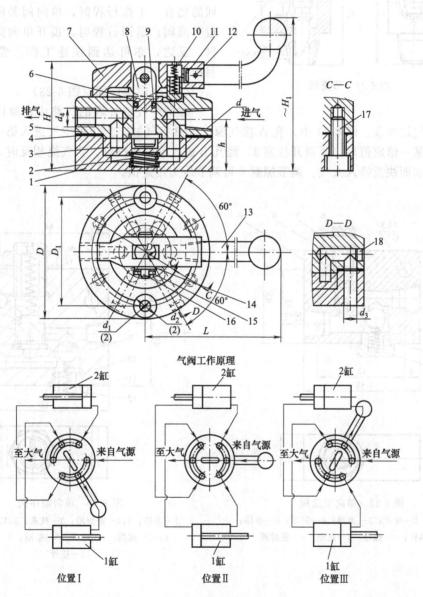

图 6-20　板接式顺序阀

1—本体；2,10—弹簧；3—分流阀；4—垫片；5—盖；6,14—垫圈；7—定位杆；8—拨杆；9—密封圈；
11—套；12—销；13—手柄；15—开口销；16—销轴；17—螺钉；18—塞堵

如图 6-20 所示为三位六通板接式顺序转阀，其工作原理与应用与管接式顺序转阀相同。

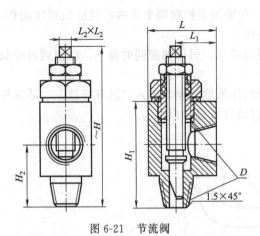

图 6-21　节流阀

（2）流量控制阀

① 节流阀（图 6-21）

这是一种调节压缩空气流量、流速，以改变气缸工作速度的简易式流量控制阀。

② 单向节流阀（图 6-22）

该阀由一个节流阀和一个单向阀组合而成，用于需要得到缓慢而稳定的工作行程和快速返回的场合。工作行程时，单向阀关闭，气流通过节流阀；返回行程时，顶开单向阀，快速排气。反之，亦可达到快速工作、慢速返回的目的。

（3）单向顺序阀（图 6-23）

在两个气缸并联的气路中，单向顺序阀与后动作的气缸串联。图 6-23 中，孔 A 接气源，孔 B 接气缸。当压缩空气进入第一个气缸且压力达到某一给定值后，便顶开柱塞 3，经孔 B 进入第二个气缸。当气流相反时，顶开单向阀的钢球 9 而快速排入大气。调节螺塞 6 可调节压力给定值。

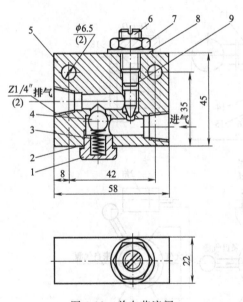

图 6-22　单向节流阀

1—螺塞；2—垫片；3—弹簧；4—钢球；5—本体；
6—螺钉；7—螺母；8—垫圈；9—密封圈

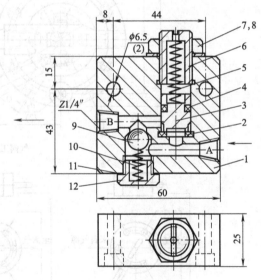

图 6-23　单向顺序阀

1—本体；2，4—密封圈；3—柱塞；5，10—弹簧；
6，12—螺塞；7—螺母；8—垫圈；9—钢球；
11—垫片

6.2.3　气动辅件

（1）密封元件（表 6-2）

① O 形橡胶密封圈（图 6-24）

各种类型的 O 形密封圈的结构如表 6-3 所示。

② L 形橡胶密封圈（图 6-25）

表 6-2　密封元件

元件类别	用途	工作温度/℃	工作压力/MPa	介质
O 形橡胶密封圈	密封	−35～+200	≤32	气体、矿物质液压油、润滑油、水
L 形橡胶密封圈	密封	−40～+80	<1	气体、液体
J 形橡胶密封圈	密封	−40～+80	<1	气体、液体
Y 形橡胶密封圈	密封	−30～+80	≤20	气体、液体
V 形夹织物 橡胶密封圈	密封	−40～+80	≤50	油液(气液增压缸用)
防尘圈	防尘	≤70(气体、水) −35～+100(矿物油)	—	气体、矿物油、水

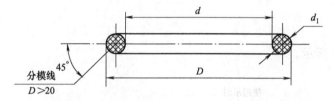

技术条件：

1. 材料：耐油橡胶。

2. 硬度：邵尔 A 型 62±3。

3. 工作压力低于 10MPa 时不加挡圈。

图 6-24　O 形橡胶密封圈

表 6-3　各种类型 O 形密封圈及其结构

元件名称	结构简图
往复运动用 O 形密封圈	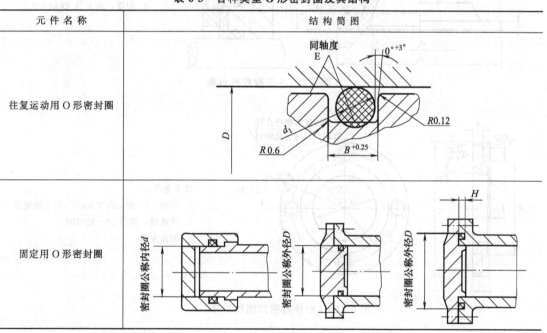
固定用 O 形密封圈	

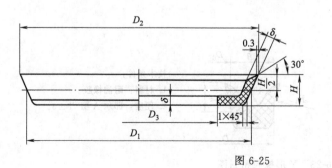

技术条件：

1. 材料：耐油橡胶。

2. 硬度：邵尔 A 型 62±3。

图 6-25

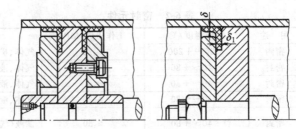

图 6-25　L 形橡胶密封圈

L 形橡胶密封圈用于气缸活塞的密封，其结构如图 6-25 所示。

安装 L 形密封圈时，压紧力过大会降低密封性，因此在结构上应保证密封圈受到合适的压紧力。

③ J 形橡胶密封圈（图 6-26）

J 形橡胶密封圈的压环如图 6-27 所示。

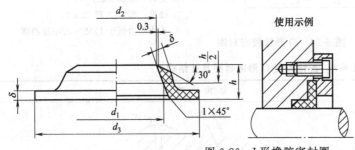

技术条件：
1. 材料：耐油橡胶。
2. 硬度：邵尔 A 型 62±3。

图 6-26　J 形橡胶密封圈

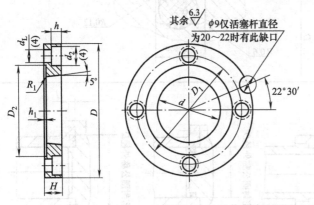

技术条件：
1. 材料：45 按 GB/T 699—1999 的规定。
2. 热处理：调质 30～35HRC。
3. 表面发蓝。

图 6-27　J 形橡胶密封圈的压环

④ Y 形橡胶密封圈（图 6-28）

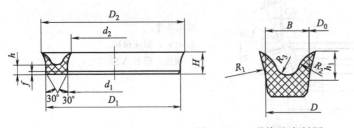

技术条件：
1. 材料：耐油橡胶。
2. 硬度：邵尔 A 型 73±3。

图 6-28　Y 形橡胶密封圈

在一般情况下，Y 形密封圈可不用限位环而直接装入沟槽内，即可起密封作用，如图 6-29（a）所示。但在压力变动较大、滑动速度较高的地方，要用限位环以固定密封圈。为使压力同时加到密封圈的内外唇边上去，使唇边张开，应在限位环上开几个孔。限位环的主要尺寸如图 6-29（b）所示。

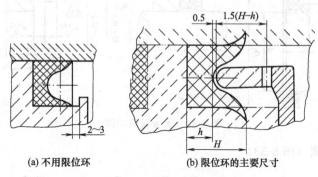

(a) 不用限位环 (b) 限位环的主要尺寸

图 6-29 Y 形密封圈的限位环

⑤ V 形夹织物橡胶密封圈（图 6-30）

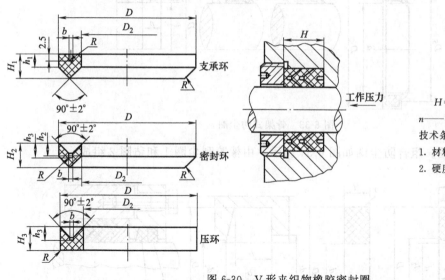

$$H = H_3 + h_1 + nh_2$$

n——密封环数量

技术条件：
1. 材料：耐油橡胶。
2. 硬度：邵尔 A 型 72±3。

图 6-30 V 形夹织物橡胶密封圈

V 形密封圈的压紧螺母如图 6-31 所示。

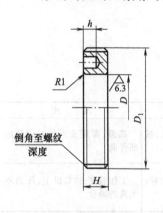

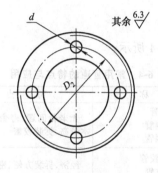

其余 $\sqrt{\dfrac{6.3}{}}$

技术条件：
1. 材料：45 按 GB/T 699—1999 的规定。
2. 热处理：调质 30～35HRC。
3. 表面发蓝。

图 6-31 V 形密封圈的压紧螺母

⑥ 防尘圈

a. 无骨架防尘圈（图 6-32）

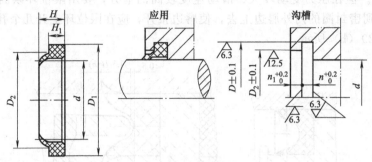

图 6-32　无骨架防尘圈

b. 骨架式防尘圈（图 6-33）

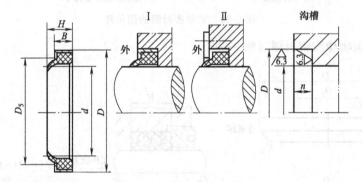

图 6-33　骨架式防尘圈

c. 组合防尘圈。组合防尘圈如图 6-34 所示，由橡胶刮尘圈 1 和毡圈 2 组成。

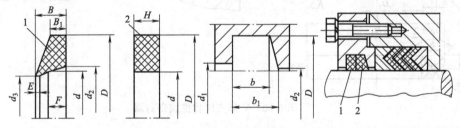

图 6-34　组合防尘圈

（2）管路附件

① 管道

常用管道的特点与应用如表 6-4 所示。

表 6-4　常用管道的特点与应用

类　别	名　称	特　点	应　用
硬管	钢管 黄铜管 紫铜管	无老化问题、寿命较长；成本较高、拆装较繁	高温、高压及无相对运动的部件间
软管	耐压胶管 尼龙管 塑料管	经济、拆装方便、密封性好；易老化、寿命较短	工作温度 50℃ 以上、压力不太高的场合

② 管接头

a. 扩口铜管管接头（图 6-35）

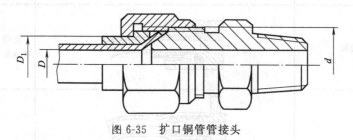

图 6-35　扩口铜管管接头

b. 过渡管接头（图 6-36）

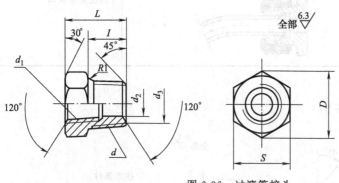

全部 $\sqrt{}^{6.3}$

技术条件：

1. 材料：35 钢按 GB/T 699—1999 的规定。

2. 倒角至螺纹深度。

3. 热处理：调质 30～35HRC。

4. 表面发蓝。

图 6-36　过渡管接头

常用软管接头及其特点如表 6-5 所示。

表 6-5　常用软管接头及其特点

名　称	结构简图	特　点
螺纹接头		适用于振动不大、压力波动不大的情况
扩口螺纹接头		适用于振动不大、压力波动较大的情况
简易接头		装拆方便。不带倒钩者比带倒钩者使用压力小

续表

名　称	结 构 简 图	特　点
弹簧卡套接头		连接可靠,拆装方便,但不够紧凑
快速接头		装拆迅速,但对管子的尺寸精度要求较高

c. 胶管管接头

（a）外螺纹胶管管接头（图 6-37）

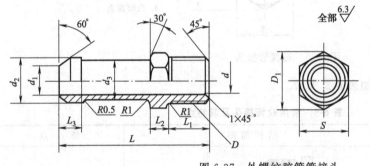

图 6-37　外螺纹胶管管接头

技术条件:

1. 材料: 35 钢按 GB/T 699—1999 的规定。

2. 倒角至螺纹深度。

3. 热处理: 调质 30~35HRC。

4. 表面发蓝。

（b）内螺纹胶管管接头（图 6-38）

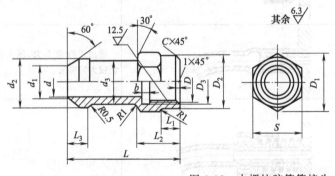

图 6-38　内螺纹胶管管接头

技术条件:

1. 材料: 35 钢按 GB/T 699—1999 的规定。

2. 倒角至螺纹深度。

3. 热处理: 调质 30~35HRC。

4. 表面发蓝。

d. 金属管与胶管管接头（图 6-39）

（3）气动三联件

在气动夹紧装置中,一般将分水滤气器、调压器（又称减压阀）和油雾器组合在一起使用,通称气动三联件,见图 6-40。

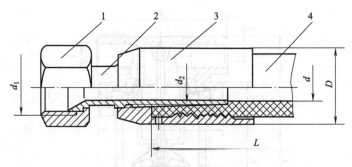

图 6-39　金属管与胶管管接头
1—螺母；2—接头体；3—连接套；4—耐压胶管

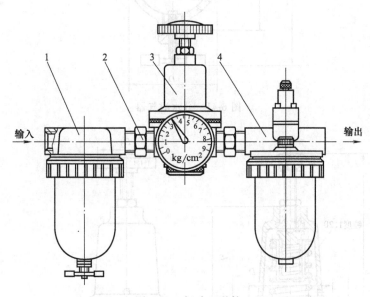

图 6-40　气动三联件
1—分水滤气器；2—管接头；3—调压阀；4—油雾器

三联件应安装在靠近气动工作机械或仪表处。

① 分水滤气器

分水滤气器（图 6-41）是气动装置中为得到干燥、纯净的气体而广泛应用的一种基本元件。

② 调压阀

调压阀（图 6-42）又称减压阀，供气动控制系统和管路中保持一定压力用。

调压阀可以安装在任意位置，但应尽量按垂直方向安装。安装时，要使阀体上的箭头方向与气流方向一致。所带压力表可按需要装在正面或背面。安装时，将塞堵卸下，拧上压力表即可。

③ 油雾器

油雾器（图 6-43）用以使润滑剂雾化后注入空气流中，使气动工作机械得到润滑。本油雾器可以在工作中加油（即不必停气），其供油量随气体流量而增减。进出口可根据安装需要而变换，当导气雾化管按图 6-43 所示位置安装时，左边为进气口，右边为出气口。

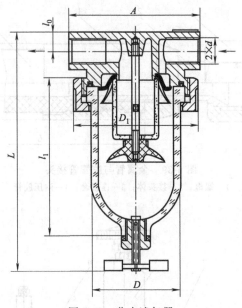

图 6-41 分水滤气器

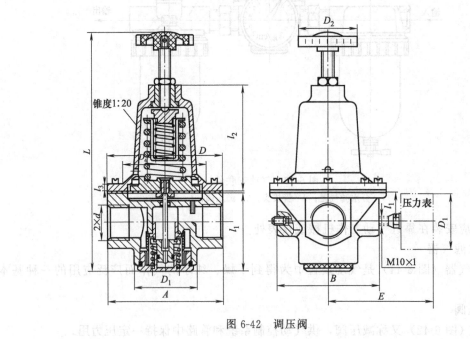

图 6-42 调压阀

(4) 压力继电器（图 6-44）

压力继电器安装在分支气路上。当气路中压力超过给定值时，通过膜片 3 顶起顶杆 7，顶杆 7 与开关 12 的触头接触，接通电路。当气压低于给定值时，顶杆 7 离开开关，电路断开。螺母 10 用来调整压力给定值。该继电器的压力给定值为 0.4MPa。

(5) 消声器

消声器通过增大阻尼或增加排气面积等方法降低排气速度和功率以降低噪声。

消声器一般有三种类型：吸收型、膨胀干涉型、膨胀干涉吸收型，其中吸收型最常用。如图 6-45 所示即为吸收型消声器。

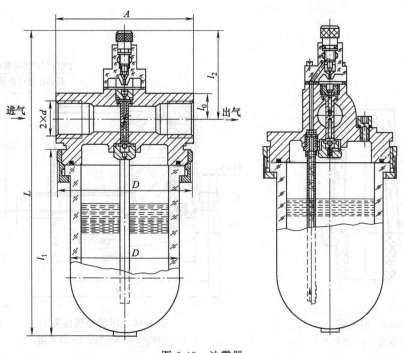

图 6-43　油雾器

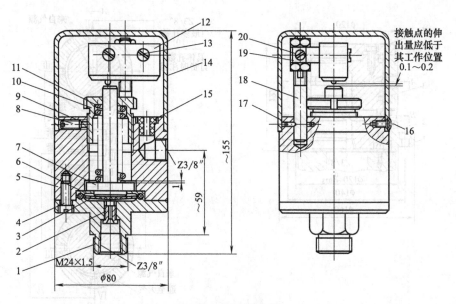

图 6-44　压力继电器

1—法兰盘；2—缓冲器；3—膜片；4,8,13,16—螺钉；5—本体；6—圆环；7—顶杆；9—塞堵；
10,20—螺母；11—弹簧；12—开关；14—罩；15—衬套；17—销；18—杆；19—连接板

一般要求通过消声器的气体流速不超过 1m/s。

（6）导气接头

① 回转导气接头（图 6-46）

② 自动回转导气接头（图 6-47）

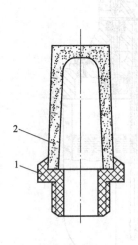

图 6-45 消声器

1—连接螺钉；2—消声器

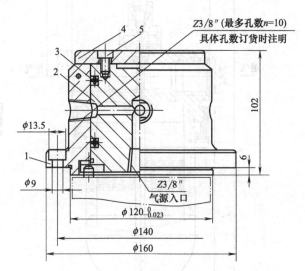

图 6-46 回转导气接头

1—本体；2—导气轴；3—O形圈；

4—盖；5—螺钉

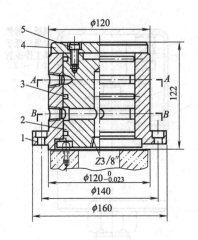

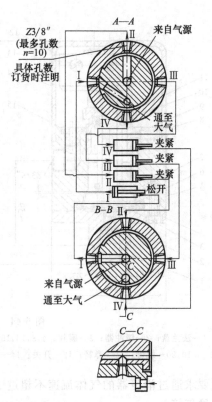

图 6-47 自动回转导气接头

1—本体；2—导气轴；3—O形圈；4—盖；5—螺钉

6.3 机床夹具气压传动基本回路

任何复杂的气动控制系统，都是由一些具有特定功能的基本回路组合而成的。在机床夹具的气动传动系统中，可能用到的基本回路有：速度控制回路、压力控制回路、顺序控制回路、同步动作回路、延时动作回路、安全保护回路、遥控回路、双活塞气缸控制回路、自动控制回路、多位转台上的多缸控制回路。

6.3.1 速度控制回路（表 6-6）

表 6-6 速度控制回路

名称	回路图	说明
单向作用气缸速度控制回路	**调速回路**	回路通过调节两只单向节流阀的节流开度,来分别控制活塞杆伸出及返回的速度
	快速返回回路	活塞返回时,气缸下腔经快速排气阀直接排气,故为快速返回
双向作用气缸的速度控制回路	**调速回路**	采用单向节流阀,以排气节流方式调速
	快速前进、返回控制回路	回路通过快速排气阀达到快速前进及返回的目的。溢流阀的作用在于调节排气压力,以控制活塞快速运动的速度,且使气缸工作能适应载荷在一定范围内的变动
使用行程阀的速度控制回路	**变速回路 快进→慢进→快退回路**	活塞杆伸出至撞块切换二通行程阀后,活塞运动开始从快进变为慢进,改变节流开度,可获任意低速

名称	回路图	说明
使用气液阻尼缸的速度控制回路	**调速回路**	通过调节两只单向节流阀的节流开度,来分别获得活塞往返运动的无级调速。油杯起补充漏油的作用

6.3.2　压力控制回路（表 6-7）

表 6-7　压力控制回路

名称	回路图	说　明
一次压力控制回路	(a) (b)	图(a)是通过外控式溢流阀使储气筒压力不超过规定压力。缺点是耗气量大 　图(b)是通过带电接点的压力表及相应的电气回路来控制空气压缩机,从而使储气筒内压力保持在一定范围之内
二次压力控制回路	(a) (b)	图(a)在气源后面装有气动三联件,对压缩空气加以处理。经减压阀后,气压降低并基本稳定在所需数值 　图(b)在减压阀后面加一个储气罐,以稳定气路压力,用于气源压力变化大以及周围气缸工作对本回路有影响时
高低压切换回路		通过切换二位三通阀控制输出管道为高压输出或低压输出

6.3.3　顺序控制回路（表 6-8）

表 6-8　顺序控制回路

名称	回路图	说　明
两活塞杆顺序伸出、同时后退的顺序动作回路	B　　A	用三位六通换向阀控制 中位:A活塞杆伸出,实现定位 右位:B活塞杆伸出实现夹紧 左位:两活塞杆同时后退,拔销,松开

名　称	回　路　图	说　　明
两活塞杆顺序伸出、同时后退的顺序动作回路		用顺序阀控制。换向阀右位工作时，A 活塞杆伸出。压力达到调定值时，B 活塞杆伸出。换向阀左位工作时，两活塞杆同时后退
		用单向节流阀控制。适当调节节流口开度，以实现先定位后再夹紧的动作顺序
		用延时阀控制。按下按钮后，气控换向阀左位工作，B 活塞杆伸出。一定时间后，气室压力达一定值时，A 活塞杆亦伸出。按钮抬起时，气控换向阀右位工作，两活塞杆同时后退
两活塞杆顺序伸出、顺序后退的顺序动作回路		A 缸活塞面积较 B 缸小，其移动速度较 B 缸快。故 A 较 B 先到达终点，即 A 先定位 B 后夹紧。换向后活塞杆退回时亦然
		当 B 缸活塞杆伸出至其撞块启动行程开关时，通过电磁换向阀使 A 缸活塞杆伸出；手动换向阀切换，B 缸活塞杆退回，撞块离开行程开关后 A 缸活塞杆方能后退

名称	回路图	说明
两活塞杆顺序伸出、顺序后退的顺序动作回路		用三个顺序阀控制,为压力控制式回路。顺序阀的调定压力必须大于前一动作的工作压力,以免产生误动作
		用撞块和行程阀控制,为行程控制式回路

注:A——定位气缸;B——夹紧气缸。

6.3.4 同步动作回路(表 6-9)

表 6-9 同步动作回路

名称	回路图	说明
采用单向节流阀的同步动作回路		通过单向节流阀分别进行调节,以使两缸同步,其同步精度不高
采用气液缸的同步动作回路		通过把油封入回路来达到两缸正确地同步。由于两缸为单活塞杆缸,故要求气液缸 2 的内径大于缸 1 的内径,以使缸 2 的上腔有效截面积与缸 1 的下腔截面积完全相等。若两缸为双活塞杆,则要求两缸内径与活塞杆直径均相等
采用气液阻尼缸的同步动作回路		它能使加有不等负荷 F_1、F_2 的工作台做水平上下运动。当三位主控阀处于中间位置时,蓄能器自动地通过补给回路对油缸充漏油;而若三位阀处于另两位置时,蓄能器的补给回路被切断。回路中还安装了气塞1、2,用以将混入油中的空气置换成补充油

6.3.5　延时动作回路（表 6-10）

表 6-10　延时动作回路

名　称	回　路　图	说　明
用行程阀、单向节流阀与气室控制的延时动作回路		按下手动阀 1 后,气控阀 2 换向,活塞杆伸出。撞块压下行程阀 3 时,压缩空气经单向节流阀 4 流入气室 5。过一定时间(气室压力达一定值后),气控阀 2 复位,活塞杆退回。适当选择气室并调节节流阀可控制延时时间
用单向节流阀、气室控制的延时动作回路		按下手动阀 1 后,气控阀 2 换向,活塞杆伸出;同时,压缩空气经单向节流阀 4 流入气室 3。一定时间后,阀 2 复位,活塞杆退回
用延时阀控制的延时动作回路		按下手动阀 1,气控阀 2 切换,活塞杆伸出,夹紧工件。同时,压缩空气经节流口进入气室。一定时间以后,延时阀发出信号,阀 2 复位,活塞杆退回,工件自动松开

6.3.6　安全保护回路（表 6-11）

表 6-11　安全保护回路

名　称	回　路　图	说　明
防止同时动作的互锁回路		该回路只允许每次有一个气缸动作,它借助梭阀及换向阀进行互锁。若阀 7 有动作信号,则 A 缸动作,且通过梭阀 1 与 2 锁住换向阀 5 与 6,此时即使有阀 8、9 的动作信号,B、C 缸仍不会动作
两缸同时动作的安全回路		加压力继电器可保证在工件完全夹紧后才能开车或发出讯号。气压低于所要求的压力则自动停车

6.3.7 遥控回路（表 6-12）

表 6-12 遥控回路

名称	回路图	说明
手动（或电动）的遥控回路	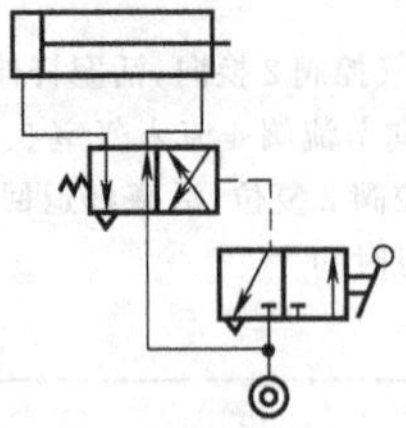	只用一个手动(或电动)先导阀控制气控阀,以实现远距离控制
	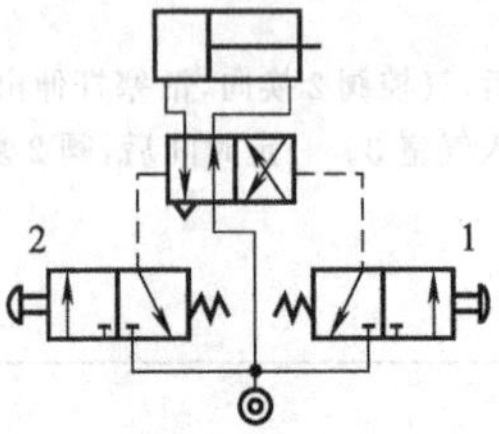	用两个手动(或电动)先导阀控制气控阀实现远距离控制。阀 1 接通时,活塞杆伸出;阀 2 接通时,活塞杆退回
手动与自动并用的遥控回路	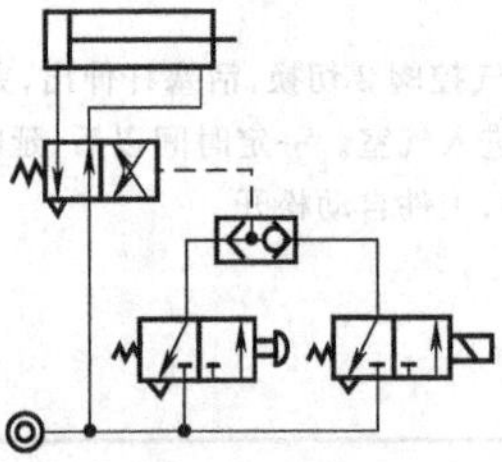	用手动与电动先导阀通过梭阀可分别在两处控制同一动作,宜用于大型机床或自动线上

6.3.8 双活塞气缸控制回路（表 6-13）

表 6-13 双活塞气缸控制回路

名称	回路图	说明
串联式双活塞气缸控制回路	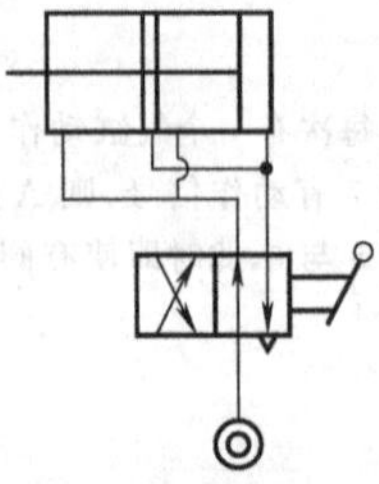	两个活塞通过一个活塞杆带动一个夹紧机构,以产生更大的夹紧力
单面活塞杆双活塞气缸控制回路	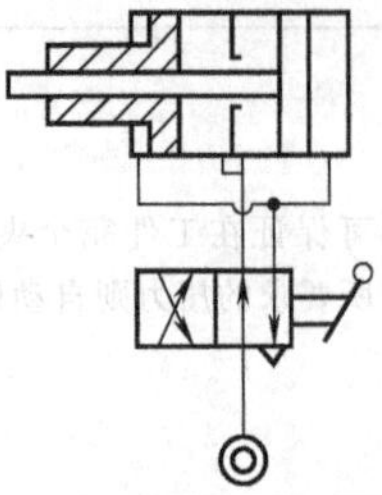	两个活塞反向移动,分别带动两个夹紧机构或一个联动夹紧机构

续表

名称	回 路 图	说　明
双面活塞杆双活塞气缸控制回路	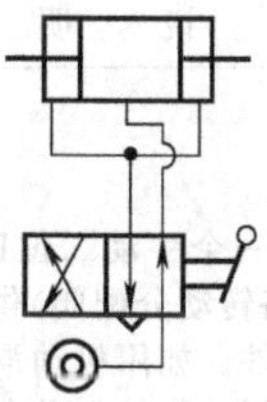	两个活塞反向移动,分别带动两个夹紧机构成一个联动夹紧机构

6.3.9　自动控制回路（表 6-14）

表 6-14　自动控制回路

名称	回 路 图	说　明
行程阀控制的回路	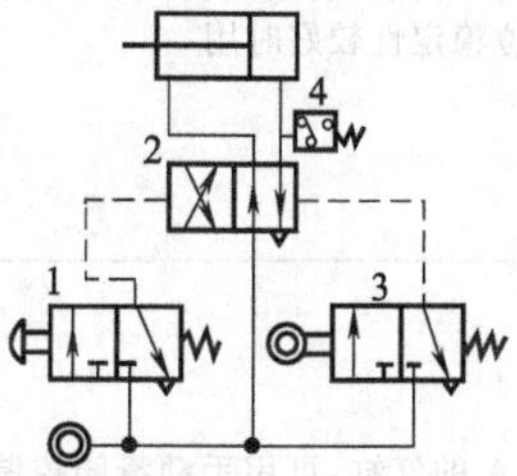	按下手动阀1,气控换向阀2切换,活塞杆伸出,夹紧工件。压力继电器4发出信号,开始进给。进给行程终了时,撞块压下行程阀3,阀2复位,活塞杆退回,自动松开工件。也可用于输送装置的半自动循环
工作台挡块与一个行程阀控制的回路	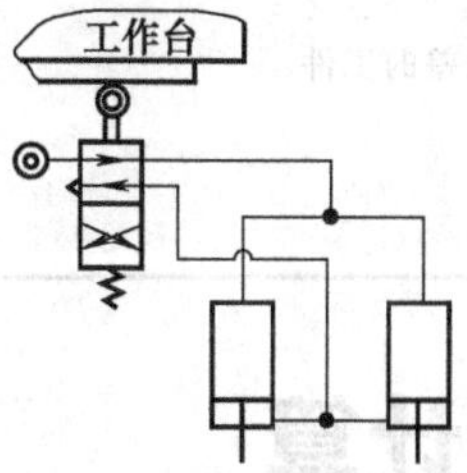	工作台上的挡块压下行程阀时,行程阀上位工作,自动夹紧工件;挡块放开行程阀时,下位工作,自动松开工件。适用于通用机床
工作台挡块与两先导行程阀控制的回路	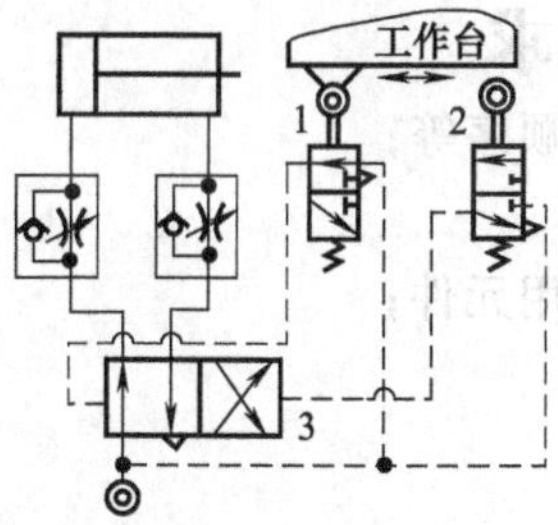	图中,工作台挡块压下行程阀1时,气控阀3切换,其左位工作,活塞杆伸出,自动夹紧工件;当工作台挡块压下行程阀2时,气控阀3又切换,其右位工作,活塞杆退回,自动松开工件。适用于自动或半自动机床
活塞杆上的挡块与两先导行程阀控制的回路	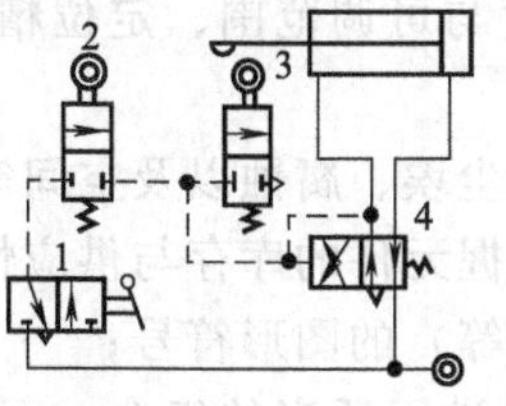	图示位置,气控阀4右位工作,活塞杆伸出,夹紧工件;手动阀1右位工作,且活塞杆上撞块压下行程阀2时,气控阀4切换,活塞杆退回,自动松开工件;当撞块压下行程阀3时,阀4又切换,活塞杆伸出,夹紧工件。适用于自动或半自动机床

6.3.10 多位转台上的多缸控制回路（表 6-15）

表 6-15 多位转台上的多缸控制回路

名称	回路图	说明
手动滑阀控制的回路	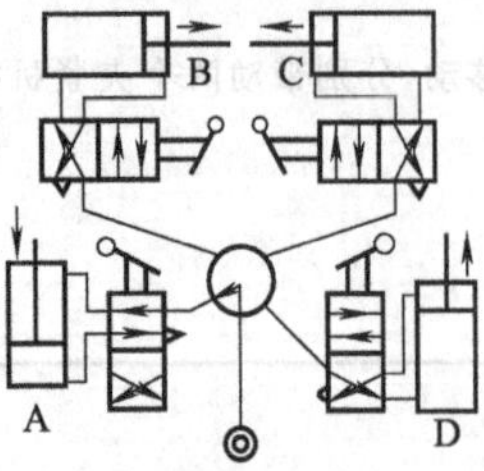	各工位的气缸各自用一个手动二位四通阀控制。各阀由工作台中央的导气接头（一路转动分配阀）供气。各夹具可单独调整，适于定位稳定性差的工件。如用机动滑阀，则可实现自动夹紧与松开。图中，A 为装卸工位；B、C、D 为加工工位
机动转阀控制的回路	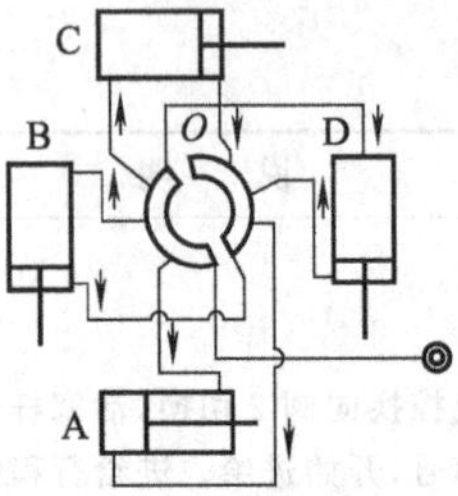	各工位的气缸共用一个机动转阀（自动回转导气接头）控制。图中，A 为装卸工位，自动松开工件；B、C、D 为加工工位，自动夹紧工件。工件定位稳定性较好时用
手动滑阀与机动转阀并用的回路	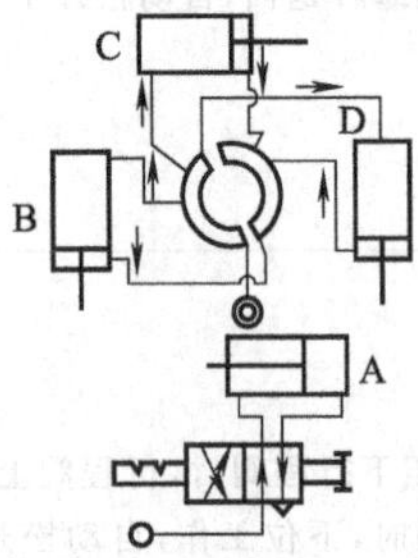	处于装卸工位 A 的气缸，可用手动滑阀控制，以松开或夹紧工件；在其他工位（加工工位 B、C、D）的气缸，由机动转阀控制，使工件处于夹紧状态 　　适于定位稳定性差的工件

6.4 气压传动系统的设计与计算

6.4.1 机床夹具对气动回路的基本要求

① 满足夹具的动作要求，如压力、速度、时间、顺序等；

② 确保工作可靠、安全；

③ 控制阀与辅助元件应尽可能少，并尽量选择通用元件；

④ 尽量少用供应较少而且较贵的橡胶软管；

⑤ 线路尽量短，弯道尽量少。

6.4.2 气压传动系统的设计程序

① 明确设计要求，如动作顺序与时间、运动速度与可调范围、定位精度、夹紧力、联锁关系以及自动化要求等；

② 了解系统的工作环境，如温度、湿度、振动、尘埃、腐蚀以及空间等条件；

③ 明确气动与机、电、液控制的配合情况，并掌握元件的库存与供应情况；

④ 在适当位置画出执行元件（如气缸、吹屑喷嘴等）的图形符号；

⑤ 根据对气动系统的要求，选择基本气动回路并进行适当的组合，画在图面上，使其

与执行元件相连接，构成气动系统图；

⑥ 对气动系统图作适当的修改与调整，使控制阀和辅助元件尽量共用，以便简化线路，降低成本；进行有关的计算与验算，以确保设计的正确性；

⑦ 设计（或选择）执行元件；

⑧ 选定气阀；

⑨ 选定辅助元件。

6.4.3　气动系统的有关设计与计算

（1）空气消耗量（即需要量）的计算（表 6-16）

表 6-16　空气消耗量的计算

序号	计算项目	计算条件		公　式	参　数
1	压缩空气消耗量	单向作用气缸		$Q=\dfrac{\pi}{4}\times10^{-6}D^{2}Ln$　（$\mathrm{m^3/h}$）	D——气缸内径，cm d——活塞杆直径，cm L——活塞行程，cm n——活塞往复速度，$n=\dfrac{v}{2L}$（1/h） v——活塞平均速度， 　$D>60\mathrm{mm}$ 时，$v=1.0\mathrm{m/s}$，即 　$v=3.6\times10^{5}\mathrm{cm/h}$ 　$D<60\mathrm{mm}$ 时，$v=1.5\mathrm{m/s}$，即 　$v=5.4\times10^{5}\mathrm{cm/h}$
		双向作用气缸		$Q=\dfrac{\pi}{4}\times10^{-6}(2D^{2}-d^{2})Ln$　（$\mathrm{m^3/h}$）	
		全部气动设备	同时动作	$Q_x=K_1K_2\Sigma Q$　（$\mathrm{m^3/h}$）	
			不同时动作	$Q_z=\dfrac{K_1K_2}{2}\Sigma Q$　（$\mathrm{m^3/h}$）	
2	标准空气消耗量	一个气缸		$Q_y=\dfrac{p_1T_1}{p_AT_0}\Sigma Q$　（$\mathrm{m^3/h}$）	p_1——某气缸的绝对压力，MPa p_A——标准状态的压力，$p_A=0.1\mathrm{MPa}$ T_1——某气缸工作状态的温度，K T_a——标准状态的温度，$T_a=273\mathrm{K}$ Q——某气缸的压缩空气消耗量，$\mathrm{m^3/h}$ K_1——安全系数，取决于系统的泄漏与压力损失， 　$K_1=1.25\sim1.50$ K_2——考虑气动设备增加的储备系数，$K_2=1.1\sim1.5$ p_0——全部气动设备的平均绝对压力，MPa T_0——全部气动设备的平均工作温度，K
		全部气动设备	同时动作	$Q_z=K_1K_2\dfrac{p_0T_a}{p_AT_0}\Sigma Q_y$　（$\mathrm{m^3/h}$）	
			不同时动作	$Q_z=\dfrac{K_1K_2}{2}\times\dfrac{p_0T_a}{p_AT_0}\Sigma Q_y$　（$\mathrm{m^3/h}$）	

（2）管道的计算（表 6-17）

表 6-17　管道的计算

序号	计算项目	公式（或图号）	参数（或说明）
1	管道内气体流速 v		厂区取 $v=8\sim10\mathrm{m/s}$，用气车间取 $v=10\sim15\mathrm{m/s}$。为避免压力损失过大，通常限定 v 在 25m/s 以下，不得大于 30m/s
2	管道内径	$d=\sqrt{\dfrac{4Q}{\pi v}}=1.13\sqrt{\dfrac{Q}{v}}$　（m）	v——管道内气体流速，m/s Q——计算管段的压缩空气流量，$\mathrm{m^3/s}$
3	管道壁厚	$\delta=\dfrac{pd}{2[\sigma]}$　（m）	p——计算管段内的压力，Pa d——计算管段内径，m $[\sigma]$——管材许可应力，$[\sigma]=\sigma_b/n$，Pa σ_b——管材抗拉强度，Pa n——安全系数，$n=6\sim8$

注：1. 按公式算出的 d、δ 值应取接近的标准值。

2. 有压力损失限制时，根据计算确定管径 d 后，应验算之。如超出允许值，可增大管径 d 以降低流速进行调整；亦可根据管长、允许的压力损失和供气量进行计算。

（3）压力损失的计算（表 6-18）

表 6-18　压力损失的计算

序号	计算项目	公式（范围）		参　数							
1	雷诺数	$Re=\dfrac{vd}{\nu}$		v——气体在管道中的平均流速，m/s d——管道内径，m ν——气体的运动黏度，m^2/s，见下表							
				温度/℃	-20	0	10	20	30	40	50
				$\nu/(\times10^{-6}m^2/s)$	11.93	13.3	14.7	15.1	16.6	16.9	18.6
2	沿程阻力系数	Re	<2300	$\dfrac{64}{Re}$	Re——雷诺数 λ——沿程阻力系数 d——管道内径，mm δ——管道内壁的粗糙度，mm						
			$3000\sim10^5$	$\dfrac{0.3164}{Re^{0.25}}$							
			$10^5\sim10^8$	$\dfrac{1}{\left(1.14+2\log\dfrac{d}{\delta}\right)^2}$							
3	沿程损失	$\Delta_p=0.5\dfrac{L}{d}\lambda\rho v^2$ (Pa)		L——管道长度，m ρ——气体的密度，kg/m^3，基准状态下，$\rho=1.2931kg/m^3$ v,d——同 Re 式中相应参数 ζ——局部阻力系数							
4	局部损失	$\Delta_z=0.5\zeta\rho v^2$ (Pa)									
5	总压力损失	计算值	$dp=\Sigma\Delta_p+\Sigma\Delta_z$	Δ_p——沿程损失 Δ_z——局部损失							
		允许值	流水生产线上	0.01MPa							
			车间范围内	0.05MPa							
			工厂范围内	0.10MPa							

（4）回路有效截面积的计算（表 6-19）

表 6-19　回路有效截面积的计算

序号	计算项目	含　义	公　式		参　数
1	气动元件的有效截面积	气流流过节流孔时，流线收缩的最小截面积	$S=\alpha\dfrac{\pi d^2}{4}$　（mm^2）		α——收缩系数 d——节流孔直径，mm
2	控制管道的有效截面积	与某控制管道允许气流流通能力等效的理想节流口的有效截面积	$S_g=\alpha\dfrac{\pi d^2}{4}$　（mm^2）		α——与该管道等效的节流口的收缩系数 d——管道内径，mm
3	回路的有效截面积	某气动回路允许气流流通能力的表征参数	串联回路	$\dfrac{1}{S_z^2}=\sum\limits_{i=1}^{n}\dfrac{1}{S_i^2}+\dfrac{1}{S_g^2}$　（mm^2）	S_i——某气动元件的有效截面积，mm^2 n——气动元件的数目
			并联回路	$S_z=\sum\limits_{i=1}^{n}S_i+S_g$　（mm^2）	S_g——管道的有效截面积，mm^2

（5）活塞移动时间的计算（表 6-20）

表 6-20　活塞移动时间的计算

序号	计算项目	公式（或图号）	参　　数
1	时间系数	K	p_H——绝对压力，MPa
2	惯性系数	$J=1.29\dfrac{p_H D^6 L}{W S^2}$	D——气缸内径，cm L——活塞行程，cm
3	摩擦条件系数	$G=0.0127\dfrac{W}{p_H D^0}\left(\dfrac{F_r}{W}\pm\sin\theta\right)$	W——移动部分的重力，N S——回路的有效截面积，mm^2 F_r——摩擦力，N
4	活塞移动时间	$t=4.1K\dfrac{D^2 L}{S}\times10^{-3}(s)$	θ——活塞轴线与水平方向的夹角，(°) 注：向上运动时，$\sin\theta$ 前取"+"号 　　向下运动时，$\sin\theta$ 前取"-"号

6.5　气缸的设计与计算

6.5.1　气缸的类型与应用

气缸是将气体的压力能变为机械能的能量转换装置。在气压传动系统中，它是执行元件，用来带动夹紧机构、定位机构、分度装置等。

气缸的类型按活塞结构可分为活塞式气缸与膜片式气缸；按安装方式可分为固定式气缸、摆动式气缸与回转式气缸；按气体作用力方向可分为单向作用气缸与双向作用气缸；按气路连接方式可分为管式连接气缸与板式连接气缸。

各种气缸及其应用见表 6-21。

表 6-21　气缸的类型及其应用

类　型		活　塞　式	膜　片　式	应　用
按气缸安装方式分	固定式	嵌入式（基体式）		中小型夹具及气缸数量不多处
		耳座式（地脚式）		各种机床夹具
		法兰式（凸缘式）		各种机床夹具
		螺纹式	—	各种机床夹具

续表

类型			活塞式	膜片式	应用
按气缸安装方式分	摆动式	轴销式	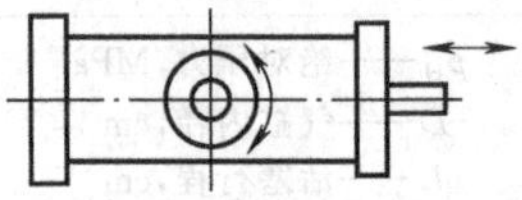	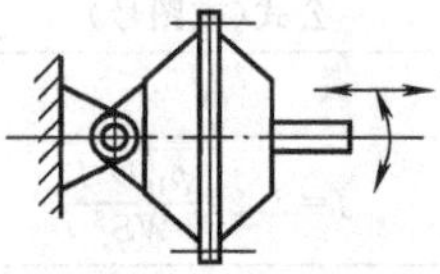	多用于铰链夹紧机构
	回转式	装在主轴尾部	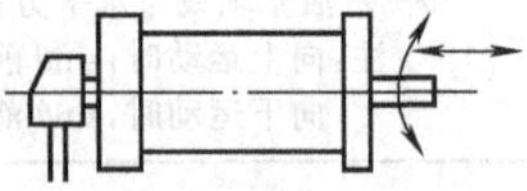	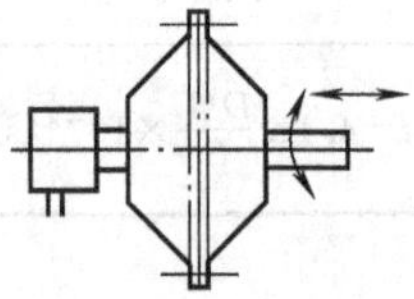	车床夹具圆磨床夹具等回转夹具 图中：1—主轴 2—卡爪 3—气缸
		装在主轴前部	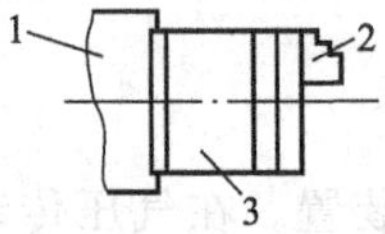		
按作用力方向分	单向作用	弹簧复位	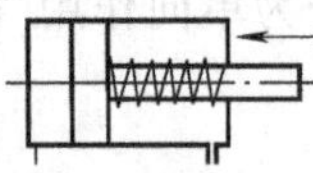	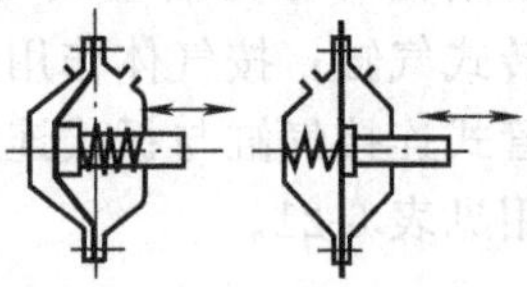	简单、耗气量少，可用于各类夹具
		外力（重力）复位	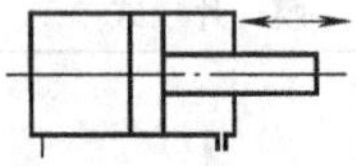	—	
	双向作用	单面活塞杆 单活塞	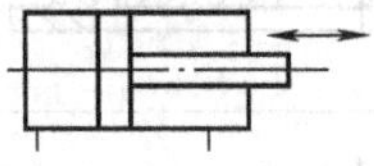	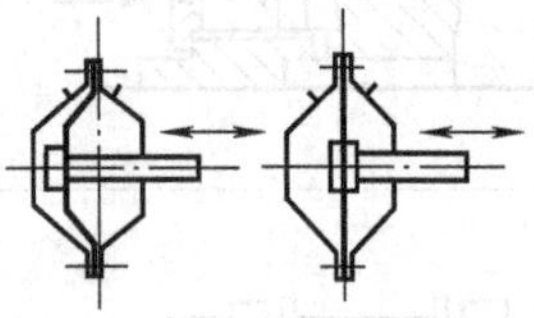	可用于各类夹具
		单面活塞杆 双活塞	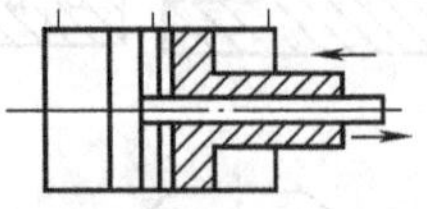	—	用于先定位后夹紧或与夹紧动作有联动要求的机构
		双面活塞杆 单活塞	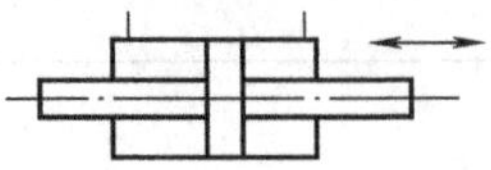	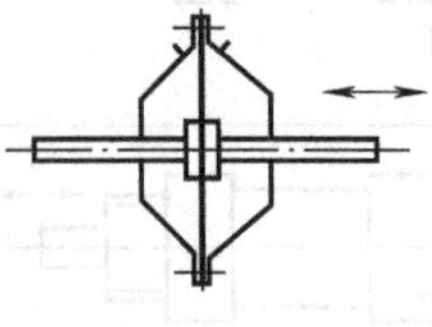	活塞杆一端连夹紧机构，另一端装撞块以控制行程

续表

类　型			活　塞　式	膜　片　式	应　用
按作用力方向分	双向作用	双面活塞杆	缸体固定		用于定心夹紧机构或联动夹紧机构
			缸体浮动	—	用于有四位或四行程要求的气动装置,如送料、分类等
	增压式	增压气缸		—	增大输出压力,以提高气缸出力,用于要求夹紧力大处
		气液增压缸		—	以压缩空气为动力,产生供夹具油缸用的高压油。适用于中小批多品种生产中的多点夹紧,多工位夹紧
按增力方式分	活塞串联式	双活塞			在压力、缸径尺寸一定的条件下,多个活塞承受压力,故气缸出力增大。用于夹紧力大之处
		三活塞			
	活塞与杠杆组合式	单活塞			用杠杆进一步扩力,或扩力夹紧行程,或得到所需要的夹紧力方向
		双活塞			

续表

类　型	简　图	回转角度	应　用
摆动杠杆式		＜180°	
叶片式　单叶片		＜360°	用于回转夹具的转位、分度及自动线上的翻转装置、上下料装置等
叶片式　双叶片		＜180°	
螺旋式	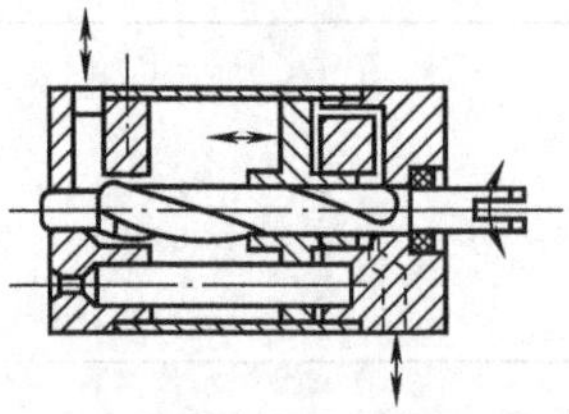	可按动作需要确定	
齿轮齿条式　内部传动	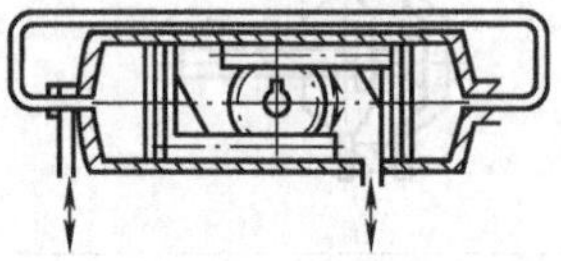	可按动作需要确定	
齿轮齿条式　外部传动	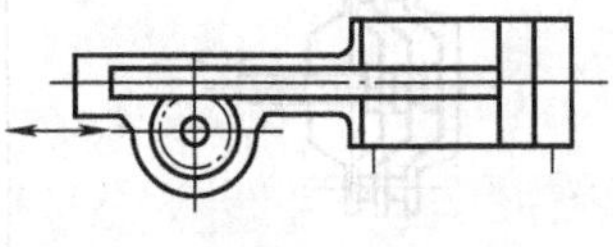	可按动作需要确定	

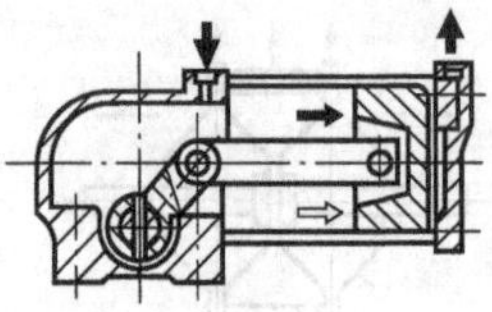

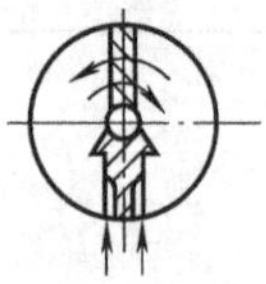

按输出轴回转方式分

6.5.2　气缸结构形式的确定

（1）缸筒与缸盖的连接形式

缸筒与缸盖的连接形式及其特点见表 6-22，应用时可根据具体情况参照此表决定。

表 6-22　缸筒与缸盖的连接形式及其特点

连接形式	简　图	说　明
拉杆螺栓	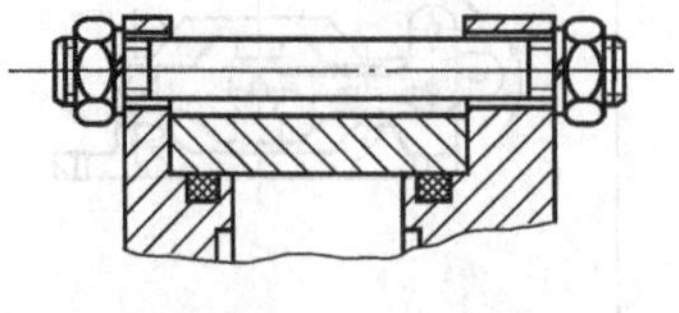	结构简单，易于加工，易于装卸。应用很广

续表

连接形式	简 图	说 明
双头螺栓		法兰尺寸较缸筒螺纹连接为大,重量亦大。缸盖与缸筒可用橡胶石棉板或 O 形圈密封
螺栓		法兰尺寸较缸筒螺纹连接为大,重量亦大。缸盖与缸筒可用橡胶石棉板或 O 形圈密封。缸筒可为铸件或焊接件。焊接件焊后要退火
缸筒螺纹		气缸外径较小,重量较轻,缸筒螺纹与孔同轴。拧动缸盖时,要防止 O 形圈扭曲
卡环		重量较螺栓连接的轻。但零件较多,加工复杂,卡环削弱了缸筒,故其壁厚要大些
		结构紧凑,重量轻。但零件较多,加工复杂,缸筒壁厚大。装配时,O 形圈易被卡环槽划伤
钢丝		结构紧凑,重量轻,零件较少。但装配不方便。装配时,O 形圈易被孔边划伤

卡环连接尺寸如图 6-48 所示,卡环尺寸通常取 $h = l = t = t'$。

(2) 气缸的密封

气缸中以下各对零件之间需要进行密封:气缸筒与气缸盖、活塞杆与活塞(此二处为静密封)、气缸筒与活塞、活塞杆与气缸盖以及缓冲套与气缸盖(此三处为动密封)。

常用的密封元件见表 6-23。

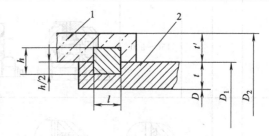

图 6-48 卡环连接
1—缸筒;2—缸盖

表 6-23 气动装置的密封元件

元件类别	用途	工作温度/℃	工作压力/MPa	介 质
O 形橡胶密封圈	密封	−35～+200	≤32	气体、矿物质液压油、润滑油、水
L 形橡胶密封圈	密封	−40～+80	<1	气体、液体
J 形橡胶密封圈	密封	−40～+80	<1	气体、液体
Y 形橡胶密封圈	密封	−30～+80	≤20	气体、液体
V 形夹织物橡胶密封圈	密封	−40～+80	≤50	油液(气体增压缸用)
防尘圈	防尘	≤70(气体、水) −35～+100(矿物油)	—	气体、矿物油、水

常用密封形式见表 6-24。在动密封中，Y 形密封圈和 O 形密封圈应用最广。因为 Y 形密封圈的滑动接触面长度适中，摩擦阻力不大，密封性能好；采用 O 形密封圈时，结构简单，摩擦阻力最小（摩擦系数约为 0.08）。由于接触面积小会降低密封性能，必要时可适当增加密封圈数量以提高密封性能（活塞厚度超过 30mm 时，可用两个密封圈）。

表 6-24　气缸的密封

序号	部位		简　图	密封圈种类
1	气缸筒与气缸盖			O 形, 矩形
2	气缸筒与活塞	活塞直径/mm	50~100　L形　Y形　O形 	L形, Y形, O形
			150~300 	
3	活塞杆与气缸盖		 1.5最小	O形, Y形, V形

续表

序号	部位	简　　图	密封圈种类
4	活塞杆与活塞		O 形,矩形
5	缓冲套与气缸盖	—	Y 形

（3）气缸的防尘

活塞杆的伸出端除需要密封外，还要防尘，特别是在灰尘较多和严重不洁的场合（如铸造车间、轧钢车间等），以免过多的尘土进入气缸，影响其寿命。

活塞杆伸出端常用的防尘结构见图 6-49。图中的防尘圈 A 可用油毛毡、橡胶或聚氨酯制成。一般不加压板；当振动大、活塞速度高、有内压时，应使用压板，如图 6-49（d）所示。

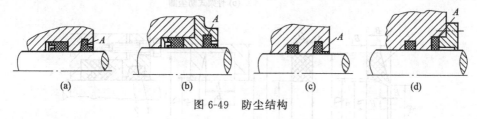

| (a) | (b) | (c) | (d) |

图 6-49　防尘结构

常用的防尘元件如图 6-50 所示，有无骨架防尘圈、骨架式防尘圈、组合防尘圈三种。

（4）活塞的结构形式

活塞的结构形式与密封形式有关。活塞的厚度取决于密封圈的种类和排数。设计时，根据所选密封圈的标准，确定活塞上放置密封圈的沟槽或台阶的深度与宽度，进而确定活塞的有关尺寸。

常见活塞的结构形式见表 6-24 之序号 2。

（5）活塞与活塞杆的连接形式

活塞与活塞杆之间多用螺纹连接。由于活塞受力较大，在运动速度比较高的情况下冲击振动较大。为避免螺母松脱，要有防松装置，如弹簧垫圈、止动垫圈、带翅垫圈、双螺母、开口销等。

对于直径很小的气缸，可把活塞与活塞杆做成一体。

常见的活塞与活塞杆的连接形式见表 6-24 之序号 2 和序号 4。

（6）活塞杆的结构形式

活塞杆的结构有实心与空心两种，一般多用实心结构。当需要通过活塞杆中心装夹工件或其他装置，或需要经活塞杆内孔导气（活塞杆固定，缸体往复运动），或既要增大活塞杆刚度、又要减轻重量时，可用空心结构。

活塞杆及其头部常用的连接形式见表 6-25。

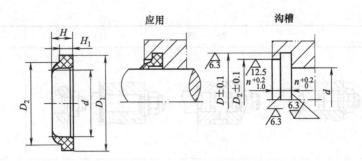

(a) 无骨架防尘圈

(b) 骨架式防尘圈

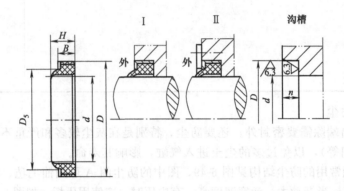

(c) 组合防尘圈

图 6-50　防尘元件

1—橡胶刮尘圈；2—油毡刮尘圈

表 6-25　活塞杆及其头部连接形式

连接形式	简　图	说　明
螺纹连接	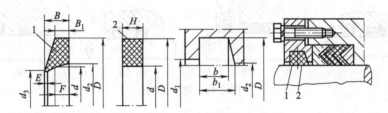	通用性较强。可通过过渡零件与工作机构相连
耳环连接		用于非标准气缸

续表

连接形式	简　图	说　明
半环连接	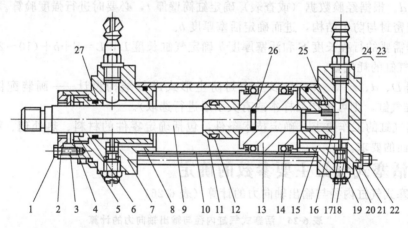	可避免因活塞与活塞杆、缸筒与缸盖间的同轴度误差导致的卡死现象

（7）气缸盖的结构

一般气缸盖多为铸件（铸铁或铝合金），亦有焊接件。

为避免活塞与气缸盖端面接触时，承受空气压力的面积太小，通常在气缸盖内端面上加工出深度不小于 1mm 的沉孔。

气缸盖上的沉孔必须与进气孔相通。这样，进气时压力可以作用在较大的面积上，迅速推动活塞运动。缸盖的厚度主要应考虑安装进气管和排气管及密封圈的需要。前缸盖还要考虑布置防尘结构的需要。对于缓冲气缸，除进气孔和排气孔外，还要考虑安装节流阀、单向阀以及构成缓冲气室的需要，故其缸盖要适当加厚，见图 6-51。

图 6-51　QGB（有缓冲的标准杆气缸）系列气缸

1,22—螺栓；2—压盖；3—J 形圈；4—压环；5,12,14—Yx 形圈；6—导套；7—前盖；8,18,26,27—O 形圈；
9—活塞杆；10—缸筒；11—前缓冲套；13—活塞；15—后盖；16—后缓冲套；17—针阀；19,21—螺母；
20—垫圈；23,24—管接头、垫圈；25—螺钉

（8）气缸的缓冲

活塞接近行程末端时，如果不采取任何措施，会因速度高而撞击缸盖，引起振动甚至损坏机件，或因冲击导致被夹紧的薄壁工件变形，这种现象在行程较长的气缸里尤为严重。为了防止这种现象，可在气缸内部或气缸外部的回路中设置缓冲装置。

如图 6-51 所示缓冲气缸即内部带有缓冲装置的气缸。与无缓冲气缸相比，主要区别有三：一是活塞端部装有缓冲套（11 和 16）；二是端盖上装有可调针阀（17）与单向阀（图 6-51 中未表示）；三是端盖中间开有缓冲柱塞孔口（即缓冲气室），该孔口在缓冲套进入之前，是气缸的主要排气道，缓冲套进入之后，密封圈（12）封住排气腔，气体只能经针阀缓缓流入排气腔，于是便起到缓冲作用。调节针阀开度，可调节缓冲效果。至于单向阀，则完

全是为了换向时能使活塞迅速启动而设的。

缓冲效果除受针阀开度影响外，还同缓冲套直径及缓冲长度有关。一般取缓冲套直径为活塞直径之半，缓冲长度在 20～50mm 之间选取。气缸运动部分的质量越大，速度越高，缓冲长度应越大，可用下式粗略确定缓冲长度 l

$$l \geqslant 0.43 \frac{mv^2}{pD^2} \text{ (m)}$$

式中　m——运动部分的质量，kg；

　　　v——活塞的速度，m/s；

　　　D——活塞的直径，m；

　　　p——活塞刚进入缓冲行程时排气腔的压力，Pa，当气源压力为 0.5MPa（表压）时，$p \approx 0.3$MPa。

当气缸直径较小，不宜在缸内设缓冲装置时，可把它设置在外部，构成缓冲回路。

6.5.3　气缸的设计步骤

气缸的设计通常按如下步骤进行。

① 根据工作情况确定气缸的类型、安装方式、连接形式及大致结构。

② 根据载荷（切削力、夹紧力等）确定气缸需要输出的轴向力 P。

③ 根据输出力 P 和气缸工作压力确定活塞的直径 D。根据 P 和材料许用应力 $[\sigma]$ 确定活塞杆直径 d。根据经验数据（或查表）确定缸筒壁厚 t，必要时进行强度验算。

④ 确定密封与防尘结构，进而确定活塞厚度 b。

⑤ 根据需要的行程长度 S 和活塞厚度 b 确定气缸长度 L，$L = S + b + (10 \sim 20)$mm。必要时，计算气缸的耗气量。

⑥ 根据 D、d、t、S、b、L 以及密封防尘形式进行结构设计——画装配图、零件图（如选用标准气缸，则可按产品样本或有关手册进行选取）。

⑦ 根据气缸的工作要求，确定技术条件，包括确定零件的材料、热处理、精度、表面粗糙度等方面的要求。

6.5.4　活塞式气缸主要参数的确定

（1）活塞式气缸内径与输出轴向力的计算（表 6-26）

表 6-26　活塞式气缸内径与输出轴向力的计算

气缸类型	简　图	工作情况	气缸内径/m	输出轴向力/N
单向作用气缸		输出推力 P	$D = \sqrt{\dfrac{4(P+R)}{\pi p \eta}}$ $= 1.26 \sqrt{\dfrac{P+R}{p}}$	$P = \dfrac{\pi}{4} D^2 p \eta - R$ $= 0.63 D^2 p - R$
双向作用气缸		输出推力 P	$D = \sqrt{\dfrac{4P}{\pi p \eta}}$ $= 1.26 \sqrt{\dfrac{P}{p}}$	$P = \dfrac{\pi}{4} D^2 p \eta$ $= 0.63 D^2 p$
		输出拉力 P'	$D = \sqrt{\dfrac{4P'}{\pi p \eta} + d^2}$ $= 1.3 \sqrt{\dfrac{P'}{p}}$	$P' = \dfrac{\pi}{4} (D^2 - d^2) p \eta$

续表

气缸类型	简　图	工作情况	气缸内径/m	输出轴向力/N
双活塞串联气缸		输出推力 P	$D = \sqrt{\dfrac{2P}{\pi p \eta} + \dfrac{d^2}{2}}$ $= 0.9 \sqrt{\dfrac{P}{p}}$	$P = \dfrac{\pi}{4}(2D^2 - d^2)p\eta$
		输出拉力 P'	$D = \sqrt{\dfrac{2P'}{\pi p \eta} + \dfrac{d^2 + d_1^2}{2}}$ $= 0.94 \sqrt{\dfrac{P'}{p}}$	$P' = \dfrac{\pi}{4}(2D^2 - d^2 - d_1^2)p\eta$

注：p——气缸的工作压力，Pa，表压；

　　η——气缸的工作效率，$D \geqslant 0.1\text{m}$ 时，$\eta = 0.8 \sim 0.9$；$D < 0.1\text{m}$ 时，$\eta = 0.65 \sim 0.8$；

　　d——活塞杆直径，m；

　　R——弹簧阻力，N，$R = C(L+S)$；

　　L——弹簧预压缩量，cm；

　　S——活塞行程，cm；

　　C——弹簧刚度，N/cm，粗算可取 $C = 1.76 \sim 3.43$。

计算时应注意以下几点。

① 计算缸径 D 之前，应先根据切削力等负荷确定所需要的夹紧力，再进一步确定所需要的气缸轴向力——推力 P 或拉力 P'（可采用计算法或类比法）；以此力作为求 D 值的一个原始数据。

② 计算 D 值时，活塞杆 d 和 d_1 值尚未确定，因此可以将

$$d = \left(\frac{1}{4} \sim \frac{1}{5}\right)D、\quad d_1 = \sqrt{2}d = \left(\frac{1}{4} \sim \frac{1}{5}\right)\sqrt{2}D$$

代入 D 式。

③ 表 6-26 中公式的数值系数是按

$$\eta = 0.8,\quad d = \frac{D}{4},\quad d_1 = \frac{\sqrt{2}}{4}D$$

的条件确定的。$D \geqslant 0.1\text{m}$ 时，按近似公式计算较合理；当 $D \ll 0.1\text{m}$ 时，应按精确公式计算。

④ 按表中公式算得的缸径 D 数值，要根据标准化气缸系列的数值进行圆整，如表 6-27 所示。

表 6-27　活塞杆推力、拉力与气压的关系

直径/mm		工作压力/MPa									
缸筒 D	活塞杆 d	0.3	0.4	0.5	0.63	1.0	0.3	0.4	0.5	0.63	1.0
		活塞杆上的推力(不计 η)/N					活塞杆上的拉力(不计 η)/N				
63	16	930	1240	1550	1960	3110	870	1170	1460	1830	2910
80	25	1510	2010	2510	3170	5030	1360	1810	2270	2860	4540
100	25	2350	3140	3920	4950	7850	2210	2950	3680	4640	7360
125	32	3680	4910	6130	7730	12270	3440	4590	5730	7230	11470
160	40	6030	8040	10050	12670	20110	5650	7540	9420	11870	18850
200	50	9430	12560	15710	19790	31420	8830	11770	14720	18560	29460
250	63	14720	19640	24530	30920	49090	13780	18390	22970	28960	45970
320	80	24120	32160	40190	50660	80420	22610	30150	37690	47500	75390

⑤ 实际输出的轴向力应于 D、d 和 d_1 确定之后，代入各值计算求得。

⑥ 对于双向作用气缸，除用上述计算方法外，亦可用查表法，即由表 6-27 查得 D 和 d 值。查该表时，应用所需输出轴向力除以效率 η 得到的数值和工作压力为依据。

(2) 活塞杆直径与长度的确定及验算（见表 6-28）

表 6-28　活塞杆直径与长度的确定及验算

参数		活塞杆直径 d/m	活塞杆长度 L/m
内容	确定	$d=\left(\dfrac{1}{5}\sim\dfrac{1}{4}\right)D$	按结构需要
	验算	$L/d\leqslant 10$ 时 $d\geqslant\sqrt{\dfrac{4P}{\pi[\sigma]}}$，即 $d\geqslant 1.13\sqrt{\dfrac{P}{[\sigma]}}$	$L/d>10$ 且活塞杆受压时 $L\leqslant L_k=\dfrac{\pi d}{4}\sqrt{\dfrac{EmA}{Pn}}$，$E_{钢}=2.1\times10^{11}\,\text{Pa}$ $L\leqslant L_k=3.6\times10^5 d\sqrt{\dfrac{mA}{Pn}}$

注：P——活塞杆承受的轴向压力，N；
　　$[\sigma]$——活塞杆材料的许用应力，Pa；
　　E——活塞杆材料的弹性模量，Pa；
　　A——活塞杆的横截面积，m^2；
　　m——与气缸安装方式有关的安装系数，见表 6-29；
　　n——安全系数，一般取 $n=2\sim4$，有冲击时取 $n=6\sim10$；
　　L_k——承受压力时，活塞杆的最大安全长度，m。

表 6-29　安装系数 m 值

	Ⅰ型	Ⅱ型	Ⅲ型	Ⅳ型
	一端固定 一端自由	两端铰链连接	一端固定 一端铰链	两端固定
安装方式				
m	$\dfrac{1}{4}$	1	2	4

(3) 气缸筒厚的确定与验算

气缸内径确定后，若选用通用或标准气缸，则缸筒壁厚为定值；若设计专用气缸，其壁厚可按表 6-30 选取。

表 6-30　气缸筒的壁厚　　　　　　　　/mm

材　料	气缸直径 D							
	50	75	100	120	150	200	250	300
	壁厚 t							
铸铁 HT150	7	8	10	10	12	14	16	16
A3 钢、45 钢	5	7	8	8	9	9	11	12
铝合金 ZL3	8～12			12～14			14～17	

必要时，按下式进行强度校验

$$t \geqslant \frac{pD}{2[\sigma]} \text{ (mm)}$$

式中　t——气缸筒的壁厚，mm；

　　　p——最高工作压力，Pa；

　　　D——气缸筒内径，mm；

　　　$[\sigma]$——气缸筒材料的许用应力，Pa。

6.5.5　气缸的技术条件

（1）气缸筒的技术条件

气缸筒可铸成凸缘形，也可制成如图 6-52 所示的圆筒形。其材料可用铸铁 HT150、HT200，也可用 A3 钢、20 钢或 45 钢管，还可用铝合金 ZL3。

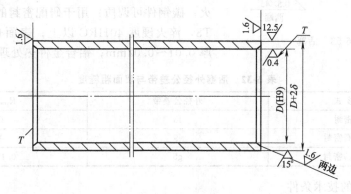

图 6-52　气缸筒

其主要技术条件如下。

① 气缸筒内径的尺寸精度与表面粗糙度见表 6-31。

② 缸筒内径的形状公差（圆度、圆柱度）应小于尺寸公差之半。

③ 缸筒二端面 T 对内孔轴线的垂直度应小于孔径公差的 2/3。

④ 缸筒内壁二端应倒 15°角，以免装配时锐边损伤密封圈。

⑤ 为防止腐蚀、延长气缸使用寿命，缸筒内径应镀铬（铬层厚度 0.01～0.02mm）并抛光或研磨。

⑥ 铸铁缸筒应无砂眼与气孔，牌号一般为 HT150 或 HT200。铸件应经人工时效处理。45 钢应调质处理。焊接件应退火处理。

⑦ 铸铁缸筒在 1MPa 压力下做压力试验，应无漏气现象。

⑧ 非加工表面为了防锈，铸铁件应涂漆，钢件应发蓝或镀锌。

表 6-31　气缸筒内径公差带与表面粗糙度

气缸类别	密封形式或使用要求	内径公差带	$R_{a\max}/\mu m$
一般气缸	用 O 形圈密封	H8	0.4
	用 Y 形圈密封	H9	0.8
特殊气缸	$D \leqslant 20$，且速度很高或很低	H7	0.2～0.1
	运动平稳，反应灵敏，且启动压力＜0.02MPa 不用密封圈（活塞与缸筒配研）	H7 或 H6	0.1～0.025

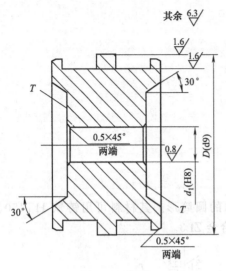

图 6-53　活塞

（2）活塞的技术条件

如图 6-53 所示为常用标准气缸的活塞。活塞材料可用 HT150、35 钢或铝合金 ZL3、ZL16，其外径与缸筒内径的基本尺寸相同。

其主要技术条件如下。

① 外径公差带与表面粗糙度见表 6-32。

② 外径 D 的形状公差（圆度、圆柱度）应小于其尺寸公差之半。

③ 外径 D 对孔 d_1 的同轴度应小于 $\phi 0.04 \text{mm}$。

④ 二端面 T 对孔 d_1 轴线的垂直度应小于 0.04mm。

⑤ 铸件应无砂眼、气孔等缺陷，铸铁件应退火；碳钢件可调质；用于研配密封的活塞用 45 钢或 T8，淬火硬度 40HRC 以上；表面也可镀铬，铬层厚 $0.01 \sim 0.02 \text{mm}$；铝合金件热处理 $60 \sim 100 \text{HB}$。

表 6-32　活塞外径公差带与表面粗糙度

密　封　形　式	外径公差带	$R_{a\max}/\mu\text{m}$
O 形圈密封	f8	0.8
其他密封圈密封	f9	1.1
间隙（研配）密封	g5	$0.1 \sim 0.2$

（3）活塞杆的技术条件

活塞杆有实心与空心两种。图 6-54 为一实心活塞杆。活塞杆的材料常用 45 钢或 40Cr。

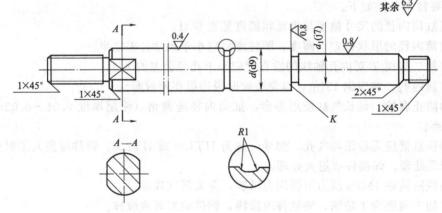

图 6-54　活塞杆

其主要技术条件如下。

① 与气缸导向孔配合的外径 d 的公差带与表面粗糙度见表 6-33。

② 外径 d 对 d_1（安装活塞的轴颈）的同轴度应小于 $\phi 0.02 \text{mm}$。

③ 止推端面 K 对 d 轴线的垂直度应小于 0.02mm。

④ 热处理：调质 $30 \sim 35 \text{HRC}$。必要时，外径 d 可镀铬（铬层厚 $0.01 \sim 0.02 \text{mm}$）、抛光。

⑤ 二端面允许打中心孔。

表 6-33　与气缸导向孔配合的外径的公差带与表面粗糙度

要　　求	公　差　带	$R_{amax}/\mu m$
一般	f8 或 f9	0.4
高	f5 或 f6	0.1～0.2

（4）气缸盖的技术条件

图 6-55（a）为无缓冲气缸前盖，图 6-55（b）为缓冲气缸后盖。气缸盖的材料常用铸铁 HT150 或铝合金。

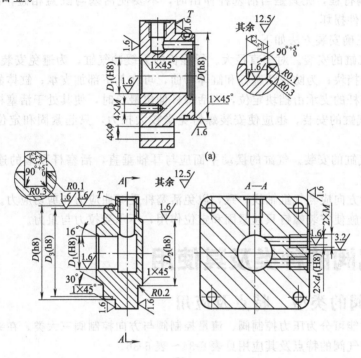

(a)

(b)

图 6-55　气缸盖

其主要技术条件如下。

① 与缸筒配合的外径 D 的公差带取 h8，表面粗糙度取 $R_{amax}=1.6\mu m$。

② D 对 D_1 的同轴度一般应小于 $\phi0.05mm$；对气缸性能有特殊要求者，应小于 $\phi0.02mm$。

③ D_3 对 D_1 的同轴度应小于 $\phi0.07mm$。

④ D_2 对 D_1 的同轴度应小于 $\phi0.08mm$。

⑤ 端面 T 对 D_1 轴线的垂直度，一般应小于 0.05mm；有特殊要求时，应小于 0.02mm。

⑥ 螺纹孔 M 对 d_1 的同轴度应小于 $\phi0.04mm$。

⑦ 密封槽处应去尖角（倒角或倒圆）。

⑧ 铸件应无砂眼、气孔等缺陷；铸铁件应退火处理；铝合金件热处理 60～100HB；非结合面涂漆。

⑨ 铸铁气缸盖在 0.8MPa 压力下做压力试验，应无漏气现象。

6.5.6　气缸的装配与使用要求

气缸在进行装配和使用时应满足以下要求。

① 正常的工作条件：环境温度−35°～+80°，工作压力0.4～0.6MPa。

② 装配前，所有密封元件的相对运动表面均应涂以润滑脂；在气源进口处安装油雾器。

③ 装配后，在0.8MPa压力下试验，应无漏气。

④ 使用时，活塞杆不允许承受偏心载荷与横向载荷。

⑤ 行程中载荷有变化时，应使用输出力有足够余量的气缸，并附加缓冲装置。

⑥ 不使用满行程，尤其是当活塞杆伸出时，不要使活塞与缸盖相碰，以免造成定位、夹紧不可靠或零件损坏。

⑦ 气缸的正确安装方法如下。

a. 耳座式气缸的安装。对于直径大、行程长的无缓冲气缸，为避免安装螺钉受力过大，应在耳座两旁加挡块；为防止活塞杆和缸体弯曲，可在其下部加支承；缸体的支承装在其长度的中间；活塞杆的支承由挡块定位，当活塞杆伸出最长时，使其处于活塞杆中部。

b. 法兰式气缸的安装。也应使安装螺钉免受较大拉力，只起紧固和定位作用，故采用后法兰紧固为好。

c. 轴销式气缸的安装。气缸的摆动平面应与耳轴垂直，活塞杆顶端的连接头方向必须与耳环方向一致。

活塞的运动方向应与气缸轴线一致，以免活塞杆受弯曲应力和剪切应力。

还应采取措施使安装螺钉只起紧固和定位作用，不承受拉力与重力。

6.6　气阀的种类及其使用

6.6.1　气阀的类型、特点及应用

气阀按其功能可分为压力控制阀、流量控制阀与方向控制阀三大类。在夹具气动控制系统中用到的各种气阀的特点及其应用见表6-34～表6-36。

(1) 压力控制阀（表6-34）

表6-34　压力控制阀

类型	特　点	应　用
调压阀（减压阀）	调压阀是用弹簧、重锤或气体压力等调节气压的阀。其作用是将压力保持于调定值 减压阀是将气体压力降低到某一压力的阀。其作用是降低压力 如果调压阀的调定值比输入压力低并保持恒定，此时调压阀起减压阀的作用	采用调压阀可使系统压力稳定、气缸运动平稳，从而提高气动装置的使用性能与寿命 当压力极低时，可串联两个调压阀以保持二次压力稳定，但这会使流量恶化，故其他场合很少采用。除使用在害气体外，应选用特性好的溢流式调压阀 调压阀的调压范围必须与使用压力相符合 调压阀一般装在分水滤气器与油雾器之间，以使通过它的空气含水分少，且不含油分。安装时，配管方向不能搞错。如装在换向阀与气缸之间，需并联单向阀，且单向阀通向气缸方向应呈关闭状态，通向换向阀方向应呈开启状态
安全阀	是限制蓄压器或回路的最高使用压力以确保安全的阀 当蓄压器或回路压力超过调定值时，能自动排气	用于压力容器或气路的过压保护

续表

类型	特 点	应 用
顺序阀	在具有两个以上分支的回路中,依靠回路压力或气缸等的作用控制其动作顺序 顺序阀和单向阀组合而成的单向顺序阀,控制两个气缸在一个方向顺序动作,在另一方向同时动作	用于程序控制场合。使用时,应尽量靠近使用端
卸荷阀	利用气路压力使气源卸荷	当空压机向蓄压器供气至其压力高于调定值时,通过卸荷阀排气,使气源卸荷,蓄压器压力恒定

(2) 流量控制阀 (表 6-35)

表 6-35　流量控制阀

类型		特 点	应 用
速度控制阀	节流阀	通过通道面积的改变控制气体流量的变化,从而控制气动执行机构动作的时间、速度和压力	用以控制气动执行机构和换向阀等的动作时间、速度和压力 节流管路应有足够的强度,以防节流压力升高时管路裂损 节流管路密封性要好。气缸的滑动表面加工精度和粗糙度要好,并应保持一定的润滑状态。外载荷要稳定。否则均会影响速度控制的效果
	单向节流阀	气流往返两个方向流量不同,一个方向节流,另一方向不节流	用以控制气动执行机构的双向运动时间和速度。使用时,要求压缩空气不能混入杂质,配管处密封性要好,对气缸滑动表面的加工精度与表面粗糙度要求高,润滑要好 一般装在气缸与换向阀之间,靠近气缸管接口处。无特殊要求时,用排气节流法
	排气节流阀	安装在气动装置排气口处,使排气受到限制,控制其流量、速度和时间	用以控制气动执行机构与换向阀的运动速度和时间
	缓冲阀	又称行程节流阀,依靠气缸运动到一定位置时挡块碰撞凸轮、撞块、杠杆等机械装置,改变阀芯开度,达到减速、缓冲目的	用于气缸在行程过程中以机械动作改变流量以改变运动速度的场合
时间控制阀 (延时阀)	气压式	改变节流面积以控制阀的动作时间。其节流面积与延时为非线性关系,调节不均匀。该类阀体积小	用于控制气动执行机构的动作时间 在易燃易爆场合代替时间继电器。动作灵活、安全、可靠
	气容式	改变气室容积,控制阀动作时间。其容积与延时为直线关系,调节方便。该类阀体积大	

(3) 方向控制阀 (表 6-36)

表 6-36　方向控制阀

类型			特 点	应 用
换向阀	按阀芯结构形式分	滑柱式(滑阀)	通过圆柱形阀芯(柱塞)在圆筒形阀套内轴向移动而切换气路。阀芯静止时,用气压或弹簧保持轴向平衡。切换时背压阻力小,所需操作力小	应用广泛。改变阀套和阀芯长度及形状,可获得多种切换形式的换向阀。适于行程较长、动作频率不高的场合
		截止式	通过弹簧或气压使活塞开启而切换气路。为端面平面密封,密封性能好,密封件寿命长,所需换向力比滑阀大;行程小,动作频率高,灵敏。多阀口结构复杂;三通以上者,换向过程有各口同时通的情况	适于行程小、动作频率高的场合

类型		特　点	应　用
按阀芯结构形式分	滑板式（转阀）	通过滑动阀板沿光滑平面滑动,改变滑板位置而切换气路。利用滑板光滑表面进行密封,要求滑动面光滑。换向时摩擦阻力大	只用作平面运动的小型阀
	膜片式	利用薄膜变形切换气路。一般用橡胶膜。摩擦阻力小,位移小,切换迅速,频率高,换向灵敏,耐冲击,不用润滑。橡胶膜片易损坏,大型阀寿命短	适于小行程、小通径的阀
换向阀 按控制方式分	电磁换向阀	利用电磁力使阀芯换向。由电磁控制部分和换向阀两部分组成	应用广泛,可以进行远距离控制
	气动换向阀	利用气体压力控制阀芯换向。比电磁阀寿命长。可与先导电磁阀组成电磁气动换向阀	应用广泛,特别适用于易燃、易爆、潮湿和粉尘多的场合。操作安全,但远距离操作不方便
	机动换向阀	又称行程阀(或行程开关)。用机械动力使阀芯换向。可由气动换向阀改制而成。它也可以改制成人力换向阀。这类阀有单滚轮式、双滚轮式、球式、凸轮式、杠杆式、撞块式、分配轴式等	用于程序控制系统,作行程信号,以控制运动机构的行程和运动方向
	人力换向阀	用人力控制阀芯换向。其结构与其他控制方式的换向阀相同。一般气动换向阀稍加改造即可成为人力换向阀。分为手动、脚踏两种	用于需要通过观察,由操作者控制执行机构的动作速度或行程、切换频率较低的场合。安装位置应保证操作方便、轻快。操纵方向应和阀动作方向一致,以免产生误动作。按(旋)钮式适于作仪表板用的小型阀
单向控制阀	单向阀	密封性良好,开启阻力应尽量小,力求开启时与全开时的阻力相等。耐久性与耐高频性良好,结构紧凑,空气流通阻力小	在无自锁环节的气动夹具的配气阀前装一单向阀能防止气源突然中断而导致工件松开。除本身构成独立结构外,还可装在速度控制阀、延时阀的延时装置或气缸的缓冲装置中。可与其他阀组合为单向节流阀、单向顺序阀,两个单向阀可组成梭阀
	梭阀	相当于两个单向阀的组合阀。有两个进气腔和一个工作腔。空气从任一进气腔进入,流入工作腔,将另一进气腔关闭。两个进气腔不相通。在切换状态,阀座受冲击较大。故它应有足够的强度。设计时,应避免切换时三腔同时通	广泛应用。它将两种气动信号有选择地向主阀传递
	快速排气阀	能使气动执行机构快速排气。多为膜片式结构。利用膜片变形使进气腔关闭,工作腔通排气腔而快速排气。结构较简单	多用于带节流调速的回路中。装在气动执行机构的排气口处,使气缸、气动离合器或制动器加快回程速度,缩短工作周期,提高生产率

6.6.2　气阀的选用

气阀的选用通常遵循以下原则。

① 根据使用条件与环境确定阀的技术规格。如气源工作压力范围、电源条件（交流或直流、电压值等）、介质温度、环境温度、湿度、粉尘情况等。

② 根据工作需要确定阀的机能。尽量选用与所需机能一致的阀,只在选不到时才考虑用其他阀代用（如用二位五通阀代替二位三通阀或二位二通阀）。

③ 根据流量确定阀的通径。对于直接控制执行元件的主阀，应根据执行元件的流量确定其通径（见表 6-37）。所选用阀的流量应略大于所需流量。对于信号阀（手控、机控阀），应根据其所控制阀的远近、数量和要求的动作时间等条件确定其通径。一般，距离在 20m 以下者，选 3mm 通径的阀；在 20m 以上或控制数量较多者，通径可选大些（如 6mm）。所选阀的通径尽量一致，尽量不用异径阀。

④ 根据使用条件与要求确定阀的结构形式。当以密封要求为主时，选用橡胶密封（软质密封）的阀；当要求换向力小、有记忆性能时，宜选用滑阀；当气源过滤条件差时，宜选用截止阀。

⑤ 根据安装维护与调节要求确定阀的连接方式。当要求安装维护方便，特别是集中控制的自动、半自动控制系统，宜采用板式连接；当要求调节、更改气路设计容易时，宜采用管式连接。

⑥ 阀的种类的确定。在设计控制系统时，应力求减少阀的种类，尽量选用标准化系列的阀，而避免采用专用阀，以利于专业化生产、降低成本并便于维修。

方向控制阀的种类很多，可根据系统的要求及制造厂的产品说明书确定其名称和型号。选择速度控制阀时，除根据最大流量外，还应考虑最小稳定流量，以保证气缸稳定工作。减压阀型号可按压力调整范围和流量确定。当稳压精度要求高时，应选用先导式减压阀。

表 6-37　标准控制阀的额定流量

公称通径/mm		$\phi 3$	$\phi 6$	$\phi 8$	$\phi 10$	$\phi 15$	$\phi 20$	$\phi 25$	$\phi 32$	$\phi 40$	$\phi 50$
额定流量	$10^{-3} m^3 /s$	0.1944	0.6944	1.3889	1.9444	2.7778	5.5555	8.3333	13.889	19.444	27.778
	m^3 /h	0.7	2.5	5	7	10	20	30	50	70	100
	L/min	11.66	41.67	83.34	116.67	166.68	213.36	500	833.4	1166.7	1666.8

注：额定流量是流速在 15～25m/s 范围以内所测得阀的流量。

6.7　气动辅件的选择与使用

6.7.1　分水滤气器的选择与使用

分水滤气器主要根据气动系统所需的过滤度和额定流量两个参数进行选择。一般气动元件（如气缸、截止阀等）要求的过滤度为 $50\mu m$ 左右。气动量仪、气动轴承等要求的过滤度为 $5～15\mu m$ 或更高。

分水滤气器必须垂直安装，并将放水阀朝下。壳体上箭头所示方向应与气流方向一致，不可反装。

分水滤气器可单独使用，但多与减压阀、油雾器组合使用。组合使用时，沿进气方向的安装顺序是分水滤气器、减压阀、油雾器，不可颠倒，且应安装在靠近气动设备处。

6.7.2　油雾器的选择与使用

主要根据气动系统所需油雾粒度和压缩空气的额定流量进行选择。所需油雾粒度为 $50\mu m$ 左右时，选用一次油雾器；当所需油雾粒度更小时，可选用二次油雾器。

油雾器一般应装在分水滤气器与减压阀之后、用气设备之前较近处，按顶面箭头方向安装。油雾器内的油面不应超过螺母下平面。

一般以每 $10m^3$ 自由空气（标准状态下）供给 1mL 油的标准初定供油量后，再按实际情况（油的种类、供油条件等）进行修正。

分水滤气器、减压阀与油雾器常组合在一起使用，通称气动三联件，应尽量安装在设备易观察的部位，以便于排水、观察表压与维修。

6.7.3　压力继电器的选择与使用

主要根据所需电压、电流、气压的大小进行选择。

使用时应确保接触良好。若触点氧化、接触不良，将会造成误动作。

6.7.4　消声器的选择与使用

按气动元件管径及噪声频率选择。在主要是中高频噪声的场合，应选用吸收型消声器；在主要是中低频噪声的场合，应选用膨胀干涉型消声器；消声效果要求极高时，可使用膨胀干涉吸收型消声器。后两种国内尚无定型产品，需自行设计制造。

第 **7** 章

机床夹具液压系统设计

7.1 机床夹具液压传动系统的组成

7.1.1 液压传动系统的组成

如图 7-1 所示为一基本的液压传动夹具系统。

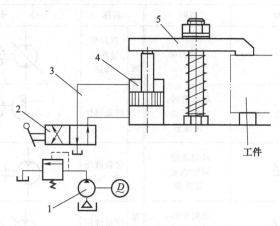

图 7-1 液压传动夹具系统

1—动力部分；2—控制部分；3—辅助装置；
4—执行部分；5—定位夹紧机构

液压系统的组成及功用见表 7-1。

表 7-1 液压系统的组成及功用

序号	组成部分	常用元件	主要功用
1	动力部分	电动泵、手动泵、气液增压器、液压增压器	提供能满足预定要求的压力和流量的工作油液,以保证系统正常工作
2	控制部分	方向阀:单向阀、转阀、手动滑阀、机动滑阀、电磁阀、液动滑阀 稳压阀:各种类型的减压阀 过载保护阀:溢流阀、压力继电器、压力表	保证系统各部件准确地按设计要求完成负载—过载保护—切换—空载这样一个循环过程 其中 方向阀:换向作用 稳压阀:稳压作用 过载保护阀:显示压力,保证流量,自动切断通路
3	执行部分	直动油缸、回转油缸	将压力能转换为机械能,达到直接驱动夹具上的夹紧机构动作的目的
4	辅助装置	管路、接头、油箱、蓄能器	液压系统主要附件
5	定位夹紧机构	定位装置、夹紧装置	使工作得到正确定位及可靠夹紧

机床液压传动夹具的传动方式见表 7-2。

表 7-2　机床液压传动夹具的传动方式

传动方式	增压方式	执行元件	适 用 范 围
液压传动	只可保持工作压力	通用夹紧油缸	大批量生产中一般液压传动夹具
气液压传动	气液增压器 {动力气缸　增压油缸 液压增压器 {动力油缸　增压油缸 手动泵 {手动机械　液压泵	通用夹紧油缸或小型高压油缸	中小批多品种生产中多点、多工位夹紧夹具

7.1.2　常用液压图形符号（表 7-3）

表 7-3　常用液压图形符号

(1)液压泵、液压马达和液压缸

名称	符　号	说明	名称	符　号	说明
液压泵 液压泵		一般符号	液压马达 双向变量液压马达		双向流动，双向旋转，变排量
单向定量液压泵		单向旋转，单向流动，定排量	摆动马达		双向摆动，定角度
双向定量液压泵		双向旋转，双向流动，定排量	泵马达 定量液压泵-马达		单向流动，单向旋转，定排量
单向变量液压泵		单向旋转，单向流动，变排量	变量液压泵-马达		双向流动，双向旋转，变排量，外部泄油
双向变量液压泵		双向旋转，双向流动，变排量	液压整体式传动装置		单向旋转，变排量泵，定排量马达
液压马达 液压马达		一般符号	单作用缸 单活塞杆缸		详细符号
					简化符号
单向定量液压马达		单向流动，单向旋转			
双向定量液压马达		双向流动，双向旋转，定排量	单活塞杆缸（带弹簧复位）		详细符号
单向变量液压马达		单向流动，单向旋转，变排量			简化符号

续表

名称		符　号	说明	名称		符　号	说明
单作用缸	柱塞缸		—	压力转换器	气-液转换器		单程作用
	伸缩缸		—				连续作用
双作用缸	单活塞杆缸		详细符号		增压器		单程作用
			简化符号				连续作用
	双活塞杆缸		详细符号	蓄能器	蓄能器		一般符号
			简化符号		气体隔离式		—
	不可调单向缓冲缸		详细符号		重锤式		—
			简化符号				
	可调单向缓冲缸		详细符号		弹簧式		—
			简化符号				
	不可调双向缓冲缸		详细符号		辅助气瓶		
			简化符号		气罐		—
	可调双向缓冲缸		详细符号	能量源	液压源		一般符号
			简化符号		气压源		一般符号
	伸缩缸		—		电动机		—
					原动机		电动机除外

(2)机械控制装置和控制方法

名称		符　号	说明	名称	符　号	说明
机械控制件	直线运动的杆		箭头可省略	液压先导加压控制		内部压力控制
						外部压力控制
	旋转运动的轴		箭头可省略	液压二级先导加压控制		内部压力控制，内部泄油
	定位装置		—	气-液先导加压控制		气压外部控制，液压内部控制，外部泄油
	锁定装置		*为开锁的控制方法	电-液先导加压控制		液压外部控制，内部泄油
	弹跳机构		—	先导压力控制方法		
机械控制方法	顶杆式		—	液压先导卸压控制		内部压力控制，内部泄油
	可变行程控制式		—			外部压力控制（带遥控泄放口）
	弹簧控制式		—			
	滚轮式		两个方向操作	电-液先导控制		电磁铁控制、外部压力控制，外部泄油
	单向滚轮式		仅在一个方向上操作，箭头可省略	先导型压力控制阀		带压力调节弹簧，外部泄油，带遥控泄放口
	人力控制		一般符号	先导型比例电磁式压力控制阀		先导级由比例电磁铁控制，内部泄油
	按钮式		—			
人力控制方法	拉钮式		—	单作用电磁铁		电气引线可省略，斜线也可向右下方
	按-拉式		—	双作用电磁铁		—
	手柄式		—	电气控制方法		
	单向踏板式		—	单作用可调电磁操作（比例电磁铁，力马达等）		
	双向踏板式		—	双作用可调电磁操作（力矩马达等）		
直接压力控制方法	加压或卸压控制		—	旋转运动电气控制装置		—
	差动控制		—			

续表

名称	符 号	说明	名称	符 号	说明
反馈控制方法	反馈控制	一般符号	反馈控制方法	内部机械反馈	如随动阀仿形控制回路等
	电反馈	由电位器、差动变压器等检测位置			

(3)压力控制阀

名称	符 号	说明	名称	符 号	说明
溢流阀	溢流阀	一般符号或直动型溢流阀	减压阀	先导型比例电磁式溢流减压阀	—
	先导型溢流阀	—		定比减压阀	减压比 1/3
	先导型电磁溢流阀	常闭		定差减压阀	—
	直动式比例溢流阀	—	顺序阀	顺序阀	一般符号或睦动型顺序阀
	先导比例溢流阀	—		先导型顺序阀	—
	卸荷溢流阀	$p_2 > p_1$ 时卸荷		单向顺序阀(平衡阀)	—
	双向溢流阀	直动式,外部泄油	卸荷阀	卸荷阀	一般符号或直动型卸荷阀
减压阀	减压阀	一般符号或直动型减压阀		先导型电磁卸荷阀	
	先导型减压阀	—	制动阀	双溢流制动阀	—
	溢流减压阀			溢流油桥制动阀	—

（4）方向控制阀

名称		符　号	说明	名称	符　号	说明
单向阀	单向阀	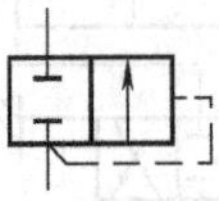	详细符号	二位五通液动阀		—
			简化符号（弹簧可省略）	二位四通机动阀		—
液压单向阀	液控单向阀	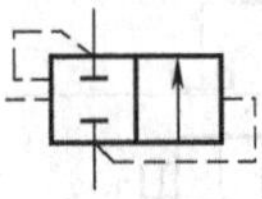	详细符号（控制压力关闭阀）	三位四通电磁阀	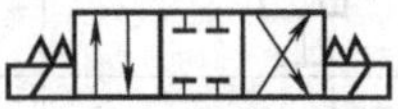	—
			简化符号	三位四通电液阀	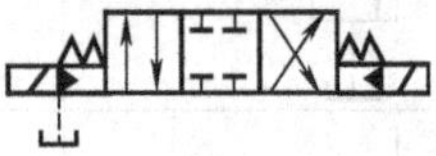	简化符号（内控外泄）
			详细符号（控制压力打开阀）	三位六通手动阀	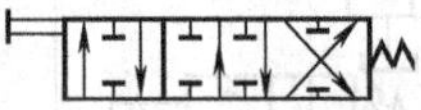	—
			简化符号（弹簧可省略）	三位五通电磁阀		—
	双液控单向阀		—	三位四通电液阀		外控内泄（带手动应急控制装置）
梭阀	或门型		详细符号	三位四通比例阀	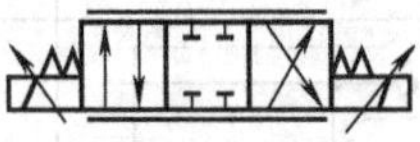	节流型，中位正遮盖
			简化符号			中位负遮盖
换向阀	二位二通电磁阀		常断	二位四通比例阀		—
			常通	四通伺服阀		—
	二位三通电磁阀		—	四通电液伺服阀		二级
	二位三通电磁球阀		—			带电反馈三级
	二位四通电磁阀		—			

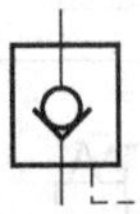

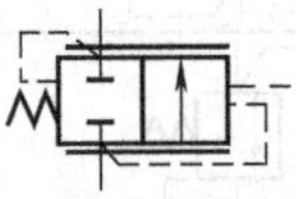

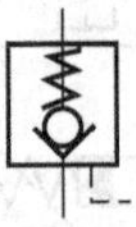

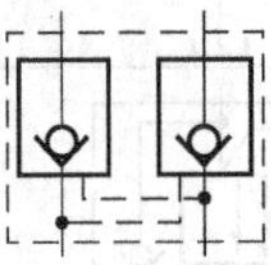

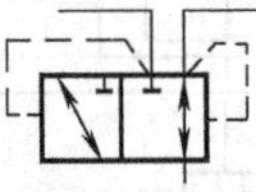

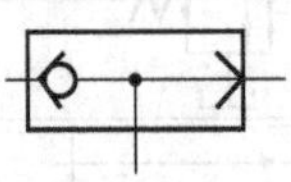

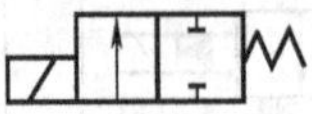

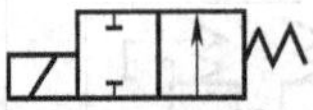

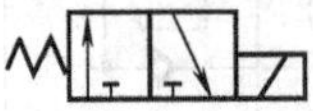

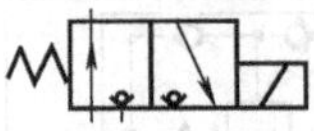

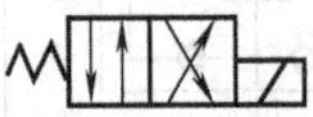

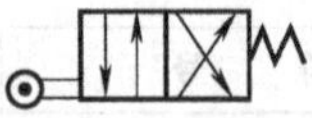

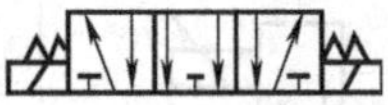

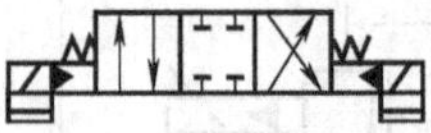

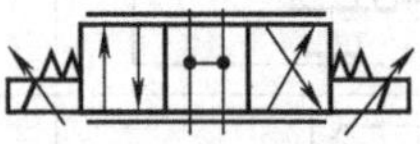

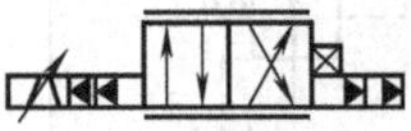

换向阀

(5)流量控制阀

名称		符号	说明	名称		符号	说明
节流阀	可调节流阀		详细符号	调速阀	旁通型调速阀		简化符号
			简化符号		温度补偿型调速阀		简化符号
	不可调节流阀		一般符号				
	单向节流阀		—		单向调速阀		简化符号
	双单向节流阀		—	同步阀	分流阀		—
	截止阀		—		单向分流阀		—
	滚轮控制节流阀(减速阀)		—		集流阀		—
调速阀	调速阀		详细符号		分流集流阀		—
			简化符号				

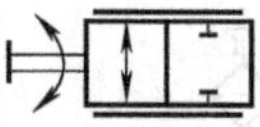

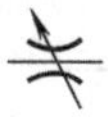

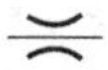

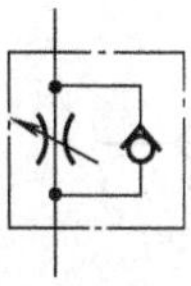

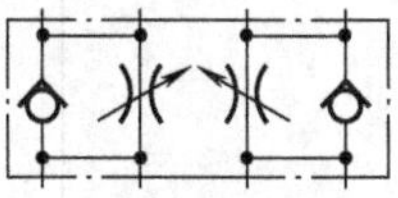

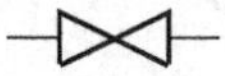

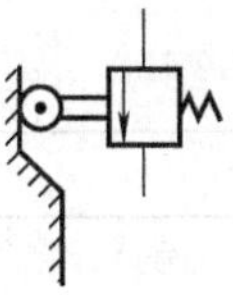

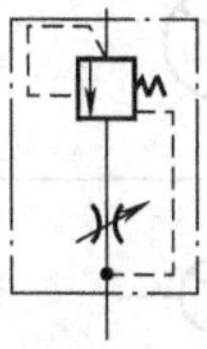

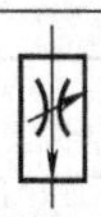

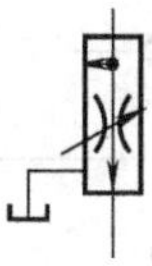

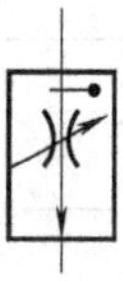

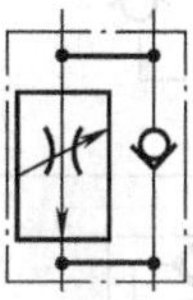

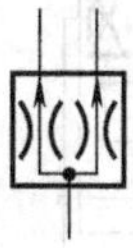

(6)油箱

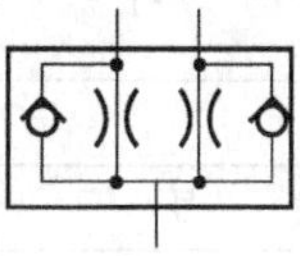

名称		符号	说明	名称		符号	说明
通大气式	管端在液面上		—	油箱	局部泄油或回油		—
	管端在液面下		带空气过滤器				
油箱	管端在油箱底部		—		加压油箱或密闭油箱		三条油路

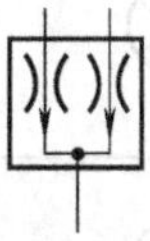

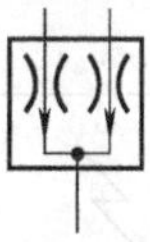

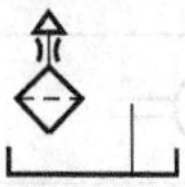

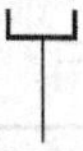

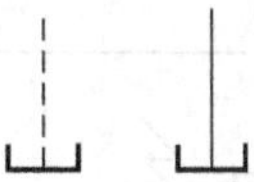

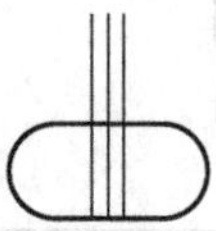

(7)流体调节器

名称	符号	说明	名称	符号	说明
过滤器		一般符号	空气过滤器		—
带污染指示器的过滤器		—	温度调节器		—
磁性过滤器			冷却器	冷却器	一般符号
过滤器 带旁通阀的过滤器	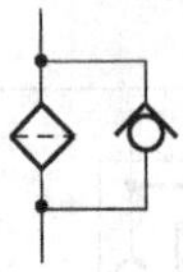	—		带冷却剂管路的冷却器	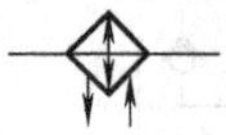 —
双筒过滤器	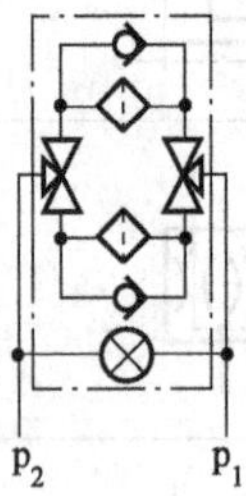	p_1:进油 p_2:回油	加热器	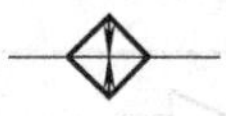	一般符号

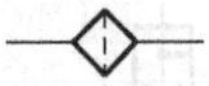

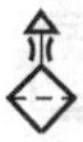

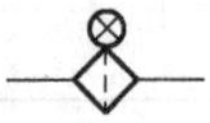

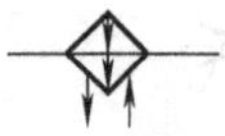

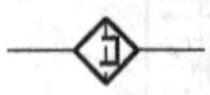

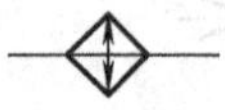

(8)检测器、指示器

名称	符号	说明	名称	符号	说明
压力检测器 压力指示器	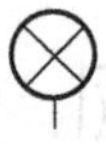	—	流量检测器 检流计（液流指示器）	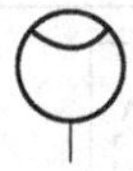	—
压力表（计）		—	流量计		—
电接点压力表（压力显控器）		—	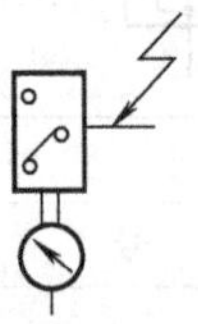 累计流量计	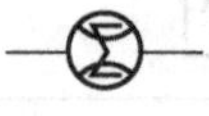	—
			温度计	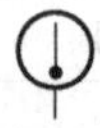	—
压差控制表		—	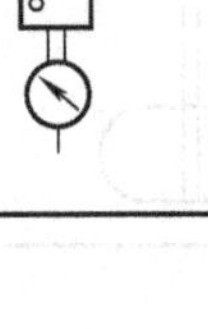 液位计	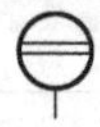	—
			转速仪	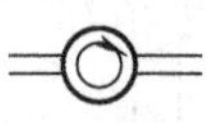	—
			转矩仪	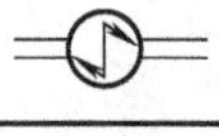	—

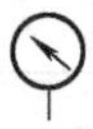

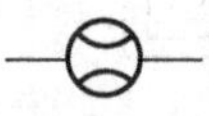

续表

(9)其他辅助元器件

名　称	符　号	说　明	名　称	符　号	说　明
压力继电器（压力开关）	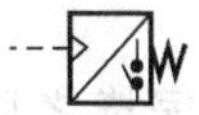	详细符号	压差开关	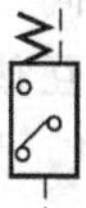	
	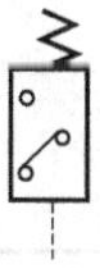	一般符号	传感器	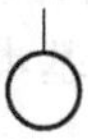	一般符号
行程开关	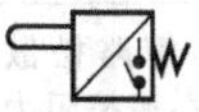	详细符号	压力传感器		—
	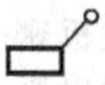	一般符号	温度传感器		—
联轴器	联轴器	一般符号	放大器		—
	弹性联轴器	—			

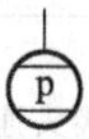

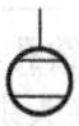

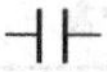

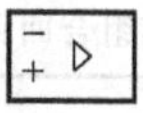

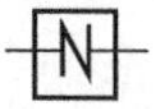

(10)管路、管路接口和接头

名　称	符　号	说　明	名　称	符　号	说　明
管路	管路	压力管路回油管路	快换接头	不带单向阀的快换接头	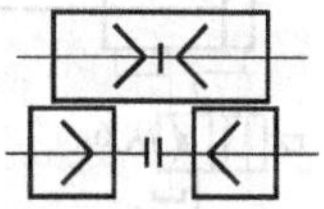
	连接管路	两管路相交连接		带单向阀的快换接头	
	控制管路	可表示泄油管路			
	交叉管路	两管路交叉不连接	旋转接头	单通路旋转接头	
管路	柔性管路			三通路旋转接头	
	单向放气装置（测压接头）				

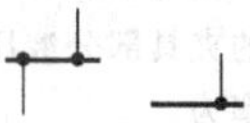

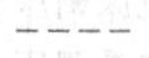

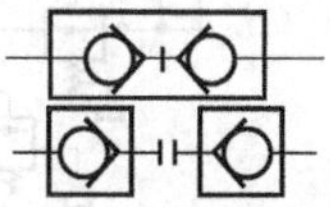

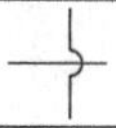

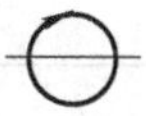

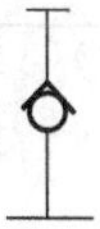

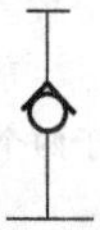

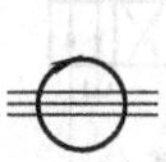

7.1.3　机床夹具液压传动系统的基本回路

（1）对液压传动基本回路的要求

① 必须保证系统有稳定的压力。由于加工零件不同，切削条件不一样，所采用的夹具

也是多种多样的，因此对夹紧力的要求也不同。一个液压源如果要适应各种不同的要求，在系统中必须设有稳压和调压回路。

② 当多缸同时工作时，要求在时间和空间上协调一致，不应产生相互干涉的现象。多台机床共用一泵时，在同一时间内各油缸负荷往往不相同，因此在设计压力系统时，应设计多缸间配合回路或者相互独立的回路。

③ 在大批量生产中，为节省辅助时间，要求在一个工作循环完毕之后，能自动换向，以便操作者装卸工件，因此系统必须设有换向回路。

④ 要确保安全，管路应尽可能简单，保证维修方便。

（2）液压传动系统基本回路的连接方式（表7-4）

表7-4　液压传动系统基本回路的连接方式

连接方式	实现方法	优点	缺点
管式连接	以油管和接头连接成回路	灵活性大，易实现各种方案的回路控制	管路松散，安装、维修不够方便；摩擦阻力和压力损失较大，加剧油液温升
板式连接	以铸孔板、钻孔板等板式元件代替油管和接头组成回路	安装维修方便，摩擦阻力和压力损失较小	夹板密合要求高，易发生高低压油串通，使机构动作失调
集成块式连接	元件与元件直接接触，用长螺杆连在一起组合回路	结构紧凑，体积小，组装维修方便，密封简单，漏油部位少	元件之间密合要求高，制造精度较高

（3）液压夹具的基本回路（表7-5）

表7-5　液压夹具的基本回路

序号	类型	回路简图	组成元件	说明
1	随机驱动的减压回路		D—电机 1—油泵 2—溢流阀 3—压力表 4—调压阀 5—单向阀 6—换向阀 7—油缸 8—卡盘	此为CB3463型半自动六角车床的夹具部分液压回路。油泵总供油率为$$Q=40\text{L/min}$$机床调压2MPa夹具调压1～1.5MPa
2	独立驱动的减压回路		D—电机 1—油泵 2—溢流阀 3—压力表 4—调压阀 5—换向阀 6—油缸	用于两个夹紧机构要求不同的夹紧力

序号	类　型	回 路 简 图	组 成 元 件	说　　明
3	定压回路		D—电机 1—定量泵 2—油箱 3—溢流阀 4—换向阀 5—油缸	用定量油泵供油。供油率一般为 $Q=8\text{L/min}$ 左右。当压力达到预定要求压力时,溢流阀 3 自动卸荷。这种回路油温较高,非生产性功率消耗大。多用于松夹较为频繁的夹具
4	自动调节流量和压力的回路		D—电机 1—变量叶片泵 2—溢流阀 3—换向阀 4—油缸	用变量油泵供油。开始夹紧时,泵处于低压大流量位置;夹紧后,压力升高并自动减小流量而增大压力,避免了定量泵的缺点。适用于无自锁机构的夹具或组合式液压装置
5	自动卸荷回路		D—电机 1—高压泵 2—低压泵 3—气控滑阀 4—溢流阀 5—换向阀 6—油缸	用双泵供油。一般高压泵 $Q=8\text{L/min}$ 　　　$p=9.8\text{MPa}$ 低压泵 $Q=35\text{L/min}$ 　　　$p=6.27\text{MPa}$ 开始两泵同时向夹具供油;夹紧后,滑阀的柱塞右移,泵 2 的油直接流回油箱,泵 1 继续供高压油 特点:输油量大,油温不高,适用于组合机床或自动线的多台夹具
6	增压回路		D—电机 1—油泵 2—溢流阀 3—气控滑阀 4—增压器 5—换向阀 6—油缸	夹具油缸注满油后,气控滑阀 3 柱塞右移,油进入增压器右端,活塞向左产生高压油供给夹具 特点:压力可高达 9.8MPa 以上,而油温不高 用于重负荷切削加工的机床夹具

续表

序号	类 型	回路简图	组成元件	说 明
7	以软管作蓄能器用的稳压回路		D—电机 1—油泵 2—溢流阀 3—单向阀 4—三位四通换向阀 5—软管 6—油缸	当工件夹紧后,换向阀处于中间位置 特点:(1)油温不高;(2)在油压作用下,软管膨胀积蓄能量,有稳压作用 适用于无自锁机构的夹具,因软管蓄能量有限,加工时间不宜太长
8	带蓄能器的稳压回路		D—电机 1—油泵 2—单向阀 3—溢流阀 4—气囊式蓄能器 5—换向阀 6—油缸	蓄能器有稳压及使夹紧机构快进和快退的作用。当工件夹紧以后,蓄能器充油,油泵的供油率应在加工时间内将蓄能器充满 特点:可以降低油泵功率,适用于加工时间不长的情况(否则油温升高)
9	带蓄能器和联锁装置的稳压回路		D—电机 1—油泵 2—溢流阀 3—单向阀 4—压力表 5—压力继电器 6—气囊式蓄能器 7—换向阀 8—油缸	由定量泵供油,当油缸活塞向右动作夹紧工件后,蓄能器充油,油压增高,压力继电器动作切断电机电路,使油泵停止工作。压力由蓄能器保持。当压力低于预定压力时,压力继电器又接通电机,继续使油泵供油。用于加工时间较长的机床夹具。优点是节约动力和防止油温过高
10	两缸交叉工作时的稳压回路		D—电机 1—油泵 2—溢流阀 3—单向阀 4—气囊式蓄能器 5—换向阀 6—油缸	当两缸交叉工作(如双工位夹具)时,一缸活塞换向对另一缸压力有影响,此时用蓄能器可以起压力缓冲作用

序号	类型	回路简图	组成元件	说　明
11	带蓄能器和压力继电器的稳压自动操作回路		D—电机 1—高压和大流量油泵 2—电磁阀 3—单向阀 4—溢流阀 5—换向阀 6—气囊式蓄能器 7—压力继电器 8—油缸	两个压力继电器按最大和最小压力调节,当油路压力超过最大工作压力,继电器7使电磁阀动作(导通),油即流回油箱。当低于最小压力时,继电器7使电磁阀2切断油路,油泵继续向油缸供油。蓄能器起稳压作用 　用于切削时间较长的机床夹具
12	压力缓冲回路		D—电机 1—油泵 2—溢流阀 3—气囊式蓄能器 4—三位四通换向阀 5—油缸	三位四通换向阀切换至中间位置,压力会突然增高,可达溢流阀调整压力的几倍,如在三位阀附近(上游侧)装上蓄能器,可大大缓和冲击压力
13	两缸顺序动作回路(1)		D—电机 1—油泵 2—溢流阀 3—压力表 4—换向阀 5,6—顺序阀 A—定位或夹紧油缸 B—夹紧或加工用油缸	用顺序阀控制。顺序阀5控制油缸A先动作(前进),油缸B后动作(前进)。顺序阀6控制的动作(后退)恰好与上面相反,油缸B先动作,油缸A后动作
14	两缸顺序动作回路(2)		1—换向阀 2,3—顺序阀 A—定位或夹紧油缸 B—夹紧或加工用油缸	顺序阀2控制油缸A先动作(前进),油缸B后动作(前进)。顺序阀3控制的动作(后退)仍为A先动作,B后动作
15	两缸顺序动作回路(3)		D—电机 1—油泵 2—溢流阀 3—换向阀 4—单向阀 A—定位或夹紧油缸 B—夹紧或切削加工用油缸	用先动作的油缸A控制。当先动作的油缸A的活塞移动一定距离后,就接通后动作的油缸B油路

序号	类型	回路简图	组成元件	说明
16	两缸顺序动作回路(4)		D—电机 1—油泵 2—溢流阀 3—压力表 4—换向阀 5—单向节流阀 6—行程换向阀 A—定位或夹紧油缸 B—夹紧或切削加工用油缸	用机动行程阀控制。当先动作的油缸 A 的活塞移至某一位置时,通过凸轮块压下机动行程阀,使 B 缸动作 油缸 A 有出口节流阀,可保证定位过程平稳动作
17	两缸同步动作回路(1)		1—平移压板 2—齿轮 3—齿条 4—油缸 5—换向阀 6—溢流阀	用齿轮齿条连接两活塞,可以获得两缸良好的同步动作 可用于抬起和夹紧装置
18	两缸同步动作回路(2)		1—平移压板 2—双向活塞杆 3—连接板 4—换向阀 5—溢流阀	用串联带双向活塞杆的油缸也可获得两缸同步动作,但要求油缸密封性能要好
19	两缸同步动作回路(3)		1—溢流阀 2—单向阀 3—换向阀 4—单向节流阀 5—油缸	用节流阀控制。两缸或多缸同步控制,除上述三种方法以外,还可用电液伺服阀、分流阀等控制,但在机床夹具中用得很少

续表

序号	类　型	回 路 简 图	组 成 元 件	说　　　明
20	顺序和同步综合控制回路	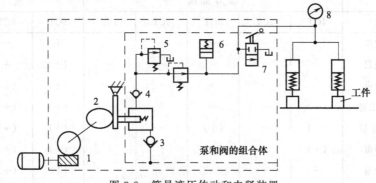	1—手动换向阀 2—定位油缸 3,8—顺序阀 4,5—夹紧油缸(要求同步) 6,7—单向节流阀	顺序动作由顺序阀3和8控制 同步动作由节流阀6和7控制

7.1.4　机床夹具液压传动系统示例

（1）简易高效能液压夹紧装置

工作原理如图7-2所示，由电机带动蜗轮副1经凸轮2驱动柱塞泵工作。油经单向阀3吸入泵体，压出的油经单向阀4、溢流阀5、稳压阀6、手动卸荷阀7和管接头8流向夹具的工作油缸，将工件夹紧。松开时，拧动卸荷阀7，工作油缸中的油流回油箱。当压力超过预定值时，由溢流阀5溢流。

简易液压传动装置的主要参数见表7-6。

（2）定位、夹紧和进给液压传动系统

该系统如图7-3所示。定位、夹紧和进给液压传动系统的工作循环见表7-7。

图 7-2　简易液压传动和夹紧装置

1—蜗轮副；2—凸轮；3,4—单向阀；5—溢流阀；6—稳压阀；7—手动卸荷阀；8—管接头

表 7-6　简易液压传动装置的主要参数

装 置 名 称	性 能 参 数	装 置 名 称	性 能 参 数
柱塞泵	柱塞直径 12～14mm 柱塞行程 8～10mm 油的单位压力 20MPa 每分钟流量 86.4～147L/min	蜗轮副	传动比 1：30
		油箱	外形尺寸 235mm×220mm×200mm
电机	功率 0.55～0.8kW 转速 1440r/min	工作油缸	活塞直径 37mm 作用力 19600N

这一传动系统若采用集成块组式液压装置，则可分为以下七个单元回路：

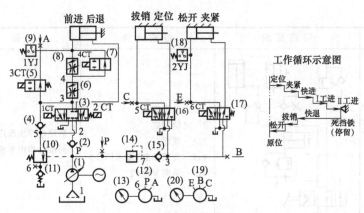

图 7-3　定位、夹紧和进给的液压传动系统

1—变量泵；2,4,15—单向阀；3,16,17—电磁阀；5,7—止通阀；

6,8—调速阀；9,18—压力继电器；10—顺序阀；11—背压阀；

12,19—压力表开关；13,20—压力表；14—调压阀

Ⅰ．由顺序阀 10、背压阀 11 组成背压回路；

Ⅱ．由三位五通电磁换向阀 3、单向阀 2 和 4 组成差动换向回路；

Ⅲ．由二位二通电磁止通阀 5、调速阀 6 组成一次进给回路；

Ⅳ．由二位二通电磁止通阀 7、调速阀 8、压力继电器 9、压力开关表 12 组成二次进给回路；

表 7-7　定位、夹紧和进给液压传动系统的工作循环表

部　件	动力滑阀					夹　具		
动作元件	1CT	2CT	3CT	4CT	1YJ	5CT	6CT	2YJ
工步 定位	－	－	－	－	－	＋	－	－
夹紧	－	－	－	－	－	（＋）	＋	＋
快进	＋	－	－	－	－	（＋）	（＋）	（＋）
Ⅰ工进	（＋）	－	＋	＋	－	（＋）	（＋）	（＋）
Ⅱ工进	（＋）	－	（＋）	－	－	（＋）	（＋）	（＋）
停留	（＋）	－	（＋）	＋	＋	（＋）	（＋）	（＋）
快退	－	＋	－	－	－	（＋）	（＋）	（＋）
拔销	－	（＋）	－	－	－	－	（＋）	（＋）
松开	－	（＋）	－	－	－	－	－	－
停止	－	－	－	－	－	－	－	－

注："＋"表示动作；"（＋）"表示保持动作；"—"表示消失或没有动作。

Ⅴ．由调压阀 14、单向阀 15 组成单向减压回路；

Ⅵ．由二位五通电磁换向阀 16 组成定位回路；

Ⅶ．由二位五通电磁换向阀 17、压力继电器 18、压力开关表 19 组成夹紧回路。

按照这些单元回路的要求和它们之间的相互联系即可画出液压装置联系图，如图 7-4 所示。

上述液压传动系统和通路块联系图有一定的通用性，当不需要某一功能时，只要去掉相应的单元回路的通路块即可（例如只要一次工进时，可撤去第Ⅲ组块）。如需要移位、定程和快速升起等，则可在第Ⅵ和第Ⅶ组块之间加一个组块来完成。

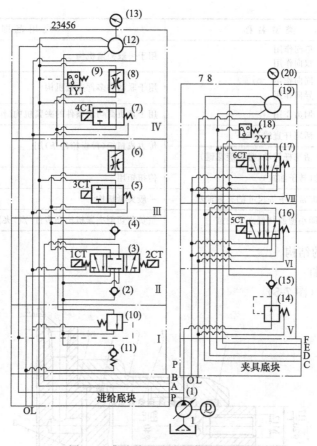

图 7-4　集成块组式液压装置联系图

P—由油泵来的压力油回路；O—回油油路；L—泄油油路；A～F—分别为到执行部件的油路

7.2　机床夹具用油缸和气液增压器

7.2.1　液压传动夹具用油缸

（1）油缸的种类及应用（表 7-8）

表 7-8　通用夹紧油缸的种类及应用

分类方式	类型名称		应用范围
按缸体安装方式	固定式	基体式（镶套式）	用于各种固定式夹具
		地脚式	
		法兰式 耳座式 螺纹连接式	—
	回转式	缸体回转（连续）	用于回转式夹具
		活塞回转（不连续，转子油缸）	用于翻转夹具或螺杆压板夹紧机构（传力矩用）和锁紧装置
	摆动式	绕径向耳轴摆动 绕尾端铰链轴摆动	用于联动和浮动夹紧机构

分类方式	类 型 名 称		应 用 范 围
按活塞结构	单活塞油缸	单向作用 双向作用	用于一般夹紧机构
	双活塞油缸	同向作用 异向作用	用于联动和多件夹紧机构
		增力作用	用于重负荷切削条件的夹紧机构(作增压器用)
按活塞运动方式	直线往复	活塞杆直线运动	传力或扭矩(带齿轮齿条)用
		活塞杆转动(带螺旋花键)	
	回转或摆动(转子油缸)		传扭矩用
按使用压力	中压油缸,即常用中等尺寸的夹紧油缸		一般夹紧机构
	高压油缸,即小型或微型夹紧油缸		重负荷切削夹紧机构和多件(点)夹紧机构

(2) 典型油缸的结构

① 单向作用油缸

a. 法兰式油缸 (图 7-5)

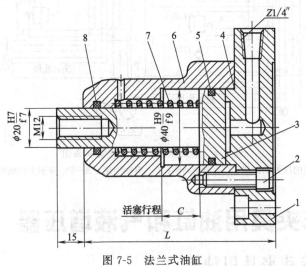

图 7-5 法兰式油缸

1—端盖；2—螺钉；3—活塞；4,5,8—密封圈；6—缸体；7—弹簧

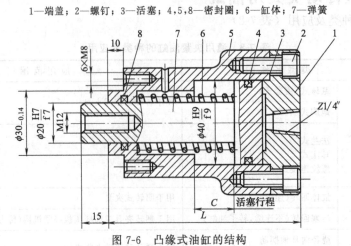

图 7-6 凸缘式油缸的结构

1—端盖；2—螺钉；3,4,8—密封圈；5—缸体；6—弹簧；7—活塞

b. 凸缘式油缸（图 7-6）

c. 嵌入式油缸（图 7-7）

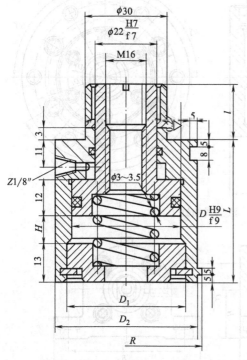

材料：缸体　45 钢

　　　活塞　45 钢

技术条件：

1. 缸体调质 28～32HRC；活塞淬火 40～45HRC。

2. 缸体与活塞上的 ϕD 对 $\phi 22$ 的同轴度误差不大于 $\phi 0.04$mm。

图 7-7　嵌入式油缸

② 双向作用油缸

a. 地脚式油缸（图 7-8）

b. 法兰式油缸（图 7-9）

③ 缸体为无缝钢管的油缸

a. 地脚式油缸（图 7-10）

b. 法兰式油缸（图 7-11）

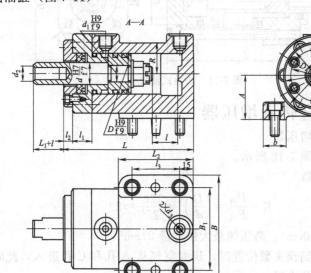

图 7-8　地脚式油缸

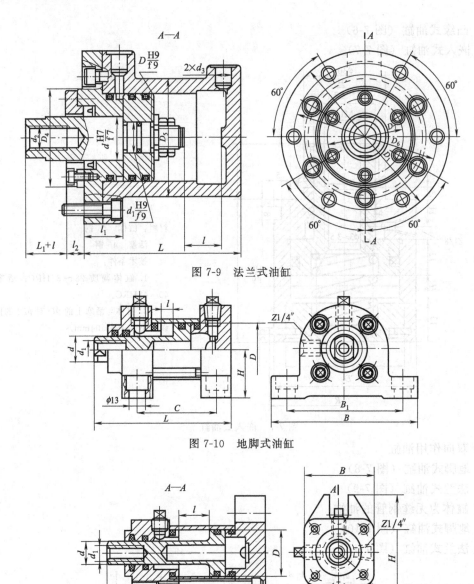

图 7-9　法兰式油缸

图 7-10　地脚式油缸

图 7-11　法兰式油缸

7.2.2　气液压组合传动增压器

（1）管接式气液组合增压器

管接式增压器结构如图 7-12 所示。

此增压器压力扩大倍数

$$K=\frac{P_{液}}{P_{气}}=\left(\frac{D}{d}\right)^2=\frac{120^2}{25^2}\approx23$$

低压油最大供油量 700cm³，高压油最大供油量 21cm³。

将三位五通阀手柄转到预夹紧位置时，压缩空气从 A 孔和 C 孔进入，此时从 D 孔输出低压油至夹具油缸，实现预夹紧。

将手柄转到松开位置时，压缩空气从 C 孔进入（A、B 两孔通大气），使活塞右移，抽

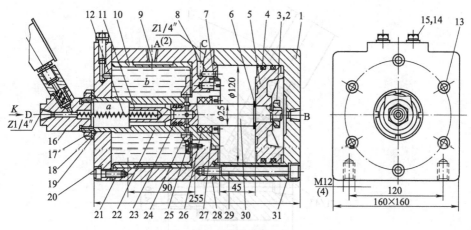

技术条件:
1.当油压压力达10MPa时,最少要稳定12h。
2.工作前需将油缸、管路及高低压油室充满油。

图 7-12　管接式增压器结构

1—缸体；2,17,27—螺母；3,14,18,31—垫圈；4,19,23,26—密封圈；5—活塞；
6,8—衬垫；7,13,15,25,29—螺钉；9—薄膜帽；10—隔套；11—阀芯；12—弹簧；
16—接头；20—端盖；21—油缸；22—衬套；24—压板；28—垫片；30—活塞杆

回压力油,于是夹具油缸复位,工件松开。

（2）板接式气液组合增压器

板接式增压器结构如图 7-13 所示。

工作原理及技术性能与管接式气液组合增压器相同。

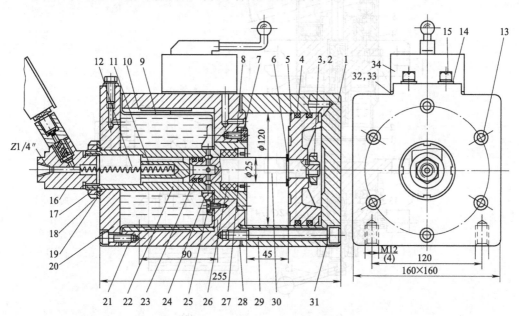

图 7-13　板接式增压器结构

1—缸体；2,17,27—螺母；3,14,18,31—垫圈；4,19,23,26—密封圈；5—活塞；6,8,32—衬垫；
7,13,15,25,29,33—螺钉；9—薄膜帽；10—隔套；11—阀芯；12—弹簧；
16—接头；20—端盖；21—油缸；22—衬套；24—压板；28—垫片；
30—活塞杆；34—气阀

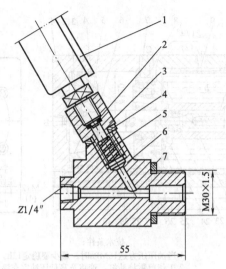

图 7-14　压力表的接头件结构

1—压力表；2—密封圈；3—压力表接头；4—垫圈；
5—阻尼销；6—接头体；7—垫圈

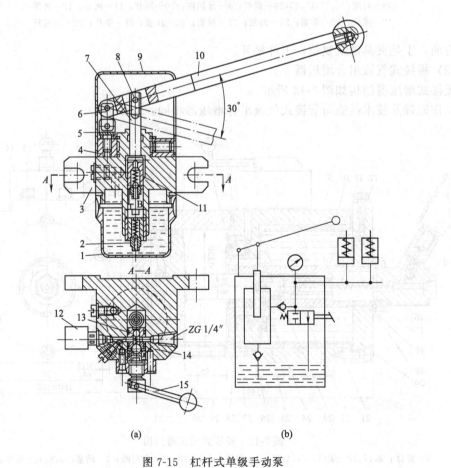

图 7-15　杠杆式单级手动泵

1—油箱；2,11,13—单向阀；3—基体；4—支座；5—耳环螺钉；6—铰链；7—柱塞；8—销；9—盖；
10—手柄（压油用）；12—压力表；14—钢球止通阀；15—卸荷手柄（松开用）

（3）压力表接头件

压力表的接头件结构如图 7-14 所示。

7.2.3 手动液压装置

（1）杠杆式单级手动泵

杠杆式单级手动泵由油箱、手动柱塞泵和罩子三部分组成，如图 7-15 所示。

当向上提起带柱塞 7 的手柄 10 时，油箱 1 中的油通过单向阀 2 被吸入油腔 B，而处于柱塞上方油腔中的油通过单向阀 13 被压向夹具的夹紧油缸。当手柄 10 向下压时，油腔 B 中的油通过 11 也压向夹具的夹紧油缸。这时，夹紧压板在工作油缸活塞的推动下迅速压向工件。继续上下摆动手柄，就使油缸中的油压升高。压力数值可以从压力表 12 上看到。松开工件时，可通过卸荷手柄 15 打开钢球止通阀 14，油缸中的油在弹簧的作用下被压回油箱。

（2）螺旋式手动泵

① 单级螺旋式手动泵结构（图 7-16）

顺时针转动螺杆 1 时，螺杆推动活塞 4 下移，将油液从油缸 2 经孔 6 与管道压入夹具的夹紧油缸，从而夹紧工件。

逆时针转动螺杆 1 时，弹簧 5 推动活塞 4 上移，油液从夹紧油缸经管道和油孔 6 回到油缸 2 中，工件即松开。

螺杆每转供油量为 1.84cm³ 时，油压为 14MPa。

② 双级螺旋式手动泵结构（图 7-17）

将手柄 10 左移，通过其左端面的结合子与活塞结合子 9 结合，并顺时针方向转动手柄 10，则活塞 6 左移，将油压入夹具的夹紧油缸（图中未示出），夹紧元件快速趋近工件。预夹紧后，再使手柄 10 右移，与推杆结合子 11 结合，并继续顺时针方向转动手柄 10，于是推杆 4 左移，使油压升高并将工件夹紧。

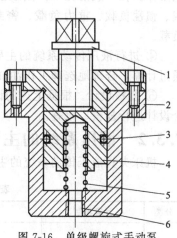

图 7-16 单级螺旋式手动泵
1—螺杆；2—油缸；3—密封圈；
4—活塞；5—弹簧；6—油孔

将手柄 10 左移，使之与活塞结合子 9 结合，并逆时针方向转动之，于是活塞 6 右移，便快速松开工件。

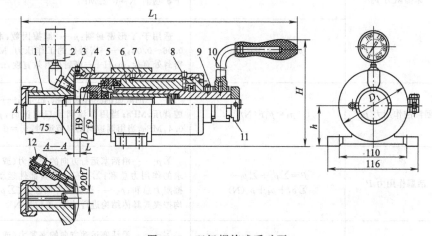

图 7-17 双级螺旋式手动泵
1—高压油缸；2—油压表；3—注油孔活塞；4—推杆；5—支座；6—活塞；7—低压油缸；
8—润滑油孔螺塞；9—活塞结合子；10—手柄（两端带结合子）；11—推杆结合子；
12—带安全阀的管接头

7.3 液压传动系统的设计

7.3.1 设计方法和步骤

机床夹具的液压传动系统设计通常按如下步骤进行。

① 分析液压系统的任务和性能,明确设计要求。即分析液压传动夹具的运动方式、行程和速度范围、负载条件、所需要完成的动作程序和满足工作油缸的动力与速度等要求。

② 选择一定的液压系统类型进行回路组合,并绘出液压传动系统的原理图。系统确定之后,选用液压元件,列出液压、电气元件的动作循环表和确定液压元件之间的连接方式。

③ 对执行元件进行工况分析。即查明每个执行元件在各自工作过程中的速度和负载变化规律。在一般情况下,液压缸承受的负载包括6项,即:工作负载、运动部件的摩擦负载、惯性负载、重力负载、密封负载和背压负载,前5项构成液压缸所要克服的机械总负载。

④ 进行液压传动系统的主要参数计算。工作压力是确定执行元件结构参数的主要依据。通过计算,合理地选择工作油缸、控制元件、油管、油泵、电机以及油箱等液压部件。

⑤ 复核设计。根据上述的设计和计算结果,考虑安全可靠以及维护方便等因素,对整个设计进行复核、审查。

7.3.2 液压系统的主要参数计算

机床夹具液压传动系统的主要参数计算见表7-9。

表 7-9 液压传动系统的主要参数计算

分类	计算项目	计算公式	参数及说明
活塞作用力 P 的确定	油缸密封装置摩擦阻力 p_3	$p_3 = 0.003p(N)$	适用于 O 形密封圈;油压 $p < 10MPa$,活塞杆与活塞直径比为1/2
		$p_3 = \pi DHK(N)$	适用于 V 形密封圈;D——密封处直径,m;H——密封处有效宽度,m;K——单位接触面的摩擦力,对于矿物油,$K = 0.22MPa$
		$p_3 = \mu\pi pDH(N)$	适用于 Y 形密封圈;μ——摩擦因数,取值为 $\mu = 0.06 \sim 0.08$;p——密封处的工作压力,MPa;D——密封处直径,m;H——密封处有效宽度,m
	回油腔作用力 p_4	$p_4 = p'_4 F(N)$	F——油缸回油腔有效面积,m^2;p'_4——油缸回油腔背压,MPa;当用节流阀出口节流时,$p'_4 = 0.2 \sim 0.4$,MPa;当用调速阀出口节流时,$p'_4 = 0.5$,MPa
	活塞作用力 P	$P = \sum p_1 + \sum p_2 + \sum p_3 + p_4 + p_5(N)$	$\sum p_1$——沿活塞运行方向的夹紧力(或力矩)所要求的作用力总和;$\sum p_2$——夹紧部件运动部分的摩擦阻力总和;p_5——运动部件惯性力($\sum p_1$,$\sum p_2$,p_5均按夹具体结构进行计算,单位为 N)
	活塞作用力 P 近似计算	$P = \dfrac{\sum p_1}{\eta}(N)$	$\sum p_1$——沿活塞运动方向的夹紧力(或力矩)所要求的作用力总和;η——考虑各种损失的有效系数,通常取 $\eta = 0.7 \sim 0.95$(油缸偏小时取大值);对于单作用油缸,只考虑弹簧阻力

续表

分类	计算项目	计算公式	参数及说明
油管截面尺寸确定	油管内径 d	$d=4.6\sqrt{\dfrac{Q}{v}}$ (mm)	Q——通过油管流量,L/min;v——油管中允许的流速,m/s;对吸油管和回油管:$v=1.5\sim2.5$,m/s,流量大时取大值;对压油管 $v=3\sim5$,m/s,压力高、流量大、管道短时取大值
	油管壁厚 δ	$\delta=\dfrac{pd}{2[\sigma]}$ (mm)	p——油管内油的工作压力,MPa;d——油管内径,mm;$[\sigma]$——油管材料的许用应力,MPa
	油管许用应力 $[\sigma]$	$[\sigma]=\dfrac{\sigma_b}{n}$ (MPa)	σ_b——抗拉强度,MPa,n——安全系数,$p<7$MPa,$n=8$;$p<17$MPa,$n=6$;$p>17$MPa,$n=4$;用钢管时取 $[\sigma]\leqslant98$MPa;用铜管时取 $[\sigma]\leqslant24.5$MPa
油泵流量计算	单缸工作时油缸(活塞)往复动作一次的流量	$Q_p=\dfrac{v_{\max}F}{10}$ (L/min)	$v_{\max}$——油缸(活塞)最大移动速度,m/min,按工作要求确定;F——油缸(活塞)有效工作面积,cm²
	多缸同时工作时的流量 Q_p	$Q_p\geqslant K(\sum Q_{\max})$ $=K\left(\sum\dfrac{v_{\max}F}{10}\right)$ (L/min)	K——考虑系统漏油和稳压的溢流量,取 $K=1.1\sim1.3$;$\sum Q_{\max}$——多个顺序动作油缸同时动作的最大流量总和,L/min,按所需流量最大者确定其流量
油泵电机功率选择	电机功率 N	$N=\dfrac{1.02p_bQ_b}{612\times10^5\eta}$ (kW)	p_b——油泵的输出油压力,MPa;Q_b——油泵在压力为 p_b 时的流量,L/min;η——油泵总效率:包括容积效率与机械效率的乘积,一般取值为 $\eta=0.5\sim0.8$(p_b 和 Q_b 较小时取小值)

7.3.3　油缸主要参数的计算（表 7-10）

表 7-10　油缸主要参数的计算

油缸类型	计算简图	计算项目	计算公式	参数及说明
往复活塞式油缸		推力工作时缸径 D	$D=1.13\sqrt{\dfrac{P}{p}}$ (m)	P——活塞最大作用力,N,计算见表 7-8 p——油缸工作压力,MPa,夹紧油缸一般取 $1.5\sim5.0$MPa
		拉力工作时缸径 D	$D=\sqrt{1.27\dfrac{P}{p}+d^2}$ (m)	d——活塞杆直径,m $p<2$MPa,$d=(0.2\sim0.4)D$ $p=2\sim5$MPa,$d=0.5D$ $p=5\sim10$MPa,$d=0.7D$
		无杆腔最大流量 Q_1、有杆腔最大流量 Q_2	$Q_1=\dfrac{\pi D^2}{40}\cdot v_1$ (L/min) $Q_2=\dfrac{\pi}{40}(D^2-d^2)v_2$ (L/min)	D——油腔内径,cm d——活塞杆直径,cm v_1——无杆腔工作时活塞移动速度,m/min v_2——有杆腔工作时活塞移动速度,m/min (v_1,v_2 根据工作需要确定)
齿条活塞式油缸		齿轮输出扭矩 M_0	$M_0=\dfrac{\pi D^2}{8}p\eta D_g$ $\approx0.4pD^2\eta D_g$ (N·m)	p——油缸工作压力,MPa D——油缸内径,m D_g——齿轮节圆直径,m η——考虑摩擦的有效系数,一般 $\eta=0.7\sim0.9$
		齿轮轴的角速度 ω	$\omega=\dfrac{8Q}{\pi D^2D_g}$ (rad/s)	Q——输入油缸的流量,L/min

续表

油缸类型	计算简图	计算项目	计算公式	参数及说明
叶片式油缸（转子油缸）		输出扭矩 M_0	单叶片： $M_0 = M_1 - M_2 - \Sigma M_3$ 双叶片： $M_0 = M_1 - \Sigma M_3$	M_0——油缸的输出扭矩,N·m M_1——输入扭矩,N·m P——叶片上的作用力,N R——转轴中心到叶片中点的距离,m Z——叶片数
		输入扭矩 M_1	$M_1 = ZPR$ $= \dfrac{Zb(D^2 - d^2)(p_1 - p_2)}{8}$ (N·m)	p_1——油的工作压力,MPa p_2——回路压力,MPa b——叶片宽度,m D——油缸内径,m d——叶片轴(转子)直径,m
		轴承摩擦阻力矩 M_2	$M_2 = p_1 f b d r \sin\dfrac{\theta}{2}$(N·m)	M_2——油液作用于转子外圆柱面的作用力而形成的轴承中的摩擦阻力矩,N·m μ——轴承中的摩擦因数 滑动 $\mu = 0.1$ 滚动 $\mu = 0.08$ r——轴承中摩擦力作用半径,cm θ——叶片(转子)回转角度,rad
		密封圈摩擦阻力矩 M_3	$M_3 = P_1 r_1$(N·m)	P_1——密封处的摩擦阻力,N r_1——摩擦阻力的作用力臂,N
		油缸所需流量 Q	$Q = \dfrac{\pi}{4000}(D^2 - d^2)bn$(L/min)	D——油缸内径,m b——叶片宽度,m n——输出轴(转子)转速,r/min d——叶片轴(转子)直径,m
		输出轴的角速度 ω	$\omega = \dfrac{400Q}{3b(D^2 - d^2)}$(rad/s)	Q——输入油缸的流量,L/min D——油缸内径,m d——叶片轴(转子)直径,m
		丝杠输出轴向力 T(输出轴连接丝杠)	$T = \dfrac{M}{r_2 \tan(\alpha + \phi)}$ $= \dfrac{pbZ(D^2 - d^2)\eta}{8r_{\text{中}}\tan(\alpha + \phi)}$(N)	r_2——丝杠中径之半,m α——螺纹升角 ϕ——螺旋副间诱导摩擦角对于梯形螺纹 $\tan\phi = \dfrac{\mu}{\cos 15°}$ μ——材料的摩擦因数

油缸壁厚及端盖螺栓的验算见表 7-11。

表 7-11　油缸壁厚及端盖螺栓的验算

分类	计算项目	计算公式	参数及说明
油缸壁厚验算	薄壁套筒($h/D \leqslant 1/10$的无缝钢管)	$h \geqslant \dfrac{p_y D}{2[\sigma]}$(cm)	p_y——试验油压,MPa $p_y = (1.2 \sim 1.3)p$,MPa p——工作油压,MPa D——油缸内径,cm $[\sigma]$——缸体材料许用应力,MPa
	厚壁缸筒($h/D > 1/10$的铸锻件油缸)	$D_1 \geqslant D\sqrt{\dfrac{[\sigma] + 0.4p_y}{[\sigma] - 1.3p_y}}$(cm) $\sigma = \left(\dfrac{0.4D^2 + 1.3D_1^2}{D_1^2 - D^2}\right)p_y \leqslant [\sigma]$	D_1——油缸外径,cm D——油缸内径,cm p_y——试验油压,MPa $[\sigma]$——缸体材料许用应力,MPa σ——油缸压力为 p_y 时缸体上最大应力,MPa

分类	计算项目	计 算 公 式	参数及说明
油缸壁厚验算	缸体材料许用应力[σ]	锻钢：$p=17.6\sim19.6$MPa　　　　[σ]$=98\sim117.6$MPa 铸钢：$p=4.9$MPa　　　　　　　　[σ]$=98\sim107.8$MPa 铸铁：$p<9.8$MPa　　　　　　　　[σ]$=58.4$MPa 钢管：$p<19.6$MPa　　　　　　　[σ]$=98\sim107.8$MPa	
油缸端盖螺栓验算	螺纹连接处拉应力 σ	$\sigma=\dfrac{4KP}{\pi d_1^2 Z}$(MPa)	
	螺纹连接处剪应力 τ	$\tau=\dfrac{K_1 P d_z(\alpha+\phi)}{0.4 d_1^3 Z}$ $\approx(0.55\sim0.6)\sigma$(MPa)	K——拧紧螺纹系数，$K=1.12\sim1.5$ K_1——螺旋副间摩擦因数，$K_1=0.12$ P——油缸端盖的最大作用力，N d_1——螺纹小径，m d_z——螺纹中径，m α——螺纹螺旋升角，rad ϕ——螺纹副间诱导摩擦角，rad Z——螺栓的个数
	合应力 σ_0	$\sigma_0=\sqrt{\sigma^2+3\tau^2}\approx1.3\sigma\leqslant[\sigma]$ $[\sigma]=\dfrac{\sigma_s}{n}$(MPa)	[σ]——螺栓材料许用应力，MPa σ_s——材料屈服极限，45 钢 $\sigma_s=294$MPa n——安全系数，一般取 $n=1.2\sim2.5$

7.3.4　油缸的技术要求

油缸的材料与技术要求见表 7-12，密封元件的特点与应用见表 7-13。

表 7-12　油缸的材料与技术要求

零件名称	零 件 简 图	材料及技术要求
缸体		材料：一般用无缝钢管或热轧棒料(20~45 钢)，与端部法兰焊接时用 35 钢，预加工后再调质处理 　　工作压力较低时，可用高强度铸铁，亦或用铝合金 技术要求 (1)热处理：调质，硬度 28~32HRC (2)孔 D 按 H9 加工，表面粗糙度取 $\overset{0.4}{\bigtriangledown}\sim\overset{0.1}{\bigtriangledown}$ (3)孔 D 的圆度和圆柱度不大于直径公差之半 (4)孔 D 轴线的直线度在 500mm，长度上不大于 0.03mm (5)端面 T 在 ϕ100mm 处对孔 D 轴线的垂直度不大于 0.04mm
活塞		材料：耐磨铸铁、高强度铸铁或 35 钢，亦可用铝合金 技术要求 (1)外径 D 按 f9 加工，表面粗糙度取 $\overset{0.8}{\bigtriangledown}\sim\overset{0.4}{\bigtriangledown}$，孔 d_1 按 H9 加工，表面粗糙度 $\overset{1.6}{\bigtriangledown}$ (2)外径 D 的圆度和圆柱度不大于直径公差之半 (3)外径 D 对孔径 d_1 轴线的全跳动不大于 D 直径公差之半 (4)端面 T 在 ϕ100mm 处对孔 d_1 轴线的垂直度不大于 0.04mm
活塞杆		材料：一般用 35 钢、45 钢。工作压力较高时可用 40Cr。空心活塞杆用无缝钢管 技术要求 (1)热处理：粗加工后调质，硬度为 28~32HRC。必要时进行高频淬火，硬度 40~45HRC。 (2)d_1 按 h8 或 h9 加工，表面粗糙度取 $\overset{1.6}{\bigtriangledown}$；$d$ 按 f7 加工，表面粗糙度取 $\overset{0.4}{\bigtriangledown}\sim\overset{0.2}{\bigtriangledown}$ (3)d_1、d 的圆度和圆柱度不大于其直径公差之半 (4)d 轴线直线度在 500mm，长度上不大于 0.03mm (5)d_1 对 d 轴线的全跳动不大于 0.01mm (6)端面 T 在 ϕ100mm 处对 d_1 轴线垂直度不大于 0.04mm

表 7-13 密封元件的特点与应用

种　类	特　点	应　用
O 形密封圈	结构简单,装配方便。用于静密封性能较好,用于活塞密封寿命较低	油缸盖密封,夹紧油缸及一些辅助装置油缸的活塞密封
皮碗密封圈	有自密封性能,当压力升高时,油液压力使皮碗紧贴缸壁和活塞(或活塞杆),故油缸两腔间泄漏较小	活塞杆密封及对密封性能要求较高的活塞的密封
铸铁活塞环	耐磨,寿命长,适应的压力和温度范围较大。但泄漏较大,制造、装配较困难,对缸孔精度、粗糙度要求很高	近年来已较少采用

7.4　气液压传动增压器的设计

7.4.1　增压夹紧传动装置的特点

① 比一般液压和气压传动有更大的驱动力,它产生的高压油单位压力高,通常为 9.8～19.6MPa,为一般液压传动的 4～8 倍,为气压传动的 30～40 倍。

② 在与一般液压或气压传动的作用力相同时,增压夹紧装置的工作油缸尺寸可以大大减小,相应的夹具的体积、重量、材料消耗等也随之减少,因而使夹具成本降低。

③ 由于单位压力很高,可不用机械增力机构,因而可以简化夹具结构和提高传动效率。

④ 增压夹紧装置作为一个单独的部件时,可以装在夹具体上,也可以装在机床工作台上,或安放在机床附近,这为夹具组合化创造了有利条件。

⑤ 工作中即使动作频繁,油温也不会像液压传动那样显著增高,因而工作稳定可靠。

⑥ 因油缸尺寸较小,安装方便灵活,特别适用于中小批多品种生产中多点和多工位夹紧的夹具。

7.4.2　气液增压器的设计

(1) 气液增压器的工作原理

① 单级卧式气液增压器。如图 7-18 所示,压缩空气通过换向阀进入气缸左端,活塞杆右移进行压油,由增压油缸输出高压油进入夹具工作油缸把工件夹紧。松开时气缸活塞左移,将高压油抽回,工件被松开。

② 双级卧式气液增压器。如图 7-19 所示,预压工件时压缩空气先作用于左端活塞 1,使活塞向右移动,预压油由油腔 b 经增压活塞中孔道进入油腔 a,再通过压力油输出孔 c 进入夹具的工作油缸。

增压时由换向阀控制压缩空气进入右端气缸,使活塞 2 左移,这时油腔 b 与 a 被隔断,活塞杆(增压活塞)将油腔口中的低压油压缩成高压油并压向工作油缸。松开时,压缩空气进入气缸的 A 腔和 D 腔,使两个活塞同时返回原位。其控制方法见表 7-14 中之序号 8。

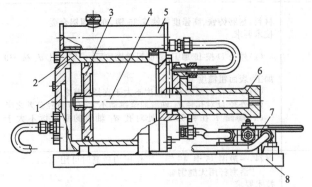

图 7-18　单级卧式气液增压器
1—气缸盖；2—气缸体；3—活塞；4—活塞杆；5—补充油箱；
6—油缸；7—换向阀；8—底座

(2) 气液增压器控制回路 (表 7-14)

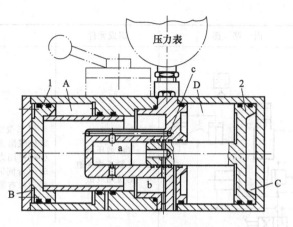

图 7-19　双级卧式气液增压器

表 7-14　气液增压器的控制回路

序号	回路类型	回　路　图	组成元件	说　　明
1	单级气液增压器	单向作用的控制回路	1—气动三联件 2—换向阀 3—单级增压器（单向作用） 4—压力表 5—工作油缸（单向作用） 6—消声器	用二位三通换向阀控制。特点：控制简单耗气量小，但供油量小及泄漏油的补充不方便，用于一般增压夹紧机构
2		双向作用的控制回路	1—单向阀 2—油箱 3—单向节流阀	用二位四通阀控制。特点 (1)有补充油箱可自动补油 (2)有单向节流阀，可保证夹紧动作平稳，用于一般增压夹紧机构 　　夹紧——液压 　　松开——气动
3			1—压力表 2—单向节流阀	用二位四通阀控制两个气液增压器异向动作，可使工作油缸为全液压传动。特点 (1)有节流阀(出口节流)，可保证夹紧动作平稳 (2)工作油缸有通用性，既可用拉力，也可用推力来传动夹紧机构

序号	回路类型		回 路 图	组成元件	说　明
4	单级气液增压器	气液增压器与一般气缸并用的顺序控制回路		1—顺序阀 2—气液增压器 3—夹紧工作油缸 4—定位用气缸	用二位四通阀和顺序阀控制，保证定位气缸先动作，夹紧油缸后动作(定位时作用力小，夹紧时作用力大，松开时两者同时返回原位)。用于定位夹紧动作有顺序要求的夹具
5		孔位控制顺序动作回路		1—双级气液增压器 2—节流阀	用二位四通阀和活塞杆上的孔位控制预压和增压顺序动作。特点：供油量增加；工作油缸可调速，保持动作平稳。可用于多个工作油缸供油的夹具上
6	双级气液增压器	直接压油(整体式)的顺序控制回路		1—顺序阀 2—增压气缸 3—预压油缸 4—节流阀	压缩空气直接作用于油面进行预压。用二位四通换向阀和顺序阀控制，保证预压和增压缸顺序动作。特点：供油量增加；工作油缸可调速，保持动作平稳。可用于多个工作油缸供油的夹具上
7		直接压油(分离式)的顺序控制回路		1—密封油箱(松开用) 2—密封油箱(预压用) 3—增压器 4—工作油缸	压缩空气直接作用于油面进行预压。用二位四通换向阀和顺序阀控制，保证预压和增压缸顺序动作 由于采用分离式结构(预压油箱与增压器分开)，可为更多的夹具供油

续表

序号	回路类型		回路图	组成元件	说　　明
8	双级气液增压器	间接压油的顺序控制回路	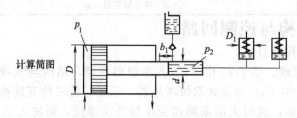	1—三位五通转阀 2—增压气缸及油缸 3—工作油缸 4—预压气缸及油缸	用三位五通换向阀控制预压、增压和松开的顺序动作。左端活塞 4 也可以设计成膜片式气缸预压，右端活塞 2 增压 特点同上，但结构稍复杂

（3）气液增压器的设计计算（表 7-15）

根据切削用量算出切削力或力矩，由切削力（或力矩）算出要求的夹紧力或夹紧力矩、压板的夹紧行程以及夹紧机构的传动比等。

表 7-15　气液增压器的设计计算

计算简图

D—原动气缸直径
d—增压油缸直径
D_1—工作油缸直径
b_1—从增压缸活塞杆的起始位置到通油箱孔之间的距离

类别	计算项目	计算公式	参数及说明
工作油缸的主要参数	油缸直径 D_1 最大输入流量 Q 输出扭矩 M_0 油缸壁厚 h	—	—
增压器参数	增压系数 i 气缸直径 D 增压缸直径 d	$i = \dfrac{p_2}{p_1} = \left(\dfrac{D}{d}\right)^2$ 取 $\dfrac{D}{d} = 3 \sim 5.5$ 或 $D = (3 \sim 5.5)d$	气缸直径 D 增大影响增压器的体积和重量；增压缸直径 d 过小对活塞杆的刚度和强度不利；通常取 $d = 30 \sim 50\text{mm}$，再根据工作油缸要求的油量和 $D/d = 3 \sim 5.5$ 的范围调节，最后确定气缸直径 D
单级气液增压器	工作油缸总容积 V_z	$V_z = \sum\limits_{i=1}^{n} V_{gi} = \dfrac{\pi}{4} \sum\limits_{i=1}^{n} D_{1i}^2 S_i \, (\text{cm}^3)$	V_{gi}—工作油缸容积，cm^3 n—工作油缸数量 D_1—工作油缸直径，cm S—工作油缸的工作行程，cm ΔV_1—由于压缩而引起油的容积变化，cm^3 ΔV_2—由于导管、油缸膨胀、夹紧机构以及系统泄漏所消耗油的体积，cm^3
	增压油缸容积 V	$V \geqslant V_z + \Delta V_1 + \Delta V_2 \,(\text{cm}^3)$ $V \geqslant \dfrac{V_z}{\eta_c} = (1.05 \sim 1.1)V_z$	
	有效系数 η_c	$\eta_c = \dfrac{V_z}{V} = \dfrac{V_z}{V_z + \Delta V_1 + \Delta V_2}$ $= 0.9 \sim 0.95$	
	气缸活塞或增压缸活塞行程 l	有油箱而无单向阀时 $l = \dfrac{4V_z}{\pi a^2 \eta_c} + b_1 \,(\text{cm})$ 油箱下有单向阀时 $l = \dfrac{4V_z}{\pi a^2 \eta_c} = \dfrac{nSD_1^2}{d^2 \eta_c} \,(\text{cm})$	b_1—从增压缸活塞杆的起始位置到通油孔（接油箱）之间的距离，cm d—增压缸直径，cm V_z—工作油缸总容积 S—工作油缸的工作行程，cm n—工作油缸数量

类别	计算项目	计算公式	参数及说明
双级气液增压器	双级增压器油缸总容积 V	$V = V_1 + V_2$ $= (1.05 \sim 1.1) V_1 (\mathrm{cm}^3)$	V_1—预压缸容积 V_2—增压缸容积
	低压(预压)油缸容积 V_1	$V_1 \geqslant V_z = \dfrac{\pi}{4} \sum\limits_{i=1}^{n} D_{1i}^2 S_i (\mathrm{cm}^3)$	V_1—由于压缩而引起油的容积变化,cm^3 V_z—工作油缸总容积 D_1—工作油缸直径,cm S—工作油缸的工作行程,cm
	增压油缸容积 V_2	$V_2 = V_1 \left(\dfrac{1}{\eta_c} - 1 \right)$ $= (0.05 \sim 0.10) V_1 (\mathrm{cm}^3)$	V_2—由于导管、油缸膨胀、夹紧机构以及系统泄漏所消耗油的体积,cm^3 η_c—有效系数
	预压时气缸活塞行程 l	用活塞预压 $l = nS \left(\dfrac{D_1}{d'} \right)^2 (\mathrm{cm})$ 压缩空气直接预压 $l = 0$	d'—预压油缸直径,cm b_1—增压活塞杆由起始位置到盖住通油孔(低压油与高压油路)所需行程,cm。 n—工作油缸数量 S—工作油缸的工作行程,cm D_1—工作油缸直径,cm
	增压活塞行程 l'	$l' = \dfrac{4V_2}{\pi d^2} + b_1$ $= \dfrac{(0.06 \sim 0.13) V_1}{d^2} + b_1 (\mathrm{cm})$	V_1—由于压缩而引起油的容积变化,cm^3 V_2—由于导管、油缸膨胀、夹紧机构以及系统泄漏所消耗油的体积,cm^3 d—增压缸直径,cm

7.4.3　液压增压器的结构与控制回路

（1）液压增压器的结构及其使用特点

① 液压增压器的结构及工作原理。图 7-20 中 (a) 为单级增压器，结构与气液增压器基本相同，只是体积小得多。图 7-20 (b) 为立式双级增压器，预压时将三位五通换向阀转到预压位置，A 腔、B 腔进入低压油，这时大活塞两端受压保持在原位，而进入 A 腔的低压油由活塞内部经单向阀孔流入增压腔 C，并通向夹具的各工作油缸进行预压。

增压时，换向阀转位，A 腔继续进油，B 腔与回油孔接通，大活塞上升，这时中间孔被钢球堵住，C 腔的油受压而压力增高，最后实现高压夹紧。

松开时，B 腔进油，A 腔与回油孔接通，大活塞返回原位（如图 7-20 中位置），工作油缸活塞在弹簧（或液压）作用下回到起始位置。

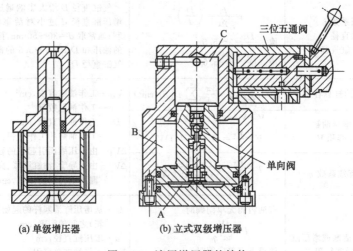

(a) 单级增压器　　(b) 立式双级增压器

图 7-20　液压增压器的结构

② 液压增压器的使用特点

a. 在系统中可按需要自动产生和维持高压；

　　b. 因高压油不进行循环，油泵始终处于低压状态，油温不高；

　　c. 以低压油泵的投资可以得到高压油的技术效果，因而降低了成本，经济上合理；

　　d. 增压时虽然压力增加，但流量减小，因而不会导致电机功率增加；

　　e. 与双泵获得高压方案相比，控制回路简单，维护使用方便。

（2）液压增压器的控制回路（表 7-16）

表 7-16　液压增压器的控制回路

序号	回路类型	回路图	组成元件	说　　明
1	工作油缸单向作用时增压控制回路		1—单级增压器 2—油箱 3—工作油缸	用低压油泵可以获得高压油。增压缸的油的漏损可由油箱补充。用于一般需要增压或多点(件)夹紧机构。缺点是供油量小
2	工作油缸双向作用的增压控制回路		1—单级增压器 2—减压阀 3—顺序阀 4—液控单向阀 5—三位四通阀	预压油由低压油泵供给,供油量大,增压时通过顺序阀和减压阀进入增压器($i=3$),压力可以调节。主要用于较高的供油压力情况(如重负荷加工或装配)。另一种类似控制回路
3	双活塞增力油缸控制回路		1—大直径油缸 2—工作油缸	两个油缸串联(回路并联)形成双活塞增力油缸,以增大作用力(夹紧力)
4	工作油缸为双向作用的增压控制回路		1—双级增压器 2—工作油缸 3—三位五通转向阀	用三位五通转向阀控制。控制回路简单,预压时供油量大。适用于为多个夹具供油的情况

对刀及引导装置设计

8.1 对刀装置设计

对刀装置由对刀块和塞尺组成。借助对刀装置可以迅速而准确地确定夹具与刀具间的相对位置。

8.1.1 常用对刀装置的基本类型

对刀装置的形式主要根据加工表面的情形来定，见表 8-1。

表 8-1　常用对刀装置的基本类型

基本类型	对刀装置简图	使 用 说 明
高度对刀装置		主要用于加工平面，选用圆形对刀块(JB/T 8031.1—1999)
直角对刀装置		主要供盘状铣刀及圆柱立铣刀铣槽时对刀用。可选用直角对刀块(JB/T 8031.3—1999)或侧装对刀块(JB/T 8031.4—1999)
成形刀具对刀装置		主要用于加工成形槽

续表

基本类型	对刀装置简图	使 用 说 明
成形刀具对刀装置		主要用于加工成形表面
组合刀具对刀装置		适用于组合刀具对刀。可选用方形对刀块（JB/T 8031.2—1999）

注：表中各图中，1 为刀具；2 为塞尺；3 为对刀块。

常用塞尺有平塞尺（厚度为 1mm、3mm、5mm）和圆塞尺（直径为 3mm、5mm）两种，参见 JB/T 8031.5—1999 和 JB/T 8031.6—1999，如图 8-1 所示。采用对刀塞尺的目的是为了不使刀具与对刀块直接接触，以免损坏刀刃或造成对刀块过早磨损。使用时，将塞尺放在刀具与对刀块之间，凭抽动的松紧感觉来判断，以适度为宜。

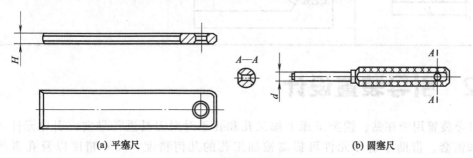

(a) 平塞尺　　　　　　　　　　(b) 圆塞尺

图 8-1　标准对刀塞尺

8.1.2　对刀元件到定位元件位置的尺寸计算

表 8-2 中列举了在一般夹具中对刀元件到定位元件位置的尺寸计算公式。与该尺寸有关的定位误差应按其定位形式计算。

表 8-2　对刀元件到定位元件位置的尺寸计算

加工简图	夹具简图	计算公式
		$H' = H - \delta$

加工简图	夹具简图	计算公式
		$$H'=H-\dfrac{D}{2}-\delta$$
		$$H'=\dfrac{D}{2}-H-\delta$$
		$$H'=(l'+B)\sin\alpha+\dfrac{D}{2}\cos\alpha-\delta$$

8.2 引导装置设计

引导装置用于在钻、镗类机床上加工孔和孔系时对刀具进行导向，引导元件主要有钻套和镗套。借助于引导元件可提高被加工孔的几何精度、尺寸精度以及孔系的位置精度。

8.2.1 钻套的选择和设计

(1) 钻套的基本类型（表 8-3）

钻套按其结构和使用特点可分为以下四种类型。

① 固定钻套。如图 8-2（a）和图 8-2（b）所示，固定钻套分为 A 型和 B 型两种。钻套安装在钻模板或夹具体中，其配合为 H7/nb 或 H7/rb。固定钻套的结构简单，钻孔精度高，适用于单一钻孔工序和小批生产。

② 可换钻套。如图 8-2（c）所示。当工件为单一钻孔工序的大批量生产时，为便于更换磨损的钻套，选用可换钻套。钻套与衬套之间采用 F7/m6 或 F7/k6 配合，衬套与钻模板之间采用 H7/n6 配合。当钻套磨损后，可卸下螺钉，更换新的钻套。螺钉能防止加工时钻套的转动，或退刀时随刀具自行拔出。

③ 快换钻套。如图 8-2（d）所示。当工件需钻、扩、铰多工序加工时，为能快速更换不同孔径的钻套，应选用快换钻套。快换钻套的有关配合同可换钻套。更换钻套时，将钻套削边转至螺钉处，即可取钻套。削边的方向应考虑刀具的旋向，以免钻套随刀具

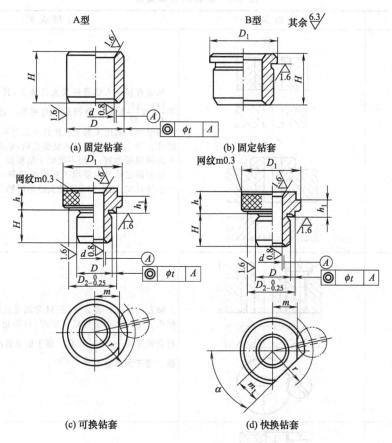

图 8-2　标准钻套

自行拔出。

以上三类钻套已标准化，其结构参数、材料、热处理方法等，可查阅有关手册。

④ 特殊钻套。由于工件形状或被加工孔位置的特殊性，需要设计特殊结构的钻套。如图 8-3 所示是几种特殊钻套的结构。

图 8-3（a）为加长钻套，在加工凹面上的孔时使用，为减少刀具与钻套的摩擦，可将钻套引导高度 H 以上的孔径放大。图 8-3（b）为斜面钻套，用于在斜面或圆弧面上钻孔，排屑空间的高 $h < 0.5$ mm，可增加钻头刚度，避免钻头引偏或折断。图 8-3（c）为小孔距钻套，用圆销确定钻套位置。图 8-3（d）为兼有定位与夹紧功能的钻套，在钻套与衬套之间，一段为圆柱间隙配合，一段为螺纹连接，钻套下端为内锥面，可使工件定位。

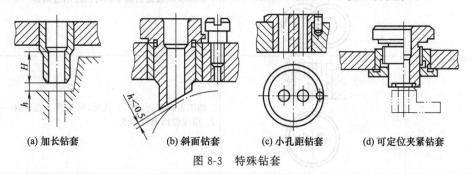

图 8-3　特殊钻套

表 8-3 钻套的基本类型

导套名称	结 构 简 图	使 用 说 明
固定钻套	无肩 带肩	钻套直接压入钻模板或夹具体上,其外圆与钻模板采用 $\frac{H7}{n6}$ 或 $\frac{H7}{r6}$ 配合。磨损后不易更换。适用于中、小批生产的钻模上或用来加工孔距甚小以及孔距精度要求较高的孔。为了防止切屑进入钻套孔内,钻套的上、下端应稍突出钻模板为宜,一般不能低于钻模板 　　带肩固定钻套主要用于钻模板较薄时,用以保持必需的引导长度,也可作为主轴头进给时轴向定程挡块用
可换钻套	4　　　1 　　　2 　　　3	钻套 1 装在衬套 2 中,而衬套则是压配在夹具体或钻模板 3 中。钻套由螺钉 4 固定,以防止它转动。钻套与衬套间采用 $\frac{F7}{m6}$ 或 $\frac{F7}{k6}$ 配合。便于钻套磨损后,可以迅速更换。适于大批量生产
快换钻套		当要取出钻套时,只要将钻套朝逆时针方向转动使螺钉头部刚好对准钻套上的削边平面,即可取出钻套。适用于同一个孔需经多种工步加工的工序中
特殊钻套		加工距离较近的两个孔时用的削边钻套
		加工距离甚近的两个孔时,可把两个孔做在一个钻套上,用定位销确定位置

导套名称	结构简图	使 用 说 明
特殊钻套		用于在斜面上钻孔。钻套的下端做成斜面,距离小于0.5mm,以保证铁屑不会塞在工作和钻套之间,而从钻套中排出。用这种钻套钻孔时,应先在工件上刮出一个平面,使钻头在垂直平面上钻孔,以避免钻头折断
		用于凹形表面上钻孔
		在一个大孔附近加工几个小孔时,可采用双层钻套。上层是钻大孔的快换钻套,小钻套直接安装在钻模板上
		利用钻套下端内(外)锥面定位并夹紧工作。这种钻套与衬套用螺纹连接,衬套的圆肩在下,这是因为这种结构必须承受夹紧力

续表

导套名称	结构简图	使用说明
回转导套	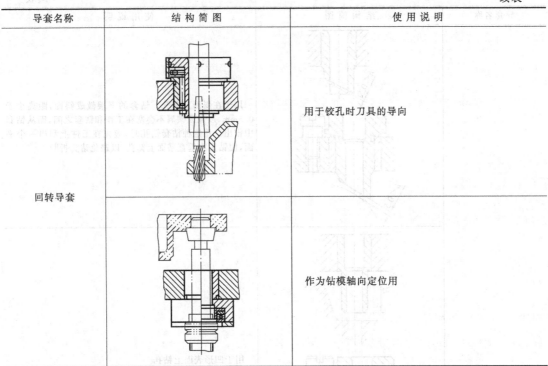	用于铰孔时刀具的导向
		作为钻模轴向定位用

（2）钻套的尺寸及公差

在钻床、镗床上加工孔和孔系时，其尺寸精度和和位置精度是靠导套的精度和导套与导套间的位置精度来保证的。

导套内径的基本尺寸即为刀具最大极限尺寸，其公差按基轴制配合制订。钻孔、扩孔和粗铰孔取 F8 或 G7；精铰孔取 G7 或 G6。如果刀具不是用切削部分而是用圆柱部分（如接长的扩孔钻、铰刀等）导向时，也允许采用基孔制的相应配合，即孔用 H7，轴用 f6、g6、g5。

导套内、外圆的同轴度公差一般不超过 0.005mm。

导套的内径偏差如表 8-4 所示。

导套与导套间的位置精度可通过相应的技术要求保证。

表 8-4 导套的内径偏差

导套类型	配合类别	孔偏差	工具的名义尺寸						
			>1~3	>3~6	>6~10	>10~18	>18~30	>30~50	>50~80
钻孔用导套	F8	上偏差	+0.022	+0.027	+0.033	+0.040	+0.050	+0.060	+0.070
		下偏差	+0.008	+0.010	+0.013	+0.016	+0.020	+0.025	+0.030
	G7	上偏差	+0.013	+0.017	+0.021	+0.025	+0.030	+0.035	+0.042
		下偏差	+0.003	+0.004	+0.005	+0.006	+0.008	+0.010	+0.012
1号扩孔钻用导套	F8	上偏差	—	—	−0.137	−0.17	−0.020	−0.23	−0.28
		下偏差	—	—	−0.157	−0.194	−0.23	−0.265	−0.32
	G7	上偏差	—	—	−0.149	−0.185	−0.22	−0.255	−0.308
		下偏差	—	—	−0.165	−0.204	−0.242	−0.28	−0.338

导套类型	配合类别	孔偏差	工具的名义尺寸						
			>1~3	>3~6	>6~10	>10~18	>18~30	>30~50	>50~80
2号扩孔钻用导套	F8	上偏差	—	—	+0.093	+0.110	+0.130	+0.160	+0.190
		下偏差	—	—	+0.073	+0.086	+0.100	+0.125	+0.150
	G7	上偏差	—	—	+0.081	+0.095	+0.110	+0.135	+0.162
		下偏差	—	—	+0.065	+0.076	+0.088	+0.110	+0.132
铰 H10 孔用导套（粗铰）	F8	上偏差	+0.052	+0.063	+0.077	+0.093	+0.113	+0.135	+0.160
		下偏差	+0.038	+0.046	+0.057	+0.069	+0.083	+0.100	+0.120
	G7	上偏差	+0.043	+0.053	+0.065	+0.078	+0.093	+0.110	+0.132
		下偏差	+0.033	+0.040	+0.049	+0.059	+0.071	+0.085	+0.102
铰 H9 孔用导套	F8	上偏差	+0.037	+0.046	+0.056	+0.066	+0.084	+0.098	+0.115
		下偏差	+0.023	+0.029	+0.036	+0.042	+0.054	+0.063	+0.075
	G7	上偏差	+0.028	+0.036	+0.044	+0.051	+0.064	+0.073	+0.087
		下偏差	+0.018	+0.023	+0.028	+0.032	+0.042	+0.048	+0.057
铰 H7 孔用导套	G7	上偏差	+0.021	+0.027	+0.034	+0.040	+0.048	+0.057	+0.066
		下偏差	+0.011	+0.014	+0.018	+0.021	+0.028	+0.032	+0.036
	G6	上偏差	+0.018	+0.022	+0.027	+0.032	+0.038	+0.047	+0.053
		下偏差	+0.011	+0.014	+0.018	+0.021	+0.025	+0.031	+0.034

注：1. 1号扩孔钻用于铰孔前扩孔；2号扩孔钻用于 H11 级精度孔的最后加工。

2. 本表是根据国产刀具尺寸公差制订的。

（3）钻套高度和钻套端部与工件表面间的距离（表 8-5）

表 8-5 钻套高度和钻套端部与工件表面间的距离

简 图	加工条件	钻套高度	加工材料	钻套与工件间的距离
	一般螺孔、销孔,孔距公差为±0.25	$H=(1.5\sim2)d$	铸铁	$h=(0.3\sim0.7)d$
	H7 以上的孔,孔距公差为±0.1~±0.15	$H=(2.5\sim3.5)d$		
	H8 以下的孔,孔距公差为±0.06~±0.10	$H=(1.25\sim1.5)$ $(h+L)$	钢 青铜 铝合金	$h=(0.7\sim1.5)d$

注：孔的位置精度要求高时，允许 $h=0$；钻深孔 $\left(\dfrac{L}{D}>5\right)$ 时，h 一般取 $1.5d$；钻斜孔或在斜面上钻孔时，h 尽量取小一些。

（4）钻模的钻孔精度计算（表 8-6）

（5）钻斜孔钻模的"X"坐标的尺寸计算

在设计钻斜孔的钻模时，导向件与工艺基准间的位置尺寸"X"，可参照表 8-7 来计算。

表 8-6 钻模的钻孔精度计算

加 工 简 图	计 算 公 式
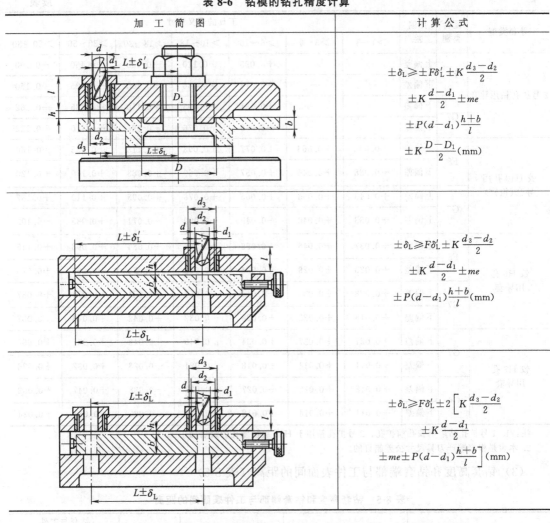	$\pm\delta_L \geqslant \pm F\delta_L' \pm K\dfrac{d_3-d_2}{2}$ $\pm K\dfrac{d-d_1}{2} \pm me$ $\pm P(d-d_1)\dfrac{h+b}{l}$ $\pm K\dfrac{D-D_1}{2}$(mm)
	$\pm\delta_L \geqslant F\delta_L' \pm K\dfrac{d_3-d_2}{2}$ $\pm K\dfrac{d-d_1}{2} \pm me$ $\pm P(d-d_1)\dfrac{h+b}{l}$(mm)
	$\pm\delta_L \geqslant F\delta_L' \pm 2\left[K\dfrac{d_3-d_2}{2}\right.$ $\pm K\dfrac{d-d_1}{2}$ $\left.\pm me \pm P(d-d_1)\dfrac{h+b}{l}\right]$(mm)

表 8-7 钻斜孔钻模导向件与工艺基准间的位置尺寸计算

加 工 简 图	钻模的导向件与工艺孔间的位置尺寸	计 算 公 式/mm
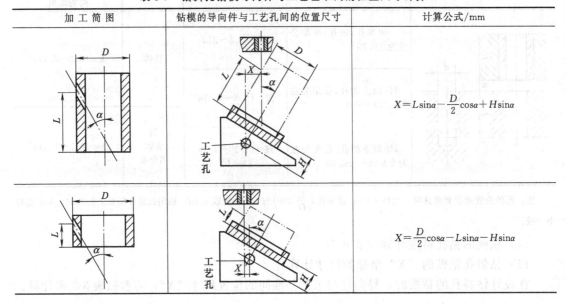		$X = L\sin\alpha - \dfrac{D}{2}\cos\alpha + H\sin\alpha$
		$X = \dfrac{D}{2}\cos\alpha - L\sin\alpha - H\sin\alpha$

续表

加 工 简 图	钻模的导向件与工艺孔间的位置尺寸	计算公式/mm
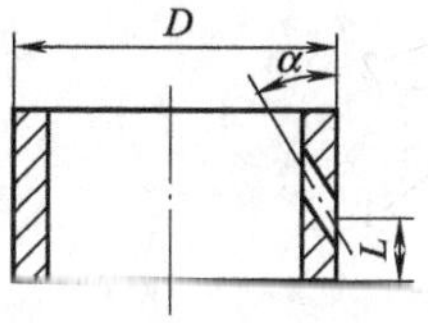	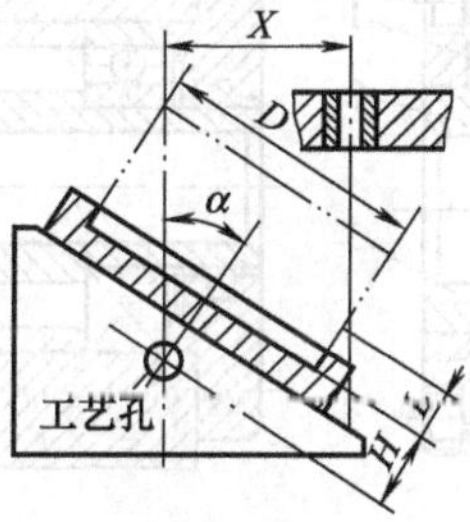	$X=L\sin\alpha+\dfrac{D}{2}\cos\alpha+H\sin\alpha$
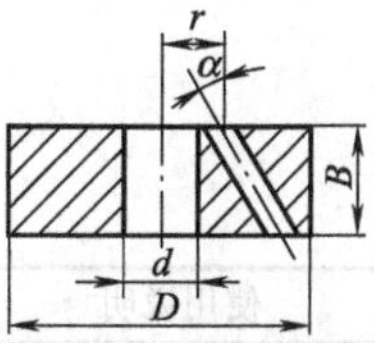	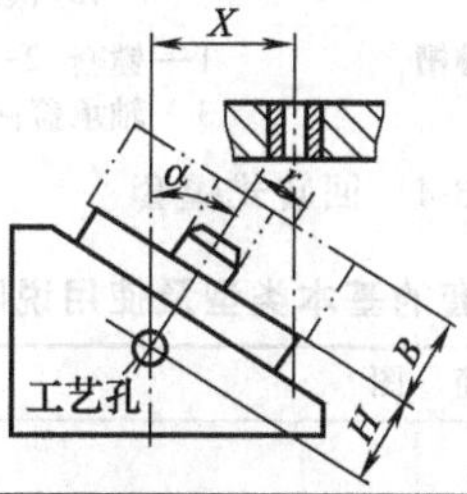	$X=B\sin\alpha+H\sin\alpha+r\cos\alpha$
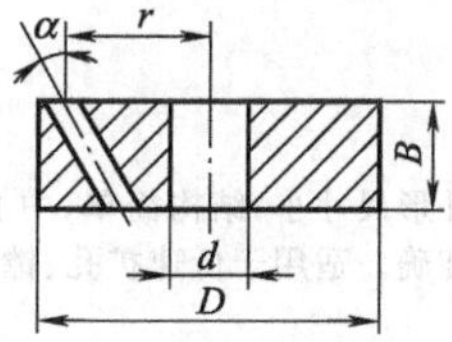	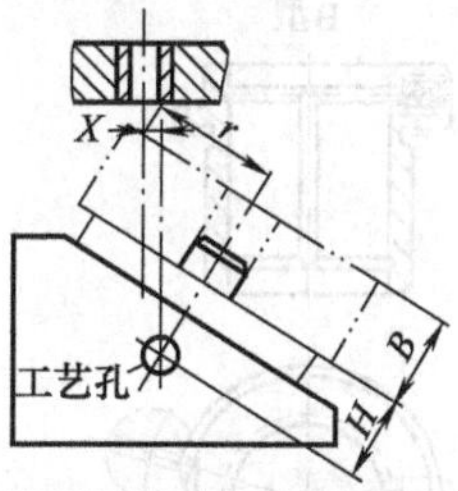	$X=r\cos\alpha-H\sin\alpha-B\sin\alpha$
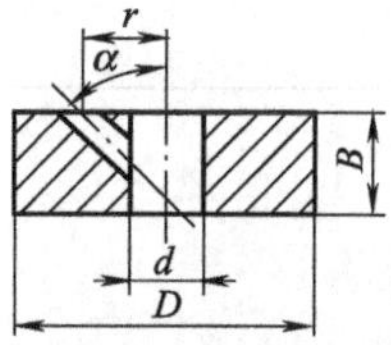	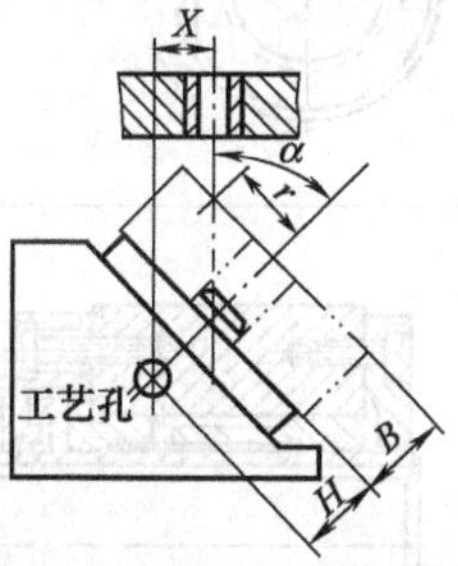	$X=H\sin\alpha+B\sin\alpha-r\cos\alpha$

8.2.2　镗套的选择和设计

（1）镗套的基本类型（见表 8-8）

常用的镗套结构形式有以下两类。

① 固定式镗套。固定式镗套的结构和前面介绍的钻套基本相似，它固定在镗模支架上而不能随镗杆一起转动，因此镗杆和镗套之间有相对运动，存在摩擦。固定式镗套外形尺寸小、结构紧凑、制造简单、容易保证镗套中心位置的准确度，但固定式镗套只适用于低速加工。

② 回转式镗套。回转式镗套在镗孔过程中是随镗杆一起转动的，所以镗杆与镗套之间无相对转动，只有相对移动。当高速镗孔时，可以避免镗杆与镗套发热而咬死，而且改善了镗杆的磨损状况。由于回转式镗套要随镗杆一起转动，所以镗套必须另用轴承支承。按所用轴承形式的不同，回转式镗套可分为滑动镗套［如图 8-4（a）所示］和滚动镗套［如图 8-4（b）所示］。

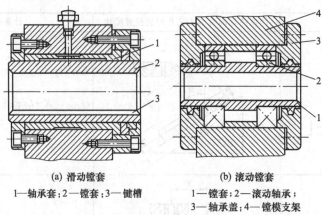

(a) 滑动镗套   (b) 滚动镗套

1—轴承套;2—镗套;3—键槽   1—镗套;2—滚动轴承;
                                   3—轴承盖;4—镗模支架

图 8-4　回转式镗套

表 8-8　镗套的基本类型及使用说明

基本类型	结 构 简 图		使用说明
固定式镗套	A型 B型		外形尺寸小,结构简单,中心位置准确。适用于低速扩孔、镗孔
回转式镗套	外滚式滑动镗套		径向尺寸较小,抗振性好,承载能力大,回转线速度低于 0.4m/s。适用于精加工
	外滚式滚动镗套		径向尺寸较大,回转精度不高。适用于粗加工或半精加工

续表

基本类型	结 构 简 图	使用说明
回转式镗套 / 外滚式滚动镗套	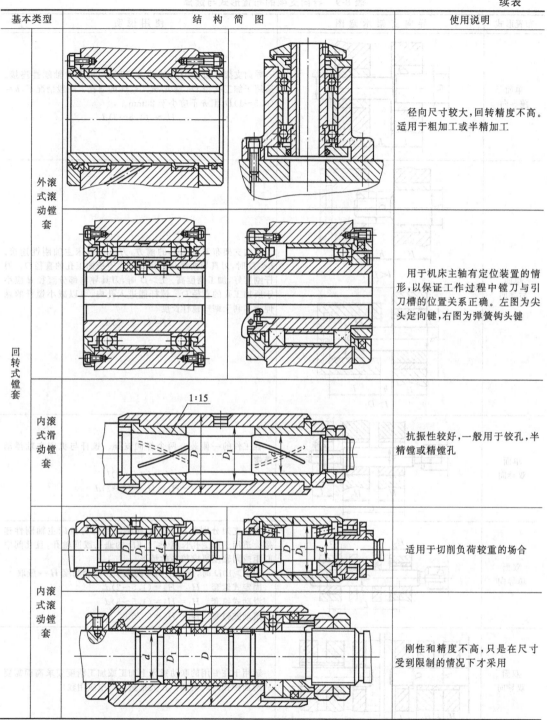	径向尺寸较大，回转精度不高。适用于粗加工或半精加工
		用于机床主轴有定位装置的情形，以保证工作过程中镗刀与引刀槽的位置关系正确。左图为尖头定向键，右图为弹簧钩头键
内滚式滑动镗套		抗振性较好，一般用于铰孔，半精镗或精镗孔
内滚式滚动镗套		适用于切削负荷较重的场合
		刚性和精度不高，只是在尺寸受到限制的情况下才采用

（2）导向支架的布置形式（表 8-9）

（3）镗套的材料

镗套的材料用渗碳钢（20 钢、20Cr 钢），渗碳深度 0.8～1.2mm，淬火硬度为 55～60HRC。一般说来，镗套的硬度应比镗杆低。

对于高速镗孔，生产批量较大时，可用磷青铜制造。

表 8-9　导向支架的布置形式与选择

布置形式	导 向 支 架 示 意 图	使 用 说 明
单面 前导向		导向支架布置在刀具的前方，刀具与机床主轴刚性连接。适用于加工孔径 $D>60\text{mm}$、$L<D$ 的通孔。一般情况下，$h=(0.5\sim1)D$，但 h 不应小于 20mm $$H=(1.5\sim3)d$$
单面 后导向	 $l<D$ $l>D$	导向支架布置在刀具的前方，刀具与机床主轴刚性连接。$L<D$ 时，刀具导向部分直径 d 可大于所加工孔的直径 D。刀杆刚度好，加工精度高。$L>D$ 时，刀具导向部分直径 d 应小于所加工孔的直径 D。镗杆能进入孔内，可以减小镗杆的悬伸量和利于缩短镗杆长度 $$H=(1.5\sim3)d$$
单面 双导向		在工件的一侧装有两个导向支架。镗杆与机床主轴浮动连接 $$L\geqslant(1.5\sim5)l$$ $$H_1=H_2=(1\sim2)d$$
双面 单导向		导向支架分别装在工件的两侧。镗杆与机床主轴刚性连接。适用于加工孔长度 $l<1.5D$ 的通孔或同轴孔，且孔间中心距或同轴度要求较高的情形 当 $L>10D$ 时，应加中间导向支架。镗套高度 H 一般取 固定式镗套　$H_1=H_2=(1.5\sim2)d$ 滑动式镗套　$H_1=H_2=(1.5\sim3)d$ 滚动式镗套　$H_1=H_2=0.75d$
双面 双导向		适用于在专用的联动镗床上加工或加工精度要求高而需要从两面镗孔时的情形。在大批量生产中应用较广

对于大直径的镗套，生产批量较小时，可用铸铁制造。

镗套用的衬套用 20 钢制成，渗碳深度 0.8～1.2mm，淬火硬度为 58～64HRC。

第**9**章

Chapter **09**

分度装置设计

9.1 分度装置的基本形式

在生产中，经常会遇到一些工件需要加工一组按一定转角或一定距离均匀分布、形状和尺寸相同的表面，例如钻、铰一组等分孔，或铣一组等分槽等。为了能在一次装夹中完成这类等分表面的加工，于是便出现了在加工过程中需要分度的问题。夹具上这种转位或移位装置称为分度装置。如图 9-1 所示即为应用了分度转位机构的轴瓦铣开夹具。

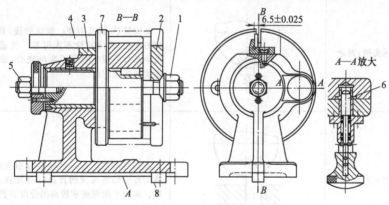

图 9-1　轴瓦铣开夹具

1,5—螺母；2—开口垫圈；3—对刀装置；4—导向件；6—对定销；7—分度盘；8—定向键

工件在具有分度转位装置的夹具上的每一个位置称为一个加工工位。通过分度装置，采用多工位加工，能使加工工序集中，从而减轻工人的劳动强度，提高劳动生产率，因此分度转位夹具在生产中应用广泛。

分度装置的基本形式是指由分度板（盘）和分度定位器所组成的形式。在分度副中，分度板可以绕一定轴线回转，而分度定位器则装在固定不动的分度装置底座中。分度装置的工作精度主要取决于分度副的结构形式和制造精度。

常见的转角分度装置的基本形式见表 9-1。

表 9-1　分度装置的基本形式

类型	对定形式	简图	工作特点及使用说明
轴向分度	钢球（球头销）对定		结构简单，操作方便。锥坑较浅，其深度不大于钢球的半径，因而定位不大可靠。仅适用于切削负荷很小而分度精度要求不高的场合，或者作为精密分度装置的预定位

类型	对定形式	简图	工作特点及使用说明
轴向分度	圆柱销对定		结构简单,制造容易。分度副间有污物时,不直接影响分度副的接触。缺点是无法补偿分度副间的配合间隙对分度精度的影响。分度板孔中一般压入耐磨衬套,与圆柱定位销采用 $\dfrac{H7}{g6}$ 配合
	圆锥销对定		圆锥销与分度孔接触时,能消除两者间的配合间隙。但圆锥销锥面上有污物时,将影响分度精度,制造也较困难
径向分度	钢球(球头销)对定		结构简单,操作方便。锥坑较浅,其深度不大于钢球的半径,因而定位不大可靠。仅适用于切削负荷很小而分度精度要求不高的场合,或者作为精密分度装置的预定位
	单斜面对定	15°	能将分度的转角误差始终分布在斜面一侧,分度槽的直边始终与楔的直边保持接触,故分度精度较高。多用于精度要求较高的分度装置中
	双斜面对定		同圆锥销对定。在结构上应考虑必要的防屑和防尘装置
	正多边体对定		结构简单,制造容易。但分度精度不高,分度数目不宜过多

9.2　分度装置的对定机构和操纵机构

（1）分度装置的对定机构

使用分度或转位夹具加工时，各工位加工获得的表面之间的相对位置精度与分度装置的分度定位精度有关，而分度定位精度与分度装置的结构形式及制造精度有关。分度装置的关键部分是对定机构。图 9-2 列举了几种常见的分度装置的对定机构。

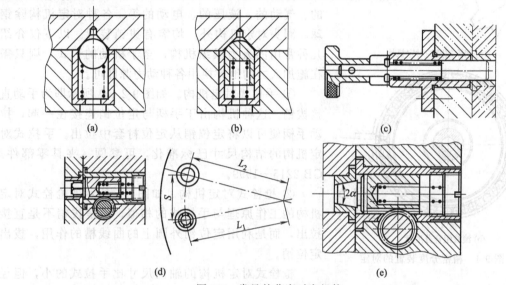

图 9-2　常见的分度对定机构

对于位置精度要求不高的分度，可采用如图 9-2（a）和图 9-2（b）所示的最简单的对定机构，这类机构靠弹簧将钢球或圆头销压入分度盘锥孔内实现对定。如图 9-2（c）和图 9-2（d）所示为圆柱销对定机构，多用于中等精度的铣钻分度夹具；图 9-2（d）采用削边销作为对定销，是为了避免对定销至分度盘回转中心距离与衬套孔中心至回转中心距离有误差时，对定销插不进衬套孔。为了减小和消除配合间隙，提高分度精度，可采用如图 9-2（e）所示的锥面对定，或采用如图 9-3 所示的斜面对定，这类对定方式理论上对定间隙为零，但需注意防尘，以免对定孔或槽中有细小脏物，影响对定精度。

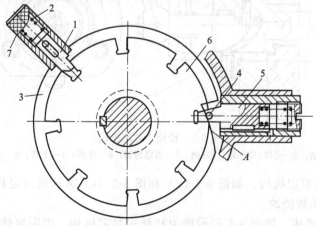

图 9-3　斜面分度装置

1—拔销；2—弹簧；3—凸轮；4—销子；5—对定销；6—分度盘；7—手柄

磨削加工用的分度装置，通常精度较高，可采用如图 9-4（a）所示的消除间隙的斜楔对定机构和如图 9-4（b）所示的精密滚珠或滚柱组合分度盘。

为了消除间隙对分度精度的影响，还可采用单面靠紧的办法，使间隙始终在一边。

（2）分度装置的操纵机构

分度装置的操纵机构形式很多，有手动的、脚踏的、气动的、液压的、电动的等。各种对定机构除钢球、圆头对定机构外，均需有拔销装置。以下仅介绍几种常用的人力操纵机构，至于机动的形式，则只需在施加人力的地方换用各种动力源即可。

① 手拉式对定机构。如图 9-2（c）所示即为手动直接拔销。这种机构由于手柄与定位销连接在一起，拉动手柄便可以将定位销从定位衬套中拉出。手拉式对定机构的结构尺寸已标准化，可参阅《夹具零部件》GB 2215—1999。

② 枪栓式对定机构。如图 9-5 所示的枪栓式对定机构的工作原理与手拉式的相似，只是拔销不是直接拉出，而是利用定位销外圆上的曲线槽的作用，拔出定位销。

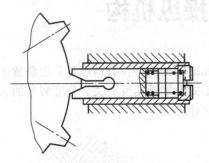

(a) 消除间隙的对定机构

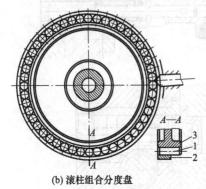

(b) 滚柱组合分度盘

图 9-4　精密分度装置的对定

枪栓式对定机构的轴向尺寸比手拉式的小，但径向尺寸较大，其结构尺寸也已标准化，可参阅《夹具零部件》GB 2215—1999。

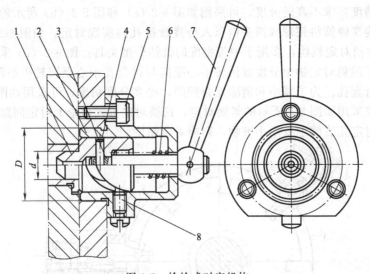

图 9-5　枪栓式对定机构
1—定位销；2—壳体；3—轴；4—销；5—固定螺钉；6—弹簧；7—手柄；8—定位螺钉

③ 齿轮-齿条式对定机构。如图 9-2（d）和图 9-2（e）所示的对定机构便是通过杠杆、齿轮齿条等传动机构拔销的。

④ 杠杆式对定机构。如图 9-6 所示即为杠杆式对定机构。当需要转位分度时，只需将手柄 5 绕支点螺钉 1 向下压，便可使定位销从分度槽中退出。手柄是通过螺钉 4 与定位销连

接在一起的。

⑤ 脚踏式对定机构。如图 9-7 所示即为脚踏式齿轮-齿条对定机构，主要用于大型分度装置上，例如用于大型摇臂钻等分孔等，因为这时操作者需要用双手转动分度装置的转位部分，所以只能用脚操纵定位销从定位衬套中退出的动作。

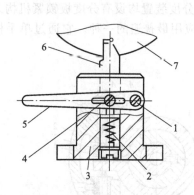

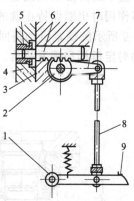

图 9-6　杠杆式对定机构

1—支点螺钉；2—弹簧；3—壳体；4—螺钉；
5—手柄；6—定位销；7—分度板

图 9-7　脚踏式对定机构

1—枢轴；2—齿轮；3—座梁；4—分度板；5—定位衬套；
6—定位销；7—摇臂；8—连杆；9—踏板

以上各种对定机构都是定位和分度两个动作分别进行操作的，这样比较费时。如图 9-3 所示的斜面对定机构则是将拔销与分度转位装置连在一起的结构。转位时，逆时针扳动手柄 7，拔销 1 在端部斜面作用下压缩弹簧 2 从分度槽中退出；手柄与凸轮 3 连接在一起，带动凸轮转动，凸轮上的斜面推动销子 4 把对定销 5 拔出；当手柄转动到下一个槽位时，拔销插入槽中，然后顺时针转动手柄，便带动分度盘 6 转位；转到一定位置后，对定销自动插入下一个分度槽中，即完成一次分度转位。

机动夹具中则可利用电磁力、液压或气动装置拔销。如图 9-8 所示即为利用压缩空气拔销和分度的气动分度台。其工作原理是：当活塞 7 左移时，活塞上的齿条 8 推动扇形凸轮 5 顺时针转动，此时凸轮上的上升曲线便将对定销 4 从分度盘 2 的槽口中拔出；凸轮 5 活套在主轴 3 上，与分度盘 2 以棘轮棘爪相连接，当凸轮顺时针转动时，棘爪从分度盘 2 的棘轮上滑过，分度盘 2 不动；转过一个等分角后，活塞反向向右移动，凸轮则逆时针转动，此时由于棘爪的带动，分度盘 2 连同主轴也同时逆时针转动；当分度盘槽口正好与对定销 4 相遇时，在弹簧的作用下，对定销插入槽口，即完成一次分度转位。

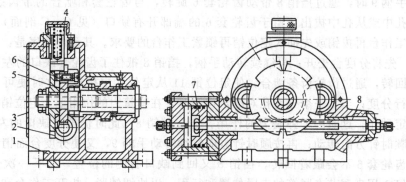

图 9-8　气动分度台

1—夹具体；2—分度盘；3—主轴；4—对定销；
5—扇形凸轮；6—插销；7—活塞；8—齿条

9.3 分度板（盘）的锁紧机构

分度装置中的分度副仅能起到转位分度和定位的作用，为了保证在工作过程中受到较大的力或力矩作用时仍能保持正确的分度位置，一般分度装置均设有分度板锁紧机构。

如图 9-9 所示的锁紧机构是回转式分度夹具中应用最普遍的一种。它通过单手柄同时操纵分度副的对定机构和锁紧机构。

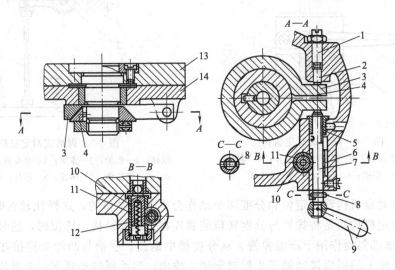

图 9-9　分度装置中的锁紧机构

1—定程螺钉；2—止动销；3—夹紧箍；4—锥形轴圈；5—螺纹套；
6—齿轮套；7—螺杆；8—挡销；9—手柄；10—导套；
11—定位销；12—弹簧；13—分度台面；14—底座

图中 13 为分度台面，即分度板，其底面有一排分度孔。定位销操纵机构则安装在分度台的底座 14 上。夹紧箍 3 是一个带内锥面的开口环，它被套装在一个锥形轴圈 4 上，锥形轴圈则和分度台立轴相连。当顺时针转动手柄 9 时，通过螺杆 7 顶紧夹紧箍 3，夹紧箍收缩时因内锥面的作用使锥形轴圈 4 带动立轴向下，将分度台面压紧在底座 14 的支承面上，依靠摩擦力起到了锁紧作用。

当转动手柄 9 时，通过挡销 8 带动齿轮套 6 旋转，与齿轮套相啮合的带齿条定位销 11 便插入定位孔中或从孔中拔出。由于齿轮套 6 的端部开有缺口（见 C—C 剖面），因而可以实现先松开工作台再拔销或先插入定位销再锁紧工作台的要求。其动作顺序是：逆时针方向转动手柄 9，先将分度台松开；再继续转动手柄，挡销 8 抵住了齿轮套缺口的左侧面，开始带动齿轮套回转，通过齿轮齿条啮合，使定位销 11 从定位孔中拔出，这时便可自由转动分度台面，进行分度；当下一个分度孔对准定位销时，在弹簧力的作用下，定位销插入分度孔中，完成对定动作，这时由于弹簧力的作用，通过挡销 8（此时仍抵在缺口的左侧面），会使手柄 9 按顺时针方向转动；再按顺时针方向继续转动手柄 9，又使分度台面锁紧，由于缺口的关系，齿轮套 6 不会跟着回转，挡销 8 又回到缺口右侧的位置，为下一次分度做好准备。定程螺钉 1 用来调节夹紧箍的夹紧位置和行程，以协调锁紧、松开工作台和插入、拔出定位销的动作。

常见的分度装置中的锁紧机构见表 9-2。

表 9-2 常见的分度装置中的锁紧机构

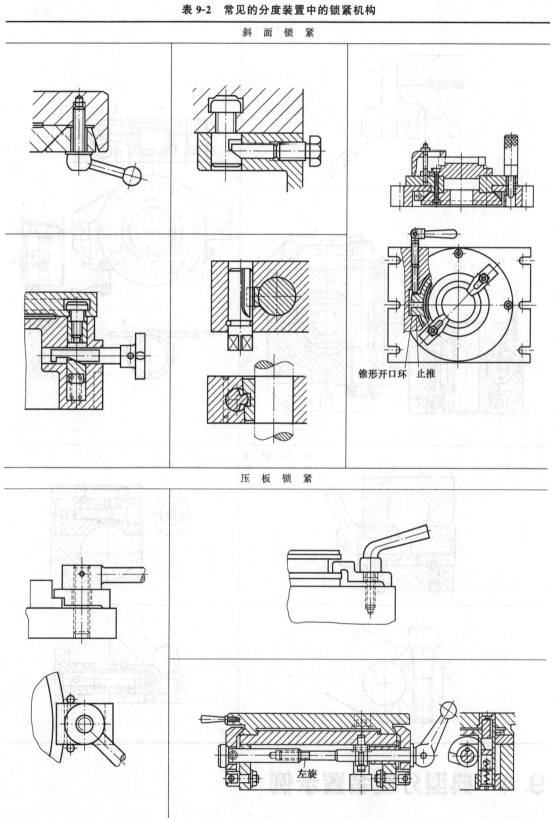

斜 面 锁 紧

锥形开口环 止推

压 板 锁 紧

左旋

续表

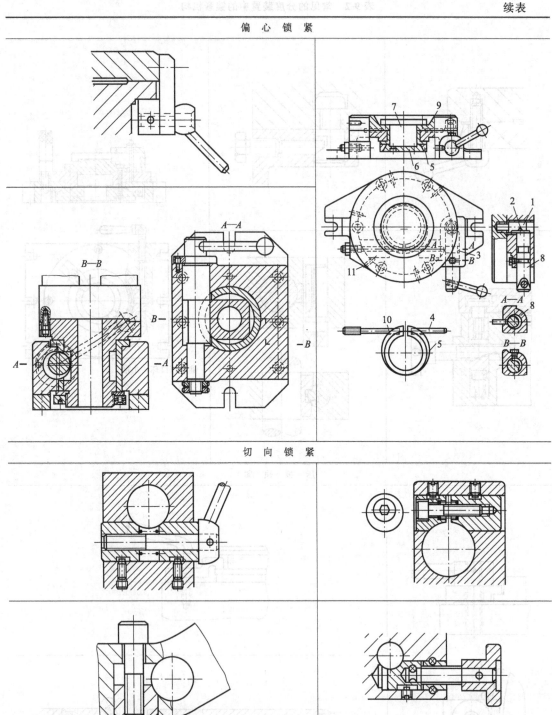

偏 心 锁 紧

切 向 锁 紧

9.4　典型分度装置示例

常见的一些分度装置见表 9-3。

表 9-3　典型分度装置

卧轴式回转分度装置

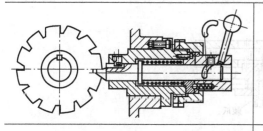 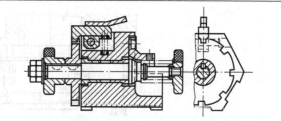

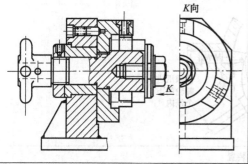

K向

K

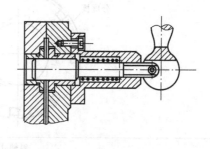

立轴式回转分度装置

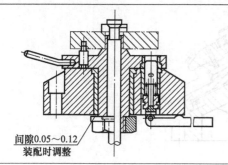

间隙0.05~0.12
装配时调整

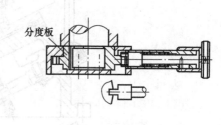

分度板

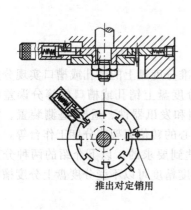

推出对定销用

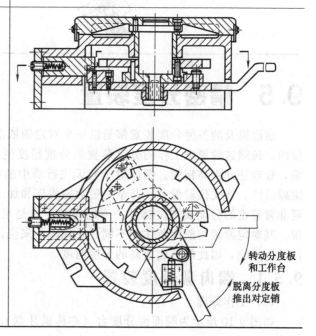

转动分度板
和工作台

脱离分度板
推出对定销

立轴式回转分度装置

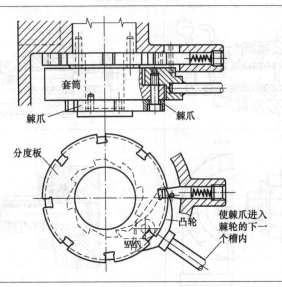

斜轴式回转分度装置

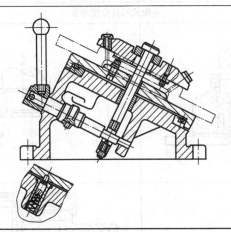

9.5　精密分度装置

前面提及的各种分度装置都是以一个对定销依次对准分度盘上的销孔或槽口实现分度定位的。按照这种原理工作的分度装置的分度精度受到分度盘上销孔或槽口的等分误差的影响，较难达到更高精度。例如对于航天飞行器中的控制和发讯器件、遥感-遥测装置、雷达跟踪系统、天文仪器设备、乃至一般数控机床和加工中心的转位刀架或分度工作台等，都需要非常精密的分度或转位部件，不用特殊手段是很难达到要求的。以下介绍的两种分度装置，其对定原理与前面所述的不同，从理论上来说，分度精度可以不受分度盘上分度槽等分误差的影响，因此能达到很高的分度精度。

9.5.1　端齿盘分度装置

（1）工作原理

如图 9-10 所示为端面齿分度台（亦称鼠牙盘）。转盘 10 下面带有三角形端面齿，下齿盘 8 上亦有同样的三角形端面齿, 齿形如 $D—D$ 剖面所示, 两者齿数相同, 互相咬合。根据要求齿数 Z 可分为 240、300、360、480 等, 分度台的最小分度值为 $\dfrac{360^\circ}{Z}$。下齿盘 8 用螺钉和圆锥销紧固在底座上。分度时将手柄 4 顺时针方向转动, 带动扇形齿板 3 和齿轮 2, 齿轮 2 和移动轴 1 以螺纹连接, 齿轮 2 转动, 使移动轴 1 上升, 将转盘 10 升起, 使之与下齿盘 8 脱开, 这时转盘 10 即可任意回转分度。转至所需位置后, 将手柄反转, 工作台下降, 直至转盘的端面齿与下齿盘 8 的端面齿紧密咬合并锁紧。为了便于将工作台转到所需角度, 可利用定位器 6 和定位销 7, 使用时先按需要角度将定位销预先插入刻度盘 5 的相应小孔中, 分度时就可用定位器根据插好的销实现预定位。因为转盘的端面齿与下齿盘的端面齿全部参与工作, 各齿的不等分误差有正有负可以互相抵消, 使误差得到均化, 提高了分度精度。一般端面齿分度台的分度误差不大于 $30''$, 高精度分度台误差不大于 $5''$。

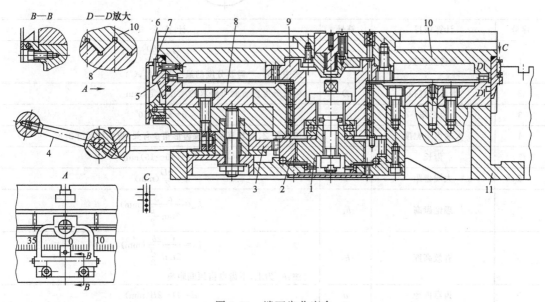

图 9-10 端面齿分度台

1—移动轴; 2—齿轮; 3—扇形齿板; 4—手柄; 5—刻度盘; 6—定位器; 7—定位销;
8—下齿盘; 9—轴承内座圈; 10—转盘 (上齿盘); 11—底座

(2) 端齿盘的设计

① 端齿盘的齿形。目前, 端齿盘的齿形有直线齿和曲线齿两种, 如图 9-11 所示。

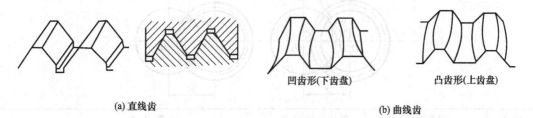

图 9-11 端齿盘的齿形

直线齿的上、下齿盘齿形完全一样, 可用普通角度铣刀加工, 制造比较方便。

曲线齿的上、下盘齿形不同。通常一齿盘的齿侧面为中凹曲线, 另一齿盘的齿侧面为中凸曲线, 两者的凹凸齿面应能恰好彼此啮合。曲线齿的啮合刚性好, 承载能力强, 齿盘的自动定心作用好。曲线齿的齿厚不能太小，因此齿数一般不超过 72 齿，增加齿数会使齿盘外径过大。由于曲线齿齿形复杂，加工困难，所以应用较少。

② 端齿盘主要参数的计算（表 9-4、表 9-5）

表 9-4　直线齿端齿盘主要参数的计算

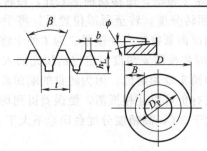

序号	计算项目	符号	计算公式
1	端齿盘齿数	Z	$Z=\dfrac{360°}{\theta}$ 式中　θ——需要分度的最小等分角,(°)
2	端齿盘直径	D	可按分度台台面所要求的尺寸确定,mm
3	齿形角	β	$\beta=50°\sim60°$
4	大端齿顶宽度	b	与齿数 Z、齿盘直径 D 及齿形角 β 有关,视结构尺寸确定
5	齿长	B	$B=(10\sim15)\text{mm}$
6	大端齿距	t	$t=\dfrac{\pi D}{Z}\text{(mm)}$
7	理论齿高	h_L	$h_\text{L}=\dfrac{t-b}{2\tan\dfrac{\beta}{2}}\text{(mm)}$
8	有效高度	h_s	$h_\text{s}=\dfrac{t-2b}{2\tan\dfrac{\beta}{2}}\text{(mm)}$ 注:h_s 为上、下齿盘齿顶间距离
9	齿盘内径	d	$d=D-2B\text{(mm)}$
10	齿槽底角	φ	$\varphi=\arctan\dfrac{h}{D}$

注：齿根凹槽深度一般取 $0.5\sim1\text{mm}$。

表 9-5　曲线齿端齿盘主要参数的计算

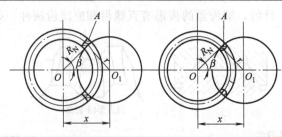

序号	计算项目	符号	计算公式
1	端齿盘齿数	Z	$Z=\dfrac{360°}{\theta}$ 式中　θ——需要分度的最小等分角,(°)
2	端齿盘直径	D	可按分度台台面所要求的尺寸确定,mm
3	齿长	B	$B=(10\sim20)\text{mm}$

序号	计算项目	符号	计算公式
4	曲齿夹角	β	$$\beta = \frac{90° n_b}{Z}(°)$$ 式中 β——图中 OA 与 OO_1 夹角，一般可取 30° 或 45°，加工大齿盘时取小值，加工小齿盘时取大值 n_b——刀盘或砂轮切削面间所包含的半齿距数
5	啮合圆半径	B_N	$$R_N = \frac{r}{\tan\beta} = x\cos\beta(\text{mm})$$ 式中 r——齿廓的曲率半径；即刀盘或砂轮的切削圆半径，mm x——齿廓曲率半径圆心（即刀具中心）与齿盘圆心间的距离，mm

③ 端齿分度盘锁紧力的计算（表 9-6）

表 9-6 端齿分度盘锁紧力的计算

受力简图	受力形式	计算公式
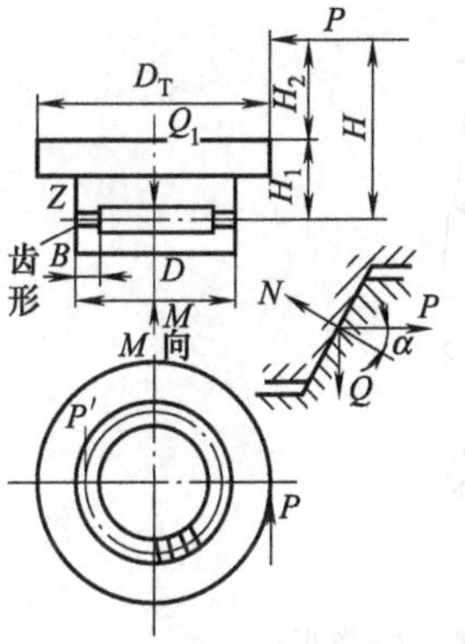	受切削力 P 的作用	$$Q_1 = \frac{PH}{R_N}(\text{N})$$ 式中 H——P 力与 Z 点间距离，$H = H_1 + H_2(\text{mm})$ R_N——齿盘啮合圆半径，$R_N = \frac{D-B}{2}(\text{mm})$
	受切削力 P 的力矩作用	$$Q_2 = \frac{PD_T}{2R_T}\tan\frac{\beta}{2}(\text{N})$$ 式中 D_T——分度台台面直径，mm β——齿形角，(°)

④ 端齿盘分度装置示例

a. 端齿盘分度盘。如图 9-12 所示，顺时针转动手柄 12，使多头梯形螺母 13 转动，轴 14 与转台 9 向上抬起，上齿盘与下齿盘 6 脱开。继续转动手柄 12，棘爪 11 进入罩板 7 的缺口，带动与转台 9 固定在一起的棘轮 8 分度。分度后，弹簧 4 使钢球 3 进入固定在底座 10 上的预定位盘 5 的槽内，起初定位作用。手柄逆时针转动时，转台 9 不转，螺母 13 将轴 14 和转台 9 拉下，上下齿盘啮合，实现精确定位，完成一次分度。

b. 双齿圈式工作台不抬起端齿盘分度盘。如图 9-13 所示，齿盘共两对，下齿盘分成内圈 5 和外圈 4，外圈 4 与工作台 9 连成一体，起转动分度作用；内圈 5 与底座 1 连成一体，确保上齿盘重复定位时位置不变。上齿盘 6 的内外圈设计成整体，它与多头升降螺杆 3 连接成一体，可在工作台 9 内腔上下移动，使上齿盘 6 脱开，工作台得以旋转分度。反向转动手柄 11 时，上齿盘落下与下齿盘内圈 5 和外圈 4 啮合，锁紧成一体。

这种分度台影响精度的主要因素是下齿盘内外圈啮合节平面是否在同一平面上。因此将下齿盘内圈设计成碟形弹簧式，使其底面略高于外圈底面，即下齿盘内圈底面与滚动导轨顶面间留有间隙，当受到上齿盘压力后，内外圈同高，可保持良好的啮合状态。

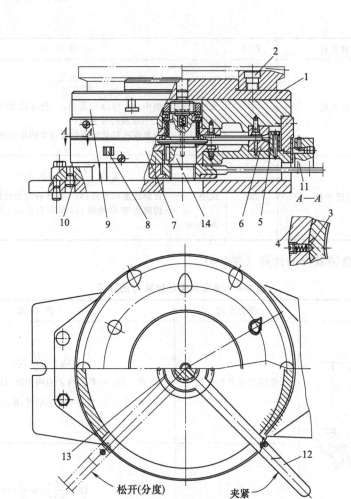

图 9-12　端齿盘分度盘

1—定位盘；2—螺钉；3—钢球；4—弹簧；5—预定位盘；6—下齿盘；7—罩板；
8—棘轮；9—转台；10—底座；11—棘爪；12—手柄；13—螺母；14—轴

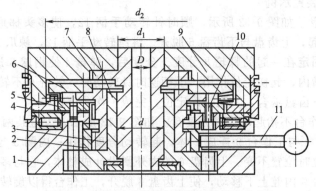

图 9-13　双齿圈式工作台不抬起端齿盘分度盘

1—底座；2—旋转螺母；3—升降螺杆；4—下齿盘外圈；5—下齿盘内圈；
6—上齿盘；7—心轴；8—轴套；9—工作台；10—螺钉；11—手柄

9.5.2　电感分度装置

如图 9-14 所示为精密电感分度台。分度台转台 1 的内齿圈和两个嵌有线圈的齿轮 2、3 组成电感发讯系统——分度对定装置。转台 1 的内齿圈与齿轮 2、3 的齿数 Z 相等，Z 根据分度要求而定，外齿用负变位，内齿用正变位。齿轮 2、3 装在转台底座上固定不动，每个齿轮都开有环形槽，内装线圈 L_1 和 L_2。安装时，齿轮 2 和 3 的齿错开半个齿距。线圈 L_1 和 L_2 接入如图 9-15 所示的电路中。L_1 和 L_2 的电流大小与各自的电感量有关，但 L_1 和 L_2 的电流方向相反，两者的电流差值为 i_1-i_2。分度时，转台的内齿圈转动，L_1 和 L_2 的电感量将随着齿轮 2、3 与转台内齿圈的相对位置不同而变化。如图 9-15 所示，齿顶对齿顶时，电感量最大；齿顶对齿谷时，电感量最小。因此，转台转动时，L_1 和 L_2 的电感量将周期性变化。由于两个绕线齿轮在安装时错开半个齿距，所以一个线圈的电感量增加时，另一个的电感量必然减少，因而 i_1 和 i_2 也随之增加或减少，以致电流表指针在一定范围内左右摆动。当处于某一中间位置时，两个线圈的电感量相等，此时电流表示值为零。转台每转过 $\frac{1}{2Z}$ 转，电流表指针便回零一次。分度时通常便以示值为零时作为起点，拔出插销 7，按等分需要转动转台 1 至所需位置，然后再将插销插入转台 1 的外齿圈内（齿数与内齿圈相同），实现初对定后，再利用上述电感发讯原理，拧动调整螺钉 8 或 10，通过插销座 9 和插销 7，带动转台一起回转，进行微调，当电流表示值重新指在零位时，表示转台已精确定位，分度完成。

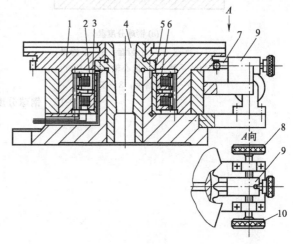

图 9-14　电感分度台

1—转台；2,3—齿轮；4—轴；5—衬套；6—青铜垫；
7—插销；8,10—调整螺钉；9—插销座

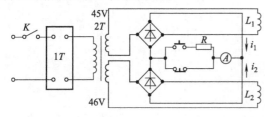

电感最大　　　　电感最小

图 9-15　电感分度台电路

由于电测系统可获得高的灵敏度，而系统中的电感量是综合反映内外齿轮齿顶间隙变化的，因而齿不等分误差可以得到均化，故而分度精度较高。

9.5.3　钢球分度装置

如图 9-16（a）所示为钢球分度盘。这种分度装置同样利用误差均化原理，上下两个钢球盘分别用一圈相互挤紧的钢球代替上述端面齿盘的端面齿，这些钢球的直径尺寸和几何形状精度以及钢球分布的均匀性，对分度精度和承载能力有很大影响，必须严格挑选，使其直径偏差以及球度误差均控制在 $0.3\mu m$ 以内。这种分度装置的分度精度高，可达 $\pm 1''$，与端面齿分度装置相比较，还具有结构简单、制造方便的优点，其缺点是承载能力较低，且随着负荷的增大，其分度精度将受到影响，因此只适用于负荷小、分度精度要求高的场合。如图

9-16（b）所示为钢球分度盘的工作原理图。

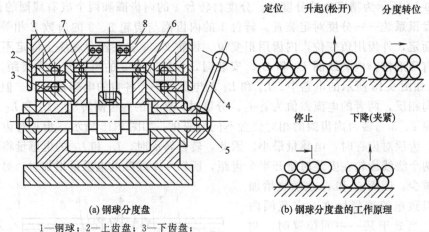

(a) 钢球分度盘

1—钢球；2—上齿盘；3—下齿盘；

4—手柄；5—偏心轴；6—套筒；

7—止推轴承；8—工作台

图 9-16　钢球分度装置

第**10**章

夹具体的设计

　　夹具体是将夹具上的各种装置和元件连接成一个整体的最大、最复杂的基础件。夹具体的形状和尺寸取决于夹具上各种装置的布置以及夹具与机床的连接，而且在零件的加工过程中，夹具还要承受夹紧力、切削力以及由此产生的冲击和振动，因此夹具体必须具有必要的强度和刚度。切削加工过程中产生的切屑有一部分还会落在夹具体上，切屑积聚过多将影响工件可靠地定位和夹紧，因此设计夹具体时，必须考虑其结构应便于排屑。此外，夹具体结构的工艺性、经济性以及操作和装拆的便捷性等，在设计时也都必须认真加以考虑。

10.1　夹具体设计的基本要求

　　夹具体是夹具的基础件，设计时应满足以下要求。

　　① 应有适当的精度和尺寸稳定性。夹具体上的重要表面，如安装定位元件的表面、安装对刀或导向元件的表面以及夹具体的安装基面等，应有适当的尺寸精度和形状精度，它们之间应有适当的位置精度。

　　为使夹具体的尺寸保持稳定，铸造夹具体要进行时效处理，焊接和锻造夹具体要进行退火处理。

　　② 应有足够的强度和刚度。为了保证在加工过程中不因夹紧力、切削力等外力的作用而产生不允许的变形和振动，夹具体应有足够的壁厚，刚性不足处可适当增设加强筋。近年来，许多工厂采用框形薄壁结构的夹具体，不仅减轻了重量，而且可以进一步提高其刚度和强度。

　　③ 应有良好的结构工艺性和使用性。夹具体一般外形尺寸较大，结构比较复杂，而且各表面间的相互位置精度要求高，因此应特别注意其结构工艺性，应做到装卸工件方便、夹具维修方便。在满足刚度和强度的前提下，应尽可能减轻重量、缩小体积、力求简单，特别是对于手动、移动或翻转夹具，其总重量应不超过10kg，以便于操作。

　　④ 应便于排除切屑。机械加工过程中，切屑会不断地积聚在夹具体周围，如不及时排除，切削热量的积累会破坏夹具的定位精度，切屑的抛甩可能缠绕定位元件，也会破坏定位精度，甚至发生安全事故。因此，设计夹具体时，要考虑切屑的排除问题。

　　⑤ 在机床上的安装应稳定可靠。夹具在机床上的安装都是通过夹具体上的安装基面与机床上相应表面的接触或配合实现的。当夹具在机床工作台上安装时，夹具的重心应尽量低，支承面积应足够大，安装基面应有较高的配合精度，保证安装稳定可靠；夹具体底部一般应中空，大型夹具还应设置吊环或起重孔。

10.2　夹具体毛坯的结构与类型

10.2.1　夹具体毛坯的结构

由于各类夹具结构变化多端，使夹具难以标准化，但其基本结构形式不外乎如图 10-1 所示的三大类，即开式结构［见图 10-1（a）］、半开式结构［见图 10-1（b）］和框式结构［见图 10-1（c）］。

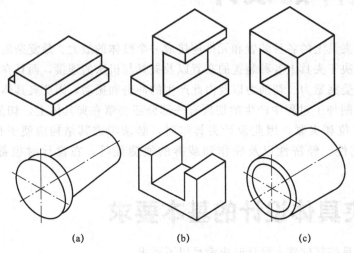

(a)　　　　　　(b)　　　　　　(c)

图 10-1　夹具体的结构

10.2.2　夹具体毛坯的类型

选择夹具体毛坯的制造方法，通常根据夹具体的结构形式以及工厂的生产条件决定。根据制造方法的不同，夹具体毛坯可分为以下四类。

① 铸造夹具体。铸造夹具体如图 10-2（a）所示，其优点是可铸出各种复杂形状，其工艺性好，并且具有较好的抗压强度、刚度和抗振性；但其生产周期较长，且需经时效处理，因而成本较高。

② 焊接夹具体。焊接夹具体如图 10-2（b）所示，其优点是容易制造，生产周期短，成本低，重量较轻；但焊接后需经退火处理，且难获得复杂形状。

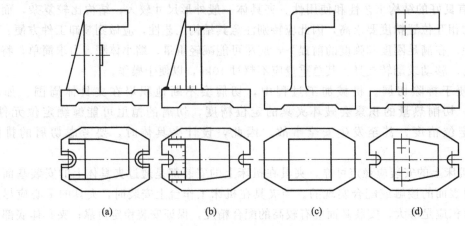

(a)　　　　　(b)　　　　(c)　　　　(d)

图 10-2　夹具体毛坯的类型

③ 锻造夹具体。锻造夹具体如图 10-2 (c) 所示，适用于形状简单、尺寸不大、要求强度和刚度大的场合；锻造后需经退火处理。

④ 装配夹具体。装配夹具体如图 10-2 (d) 所示，由标准的毛坯件、零件及个别非标准件或者用型材、管料、棒料等加工成零部件，通过螺钉、销钉连接组装而成，其优点是制造成本低、周期短、精度稳定，有利于标准化和系列化，也便于夹具的计算机辅助设计。

10.3 夹具体的设计

10.3.1 夹具体外形尺寸的确定

由于夹具制造属单件生产，所以夹具体的设计一般不作复杂的计算，通常都是参照类似的夹具结构，按经验类比法估计确定。实际上，在绘制夹具总图的过程中，根据工件、定位元件、夹紧装置、对刀-引导元件以及其他辅助机构和装置在总体上的配置，夹具体的外形尺寸便已大体确定。

夹具体结构尺寸的经验数据见表 10-1，夹具体座耳尺寸见表 10-2。

表 10-1 夹具体结构尺寸的经验数据

夹具体结构部位	经 验 数 据	
	铸 造 结 构	焊 接 结 构
夹具体壁厚 h	$8 \sim 25mm$	$6 \sim 10mm$
夹具体加强筋厚度	$(0.7 \sim 0.9)h$	
夹具体加强筋高度	不大于 $5h$	
夹具体上不加工的毛面与工件表面之间的间隙	夹具体是毛面，工件也是毛面时，取 $8 \sim 15mm$	
	夹具体是毛面，工件是光面时，取 $4 \sim 10mm$	

表 10-2 夹具体座耳尺寸

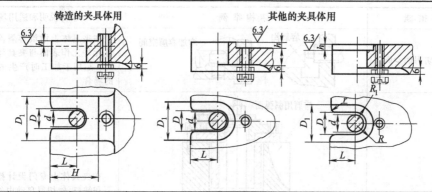

螺栓直径 d	D	D_1	h,不小于	L	H	r	螺栓直径 d	D	D_1	h,不小于	L	H	r
8	10	20		16	28		18	20	40		26	50	
10	12	24	3	18	32	1.5	20	22	44	5	28	54	2
12	14	30		20	36		24	28	50		30	60	
16	18	38	5	25	46	2	30	36	62	6	38	76	3

10.3.2 夹具体的技术要求

夹具体与各元件配合表面的尺寸精度和配合精度通常都较高，常用的夹具元件间配合的选择见表 10-3。

表 10-3　夹具元件间常用的配合选择

工作形式	精度要求		示　例
	一般精度	较高精度	
定位元件与工件定位基面之间	$\dfrac{H7}{h6}$、$\dfrac{H7}{g6}$、$\dfrac{H7}{f7}$	$\dfrac{H6}{h5}$、$\dfrac{H6}{g5}$、$\dfrac{H6}{f5\sim f6}$	定位销与工件基准孔
有引导作用、并有相对运动的元件之间	$\dfrac{H7}{h6}$、$\dfrac{H7}{g6}$、$\dfrac{H7}{f7}$ $\dfrac{H7}{h6}$、$\dfrac{G7}{h6}$、$\dfrac{F8}{h6}$	$\dfrac{H6}{h5}$、$\dfrac{H6}{g5}$、$\dfrac{H6}{f5\sim f6}$ $\dfrac{H6}{h5}$、$\dfrac{G6}{h5}$、$\dfrac{F7}{h5}$	滑动定位元件、刀具与导套
无引导作用、但有相对运动的元件之间	$\dfrac{H7}{f9}$、$\dfrac{H7}{g9\sim g10}$	$\dfrac{H7}{f8}$	滑动夹具底板
无相对运动元件之间	$\dfrac{H7}{h6}$、$\dfrac{H7}{r6}$、$\dfrac{H7}{r6\sim s6}$ $\dfrac{H7}{m6}$、$\dfrac{H7}{k6}$、$\dfrac{H7}{js6}$	无紧固件 有紧固件	固定支承钉定位销

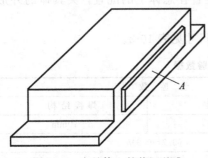

图 10-3　夹具体上的找正基准

有时为了夹具在机床上找正方便，常在夹具体侧面或圆周上加工出一个专用于找正的基面（如图 10-3 所示），用以代替对元件定位基面的直接测量，这时对该找正基面与元件定位基面之间必须有严格的位置精度要求。

10.3.3　夹具体的排屑结构

为了便于排屑，不使其聚积在定位元件工作表面上而影响工件的正确定位，一般在设计夹具体时，应采取必要措施。对于加工过程中切屑产生不多的情况，可适当加大定位元件工作表面与夹具体之间的距离，以增大容屑空间；对于加工过程中切屑产生较多的情况，一般应在夹具体上设置排屑槽，以利切屑自动排出夹具体外，见表 10-4。

表 10-4　夹具体上的排屑措施

排屑措施	结构举例	结构说明和适用场合
增加容纳切屑的空间	容屑沟　　　　增加容屑空间	在夹具体上增设容屑沟或增大定位元件工作表面与夹具体之间的距离。适用于加工时产生的切屑不多的场合
采用切屑自动排除结构	排屑用斜弧面 (a) (b)	在夹具体上专门设计排屑用的斜面和缺口，使切屑自动由斜面处滑下而排至夹具体外。图(a)是在夹具体上开出排屑用的斜弧面，使钻孔的切屑，沿斜弧面排出。图(b)是在铣床夹具的夹具体内，设计排屑腔，切屑落入腔内后，沿斜面排出。适用于切屑较多的场合

10.3.4　夹具的吊装装置

设计大型夹具时，需在夹具体上设置供起吊用的装置，一般采用吊环螺钉或起重螺栓。吊环螺钉可按 GB/T 825—1988 选用；起重螺栓可在国标《夹具零部件》中 GB/T 2225—1991 选取。起重螺栓的结构及其尺寸如图 10-4 所示。

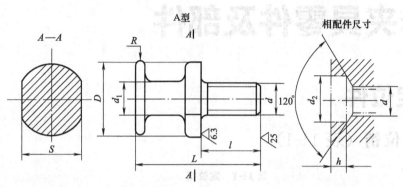

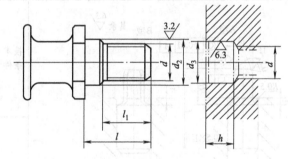

图 10-4　夹具体上的起重螺栓

第11章　机床夹具零件及部件

Chapter **11**

11.1　定位件

11.1.1　定位销（表 11-1）

表 11-1　定位销

零件名称	零件简图	技术条件与标记示例	
小定位销	A型　B型　其余 6.3 15°　D φ0.01 A 0.4 0.8 R0.5　C H L 0.5×45° A d 0.8 B	技术条件	（1）材料：T8 按 GB/T 1298—1986 的规定 （2）热处理：T8 为 55～60 HRC （3）其他技术条件按 JB/T 8044—1999 的规定
		标记示例	$D=2.5$mm，公差带为 f7 的 A 型小定位销 定位销 A2.5f7 JB/T 8014.1—1999
固定式定位销	A型　其余 6.3 $D>3\sim10$mm　$D>10\sim18$mm　$D>18$mm D φ0.01 A 15° 0.4 0.8 R1　C H L II h $C_1\times45°$　I I 0.8 I 0.5 h_1 H A d D_1	技术条件	（1）材料：$D\leqslant18$mm，T8 按 GB/T 1298—1986 的规定；$d>18$mm，20 钢按 GB/T 699—1999 的规定 （2）热处理：T8 为 55～60HRC；20 钢渗碳深度为 0.8～1.2mm，55～60HRC （3）其他技术条件按 JB/T 8044—1999 的规定

零件名称	零件简图	技术条件与标记示例
固定式定位销	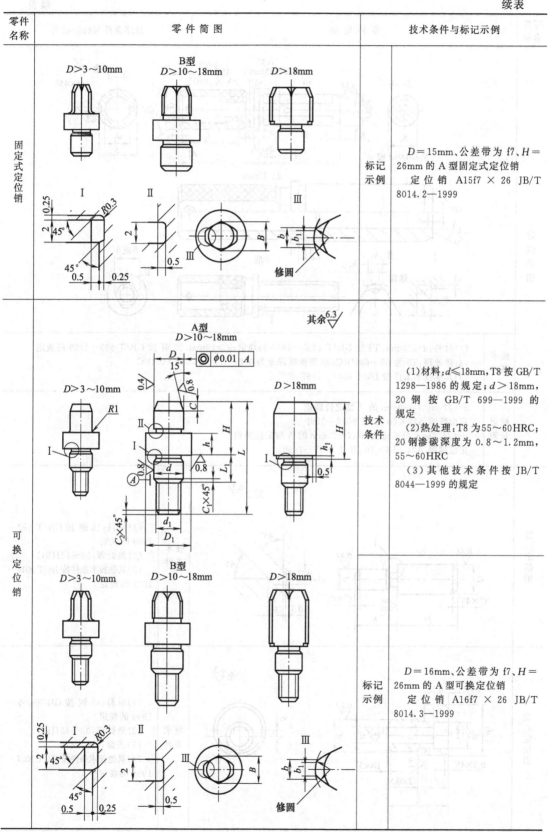	标记示例　$D=15mm$、公差带为 f7、$H=26mm$ 的 A 型固定式定位销 定位销 A15f7 × 26 JB/T 8014.2—1999 技术条件 (1)材料:$d\leqslant18mm$,T8 按 GB/T 1298—1986 的规定;$d>18mm$,20 钢按 GB/T 699—1999 的规定 (2)热处理:T8 为 55～60HRC;20 钢渗碳深度为 0.8～1.2mm,55～60HRC (3)其他技术条件按 JB/T 8044—1999 的规定
可换定位销		标记示例　$D=16mm$、公差带为 f7、$H=26mm$ 的 A 型可换定位销 定位销 A16f7 × 26 JB/T 8014.3—1999

零件 名称	零件简图		技术条件与标记示例
定位插销	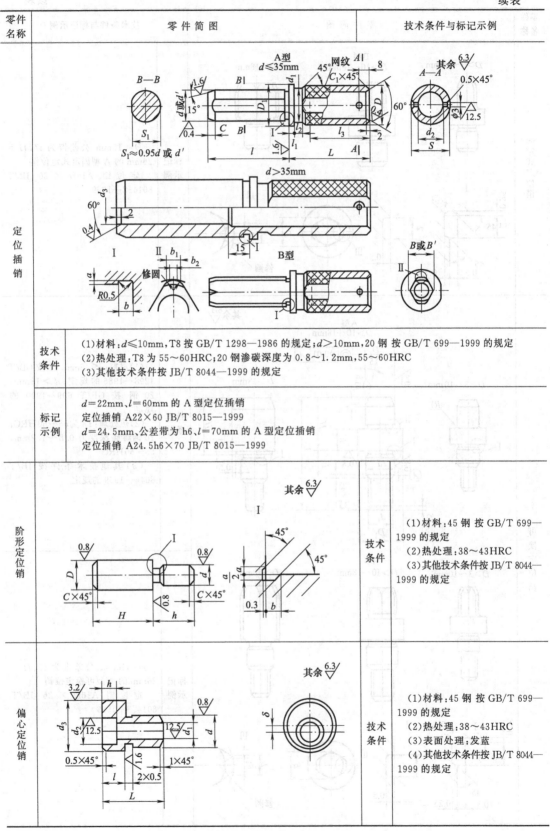		
	技术 条件	(1)材料:$d \leqslant 10$mm,T8 按 GB/T 1298—1986 的规定;$d > 10$mm,20 钢 按 GB/T 699—1999 的规定 (2)热处理:T8 为 55～60HRC;20 钢渗碳深度为 0.8～1.2mm,55～60HRC (3)其他技术条件按 JB/T 8044—1999 的规定	
	标记 示例	$d = 22$mm,$l = 60$mm 的 A 型定位插销 定位插销 A22×60 JB/T 8015—1999 $d = 24.5$mm、公差带为 h6、$l = 70$mm 的 A 型定位插销 定位插销 A24.5h6×70 JB/T 8015—1999	
阶形定位销			(1)材料:45 钢 按 GB/T 699—1999 的规定 (2)热处理:38～43HRC (3)其他技术条件按 JB/T 8044—1999 的规定
偏心定位销			(1)材料:45 钢 按 GB/T 699—1999 的规定 (2)热处理:38～43HRC (3)表面处理:发蓝 (4)其他技术条件按 JB/T 8044—1999 的规定

续表

零件名称	零件简图	技术条件与标记示例	
定位衬套	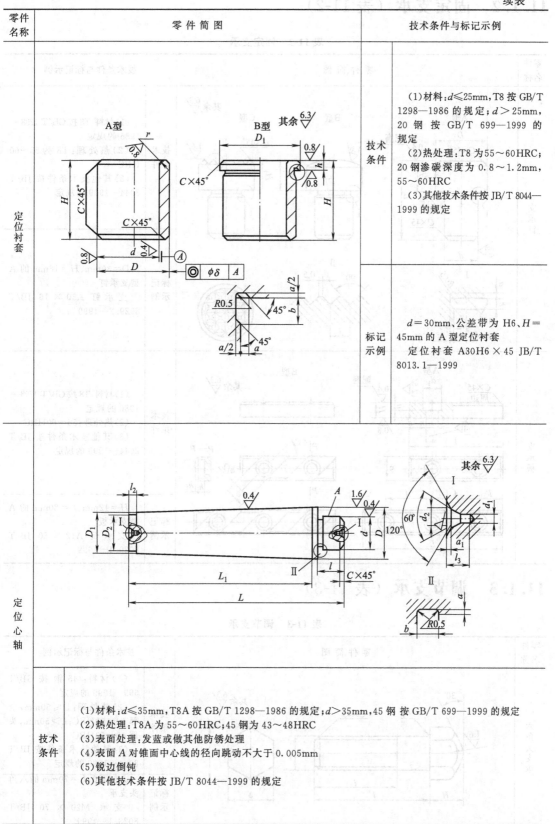	技术条件	(1)材料:$d{\leqslant}25mm$,T8 按 GB/T 1298—1986 的规定;$d{>}25mm$,20 钢按 GB/T 699—1999 的规定 (2)热处理:T8 为 55~60HRC;20 钢渗碳深度为 0.8~1.2mm,55~60HRC (3)其他技术条件按 JB/T 8044—1999 的规定
		标记示例	$d{=}30mm$、公差带为 H6、$H{=}45mm$ 的 A 型定位衬套 定位衬套 A30H6 × 45 JB/T 8013.1—1999

定位心轴		
技术条件	(1)材料:$d{\leqslant}35mm$,T8A 按 GB/T 1298—1986 的规定;$d{>}35mm$,45 钢按 GB/T 699—1999 的规定 (2)热处理:T8A 为 55~60HRC;45 钢为 43~48HRC (3)表面处理:发蓝或做其他防锈处理 (4)表面 A 对锥面中心线的径向跳动不大于 0.005mm (5)锐边倒钝 (6)其他技术条件按 JB/T 8044—1999 的规定	

11.1.2 固定支承（表 11-2）

表 11-2 固定支承

零件名称	零件简图	技术条件与标记示例	
支承钉		技术条件	（1）材料：T8 按 GB/T 1298—1986 的规定 （2）热处理：T8 为 55～60HRC （3）其他技术条件按 JB/T 8044—1999 的规定
		标记示例	$D=30$mm，$H=16$mm 的 A 型支承钉 支承钉 A30 × 16 JB/T 8029.2—1999
支承板		技术条件	（1）材料：T8 按 GB/T 1298—1986 的规定 （2）热处理：55～60HRC （3）其他技术条件按 JB/T 8044—1999 的规定
		标记示例	$H=12$mm、$L=80$mm 的 A 型支承板 支承板 A12 × 80 JB/T 8029.1—1999

11.1.3 调节支承（表 11-3）

表 11-3 调节支承

零件名称	零件简图	技术条件与标记示例	
六角头支承		技术条件	（1）材料：45 钢 按 GB/T 699—1999 的规定 （2）热处理：$L \leqslant 50$mm，全部 40～50HRC；$L>50$mm，头部 40～50HRC （3）其他技术条件按 JB/T 8044—1999 的规定
		标记示例	$d=$M20，$L=70$mm 的六角头支承 支承 M20 × 70 JB/T 8026.1—1999

续表

零件名称	零件简图		技术条件与标记示例
顶压支承	其余 6.3	技术条件	（1）材料：45 钢按 GB/T 699—1999 的规定 （2）热处理：$L \leqslant 50\text{mm}$，全部 40～50HRC；$L > 50\text{mm}$，头部 40～50HRC （3）其他技术条件按 JB/T 8044—1999 的规定
		标记示例	$d = \text{T}24 \times 5$ 左，$L = 100\text{mm}$ 的顶压支承 支承 T24×5 左×100 JB/T 8026.2—1999
圆柱头调节支承	其余 6.3 $SR = d_1$ 网纹 $m0.3$	技术条件	（1）材料：45 钢按 GB/T 699—1999 的规定 （2）热处理：$L \leqslant 50\text{mm}$，全部 40～50HRC；$L > 50\text{mm}$，头部 40～50HRC （3）其他技术条件按 JB/T 8044—1999 的规定
		标记示例	$d = \text{M}20$，$L = 80\text{mm}$ 的圆柱头调节支承 支承 M20×80 JB/T 8026.3—1999
调节支承	其余 6.3 $C \times 45°$	技术条件	（1）材料：45 钢按 GB/T 699—1999 的规定 （2）热处理：$L \leqslant 50\text{mm}$，全部 40～45HRC；$L > 50\text{mm}$，头部 40～45HRC （3）其他技术条件按 JB/T 8044—1999 的规定
		标记示例	$d = \text{M}20$，$L = 100\text{mm}$ 的调节支承 支承 M20×100 JB/T 8026.4—1999
球头支承	其余 12.5 $S\phi$	技术条件	（1）材料：45 钢按 GB/T 699—1999 的规定 （2）热处理：40～45HRC （3）其他技术条件按 JB/T 8044—1999 的规定
		标记示例	$S\phi = 20\text{mm}$ 的球头支承 支承 20 JB/T 8026.5—1999

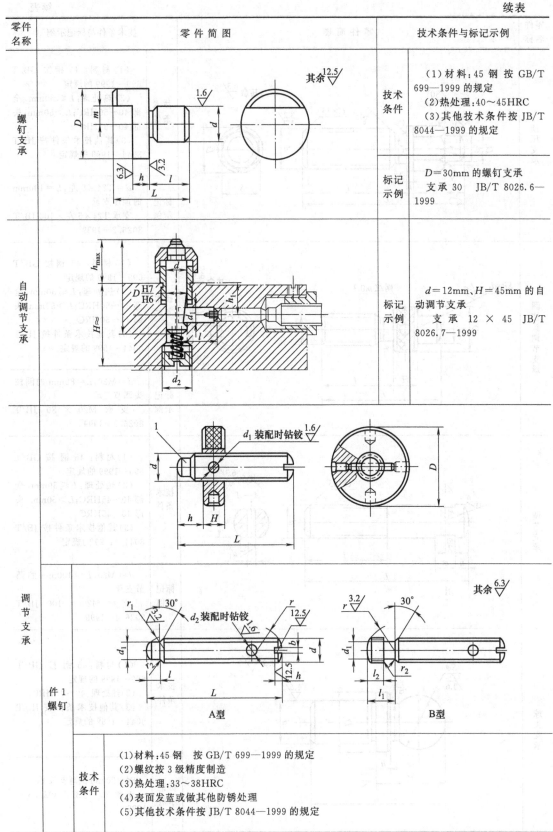

零件名称	零件简图	技术条件与标记示例	
螺钉支承		技术条件	（1）材料：45 钢 按 GB/T 699—1999 的规定 （2）热处理：40～45HRC （3）其他技术条件按 JB/T 8044—1999 的规定
		标记示例	$D=30$mm 的螺钉支承 支承 30 JB/T 8026.6—1999
自动调节支承		标记示例	$d=12$mm、$H=45$mm 的自动调节支承 支承 12 × 45 JB/T 8026.7—1999
调节支承			
件1 螺钉		技术条件	（1）材料：45 钢 按 GB/T 699—1999 的规定 （2）螺纹按 3 级精度制造 （3）热处理：33～38HRC （4）表面发蓝或做其他防锈处理 （5）其他技术条件按 JB/T 8044—1999 的规定

零件名称		零件简图	技术条件与标记示例
螺纹调节支承	件1 支承	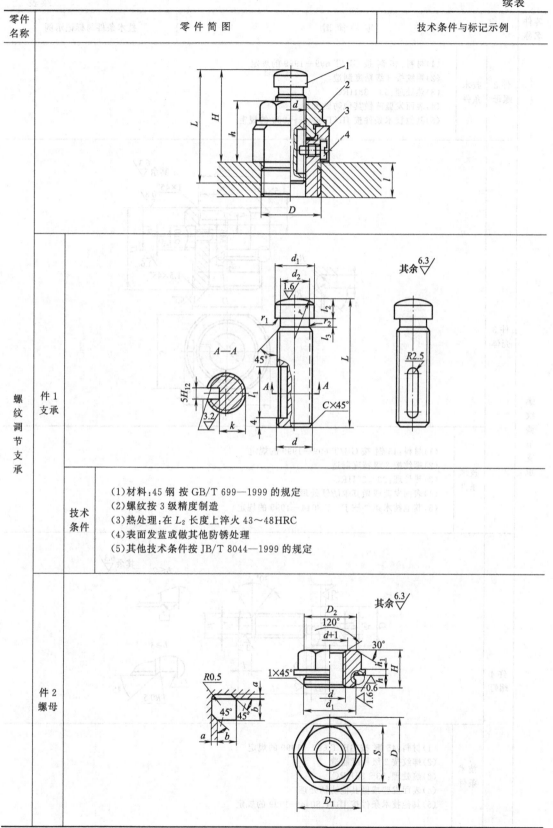	
	技术条件	(1)材料:45 钢 按 GB/T 699—1999 的规定 (2)螺纹按 3 级精度制造 (3)热处理:在 L_2 长度上淬火 43~48HRC (4)表面发蓝或做其他防锈处理 (5)其他技术条件按 JB/T 8044—1999 的规定	
	件2 螺母		

零件 名称			零件简图	技术条件与标记示例
螺纹调节支承	件2 螺母	技术条件		(1)材料:45钢 按GB/T 699—1999的规定 (2)螺纹按3级精度制造 (3)热处理:33～38HRC (4)表面发蓝或做其他防锈处理 (5)其他技术条件按JB/T 8044—1999的规定
	件3 壳体			
		技术条件		(1)材料:45钢 按GB/T 699—1999的规定 (2)螺纹按3级精度制造 (3)热处理:33～38HRC (4)表面发蓝或做其他防锈处理 (5)其他技术条件按JB/T 8044—1999的规定
	件4 螺钉			
		技术条件		(1)材料:45钢 按GB/T 699—1999的规定 (2)螺纹按3级精度制造 (3)热处理:33～38HRC (4)表面发蓝或做其他防锈处理 (5)其他技术条件按JB/T 8044—1999的规定

续表

零件名称	零件简图	技术条件与标记示例
带 V 形块的螺纹调节支承	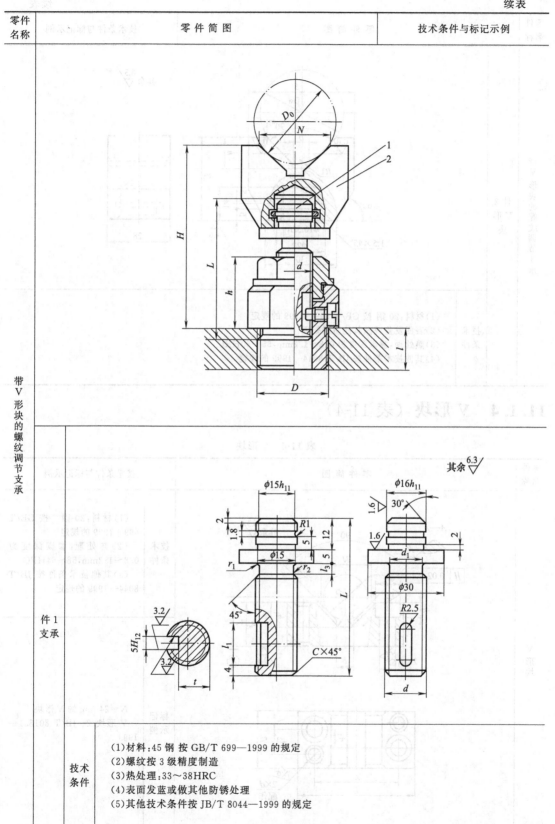	
件 1 支承		
技术条件	(1)材料:45 钢 按 GB/T 699—1999 的规定 (2)螺纹按 3 级精度制造 (3)热处理:33～38HRC (4)表面发蓝或做其他防锈处理 (5)其他技术条件按 JB/T 8044—1999 的规定	

零件名称		零件简图	技术条件与标记示例
带V形块的螺纹调节支承	件2 V形块	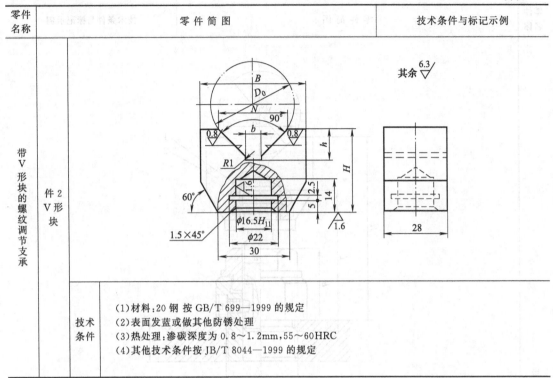	
	技术条件	(1)材料:20 钢 按 GB/T 699—1999 的规定 (2)表面发蓝或做其他防锈处理 (3)热处理:渗碳深度为 0.8～1.2mm,55～60HRC (4)其他技术条件按 JB/T 8044—1999 的规定	

11.1.4 V形块 （表 11-4）

表 11-4 V形块

零件名称	零件简图	技术条件与标记示例	
V 形块		技术条件	(1)材料:20 钢　按 GB/T 699—1999 的规定 (2)热处理:渗碳深度为 0.8～1.2mm,58～64HRC (3)其他技术条件按 JB/T 8044—1999 的规定
		标记示例	$N=24$ mm 的 V形块 V 形块 24 JB/T 8018.1—1999

零件名称	零件简图		技术条件与标记示例	
固定V形块	A型 B型 其余 6.3		技术条件	(1)材料:20 钢 按 GB/T 699—1999 的规定 (2)热处理:渗碳深度为0.8～1.2mm,58～64HRC (3)其他技术条件按 JB/T 8044—1999 的规定
			标记示例	$N＝55$mm 的 A 型固定 V形块 V形块 A55 JB/T 8018.2—1999
调整V形块	A型 B型 其余 6.3		技术条件	(1)材料:20 钢 按 GB/T 699—1999 的规定 (2)热处理:渗碳深度为0.8～1.2mm,58～64HRC (3)其他技术条件按 JB/T 8044—1999 的规定
			标记示例	$N＝55$mm 的 A 型调整 V形块 V形块 A55 JB/T 8018.3—1999
活动V形块	A型 B型 其余 6.3		技术条件	(1)材料:20 钢 按 GB/T 699—1999 的规定 (2)热处理:渗碳深度为0.8～1.2mm,58～64HRC (3)其他技术条件按 JB/T 8044—1999 的规定
			标记示例	$N＝55$mm 的 A 型活动 V形块 V形块 A55 JB/T 8018.4—1999

续表

零件名称	零件简图	技术条件与标记示例
中心孔块		技术条件 (1)材料:W18Cr4V (2)热处理:63～68HRC (3)其他技术条件按 JB/T 8044—1999 的规定

11.2 辅助支承

11.2.1 自动调节支承（表 11-5）

表 11-5 自动调节支承

零件名称	零件简图	技术条件与标记示例
自动调节支承		标记示例 $d=16mm$，$H=76mm$ 的自动调节支承 支承 16×76 JB/T 8026.7—1999
件1支承		技术条件 (1)材料:45 钢 按 GB/T 699—1999 的规定 (2)热处理:40～45HRC (3)其他技术条件按 JB/T 8044—1999 的规定 标记示例 $d=16mm$，$L=65mm$ 的支承 支承 16×65 JB/T 8026.7(1)—1999

零件名称	零件简图	技术条件与标记示例	
件 2 挡盖		技术条件	（1）材料：A3 按 GB/T 700—1999 的规定 （2）其他技术条件按 JB/T 8044—1999 的规定
		标记示例	$D_1 = 28mm$，$H_1 = 28mm$ 的挡盖 挡盖 16×65 JB/T 8026.7 (2)—1999
自动调节支承 件 3 衬套		技术条件	（1）材料：45 钢 按 GB/T 699—1999 的规定 （2）热处理：40～45HRC （3）其他技术条件按 JB/T 8044—1999 的规定
		标记示例	$d=20mm$ 的衬套 衬套 20 JB/T 8026.7(3)—1999
件 4 顶销		技术条件	（1）材料：45 钢 按 GB/T 699—1999 的规定 （2）热处理：40～45HRC （3）两斜面 $10°\pm10'$ 需在同一平面上 （4）其他技术条件按 JB/T 8044—1999 的规定
		标记示例	$d_1=16mm$ 的顶销 顶销 16 JB/T 8026.7 (4)—1999

11.2.2 推引式调节支承（表 11-6）

表 11-6 推引式调节支承

零件名称	零件简图	技术条件与标记示例
推引式辅助支承	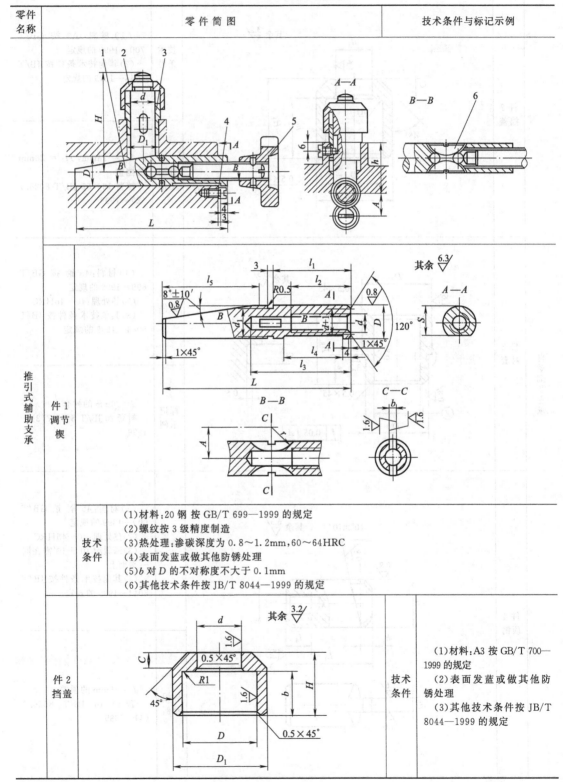	

件 1 调节楔

(1)材料:20 钢 按 GB/T 699—1999 的规定
(2)螺纹按 3 级精度制造
(3)热处理:渗碳深度为 0.8～1.2mm,60～64HRC
(4)表面发蓝或做其他防锈处理
(5)b 对 D 的不对称度不大于 0.1mm
(6)其他技术条件按 JB/T 8044—1999 的规定

件 2 挡盖

技术条件

(1)材料:A3 按 GB/T 700—1999 的规定
(2)表面发蓝或做其他防锈处理
(3)其他技术条件按 JB/T 8044—1999 的规定

续表

零件 名称	零 件 简 图	技术条件与标记示例
推引式辅助支承	**件 3 衬套**	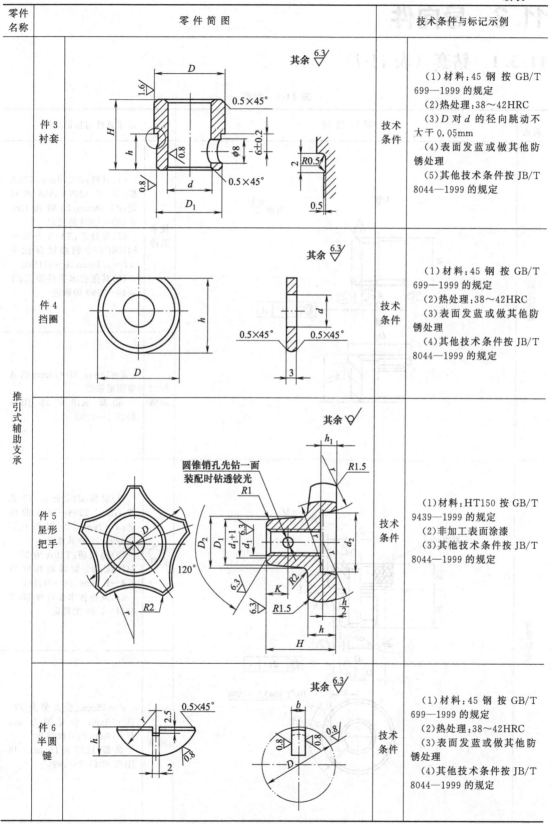技术 条件	(1)材料:45 钢 按 GB/T 699—1999 的规定 (2)热处理:38~42HRC (3)D 对 d 的径向跳动不大于 0.05mm (4)表面发蓝或做其他防锈处理 (5)其他技术条件按 JB/T 8044—1999 的规定
	件 4 挡圈	技术 条件	(1)材料:45 钢 按 GB/T 699—1999 的规定 (2)热处理:38~42HRC (3)表面发蓝或做其他防锈处理 (4)其他技术条件按 JB/T 8044—1999 的规定
	件 5 星形 把手	技术 条件	(1)材料:HT150 按 GB/T 9439—1999 的规定 (2)非加工表面涂漆 (3)其他技术条件按 JB/T 8044—1999 的规定
	件 6 半圆 键	技术 条件	(1)材料:45 钢 按 GB/T 699—1999 的规定 (2)热处理:38~42HRC (3)表面发蓝或做其他防锈处理 (4)其他技术条件按 JB/T 8044—1999 的规定

11.3　导向件

11.3.1　钻套（表 11-7）

表 11-7　钻套

零件名称	零件简图	技术条件与标记示例	
固定钻套	 A 型　　其余 $\sqrt{\dfrac{6.3}{}}$ B 型	技术条件	(1)材料：$d \leqslant 26$mm，T10A 按 GB/T 1298—1986 的规定；$d > 26$mm，20 钢按 GB/T 699—1999 的规定 (2)热处理：T10A 为 58～64HRC；20 钢渗碳深度为 0.8～1.2mm，58～64HRC (3)其他技术条件按 JB/T 8044—1999 的规定
		标记示例	$d = 18$mm、$H = 16$mm 的 A 型固定钻套 　钻套 A18 × 16 JB/T 8045.1—1999
可换钻套	 其余 $\sqrt{\dfrac{6.3}{}}$ 网纹 $m0.3$ JB/T 8045.5—1999	技术条件	(1)材料：$d \leqslant 26$mm，T10A 按 GB/T 1298—1986 的规定；$d > 26$mm，20 钢按 GB/T 699—1999 的规定 (2)热处理：T10A 为 58～64HRC；20 钢渗碳深度为 0.8～1.2mm，58～64HRC (3)其他技术条件按 JB/T 8044—1999 的规定
		标记示例	$d = 12$mm、公差带为 F7、$D = 18$mm、公差带为 k6、$H = 16$mm 的可换钻套 　钻套 12F7 × 18 k6 × 16 JB/T 8045.2—1999

零件名称	零件简图	技术条件与标记示例	
快换钻套		技术条件	(1)材料:$d \leqslant 26$mm,T10A 按 GB/T 1298—1986 的规定;$d > 26$mm,20 钢按 GB/T 699—1999 的规定 (2)热处理:T10A 为 58～64HRC;20 钢渗碳深度为 0.8～1.2mm,58～64HRC (3)其他技术条件按 JB/T 8044—1999 的规定
		标记示例	$d = 12$mm、公差带为 F7、$D = 18$mm、公差带为 k6、$H = 16$mm 的快换钻套 钻套 12F7×18 k6×16 JB/T 8045.3—1999
钻用衬套		技术条件	(1)材料:$d \leqslant 26$mm,T10A 按 GB/T 1298—1986 的规定;$d > 26$mm,20 钢按 GB/T 699—1999 的规定 (2)热处理:T10A 为 58～64HRC;20 钢渗碳深度为 0.8～1.2mm,58～64HRC (3)其他技术条件按 JB/T 8044—1999 的规定
		标记示例	$d = 18$mm、$H = 28$mm 的 A 型钻套用衬套 衬套 A18×28 JB/T 8045.4—1999
钻套螺钉		技术条件	(1)材料:45 钢按 GB/T 699—1999 的规定 (2)热处理:35～40HRC (3)其他技术条件按 JB/T 8044—1999 的规定
		标记示例	$d = $M10、$L_1 = 13$mm 的钻套螺钉 螺钉 M10×13 JB/T 8045.5—1999
定位衬套		技术条件	(1)材料:$d \leqslant 25$mm,T8 按 GB/T 1298—1986 的规定;$d > 25$mm,20 钢按 GB/T 699—1999 的规定 (2)热处理:T8 为 55～60HRC;20 钢渗碳深度为 0.8～1.2mm,55～60HRC (3)其他技术条件按 JB/T 8044—1999 的规定
		标记示例	$d = 22$mm、公差带为 H6、$H = 20$mm 的 A 型定位衬套 定位衬套 A22H6×20 JB/T 8013.1—1999

零件名称	零件简图	技术条件与标记示例	
薄壁钻套	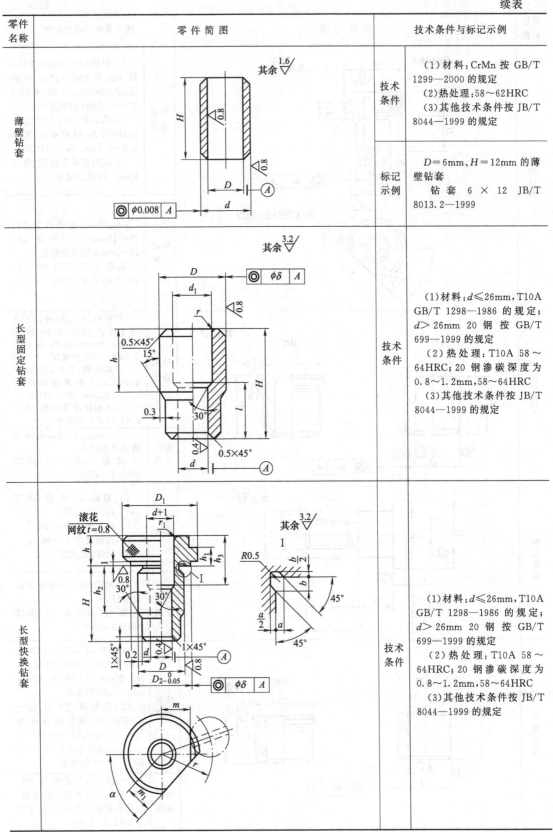	技术条件	(1)材料:CrMn 按 GB/T 1299—2000 的规定 (2)热处理:58～62HRC (3)其他技术条件按 JB/T 8044—1999 的规定
		标记示例	$D=6$mm、$H=12$mm 的薄壁钻套 钻套 6×12 JB/T 8013.2—1999
长型固定钻套		技术条件	(1)材料:$d \leqslant 26$mm,T10A GB/T 1298—1986 的规定;$d > 26$mm 20 钢按 GB/T 699—1999 的规定 (2)热处理:T10A 58～64HRC;20 钢渗碳深度为 0.8～1.2mm,58～64HRC (3)其他技术条件按 JB/T 8044—1999 的规定
长型快换钻套		技术条件	(1)材料:$d \leqslant 26$mm,T10A GB/T 1298—1986 的规定;$d > 26$mm 20 钢按 GB/T 699—1999 的规定 (2)热处理:T10A 58～64HRC;20 钢渗碳深度为 0.8～1.2mm,58～64HRC (3)其他技术条件按 JB/T 8044—1999 的规定

11.3.2 镗套 (表 11-8)

表 11-8 镗套

零件名称	零件简图	技术条件与标记示例
镗套	A型 网纹m0.3 h H D_2 d D ϕt A 6.3 $8^{-0.20}_{-0.30}$ 1.6 0.8 0.8 A m GB/T 830—1988 JB/T 8046.3—1999 D_1 r_3 r_1 B型 其余 $\sqrt{12.5}$ 12 $\phi 3.5$ $\phi 8H8$ 3.2 油杯8 JB/T 7940.4—1995 K K l m_1 D_3 r_2 K—K R0.5 R0.5 r_4 l_1	**技术条件** (1)材料:20 钢 按 GB/T 699—1999 的规定;HT200 按 GB/T 9439—1998 的规定 (2)热处理:20 钢渗碳深度为 0.8 ~ 1.2mm,55 ~ 60HRC;HT200 粗加工后进行时效处理 (3)d 的公差带为 H7 时,$t=0.010$mm;d 的公差带为 H6 时,当 $D<85$mm,$t=0.005$mm;$D\geqslant 85$mm,$t=0.010$mm (4)油槽锐角角后倒钝 (5)其他技术条件按 JB/T 8044—1999 的规定 **标记示例** $d=40$mm、公差带为 H7、$D=50$mm、公差带为 g5、$H=60$mm 的 A 型镗套 镗套 A40H7×50 g6×60 JB/T 8046.1—1999

零件名称	零件简图	技术条件与标记示例	
镗套用衬套	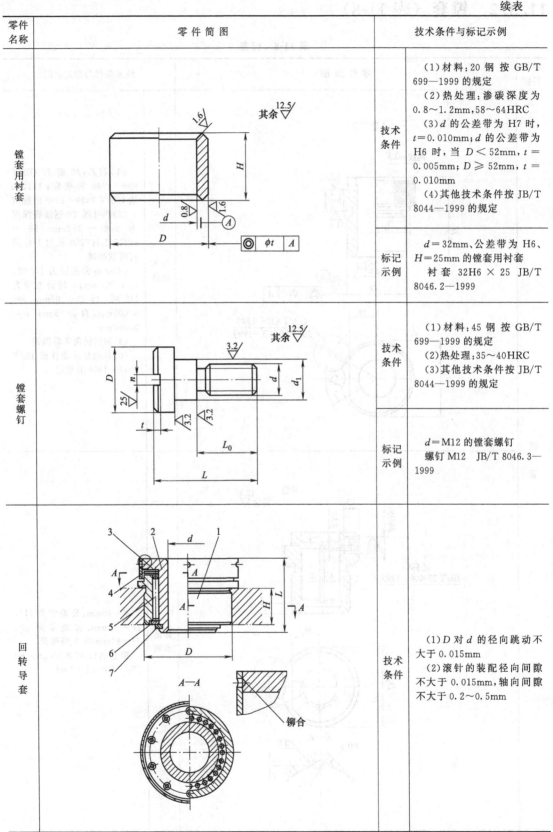	技术条件	(1)材料:20 钢 按 GB/T 699—1999 的规定 (2)热处理:渗碳深度为 0.8~1.2mm,58~64HRC (3)d 的公差带为 H7 时,$t=0.010$mm;d 的公差带为 H6 时,当 $D<52$mm,$t=0.005$mm;$D\geqslant52$mm,$t=0.010$mm (4)其他技术条件按 JB/T 8044—1999 的规定
		标记示例	$d=32$mm、公差带为 H6、$H=25$mm 的镗套用衬套 衬套 32H6 × 25 JB/T 8046.2—1999
镗套螺钉		技术条件	(1)材料:45 钢 按 GB/T 699—1999 的规定 (2)热处理:35~40HRC (3)其他技术条件按 JB/T 8044—1999 的规定
		标记示例	$d=$M12 的镗套螺钉 螺钉 M12 JB/T 8046.3—1999
回转导套		技术条件	(1)D 对 d 的径向跳动不大于 0.015mm (2)滚针的装配径向间隙不大于 0.015mm,轴向间隙不大于 0.2~0.5mm

零件名称	零件简图	技术条件与标记示例
件 1 衬套	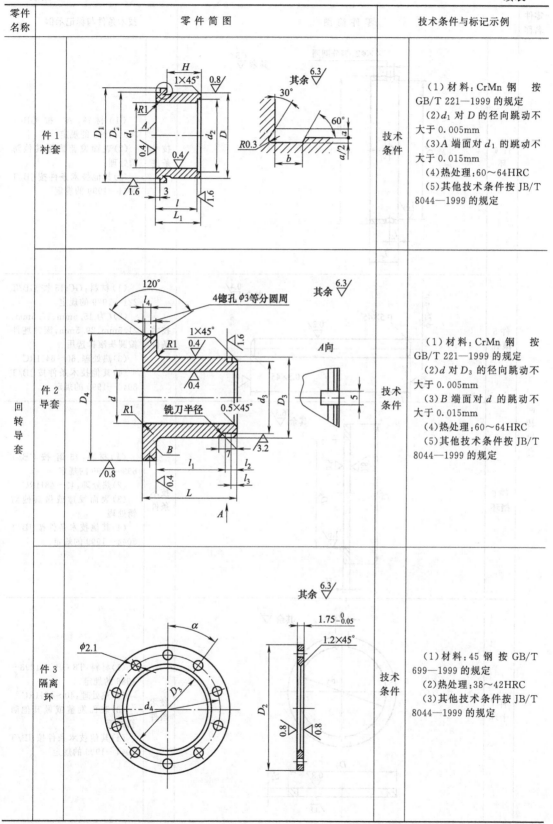	技术条件 (1)材料：CrMn 钢 按 GB/T 221—1999 的规定 (2)d_1 对 D 的径向跳动不大于 0.005mm (3)A 端面对 d_1 的跳动不大于 0.015mm (4)热处理：60～64HRC (5)其他技术条件按 JB/T 8044—1999 的规定
回转导套 件 2 导套		技术条件 (1)材料：CrMn 钢 按 GB/T 221—1999 的规定 (2)d 对 D_3 的径向跳动不大于 0.005mm (3)B 端面对 d 的跳动不大于 0.015mm (4)热处理：60～64HRC (5)其他技术条件按 JB/T 8044—1999 的规定
件 3 隔离环		技术条件 (1)材料：45 钢 按 GB/T 699—1999 的规定 (2)热处理：38～42HRC (3)其他技术条件按 JB/T 8044—1999 的规定

续表

零件名称	零件简图		技术条件与标记示例
回转导套	件4 环	4×φ2,等分圆周 其余 6.3 ▽	技术条件	（1）材料：A3 按 GB/T 700—1999 的规定 （2）表面发蓝或做其他防锈处理 （3）其他技术条件按 JB/T 8044—1999 的规定
	件5 滚针	其余 0.4 ▽ φ25−0.01 0.5×45° 0.2▽ 0.8▽ 0.5×45° 0.8▽ l	技术条件	（1）材料：GCr15 按 GB/T 221—1999 的规定 （2）l 为 15.5mm，17.5mm，21.5mm，29.5mm，滚针坯件按圆头滚针选用 （3）热处理：60～64HRC （4）其他技术条件按 JB/T 8044—1999 的规定
	件6 挡环	其余 6.3 ▽ 0.8▽ 0.8▽ D₆ D₈ 1.6▽ H₁	技术条件	（1）材料：45 钢 按 GB/T 699—1999 的规定 （2）热处理：43～48HRC （3）表面发蓝或做其他防锈处理 （4）其他技术条件按 JB/T 8044—1999 的规定
	件7 卡环	3 其余 6.3 ▽ d₃ D₇ 0.8▽ H₂ 0.8▽	技术条件	（1）材料：T8 GB/T 1298—1986 的规定 （2）热处理：40～45HRC （3）表面发蓝或做其他防锈处理 （4）其他技术条件按 JB/T 8044—1999 的规定

11.4　对刀件

11.4.1　对刀块（表 11-9）

表 11-9　对刀块

零件名称	零件简图	技术条件与标记示例	
圆形对刀块		技术条件	（1）材料：20 钢 按 GB/T 699—1999 的规定 （2）热处理：渗碳深度为 0.8～1.2mm，58～64HRC （3）其他技术条件按 JB/T 8044—1999 的规定
		标记示例	$D=25$mm 的圆形对刀块 对刀块 25 JB/T 8031.1—1999
方形对刀块		技术条件	（1）材料：20 钢 按 GB/T 699—1999 的规定 （2）热处理：渗碳深度为 0.8～1.2mm，58～64HRC （3）其他技术条件按 JB/T 8044—1999 的规定
		标记示例	方形对刀块 对刀块 JB/T 8031.2—1999
直角对刀块		技术条件	（1）材料：20 钢 按 GB/T 699—1999 的规定 （2）热处理：渗碳深度为 0.8～1.2mm，58～64HRC （3）其他技术条件按 JB/T 8044—1999 的规定
		标记示例	直角对刀块 对刀块 JB/T 8031.3—1999

续表

零件 名称	零件简图	技术条件与标记示例
侧装 对刀块	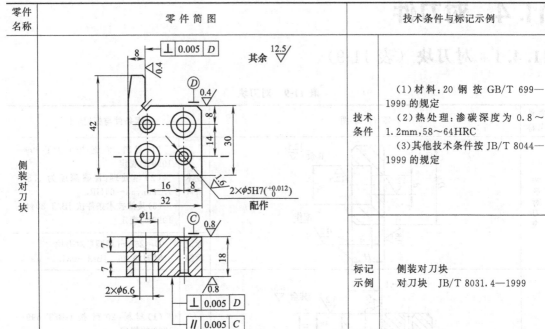	技术 条件　（1）材料：20 钢 按 GB/T 699— 1999 的规定 　（2）热处理：渗碳深度为 0.8～ 1.2mm，58～64HRC 　（3）其他技术条件按 JB/T 8044— 1999 的规定 标记 示例　侧装对刀块 　对刀块　JB/T 8031.4—1999

11.4.2 对刀用塞尺（表 11-10）

表 11-10 对刀用塞尺

零件 名称	零件简图	技术条件与标记示例
对刀平塞尺	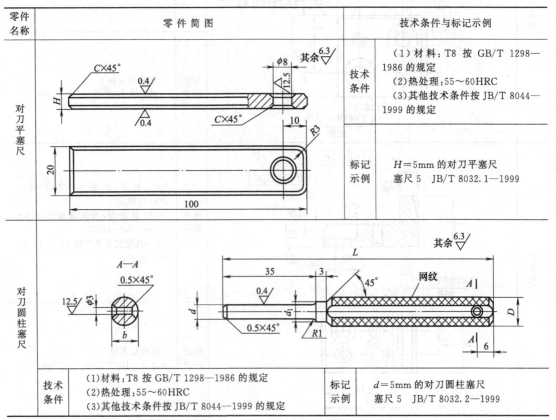	技术 条件　（1）材料：T8 按 GB/T 1298— 1986 的规定 　（2）热处理：55～60HRC 　（3）其他技术条件按 JB/T 8044— 1999 的规定 标记 示例　$H=5mm$ 的对刀平塞尺 　塞尺 5　JB/T 8032.1—1999
对刀圆柱塞尺		
技术 条件	(1)材料：T8 按 GB/T 1298—1986 的规定 (2)热处理：55～60HRC (3)其他技术条件按 JB/T 8044—1999 的规定	标记 示例　$d=5mm$ 的对刀圆柱塞尺 　塞尺 5　JB/T 8032.2—1999

11.5　对定件

11.5.1　手拉式定位器（表 11-11）

表 11-11　手拉式定位器

零件名称	零件简图		技术条件与标记示例
手拉式定位器		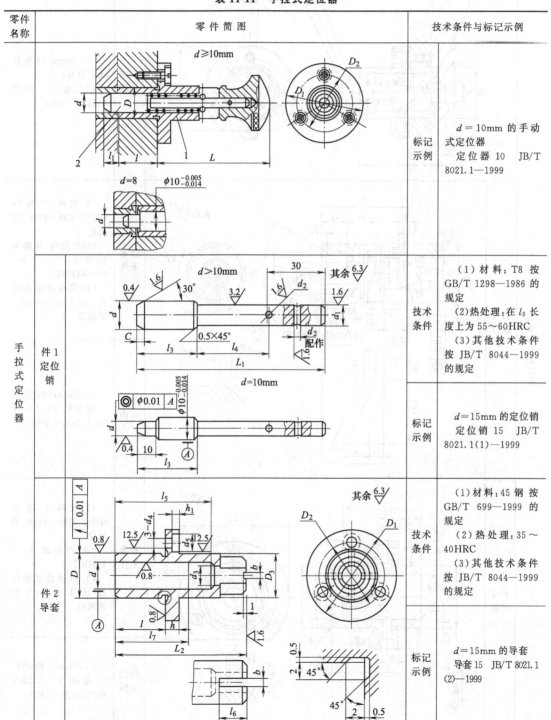	标记示例：$d=10$mm 的手动式定位器 定位器 10　JB/T 8021.1—1999
	件 1 定位销		（1）材料：T8 按 GB/T 1298—1986 的规定 （2）热处理：在 l_3 长度上为 55～60HRC （3）其他技术条件按 JB/T 8044—1999 的规定
			标记示例：$d=15$mm 的定位销 定位销 15　JB/T 8021.1(1)—1999
	件 2 导套		技术条件（1）材料：45 钢按 GB/T 699—1999 的规定 （2）热处理：35～40HRC （3）其他技术条件按 JB/T 8044—1999 的规定
			标记示例：$d=15$mm 的导套 导套 15　JB/T 8021.1(2)—1999

11.5.2 枪栓式定位器（表 11-12）

表 11-12 枪栓式定位器

零件名称	零件简图	技术条件与标记示例
枪栓式定位器		**标记示例** $d=10mm$ 的枪栓式定位器： 定位器 10 JB/T 8021.2—1999
件1 定位销	沿直径 D_2 的展开图	**技术条件** (1)材料：20 钢 按 GB/T 699—1999 的规定 (2)热处理：渗碳深度为 $0.8 \sim 1.2mm$，$58 \sim 64HRC$ (3)其他技术条件按 JB/T 8044—1999 的规定 **标记示例** $d=15mm$ 的定位销 定位销 15 JB/T 8021.2(1)—1999
件2 壳体		**技术条件** (1)材料：45 钢 按 GB/T 699—1999 的规定 (2)热处理：$35 \sim 40HRC$ (3)其他技术条件按 JB/T 8044—1999 的规定 **标记示例** $D_3=28mm$ 的壳体 壳体 15 JB/T 8021.2(2)—1999

零件名称	零件简图	技术条件与标记示例	
枪栓式定位器 件 3 轴	其余 $\sqrt{6.3}$ $2\times\phi 3H7\binom{+0.01}{0}$ 配作 1.6　1.6　1.6 d_1　d_5　d_1 l_7　l_8 L_3	技术条件	（1）材料：45 钢 按 GB/T 699—1999 的规定 （2）其他技术条件按 JB/T 8044—1999 的规定
		标记示例	$d_1 = 8\text{mm}$, $L_3 = 53\text{mm}$ 的轴 轴 8×53　JB/T 8021.2(3)—1999

11.5.3　齿条式定位器（表 11-13）

表 11-13　齿条式定位器

零件名称	零件简图	技术条件与标记示例
齿条式定位器	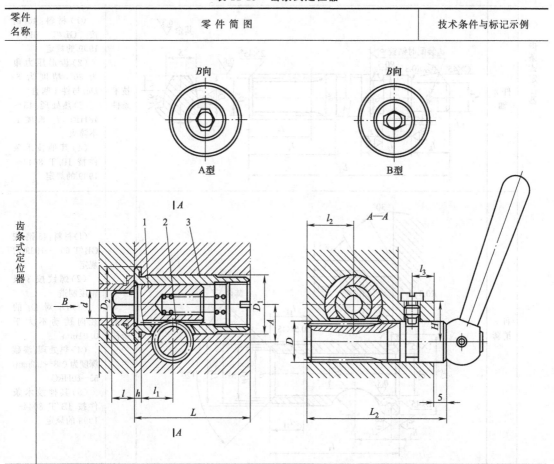	

零件名称	零件简图	技术条件与标记示例
件1 定位销	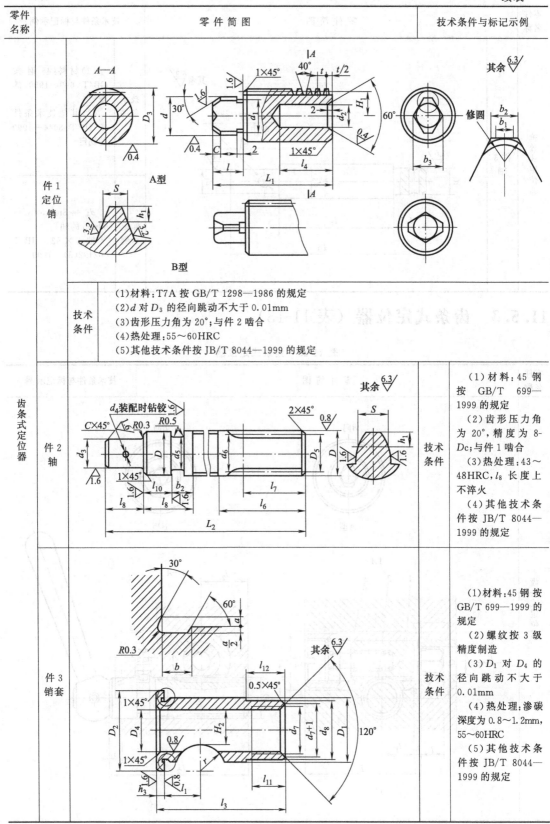	
	(1)材料：T7A 按 GB/T 1298—1986 的规定 (2)d 对 D_3 的径向跳动不大于 0.01mm (3)齿形压力角为 20°；与件 2 啮合 (4)热处理：55~60HRC (5)其他技术条件按 JB/T 8044—1999 的规定	（技术条件）
齿条式定位器 件2 轴		（1）材料：45 钢按 GB/T 699—1999 的规定 （2）齿形压力角为 20°，精度为 8-Dc；与件 1 啮合 （3）热处理：43~48HRC，l_8 长度上不淬火 （4）其他技术条件按 JB/T 8044—1999 的规定
件3 销套		（1）材料：45 钢按 GB/T 699—1999 的规定 （2）螺纹按 3 级精度制造 （3）D_1 对 D_4 的径向跳动不大于 0.01mm （4）热处理：渗碳深度为 0.8~1.2mm，55~60HRC （5）其他技术条件按 JB/T 8044—1999 的规定

11.6 夹紧件

11.6.1 螺母（表 11-14）

表 11-14 螺母

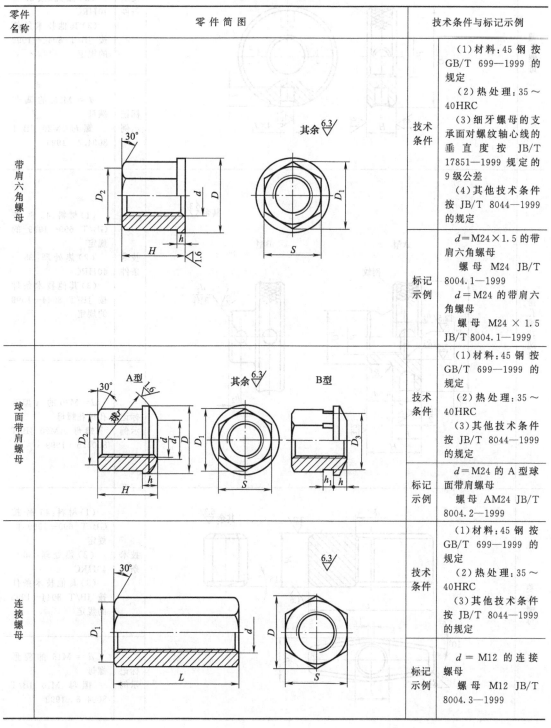

零件名称	零件简图	技术条件与标记示例	
带肩六角螺母		技术条件	（1）材料：45 钢 按 GB/T 699—1999 的规定 （2）热处理：35～40HRC （3）细牙螺母的支承面对螺纹轴心线的垂直度 按 JB/T 17851—1999 规定的 9 级公差 （4）其他技术条件 按 JB/T 8044—1999 的规定

		标记示例	d＝M24×1.5 的带肩六角螺母
			  螺母 M24 JB/T 8004.1—1999
			d＝M24 的带肩六角螺母
			  螺母 M24×1.5 JB/T 8004.1—1999

球面带肩螺母		技术条件	（1）材料：45 钢 按 GB/T 699—1999 的规定 （2）热处理：35～40HRC （3）其他技术条件 按 JB/T 8044—1999 的规定
		标记示例	d＝M24 的 A 型球面带肩螺母 螺母 AM24 JB/T 8004.2—1999
连接螺母		技术条件	（1）材料：45 钢 按 GB/T 699—1999 的规定 （2）热处理：35～40HRC （3）其他技术条件 按 JB/T 8044—1999 的规定
		标记示例	d＝M12 的连接螺母 螺母 M12 JB/T 8004.3—1999

零件名称	零件简图	技术条件与标记示例	
调节螺母		技术条件	(1)材料:45钢按GB/T 699—1999的规定 (2)热处理:35～40HRC (3)其他技术条件按 JB/T 8044—1999的规定
		标记示例	d = M20 的调节螺母 螺母 M20 JB/T 8004.4—1999
带孔滚花螺母		技术条件	(1)材料:45钢按GB/T 699—1999的规定 (2)热处理:35～40HRC (3)其他技术条件按 JB/T 8044—1999的规定
		标记示例	d = M20 的 A 型带孔滚花螺母 螺母 AM20 JB/T 8004.5—1999
菱形螺母		技术条件	(1)材料:45钢按GB/T 699—1999的规定 (2)热处理:35～40HRC (3)其他技术条件按 JB/T 8044—1999的规定
		标记示例	d = M16 的菱形螺母 螺母 M16 JB/T 8004.6—1999

零件名称	零件简图	技术条件与标记示例	
内六角螺母	其余 $\overset{6.3}{\triangledown}$ 120° D_1 h h_1 H 3.2 d D $\overset{1.6}{\triangle}$ D_2 S	技术条件	（1）材料：45 钢 按 GB/T 699—1999 的规定 （2）热处理：35～40HRC （3）其他技术条件按 JB/T 8044—1999 的规定
		标记示例	$d=$M12 的内六角螺母 　螺母 M12 JB/T 8004.7—1999
手柄螺母 件1螺母	A型　　　B型 L d_0 H d D 1	标记示例	$d=$M12，$H=$50mm 的 A 型手柄螺母 　手柄螺母 AM12 JB/T 8004.8—1999
	其余 $\overset{6.3}{\triangledown}$ d_2 l_1 d_1 H l d D $\overset{3.2}{\triangle}$ $\overset{3.2}{\triangle}$	技术条件	（1）材料：45 钢 按 GB/T 699—1999 的规定 （2）热处理：35～40HRC （3）其他技术条件按 JB/T 8044—1999 的规定
		标记示例	$d=$M12，$H=$50mm 的螺母 　螺母 M12×50 JB/T 8004.8(1)—1999

零件名称	零件简图	技术条件与标记示例
回转手柄螺母		**标记示例** $d=$ M16 的回转手柄螺母 手柄螺母 M16 JB/T 8004.9—1999
件1 螺母		**技术条件** (1)材料:45 钢 按 GB/T 699—1999 的规定 (2)热处理:35~40HRC (3)其他技术条件按 JB/T 8044—1999 的规定
		标记示例 $d=$ M16 的螺母 螺母 M16 JB/T 8004.9(1)—1999
件2 弹簧片		**技术条件** (1)材料:65Mn 按 GB/T 1222—1999 的规定 (2)热处理:43~48HRC (3)其他技术条件按 JB/T 8044—1999 的规定
		标记示例 $D_1=$ 22mm 的弹簧片 弹簧片 22 JB/T 8004.9(2)—1999

零件名称		零件简图	技术条件与标记示例
回转手柄螺母	件3手柄		技术条件 （1）材料：45 钢 按 GB/T 699—1999 的规定 （2）热处理：35～40HRC （3）其他技术条件按 JB/T 8044—1999 的规定
			标记示例 $L=120$mm 的手柄 手柄 120 JB/T 8004.9(3)—1999
多手柄螺母			标记示例 $d=$M16 的 A 型多手柄螺母 螺母 AM16 JB/T 8004.10—1999
	件1螺母		技术条件 （1）材料：45 钢 按 GB/T 699—1999 的规定 （2）其他技术条件按 JB/T 8044—1999 的规定
			标记示例 $d=$M16 的螺母 螺母 M16 JB/T 8004.10(1)—1999

零件名称	零件简图	技术条件与标记示例	
T形槽用螺母	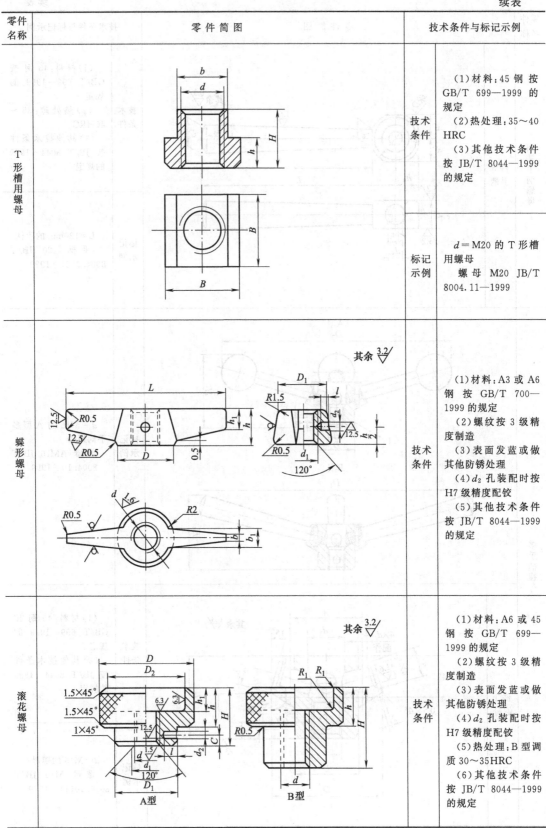	技术条件	（1）材料：45 钢 按 GB/T 699—1999 的规定 （2）热处理：35～40 HRC （3）其他技术条件按 JB/T 8044—1999 的规定
		标记示例	d＝M20 的 T 形槽用螺母 　螺母 M20 JB/T 8004.11—1999
蝶形螺母		技术条件	（1）材料：A3 或 A6 钢 按 GB/T 700—1999 的规定 （2）螺纹按 3 级精度制造 （3）表面发蓝或做其他防锈处理 （4）d_2 孔装配时按 H7 级精度配铰 （5）其他技术条件按 JB/T 8044—1999 的规定
滚花螺母		技术条件	（1）材料：A6 或 45 钢 按 GB/T 699—1999 的规定 （2）螺纹按 3 级精度制造 （3）表面发蓝或做其他防锈处理 （4）d_2 孔装配时按 H7 级精度配铰 （5）热处理：B 型调质 30～35HRC （6）其他技术条件按 JB/T 8044—1999 的规定

零件名称	零件简图	技术条件与标记示例
捏手螺母	其余 6.3 ▽	技术条件 (1)材料:45 钢 按 GB/T 699—1999 的 规定 (2)热处理:33～38HRC (3)表面处理:发蓝 (4)其他技术条件 按 JB/T 8044—1999 的规定
滚花六角头圆螺母	其余 6.3 ▽	技术条件 (1)材料:45 钢 按 GB/T 699—1999 的 规定 (2)表面处理:发蓝 (3)其他技术条件 按 JB/T 8044—1999 的规定
圆螺母—带扳手孔	其余 12.5 ▽	技术条件 (1)材料:45 钢 按 GB/T 699—1999 的 规定 (2)热处理:26～31HRC (3)其他技术条件 按 JB/T 8044—1999 的规定

11.6.2 螺钉（表 11-15）

表 11-15　螺钉

零件名称	零件简图	技术条件与标记示例
压紧螺钉		技术条件：(1)材料：45 钢 按 GB/T 699—1999 的规定　(2)热处理：30～35HRC　(3)其他技术条件按 JB/T 8044—1999 的规定 标记示例：$d=M24$，$L=80mm$ 的 A 型压紧螺钉　螺钉 AM24×80 JB/T 8006.1—1999
六角头压紧螺钉		技术条件：(1)材料：45 钢 按 GB/T 699—1999 的规定　(2)热处理：35～40HRC　(3)其他技术条件按 JB/T 8044—1999 的规定 标记示例：$d=M20$，$L=80mm$ 的 A 型六角头压紧螺钉　螺钉 AM20×80 JB/T 8006.2—1999
固定手柄压紧螺钉　件 1 螺钉		标记示例：$d=M20$，$L=70mm$ 的 A 型固定手柄压紧螺钉　螺钉 AM20×70 JB/T 8006.3—1999 技术条件：(1)材料：45 钢 按 GB/T 699—1999 的规定　(2)热处理：35～40HRC　(3)其他技术条件按 JB/T 8044—1999 的规定 标记示例：$d=M20$，$L=70mm$ 的 A 型螺钉　螺钉 AM20×70 JB/T 8006.3(1)—1999

零件 名称	零件 简 图	技术条件与标记示例	
活动手柄压紧螺钉 件 1 螺钉	A型 B型 C型	标记 示例	d＝M24,L＝10mm 的 A 型活动手柄压紧螺钉 　螺钉 AM24×10 JB/T 8006.4—1999
	其余 $\sqrt{\dfrac{6.3}{}}$ A型　B型 C型	技术 条件	(1)材料:45 钢 按 GB/ T 699—1999 的规定 (2)热处理:35～40HRC (3)其他技术条件按 JB/T 8044—1999 的规定
		标记 示例	d＝M24,L＝100mm 的 A 型螺钉 　螺钉 AM24×100 JB/ T 8006.4(1)—1999
塑料夹具用六角头螺钉	30°　其余 $\sqrt{\dfrac{6.3}{}}$ $C×45°$	技术 条件	(1)材料:45 钢 按 GB/ T 699—1999 的规定 (2)热处理:35～40HRC (3)其他技术条件按 JB/T 8044—1999 的规定
		标记 示例	d＝M24×1.5,L＝ 40mm 的塑料夹具用六 角头螺钉 　螺钉 M24×1.5×40 JB/T 8043.1—1999
塑料夹具用内六角螺钉	$C×45°$　其余 $\sqrt{\dfrac{6.3}{}}$ 120°	技术 条件	(1)材料:45 钢 按 GB/ T 699—1999 的规定 (2)热处理:35～40HRC (3)其他技术条件按 JB/T 8044—1999 的规定
		标记 示例	d＝M24×1.5,L＝ 50mm 的塑料夹具用内 六角螺钉 　螺钉 M24×1.5×50 JB/T 8043.2—1999

续表

零件名称	零件简图	技术条件与标记示例	
塑料夹具用柱塞	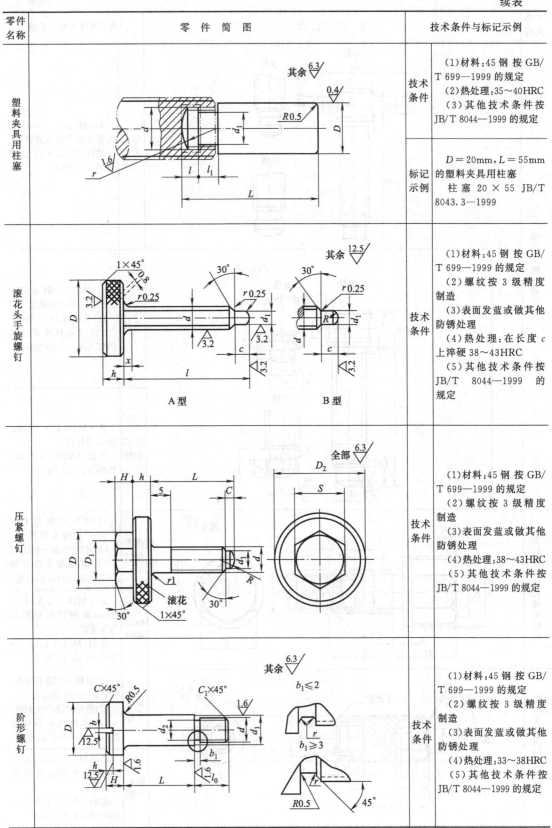	技术条件	(1)材料:45钢 按 GB/T 699—1999 的规定 (2)热处理:35~40HRC (3)其他技术条件按 JB/T 8044—1999 的规定
		标记示例	$D=20mm$, $L=55mm$ 的塑料夹具用柱塞 柱塞 20×55 JB/T 8043.3—1999
滚花头手旋螺钉		技术条件	(1)材料:45钢 按 GB/T 699—1999 的规定 (2)螺纹按 3 级精度制造 (3)表面发蓝或做其他防锈处理 (4)热处理:在长度 c 上淬硬 38~43HRC (5)其他技术条件按 JB/T 8044—1999 的规定
压紧螺钉		技术条件	(1)材料:45 钢 按 GB/T 699—1999 的规定 (2)螺纹按 3 级精度制造 (3)表面发蓝或做其他防锈处理 (4)热处理:38~43HRC (5)其他技术条件按 JB/T 8044—1999 的规定
阶形螺钉		技术条件	(1)材料:45 钢 按 GB/T 699—1999 的规定 (2)螺纹按 3 级精度制造 (3)表面发蓝或做其他防锈处理 (4)热处理:33~38HRC (5)其他技术条件按 JB/T 8044—1999 的规定

续表

零件 名称	零件简图	技术条件与标记示例
锁紧螺钉	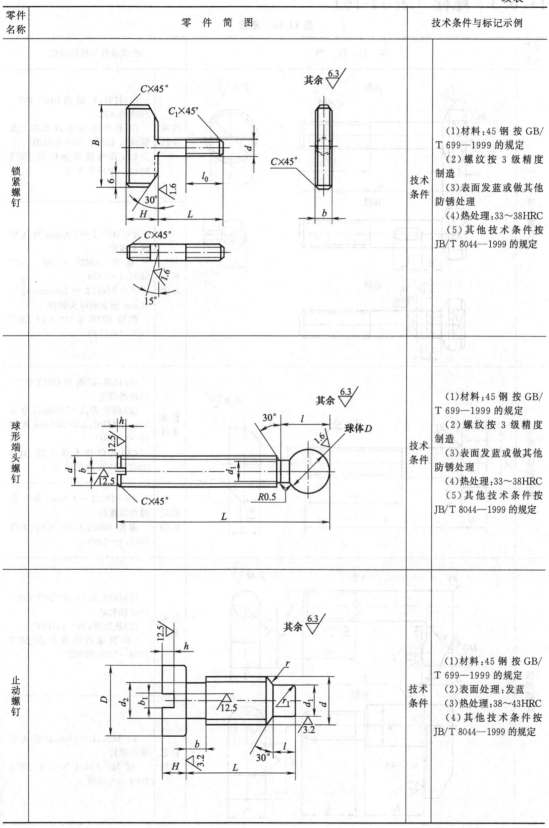	技术 条件	(1)材料:45 钢 按 GB/T 699—1999 的规定 (2)螺纹按 3 级精度制造 (3)表面发蓝或做其他防锈处理 (4)热处理:33～38HRC (5)其他技术条件按 JB/T 8044—1999 的规定
球形端头螺钉		技术 条件	(1)材料:45 钢 按 GB/T 699—1999 的规定 (2)螺纹按 3 级精度制造 (3)表面发蓝或做其他防锈处理 (4)热处理:33～38HRC (5)其他技术条件按 JB/T 8044—1999 的规定
止动螺钉		技术 条件	(1)材料:45 钢 按 GB/T 699—1999 的规定 (2)表面处理:发蓝 (3)热处理:38～43HRC (4)其他技术条件按 JB/T 8044—1999 的规定

11.6.3 螺栓（表11-16）

表 11-16　螺栓

零件名称	零件简图	技术条件与标记示例	
球头螺栓		技术条件	(1)材料：45 钢 按 GB/T 699—1999 的规定 (2)热处理：头部 H 长度上及螺纹 l_0 长度上 35～40HRC (3)其他技术条件按 JB/T 8044—1999 的规定
		标记示例	$d=$M20，$L=$100mm 的 A 型球头螺栓 螺栓 AM20 × 100 JB/T 8007.1—1999 $d=$M20，$L=$100mm，$l_1=$15mm 的 B 型球头螺栓 螺栓 BM20×100×15 JB/T 8007.1—1999
T形槽快卸螺栓		技术条件	(1)材料：45 钢 按 GB/T 699—1999 的规定 (2)热处理：$L\leqslant$100mm 全部 35～40HRC；$L>$100mm 两端 35～40HRC (3)其他技术条件按 JB/T 8044—1999 的规定
		标记示例	$d=$M20，$L=$100mm 的 T 形槽快卸螺栓 螺栓 BM20×100×15 JB/T 8007.2—1999
钩形螺栓		技术条件	(1)材料：45 钢 按 GB/T 699—1999 的规定 (2)热处理：35～40HRC (3)其他技术条件按 JB/T 8044—1999 的规定
		标记示例	$d=$M24，$L=$100mm 的 A 型钩形螺钉 螺栓 AM24 × 100 JB/T 8007.3—1999

零件名称	零件简图		技术条件与标记示例
双头螺栓		技术条件	(1)材料：35 钢 按 GB/T 699—1999 的规定 (2)热处理：螺纹部分 35～40HRC (3)其他技术条件按 JB/T 8044—1999 的规定
		标记示例	$d=$ M12，$L=$ 75mm 的双头螺栓 螺栓 M12×75 JB/T 8007.4—1999
槽用螺栓		技术条件	(1)材料：45 钢 按 GB/T 699—1999 的规定 (2)热处理：35～40HRC (3)其他技术条件按 JB/T 8044—1999 的规定
		标记示例	$d=$ M10，$L=$ 40mm 的槽用螺栓 螺栓 M10×40 JB/T 8007.5—1999

11.6.4　垫圈（表 11-17）

表 11-17　垫圈

零件名称	零件简图		技术条件与标记示例
悬式垫圈		技术条件	(1)材料：45 钢 按 GB/T 699—1999 的规定 (2)热处理：35～40HRC (3)其他技术条件按 JB/T 8044—1999 的规定
		标记示例	公称直径＝24mm 的悬式垫圈 垫圈 24 JB/T 8008.1—1999

零件名称	零 件 简 图	技术条件与标记示例	
十字垫圈		技术条件	(1)材料:45钢 按GB/T 699—1999 的规定 (2)热处理:40～45HRC (3)其他技术条件按 JB/T 8044—1999 的规定
		标记示例	公称直径＝24mm 的十字垫圈 垫圈 24 JB/T 8008.2—1999
十字垫圈用垫圈		技术条件	(1)材料:45钢 按GB/T 699—1999 的规定 (2)热处理:40～45HRC (3)其他技术条件按 JB/T 8044—1999 的规定
		标记示例	公称直径＝30mm 的十字垫圈用垫圈 垫圈 24 JB/T 8008.3—1999
转动垫圈		技术条件	(1)材料:45钢 按GB/T 699—1999 的规定 (2)热处理:35～40HRC (3)其他技术条件按 JB/T 8044—1999 的规定
		标记示例	公称直径＝20mm,r＝15mm 的 A 型转动垫圈 垫圈 A20 JB/T 8008.4—1999
快换垫圈		技术条件	(1)材料:45钢 按GB/T 699—1999 的规定 (2)热处理:35～40HRC (3)其他技术条件按 JB/T 8044—1999 的规定
		标记示例	公称直径＝20mm,D＝30mm 的 A 型快换垫圈 垫圈 A6×30 JB/T 8008.5—1999

零件名称	零件简图	技术条件与标记示例	
拆卸垫		技术条件	(1)材料:45 钢 按 GB/T 699—1999 的规定 (2)热处理:30～35HRC (3)其他技术条件按 JB/T 8044—1999 的规定
		标记示例	$D=68$mm 的拆卸垫 拆卸垫 68 JB/T 8040—1999
球面垫圈		技术条件	(1)材料:A6 或 45 钢 按 GB/T 699—1999 的规定 (2)表面发蓝或做其他防锈处理 (3)热处理:40～45HRC (4)其他技术条件按 JB/T 8044—1999 的规定
开口垫圈		技术条件	(1)材料:20 或 45 钢 按 GB/T 699—1999 的规定 (2)表面发蓝或做其他防锈处理 (3)热处理:20 渗碳深度为 0.8～1.2mm,淬火 50～55HRC;45 淬火 35～40HRC (4)其他技术条件按 JB/T 8044—1999 的规定
加大垫圈		技术条件	(1)材料:A3 按 GB/T 700—1999 的规定 (2)表面发蓝或做其他防锈处理 (3)其他技术条件按 JB/T 8044—1999 的规定

11.6.5　压块（表 11-18）

表 11-18　压块

零件名称	零件简图	技术条件与标记示例	
光面压块		技术条件	(1)材料:45 钢 按 GB/T 699—1999 的规定 (2)热处理:35～40HRC (3)其他技术条件按 JB/T 8044—1999 的规定
		标记示例	公称直径=24mm 的 A 型光面压块 压块 A24 JB/T 8009.1—1999
槽面压块		技术条件	(1)材料:45 钢 按 GB/T 699—1999 的规定 (2)热处理:35～40HRC (3)其他技术条件按 JB/T 8044—1999 的规定
		标记示例	公称直径=24mm 的 A 型槽面压块 压块 A24 JB/T 8009.2—1999
圆压块		技术条件	(1)材料:45 钢 按 GB/T 699—1999 的规定 (2)热处理:35～40HRC (3)其他技术条件按 JB/T 8044—1999 的规定
		标记示例	D=60mm 的圆压块 压块 60 JB/T 8009.3—1999
弧形压块		技术条件	(1)材料:45 钢 按 GB/T 699—1999 的规定 (2)热处理:35～40HRC (3)其他技术条件按 JB/T 8044—1999 的规定
		标记示例	$L=80mm, B=20mm$ 的 A 型弧形压块 压块 A80×20 JB/T 8009.4—1999

11.6.6 压板（表 11-19）

表 11-19 压板

零件名称	零件简图		技术条件与标记示例
移动压板	其余 $\sqrt{\dfrac{12.5}{}}$ A 型	技术条件	(1)材料:45 钢 按 GB/T 699—1000 的规定 (2)热处理:35～40HRC (3)其他技术条件按 JB/T 8044—1999 的规定
	B 型　　　　C 型	标记示例	螺纹公称直径 $d=6$mm、$L=45$mm 的 A 型移动压板 压板 A6×45 JB/T 8010.1—1999
转动压板	A 型　　其余 $\sqrt{\dfrac{12.5}{}}$	技术条件	(1)材料:45 钢 按 GB/T 699—1999 的规定 (2)热处理:35～40HRC (3)其他技术条件按 JB/T 8044—1999 的规定
	B 型　　　　C 型	标记示例	螺纹公称直径 $d=6$mm、$L=45$mm 的 A 型转动压板 压板 A6×45 JB/T 8010.2—1999

零件名称	零件简图	技术条件与标记示例
移动弯压板	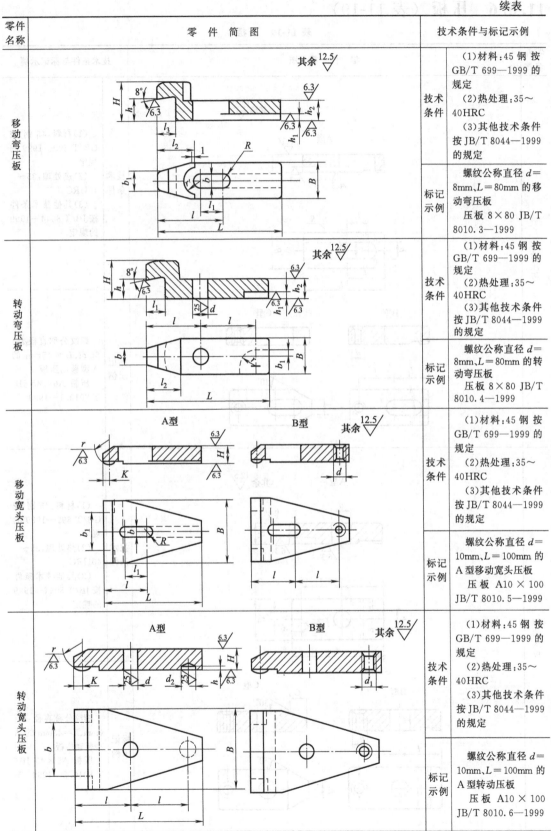	**技术条件** (1)材料:45钢按GB/T 699—1999的规定 (2)热处理:35～40HRC (3)其他技术条件按JB/T 8044—1999的规定
		标记示例 螺纹公称直径$d=$8mm、$L=$80mm的移动弯压板 压板 8×80 JB/T 8010.3—1999
转动弯压板		**技术条件** (1)材料:45钢按GB/T 699—1999的规定 (2)热处理:35～40HRC (3)其他技术条件按JB/T 8044—1999的规定
		标记示例 螺纹公称直径$d=$8mm、$L=$80mm的转动弯压板 压板 8×80 JB/T 8010.4—1999
移动宽头压板		**技术条件** (1)材料:45钢按GB/T 699—1999的规定 (2)热处理:35～40HRC (3)其他技术条件按JB/T 8044—1999的规定
		标记示例 螺纹公称直径$d=$10mm、$L=$100mm的A型移动宽头压板 压板 A10×100 JB/T 8010.5—1999
转动宽头压板		**技术条件** (1)材料:45钢按GB/T 699—1999的规定 (2)热处理:35～40HRC (3)其他技术条件按JB/T 8044—1999的规定
		标记示例 螺纹公称直径$d=$10mm、$L=$100mm的A型转动压板 压板 A10×100 JB/T 8010.6—1999

零件名称	零件简图	技术条件与标记示例	
偏心轮用压板		技术条件	(1)材料：45 钢按 GB/T 699—1999 的规定 (2)热处理：35～40HRC (3)其他技术条件按 JB/T 8044—1999 的规定
		标记示例	螺纹公称直径 $d=$ 8mm、$L=70$mm 的偏心轮用压板 压板 8×70 JB/T 8010.7—1999
偏心轮用宽头压板		技术条件	(1)材料：45 钢按 GB/T 699—1999 的规定 (2)热处理：35～40HRC (3)其他技术条件按 JB/T 8044—1999 的规定
		标记示例	螺纹公称直径 $d=$ 12mm、$L=120$mm 的偏心轮用宽头压板 压板 12×120 JB/T 8010.8—1999
平压板		技术条件	(1)材料：45 钢按 GB/T 699—1999 的规定 (2)热处理：35～40HRC (3)其他技术条件按 JB/T 8044—1999 的规定
		标记示例	螺纹公称直径 $d=$ 20mm、$L=200$mm 的 A 型平压板 压板 A20×200 JB/T 8010.9—1999

零件名称	零 件 简 图	技术条件与标记示例
弯头压板		**技术条件** (1)材料:45 钢 按 GB/T 699—1999 的规定 (2)热处理:35~40HRC (3)其他技术条件按 JB/T 8044—1999 的规定 **标记示例** 螺纹公称直径 $d=20\text{mm}$、$L=200\text{mm}$ 的 A 型弯头压板 压板 A20×200 JB/T 8010.10—1999
U 形压板		**技术条件** (1)材料:45 钢 按 GB/T 699—1999 的规定 (2)热处理:35~40HRC (3)其他技术条件按 JB/T 8044—1999 的规定 **标记示例** 螺纹公称直径 $d=24\text{mm}$、$L=250\text{mm}$ 的 A 型 U 形压板 压板 A24×250 JB/T 8010.11—1999
鞍形压板		**技术条件** (1)材料:45 钢 按 GB/T 699—1999 的规定 (2)热处理:35~40HRC (3)其他技术条件按 JB/T 8044—1999 的规定 **标记示例** 螺纹公称直径 $d=16\text{mm}$、$L=180\text{mm}$ 的鞍形压板 压板 16×180 JB/T 8010.12—1999

续表

零件名称	零件简图	技术条件与标记示例	
直压板	其余 12.5 ▽ 6.3 H 6.3 L B d 25°	技术条件	(1)材料:45 钢 按 GB/T 699—1999 的规定 (2)热处理:35～40HRC (3)其他技术条件按 JB/T 8044—1999 的规定
		标记示例	螺纹公称直径 $d=$8mm、$L=$80mm 的直压板 压板 8×80 JB/T 8010.13—1999
铰链压板	A型 其余 12.5 ▽ 3.2 d H H/2 a L B b 6.3 b_1 l l B型 H_1 $H_1/2$ d_1 3.2 d_2 6.3 h_1 h b_2	技术条件	(1)材料:45 钢 按 GB/T 699—1999 的规定 (2)热处理:A 型 T215;B 型 35～40HRC (3)其他技术条件按 JB/T 8044—1999 的规定
		标记示例	$b=$8mm、$L=$100mm 的 A 型铰链压板 压板 A8×100 JB/T 8010.14—1999
回转压板	其余 12.5 ▽ 6.3 H d_1 6.3 d 6.3 R R B $\frac{r}{2}$ r b A型 h r B型	技术条件	(1)材料:45 钢 按 GB/T 699—1999 的规定 (2)热处理:35～40HRC (3)其他技术条件按 JB/T 8044—1999 的规定
		标记示例	$d=$M10mm、$r=$50mm 的 A 型回转压板 压板 AM10×50 JB/T 8010.15—1999

零件名称	零件简图	技术条件与标记示例
双向压板	A型　　　　　其余 $\overset{12.5}{\triangledown}$ B型 C型	技术条件 (1)材料:45 钢 按 GB/T 699—1999 的规定 (2)热处理:35～40HRC (3)其他技术条件按 JB/T 8044—1999 的规定 标记示例 $d=$M12mm、$l=$48mm 的 A 型双向压板 　压板 AM12×48 JB/T 8010.16—1999
自调式压板	JB/T 8004.1—1995 GB/T 898—1988 JB/T 8004.11—1995	标记示例 调节范围为 0～70mm 的自调式压板 　压板 0～70 JB/T 8010.17—1999

续表

零件名称	零件简图	技术条件与标记示例
钩形压板	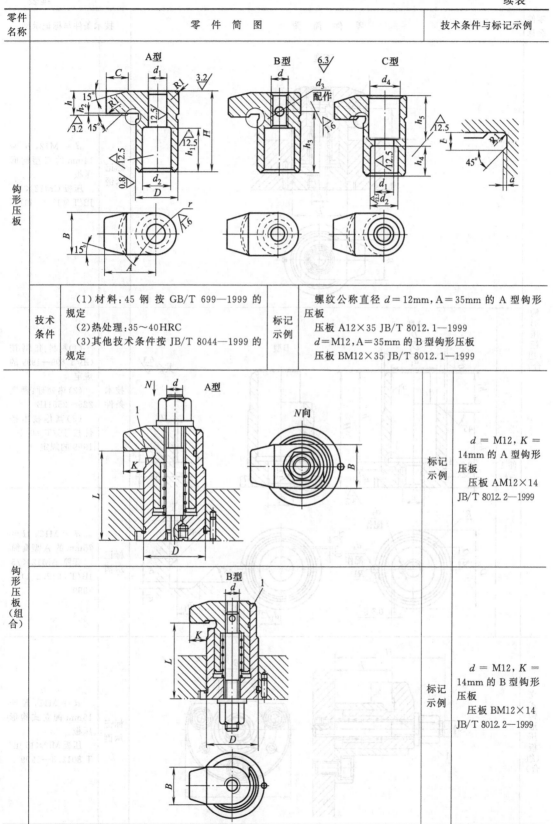	螺纹公称直径 $d=12mm$，$A=35mm$ 的 A 型钩形压板 压板 A12×35 JB/T 8012.1—1999 $d=M12$，$A=35mm$ 的 B 型钩形压板 压板 BM12×35 JB/T 8012.1—1999

技术条件

(1)材料：45 钢 按 GB/T 699—1999 的规定
(2)热处理：35～40HRC
(3)其他技术条件按 JB/T 8044—1999 的规定

标记示例

钩形压板（组合）		标记示例 $d=M12$，$K=14mm$ 的 A 型钩形压板 压板 AM12×14 JB/T 8012.2—1999
		标记示例 $d=M12$，$K=14mm$ 的 B 型钩形压板 压板 BM12×14 JB/T 8012.2—1999

零件名称	零件简图		技术条件与标记示例
钩形压板(组合)	**C型** 		标记示例	$d = $ M12，$K = $ 14mm 的 C 型钩形压板 压板 CM12×14 JB/T 8012.2—1999
件1 套筒	**A型**　**B型** 	技术条件	(1)材料:45 钢 按 GB/T 699—1999 的规定 (2)热处理:调质 225~255HB (3)其他技术条件按 JB/T 8044—1999 的规定
		标记示例	$d = $ M12，$H = $ 75mm 的 A 型套筒 套筒 AM12×75 JB/T 8012.2(1)—1999
立式钩形压板(组合)		标记示例	$d = $ M12，$K = $ 15mm 的立式钩形压板 压板 M12×15 JB/T 8012.3—1999

零件名称	零件简图		技术条件与标记示例
立式钩形压板（组合）件1基座		技术条件	（1）材料：45 钢按 GB/T 699—1999 的规定 （2）热处理：调质 225～255HB （3）其他技术条件按 JB/T 8044—1999 的规定
		标记示例	$d_1=30$mm，$H_1=58$mm 的基座 基座 30×58 JB/T 8012.3(1)—1999
端面钩形压板（组合）件1基座			$d=$ M12，$K=16$mm 的端面钩形压板 压板 M12×16 JB/T 8012.4—1999
		技术条件	（1）材料：45 钢按 GB/T 699—1999 的规定 （2）热处理：调质 225～255HB （3）其他技术条件按 JB/T 8044—1999 的规定
		标记示例	$d_1=30$mm，$H_1=58$mm 的基座 基座 30×58 JB/T 8012.4(1)—1999
件2压板		技术条件	（1）材料：45 钢按 GB/T 699—1999 的规定 （2）热处理：35～40HRC （3）其他技术条件按 JB/T 8044—1999 的规定
		标记示例	螺纹公称直径 $d=$12mm、$A=35$mm 的压板 压板 12×35 JB/T 8012.4(2)—1999

零件名称	零件简图	技术条件与标记示例
侧面钩形压板(组合)	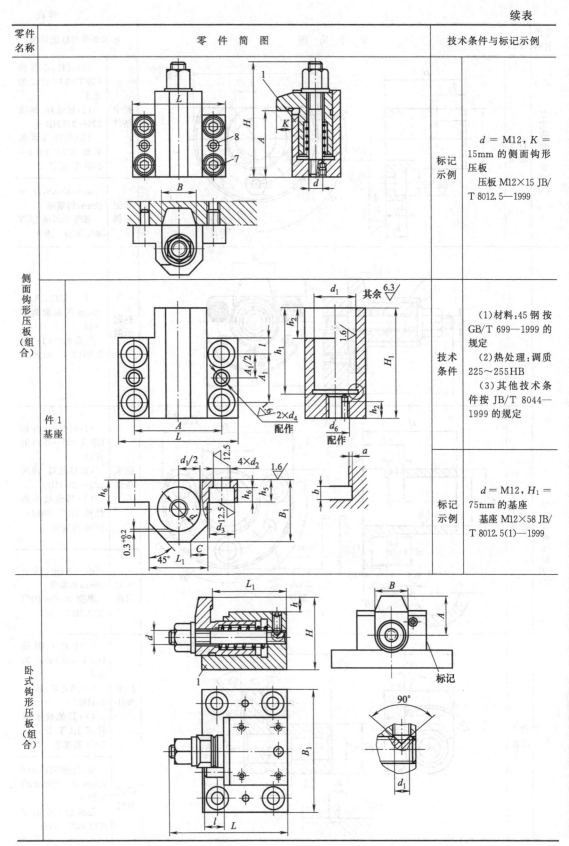	**标记示例** $d = M12, K = 15mm$ 的侧面钩形压板 压板 M12×15 JB/T 8012.5—1999 **技术条件** (1)材料:45 钢 按 GB/T 699—1999 的规定 (2)热处理:调质 225~255HB (3)其他技术条件按 JB/T 8044—1999 的规定 **标记示例** $d = M12, H_1 = 75mm$ 的基座 基座 M12×58 JB/T 8012.5(1)—1999
件 1 基座		
卧式钩形压板(组合)		

零件名称	零件简图		技术条件与标记示例
卧式钩形压板（组合） 件1基座	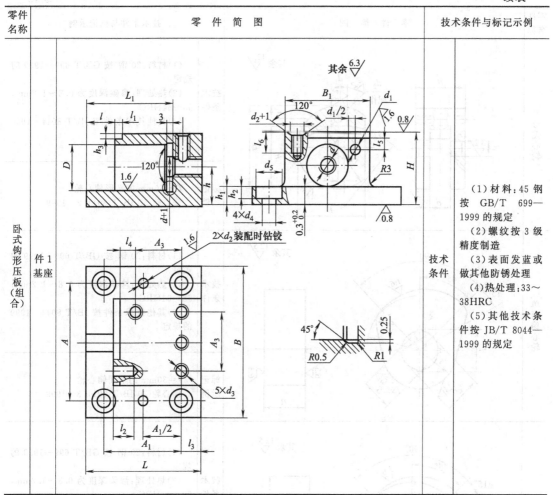	技术条件	（1）材料：45 钢按 GB/T 699—1999 的规定 （2）螺纹按 3 级精度制造 （3）表面发蓝或做其他防锈处理 （4）热处理：33～38HRC （5）其他技术条件按 JB/T 8044—1999 的规定

11.6.7　偏心轮（表 11-20）

表 11-20　偏心轮

零件名称	零件简图		技术条件与标记示例
圆偏心轮		技术条件	（1）材料：20 钢 按 GB/T 699—1999 的规定 （2）热处理：渗碳深度为 0.8～1.2mm，58～64HRC （3）其他技术条件按 JB/T 8044—1999 的规定
		标记示例	$D=32mm$ 的圆偏心轮 偏心轮 32 JB/T 8011.1—1999

零件名称	零件简图	技术条件与标记示例	
叉形偏心轮	其余 $\frac{12.5}{\triangledown}$	技术条件	(1)材料:20 钢 按 GB/T 699—1999 的规定 (2)热处理:渗碳深度为 0.8～1.2mm,58～64HRC (3)其他技术条件按 JB/T 8044—1999 的规定
		标记示例	$D=50$mm 的叉形偏心轮 偏心轮 50 JB/T 8011.2—1999
单面偏心轮	其余 $\frac{12.5}{\triangledown}$	技术条件	(1)材料:20 钢 按 GB/T 699—1999 的规定 (2)热处理:渗碳深度为 0.8～1.2mm,58～64HRC (3)其他技术条件按 JB/T 8044—1999 的规定
		标记示例	$r=30$mm 的单面偏心轮 偏心轮 30 JB/T 8011.3—1999
双面偏心轮	其余 $\frac{12.5}{\triangledown}$	技术条件	(1)材料:20 钢 按 GB/T 699—1999 的规定 (2)热处理:渗碳深度为 0.8～1.2mm,58～64HRC (3)其他技术条件按 JB/T 8044—1999 的规定
		标记示例	$r=30$mm 的双面偏心轮 偏心轮 30 JB/T 8011.4—1999
偏心轮用垫板	其余 $\frac{12.5}{\triangledown}$	技术条件	(1)材料:20 钢 按 GB/T 699—1999 的规定 (2)热处理:渗碳深度为 0.8～1.2mm,58～64HRC (3)其他技术条件按 JB/T 8044—1999 的规定
		标记示例	$b=15$mm 的偏心轮用垫板 垫板 15 JB/T 8011.5—1999

零件名称	零件简图	技术条件与标记示例	
带手柄的偏心轮	其余 $\sqrt{\dfrac{3.2}{\ }}$ 	技术条件	(1)材料：T7A GB/T 1298—1986 的规定 (2)热处理：53～58HRC (3)表面发蓝或做其他防锈处理 (4)其他技术条件按 JB/T 8044—1999 的规定

11.6.8 支座（表 11-21）

表 11-21 支座

零件名称	零件简图	技术条件与标记示例	
铰链支座	其余 $\sqrt{\dfrac{6.3}{\ }}$	技术条件	(1)材料：45 钢按 GB/T 699—1999 的规定 (2)热处理：35～40HRC (3)其他技术条件按 JB/T 8044—1999 的规定
		标记示例	$b=22$mm 的铰链支座 支座 22 JB/T 8034—1999
铰链叉座	其余 $\sqrt{\dfrac{6.3}{\ }}$	技术条件	(1)材料：45 钢按 GB/T 699—1999 的规定 (2)热处理：35～40HRC (3)其他技术条件按 JB/T 8044—1999 的规定
		标记示例	$b=22$mm 的铰链叉座 叉座 22 JB/T 8035—1999

续表

零件名称	零件简图	技术条件与标记示例
螺钉支座	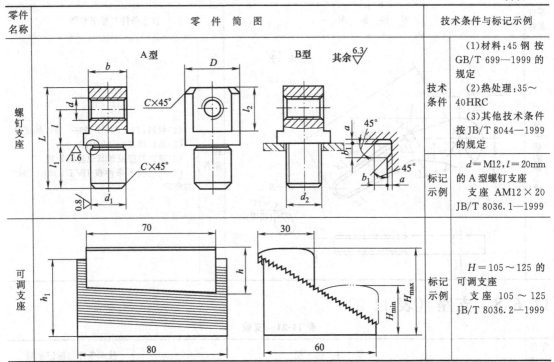	技术条件：(1)材料：45钢按 GB/T 699—1999 的规定 (2)热处理：35～40HRC (3)其他技术条件按 JB/T 8044—1999 的规定 标记示例：$d=$M12，$l=20$mm 的 A 型螺钉支座 支座 AM12×20 JB/T 8036.1—1999
可调支座		标记示例：$H=105～125$ 的可调支座 支座 105～125 JB/T 8036.2—1999

11.6.9 快速夹紧装置（表 11-22）

表 11-22 快速夹紧装置

零件名称	零件简图	技术条件
楔槽式快速夹紧装置	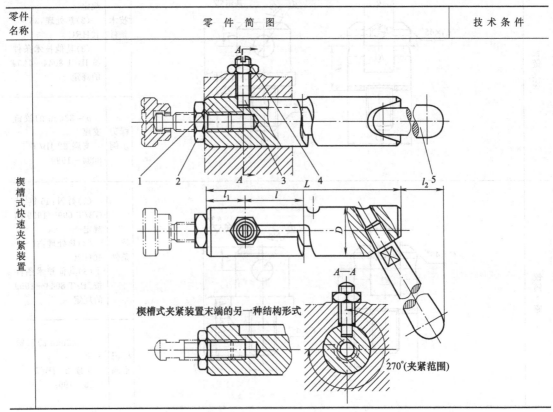	

楔槽式夹紧装置末端的另一种结构形式

270°(夹紧范围)

零件名称	零件简图	技术条件
楔槽式快速夹紧装置	件 1 顶杆 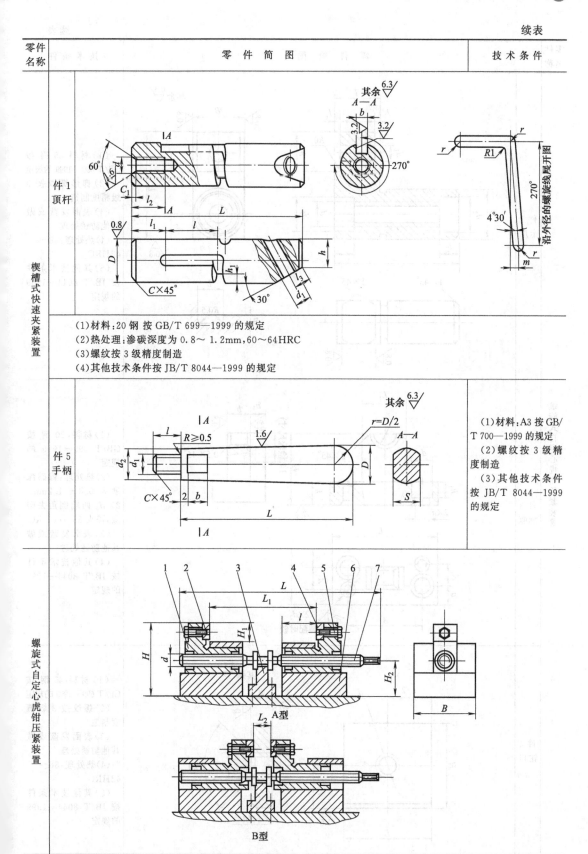 (1)材料:20 钢 按 GB/T 699—1999 的规定 (2)热处理:渗碳深度为 0.8～1.2mm,60～64HRC (3)螺纹按 3 级精度制造 (4)其他技术条件按 JB/T 8044—1999 的规定	
	件 5 手柄	(1)材料:A3 按 GB/T 700—1999 的规定 (2)螺纹按 3 级精度制造 (3)其他技术条件按 JB/T 8044—1999 的规定
螺旋式自定心虎钳压紧装置	A型 B型	

续表

零件 名称	零 件 简 图	技 术 条 件
件 1 卡爪	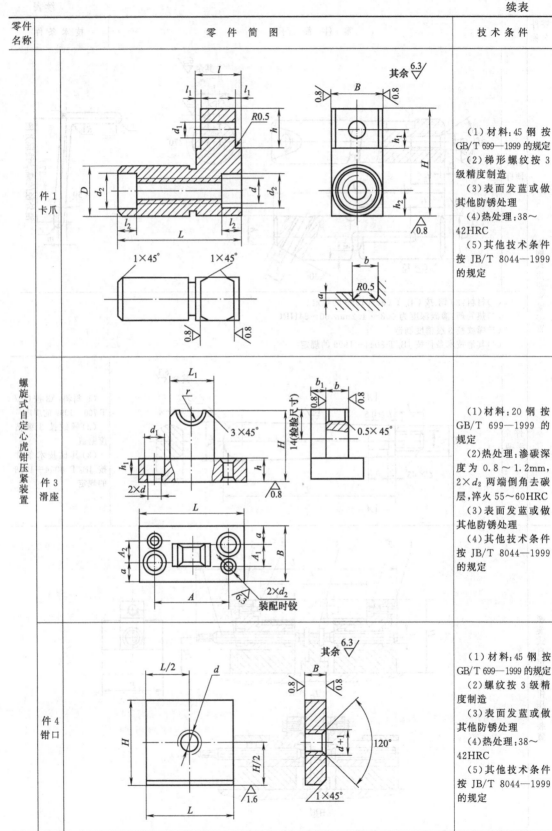	（1）材料：45 钢 按 GB/T 699—1999 的规定 （2）梯形螺纹按 3 级精度制造 （3）表面发蓝或做 其他防锈处理 （4）热处理：38～ 42HRC （5）其他技术条件 按 JB/T 8044—1999 的规定
螺旋式自定心虎钳压紧装置 件 3 滑座		（1）材料：20 钢 按 GB/T 699—1999 的 规定 （2）热处理：渗碳深 度 为 0.8～1.2mm， $2\times d_2$ 两端倒角去碳 层，淬火 55～60HRC （3）表面发蓝或做 其他防锈处理 （4）其他技术条件 按 JB/T 8044—1999 的规定
件 4 钳口		（1）材料：45 钢 按 GB/T 699—1999 的规定 （2）螺纹按 3 级精 度制造 （3）表面发蓝或做 其他防锈处理 （4）热处理：38～ 42HRC （5）其他技术条件 按 JB/T 8044—1999 的规定

零件名称	零件简图	技术条件
件 5 卡爪	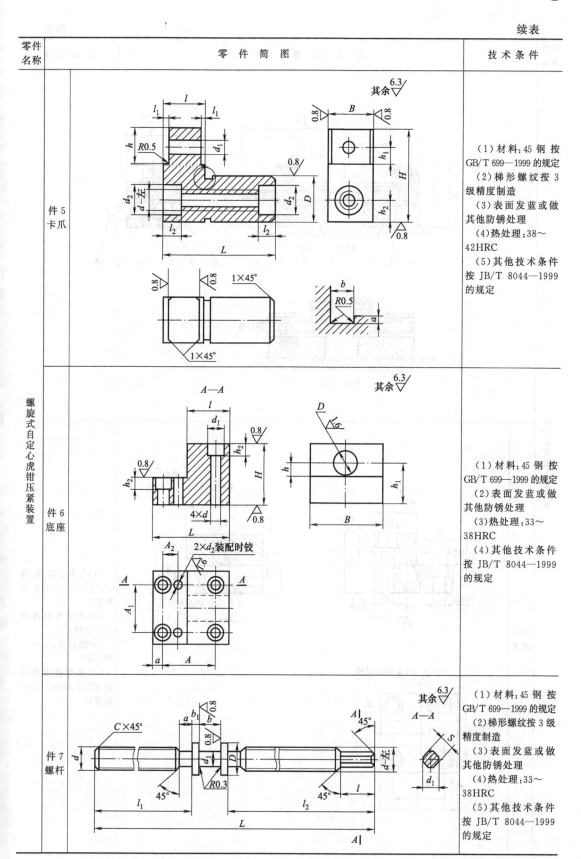	（1）材料：45 钢按 GB/T 699—1999 的规定 （2）梯形螺纹按 3 级精度制造 （3）表面发蓝或做其他防锈处理 （4）热处理：38～42HRC （5）其他技术条件按 JB/T 8044—1999 的规定
螺旋式自定心虎钳压紧装置 件 6 底座		（1）材料：45 钢按 GB/T 699—1999 的规定 （2）表面发蓝或做其他防锈处理 （3）热处理：33～38HRC （4）其他技术条件按 JB/T 8044—1999 的规定
件 7 螺杆		（1）材料：45 钢按 GB/T 699—1999 的规定 （2）梯形螺纹按 3 级精度制造 （3）表面发蓝或做其他防锈处理 （4）热处理：33～38HRC （5）其他技术条件按 JB/T 8044—1999 的规定

续表

零件名称	零 件 简 图	技 术 条 件
浮动式虎钳压紧装置	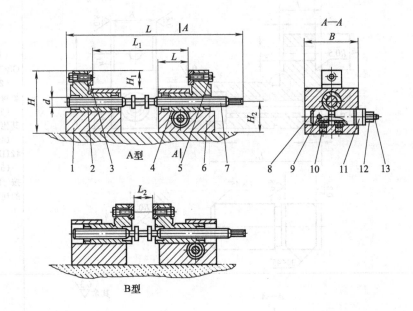 A型 1 2 3 4 5 6 7　　8 9 10 11 12 13 B型	
件6底座	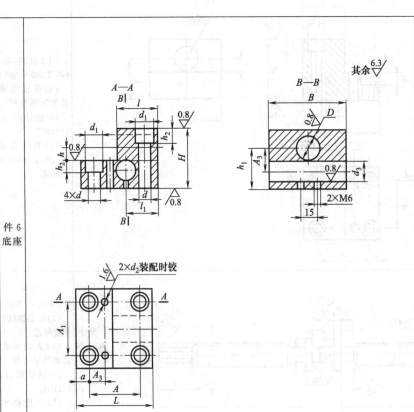	（1）材料：45 钢 按 GB/T 699—1999 的规定 （2）表面发蓝或做其他防锈处理 （3）热处理：33～38HRC （4）其他技术条件按 JB/T 8044—1999 的规定

零件名称	零 件 简 图	技 术 条 件
件 8 切向夹紧套		（1）材料：45 钢 按 GB/T 699—1999 的规定 （2）螺纹按 3 级精度制造 （3）表面发蓝或做其他防锈处理 （4）热处理：28～32HRC （5）其他技术条件按 JB/T 8044—1999 的规定
件 11 垫圈		（1）材料：45 钢 按 GB/T 699—1999 的规定 （2）表面发蓝或做其他防锈处理 （3）热处理：33～38HRC （4）其他技术条件按 JB/T 8044—1999 的规定

浮动式虎钳压紧装置

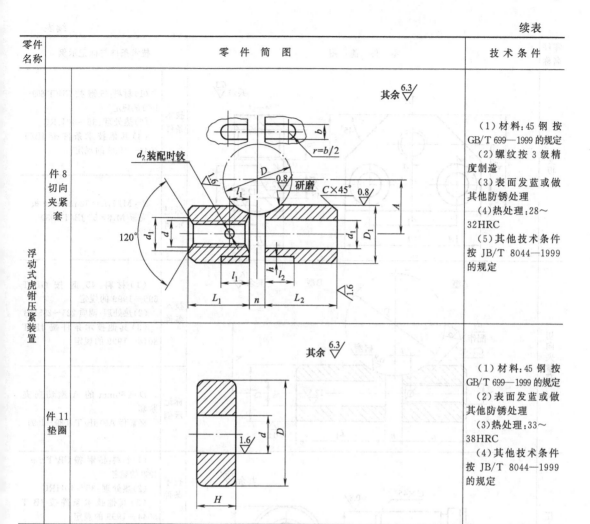

11.6.10 其他夹紧件（表 11-23）

表 11-23 其他夹紧件

零件名称	零 件 简 图	技术条件与标记示例	
螺钉用垫板		技术条件	（1）材料：45 钢 按 GB/T 699—1999 的规定 （2）热处理：40～45HRC （3）其他技术条件按 JB/T 8044—1999 的规定
		标记示例	$b=16$mm，$L=50$mm 的螺钉用垫板 垫板 16×50 JB/T 8042—1999

续表

零件名称	零件简图	技术条件与标记示例	
支板	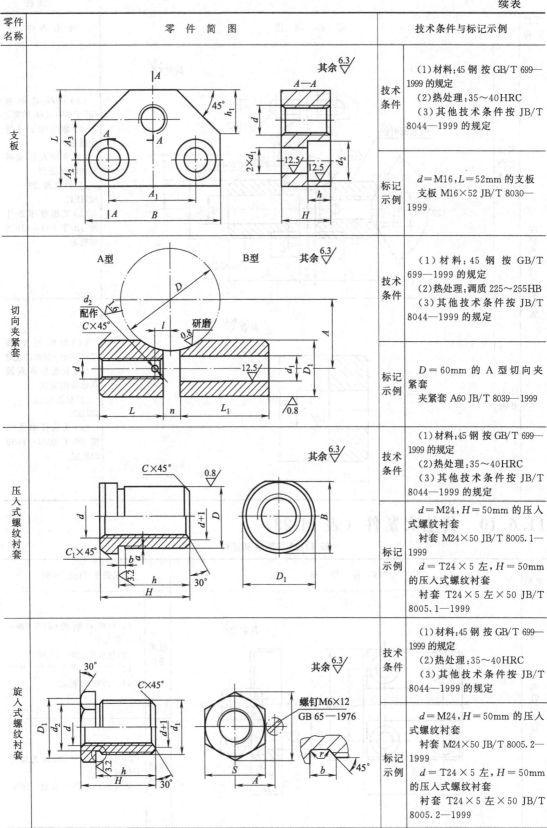	技术条件	（1）材料：45 钢 按 GB/T 699—1999 的规定 （2）热处理：35～40HRC （3）其他技术条件按 JB/T 8044—1999 的规定
		标记示例	$d=M16，L=52mm$ 的支板 支板 M16×52 JB/T 8030—1999
切向夹紧套		技术条件	（1）材料：45 钢 按 GB/T 699—1999 的规定 （2）热处理：调质 225～255HB （3）其他技术条件按 JB/T 8044—1999 的规定
		标记示例	$D=60mm$ 的 A 型切向夹紧套 夹紧套 A60 JB/T 8039—1999
压入式螺纹衬套		技术条件	（1）材料：45 钢 按 GB/T 699—1999 的规定 （2）热处理：35～40HRC （3）其他技术条件按 JB/T 8044—1999 的规定
		标记示例	$d=M24，H=50mm$ 的压入式螺纹衬套 衬套 M24×50 JB/T 8005.1—1999 $d=T24×5$ 左，$H=50mm$ 的压入式螺纹衬套 衬套 T24×5 左×50 JB/T 8005.1—1999
旋入式螺纹衬套		技术条件	（1）材料：45 钢 按 GB/T 699—1999 的规定 （2）热处理：35～40HRC （3）其他技术条件按 JB/T 8044—1999 的规定
		标记示例	$d=M24，H=50mm$ 的压入式螺纹衬套 衬套 M24×50 JB/T 8005.2—1999 $d=T24×5$ 左，$H=50mm$ 的压入式螺纹衬套 衬套 T24×5 左×50 JB/T 8005.2—1999

零件 名称	零件简图	技术条件与标记示例

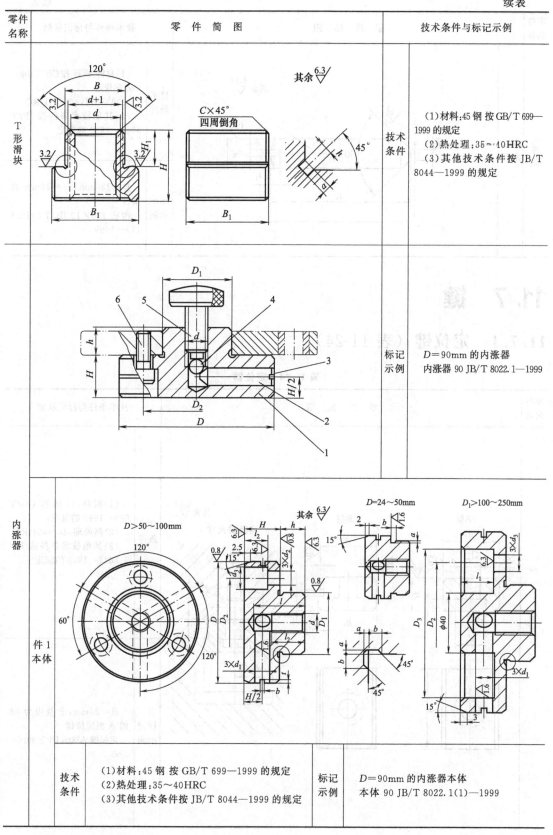

T形滑块 —

技术条件
（1）材料：45 钢 按 GB/T 699—1999 的规定
（2）热处理：35～40HRC
（3）其他技术条件按 JB/T 8044—1999 的规定

标记示例
$D=90$mm 的内涨器
内涨器 90 JB/T 8022.1—1999

内涨器
件 1 本体 —

技术条件	（1）材料：45 钢 按 GB/T 699—1999 的规定 （2）热处理：35～40HRC （3）其他技术条件按 JB/T 8044—1999 的规定	标记示例	$D=90$mm 的内涨器本体 本体 90 JB/T 8022.1(1)—1999

零件名称		零件简图	技术条件与标记示例
内涨器	件2滑柱		**技术条件** (1)材料:45钢按GB/T 699—1999的规定 (2)热处理:40~45HRC (3)其他技术条件按JB/T 8044—1999的规定
			标记示例 $D=130$mm,$d_1=12$mm 的滑柱 滑柱 130×12 JB/T 8022.1(2)—1999

11.7 键

11.7.1 定位键（表 11-24）

表 11-24 定位键

零件名称	零件简图	技术条件与标记示例
定位键		**技术条件** (1)材料:45 钢 按 GB/T 699—1999的规定 (2)热处理:40~45HRC (3)其他技术条件按JB/T 8044—1999的规定 **标记示例** $B=28$mm,公差带为 h6 的 A 型定位键 定位键 A28h6 JB/T 8016—1999

11.7.2 定向键（表 11-25）

表 11-25 定向键

表 11-25 定向键

零件名称	零件简图	技术条件与标记示例
定向键	其余 6.3∇ 相配件尺寸	技术条件： （1）材料：45 钢 按 GB/T 699—1999 的规定 （2）热处理：40～45HRC （3）其他技术条件按 JB/T 8044—1999 的规定
		标记示例： $B=36mm$，公差带为 h6 的定向键 定向键 36h6 JB/T 8017—1999

11.8 支柱、支脚、角铁

11.8.1 支柱（表 11-26）

表 11-26 支柱

零件名称	零件简图	技术条件与标记示例
支柱	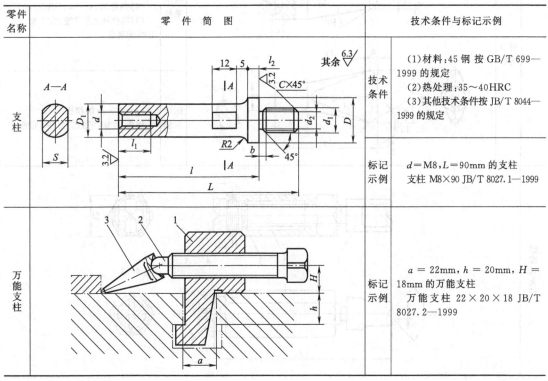	技术条件： （1）材料：45 钢 按 GB/T 699—1999 的规定 （2）热处理：35～40HRC （3）其他技术条件按 JB/T 8044—1999 的规定
		标记示例： $d=M8$，$L=90mm$ 的支柱 支柱 M8×90 JB/T 8027.1—1999
万能支柱		标记示例： $a=22mm$，$h=20mm$，$H=18mm$ 的万能支柱 万能支柱 22×20×18 JB/T 8027.2—1999

续表

零件名称		零 件 简 图	技术条件与标记示例

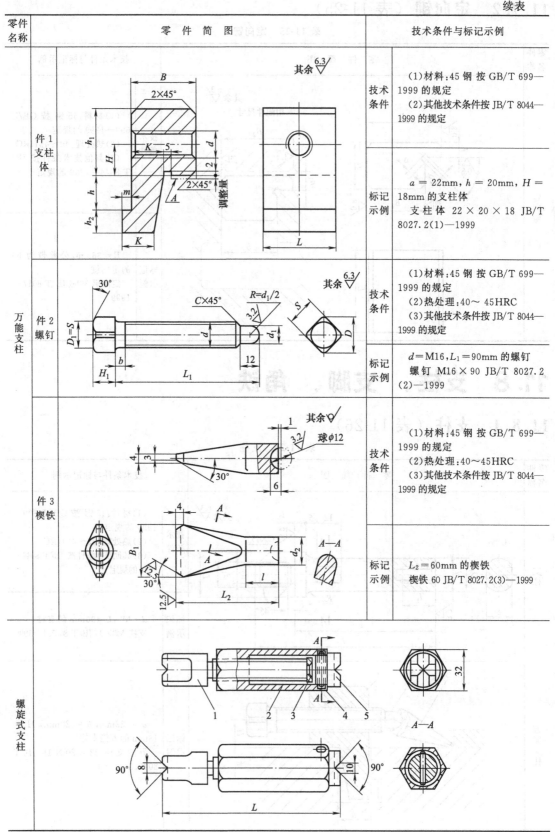

件1 支柱体

技术条件:
(1)材料:45钢 按 GB/T 699—1999 的规定
(2)其他技术条件按 JB/T 8044—1999 的规定

标记示例:
$a = 22$mm,$h = 20$mm,$H = 18$mm 的支柱体
支柱体 22 × 20 × 18 JB/T 8027.2(1)—1999

万能支柱 件2 螺钉

技术条件:
(1)材料:45钢 按 GB/T 699—1999 的规定
(2)热处理:40～45HRC
(3)其他技术条件按 JB/T 8044—1999 的规定

标记示例:
$d=$M16,$L_1=90$mm 的螺钉
螺钉 M16 × 90 JB/T 8027.2(2)—1999

件3 楔铁

技术条件:
(1)材料:45钢 按 GB/T 699—1999 的规定
(2)热处理:40～45HRC
(3)其他技术条件按 JB/T 8044—1999 的规定

标记示例:
$L_2=60$mm 的楔铁
楔铁 60 JB/T 8027.2(3)—1999

螺旋式支柱

续表

零件名称	零件简图	技术条件与标记示例
件 1 螺钉	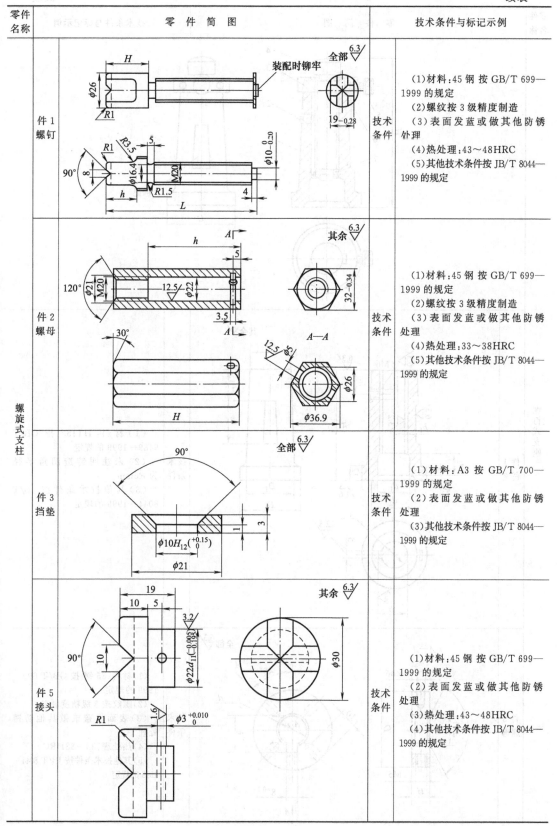	技术条件 (1)材料:45 钢 按 GB/T 699—1999 的规定 (2)螺纹按 3 级精度制造 (3)表面发蓝或做其他防锈处理 (4)热处理:43~48HRC (5)其他技术条件按 JB/T 8044—1999 的规定
件 2 螺母		技术条件 (1)材料:45 钢 按 GB/T 699—1999 的规定 (2)螺纹按 3 级精度制造 (3)表面发蓝或做其他防锈处理 (4)热处理:33~38HRC (5)其他技术条件按 JB/T 8044—1999 的规定
件 3 挡垫		技术条件 (1)材料:A3 按 GB/T 700—1999 的规定 (2)表面发蓝或做其他防锈处理 (3)其他技术条件按 JB/T 8044—1999 的规定
件 5 接头		技术条件 (1)材料:45 钢 按 GB/T 699—1999 的规定 (2)表面发蓝或做其他防锈处理 (3)热处理:43~48HRC (4)其他技术条件按 JB/T 8044—1999 的规定

零件名称(第一列纵向):螺旋式支柱

零件名称	零件简图	技术条件与标记示例
螺钉式支座 件1 底座	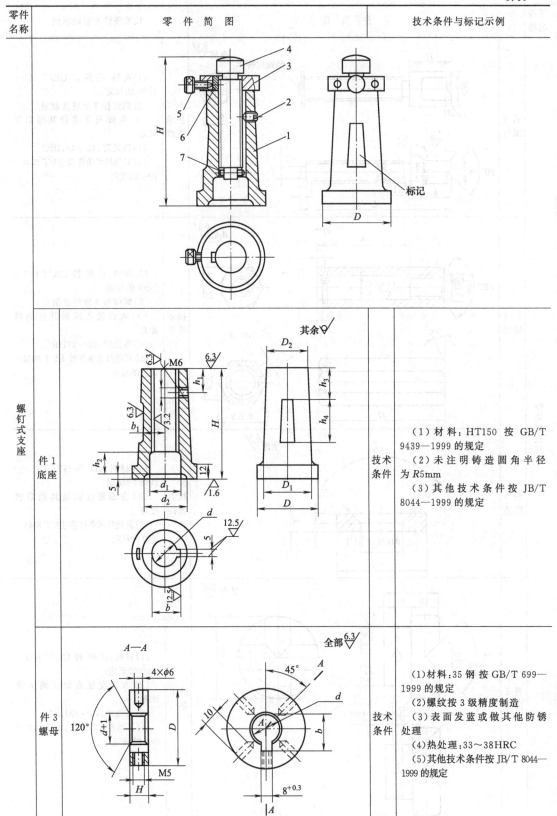	技术条件 （1）材料：HT150 按 GB/T 9439—1999 的规定 （2）未注明铸造圆角半径为 $R5$mm （3）其他技术条件按 JB/T 8044—1999 的规定
件3 螺母		技术条件 (1)材料:35 钢按 GB/T 699—1999 的规定 (2)螺纹按 3 级精度制造 (3)表面发蓝或做其他防锈处理 (4)热处理：33～38HRC (5)其他技术条件按 JB/T 8044—1999 的规定

续表

零件名称		零件简图	技术条件与标记示例	
螺钉式支座	件 4 螺钉		技术条件	(1)材料:35 钢 按 GB/T 699—1999 的规定 (2)螺纹按 3 级精度制造 (3)表面发蓝或做其他防锈处理 (4)热处理:l 长度上 33～38HRC (5)其他技术条件按 JB/T 8044—1999 的规定
	件 6 垫		技术条件	(1)材料:紫铜 (2)其他技术条件按 JB/T 8044—1999 的规定

11.8.2　支脚（表 11-27）

表 11-27　支脚

零件名称	零件简图	技术条件与标记示例	
低支脚		技术条件	(1)材料:45 钢 按 GB/T 699—1999 的规定 (2)热处理:40～45HRC (3)其他技术条件按 JB/T 8044—1999 的规定
		标记示例	$d=M20$, $H=80$mm 的低支脚 支脚 M20×80 JB/T 8028.1—1999
高支脚		技术条件	(1)材料:45 钢 按 GB/T 699—1999 的规定 (2)热处理:40～45HRC (3)其他技术条件按 JB/T 8044—1999 的规定
		标记示例	$d=M12$, $H=55$mm 的高支脚 支脚 M12×55 JB/T 8028.2—1999

11.8.3 角铁（表 11-28）

表 11-28 角铁

零件名称	零件简图	技术条件与标记示例	
等边角铁		技术条件	（1）材料：HT200 按 GB/T 9439—1999 的规定 （2）机械加工前进行时效处理 （3）凡未注明的铸造圆角半径为 $R5\sim10$ （4）研刮面每 25mm×25mm 面积上不少于 16 个研点 （5）其他技术条件按 JB/T 8044—1999 的规定
		标记示例	$L=800$mm 的等边角铁 角铁 800 JB/T 10127.1—1999
等腰角铁		技术条件	（1）材料：HT200 按 GB/T 9439—1999 的规定 （2）机械加工前进行时效处理 （3）凡未注明的铸造圆角半径为 $R5\sim10$ （4）研刮面每 25mm×25mm 面积上不少于 16 个研点 （5）其他技术条件按 JB/T 8044—1999 的规定
		标记示例	$L=800$mm，$B=500$mm 的等腰角铁 角铁 800×500 JB/T 10127.2—1999

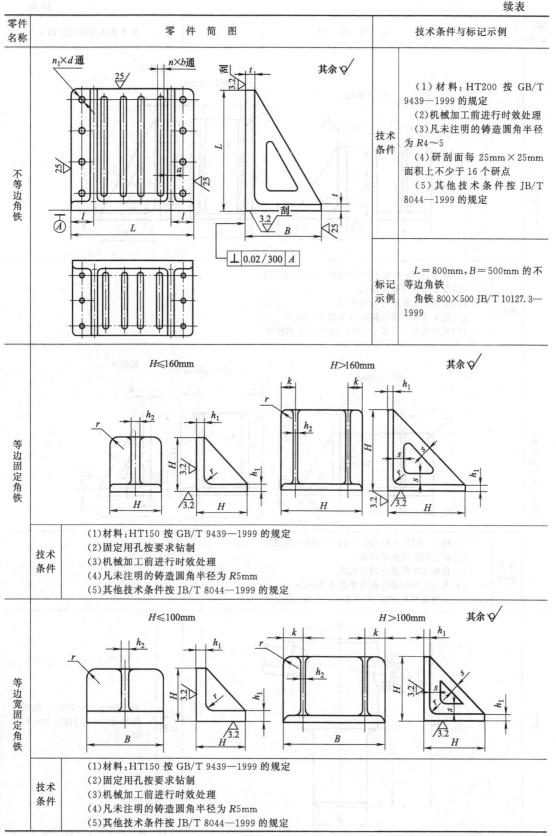

零件名称	零件简图	技术条件与标记示例
不等边角铁		**技术条件** (1)材料：HT200 按 GB/T 9439—1999 的规定 (2)机械加工前进行时效处理 (3)凡未注明的铸造圆角半径为 $R4\sim5$ (4)研刮面每 25mm×25mm 面积上不少于 16 个研点 (5)其他技术条件按 JB/T 8044—1999 的规定
		标记示例 $L=800mm,B=500mm$ 的不等边角铁 角铁 800×500 JB/T 10127.3—1999
等边固定角铁	$H\leqslant 160mm$ $H>160mm$ 其余	
	技术条件 (1)材料：HT150 按 GB/T 9439—1999 的规定 (2)固定用孔按要求钻制 (3)机械加工前进行时效处理 (4)凡未注明的铸造圆角半径为 $R5mm$ (5)其他技术条件按 JB/T 8044—1999 的规定	
等边宽固定角铁	$H\leqslant 100mm$ $H>100mm$ 其余	
	技术条件 (1)材料：HT150 按 GB/T 9439—1999 的规定 (2)固定用孔按要求钻制 (3)机械加工前进行时效处理 (4)凡未注明的铸造圆角半径为 $R5mm$ (5)其他技术条件按 JB/T 8044—1999 的规定	

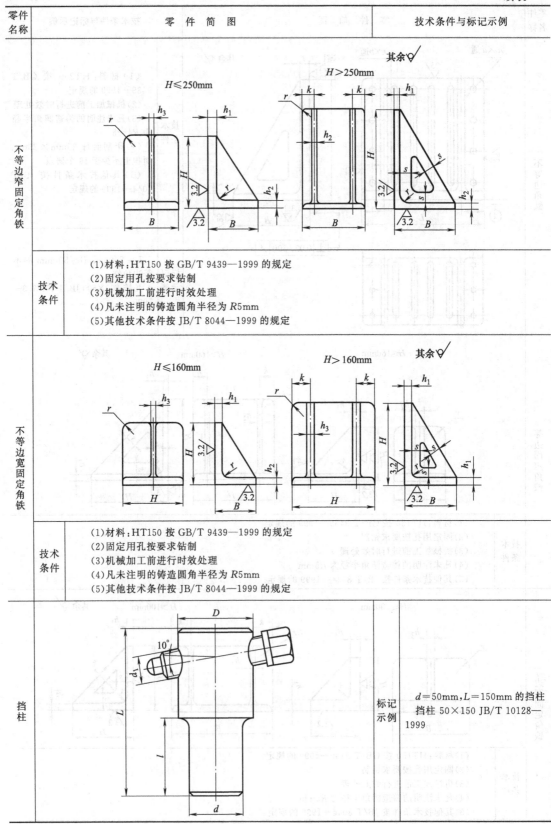

零件名称	零件简图	技术条件与标记示例
不等边窄固定角铁		
技术条件	(1)材料:HT150 按 GB/T 9439—1999 的规定 (2)固定用孔按要求钻制 (3)机械加工前进行时效处理 (4)凡未注明的铸造圆角半径为 R5mm (5)其他技术条件按 JB/T 8044—1999 的规定	
不等边宽固定角铁		
技术条件	(1)材料:HT150 按 GB/T 9439—1999 的规定 (2)固定用孔按要求钻制 (3)机械加工前进行时效处理 (4)凡未注明的铸造圆角半径为 R5mm (5)其他技术条件按 JB/T 8044—1999 的规定	
挡柱		标记示例

标记示例栏内容：

$d=50mm, L=150mm$ 的挡柱
挡柱 50×150 JB/T 10128—1999

11.9　操作件

11.9.1　把手（表 11-29）

表 11-29　把手

零件名称	零件简图	技术条件与标记示例	
滚花把手	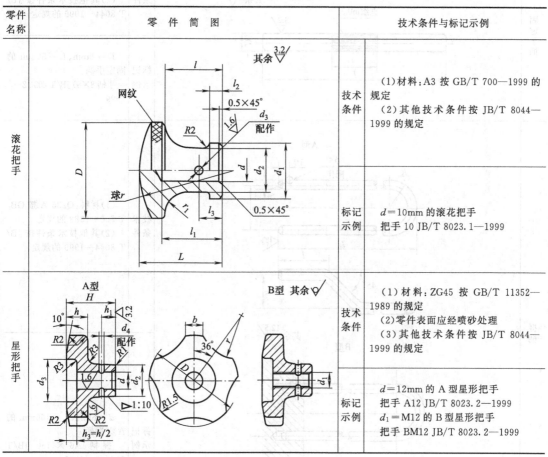	技术条件	（1）材料：A3 按 GB/T 700—1999 的规定 （2）其他技术条件按 JB/T 8044—1999 的规定
		标记示例	$d=10\text{mm}$ 的滚花把手 把手 10 JB/T 8023.1—1999
星形把手		技术条件	（1）材料：ZG45 按 GB/T 11352—1989 的规定 （2）零件表面应经喷砂处理 （3）其他技术条件按 JB/T 8044—1999 的规定
		标记示例	$d=12\text{mm}$ 的 A 型星形把手 把手 A12 JB/T 8023.2—1999 $d_1=\text{M12}$ 的 B 型星形把手 把手 BM12 JB/T 8023.2—1999

11.9.2　手柄（表 11-30）

表 11-30　手柄

零件名称	零件简图	技术条件与标记示例	
活动手柄	装配后两端扩口并打光	技术条件	（1）材料：Q235-A 按 GB/T 700—1988 的规定 （2）其他技术条件按 JB/T 8044—1999 的规定
		标记示例	$D=8\text{mm}$、$L=80\text{mm}$ 的活动手柄 手柄 8×80 JB/T 8024.1—1999

零件名称	零 件 简 图	技术条件与标记示例
固定手柄	其余 $\sqrt{\dfrac{12.5}{}}$　直纹 $m0.3$　$3.2\sqrt{}$　D　l　L	(1)材料：Q235-A 按 GB/T 700—1988 的规定　(2)其他技术条件按 JB/T 8044—1999 的规定
		$D = 8\text{mm}$、$L = 80\text{mm}$ 的固定手柄　手柄 8×80 JB/T 8024.2—1999
握柄	A型　$\phi 5$　10　配作　R　d　a　L　$\sqrt{\dfrac{25}{}}$　l　45°　h	(1)材料：Q235-A 按 GB/T 700—1988 的规定　(2)其他技术条件按 JB/T 8044—1999 的规定
	其余 $\sqrt{\dfrac{12.5}{}}$　B型	
		$d = 6\text{mm}$、$L = 160\text{mm}$ 的 A 型握柄　握 柄 A6 × 160 JB/T 8024.3—1999
焊接手柄	其余 $\sqrt{\dfrac{12.5}{}}$　$3.2\sqrt{}$　D　d　h　L　D_1　装配后两端扩口并打光	(1)材料：A3 按 GB/T 700—1999 的规定　(2)其他技术条件按 JB/T 8044—1999 的规定
		$d = \text{M6}$ 的 A 型焊接手柄　手柄 AM6 JB/T 8024.4—1999

技术条件／标记示例（对应各行左侧说明）

零件 名称	零 件 简 图		技术条件与标记示例
杠杆式手柄	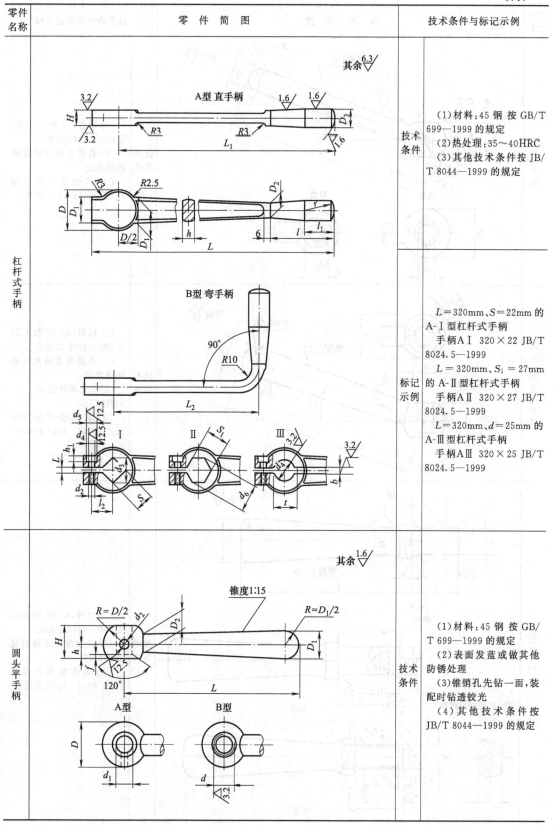	技术 条件	（1）材料：45 钢 按 GB/T 699—1999 的规定 （2）热处理：35～40HRC （3）其他技术条件按 JB/ T 8044—1999 的规定
		标记 示例	$L=320mm$、$S=22mm$ 的 A-Ⅰ型杠杆式手柄 　手柄AⅠ 320×22 JB/T 8024.5—1999 　$L=320mm$、$S_1=27mm$ 的 A-Ⅱ型杠杆式手柄 　手柄AⅡ 320×27 JB/T 8024.5—1999 　$L=320mm$、$d=25mm$ 的 A-Ⅲ型杠杆式手柄 　手柄AⅢ 320×25 JB/T 8024.5—1999
圆头平手柄		技术 条件	（1）材料：45 钢 按 GB/ T 699—1999 的规定 （2）表面发蓝或做其他 防锈处理 （3）锥销孔先钻一面，装 配时钻透铰光 （4）其他技术条件按 JB/T 8044—1999 的规定

零件名称	零 件 简 图	技术条件与标记示例
圆头斜手柄	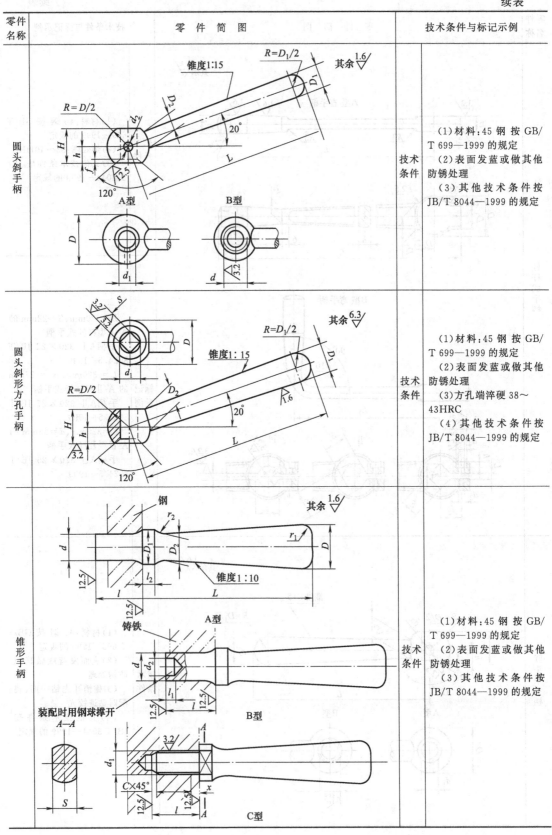	技术条件 (1)材料:45 钢 按 GB/T 699—1999 的规定 (2)表面发蓝或做其他防锈处理 (3)其他技术条件按 JB/T 8044—1999 的规定
圆头斜形方孔手柄		技术条件 (1)材料:45 钢 按 GB/T 699—1999 的规定 (2)表面发蓝或做其他防锈处理 (3)方孔端淬硬 38~43HRC (4)其他技术条件按 JB/T 8044—1999 的规定
锥形手柄		技术条件 (1)材料:45 钢 按 GB/T 699—1999 的规定 (2)表面发蓝或做其他防锈处理 (3)其他技术条件按 JB/T 8044—1999 的规定

零件名称	零 件 简 图	技术条件与标记示例
螺纹头凸肚手柄	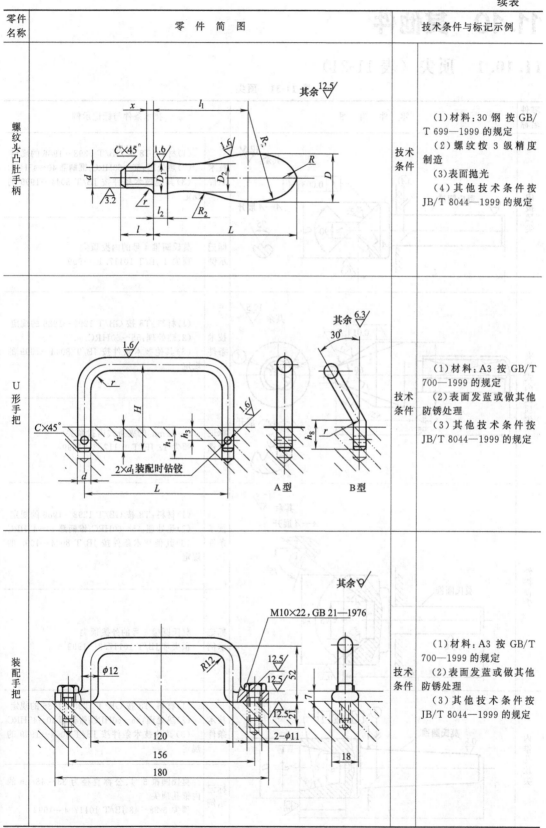	技术条件 （1）材料：30 钢 按 GB/T 699—1999 的规定 （2）螺纹按 3 级精度制造 （3）表面抛光 （4）其他技术条件按 JB/T 8044—1999 的规定
U 形手把		技术条件 （1）材料：A3 按 GB/T 700—1999 的规定 （2）表面发蓝或做其他防锈处理 （3）其他技术条件按 JB/T 8044—1999 的规定
装配手把		技术条件 （1）材料：A3 按 GB/T 700—1999 的规定 （2）表面发蓝或做其他防锈处理 （3）其他技术条件按 JB/T 8044—1999 的规定

11.10　其他件

11.10.1　顶尖（表 11-31）

表 11-31　顶尖

零件名称	零件简图	技术条件与标记示例	
内拨顶尖		技术条件	(1)材料：T8 按 GB/T 1298—1986 的规定 (2)热处理：55～60HRC；锥柄部 40～45HRC (3)其他技术条件按 JB/T 8044—1999 的规定
		标记示例	莫氏圆锥 4 号的内拨顶尖 顶尖 4 JB/T 10117.1—1999
夹持式内拨顶尖		技术条件	(1)材料：T8 按 GB/T 1298—1986 的规定 (2)热处理：55～60HRC (3)其他技术条件按 JB/T 8044—1999 的规定
		标记示例	$d=12$mm 的夹持式内拨顶尖 顶尖 12 JB/T 10117.2—1999
外拨顶尖		技术条件	(1)材料：T8 按 GB/T 1298—1986 的规定 (2)热处理：55～60HRC；锥柄部 40～45HRC (3)其他技术条件按 JB/T 8044—1999 的规定
		标记示例	莫氏圆锥 4 号的外拨顶尖 顶尖 4 JB/T 10117.3—1999
内锥孔顶尖		技术条件	(1)材料：T8 按 GB/T 1298—1986 的规定 (2)热处理：55～60HRC；锥柄部 40～45HRC (3)其他技术条件按 JB/T 8044—1999 的规定
		标记示例	莫氏圆锥 5 号、公称直径为 38～48mm 的内锥孔顶尖 顶尖 5-38～48 JB/T 10117.4—1999

<table>
<tr><td rowspan="2">零件
名称</td><td>零 件 简 图</td><td colspan="2">技术条件与标记示例</td></tr>
<tr><td rowspan="2">夹持式内锥孔顶尖</td><td rowspan="2">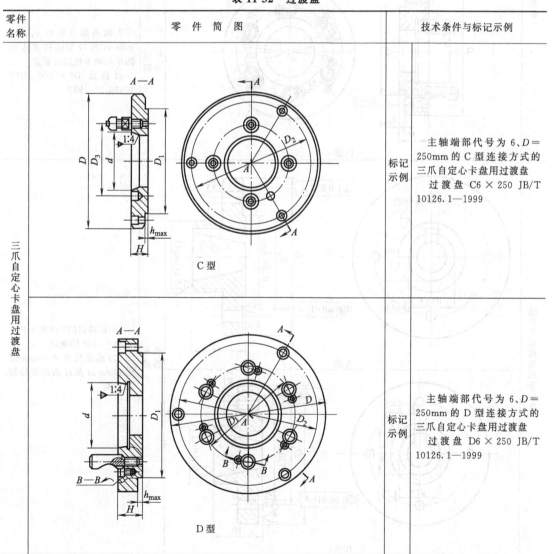</td><td>技术
条件</td><td>(1)材料：T8 按 GB/T 1298—1986 的规定
(2)热处理：55～60HRC
(3)其他技术条件按 JB/T 8044—1999 的
规定</td></tr>
<tr><td>标记
示例</td><td>公称直径为 22～40mm 的夹持式内锥孔
顶尖
  顶尖 12～44 JB/T 10117.5—1999</td></tr>
</table>

11.10.2 过渡盘（表 11-32）

表 11-32 过渡盘

零件 名称	零 件 简 图	技术条件与标记示例
三爪自定心卡盘用过渡盘	C型	标记 示例 主轴端部代号为 6、$D=$ 250mm 的 C 型连接方式的三爪自定心卡盘用过渡盘 过渡盘 C6×250 JB/T 10126.1—1999
	D型	标记 示例 主轴端部代号为 6、$D=$ 250mm 的 D 型连接方式的三爪自定心卡盘用过渡盘 过渡盘 D6×250 JB/T 10126.1—1999

零件 名称	零 件 简 图		技术条件与标记示例
四爪单动卡盘用过渡盘	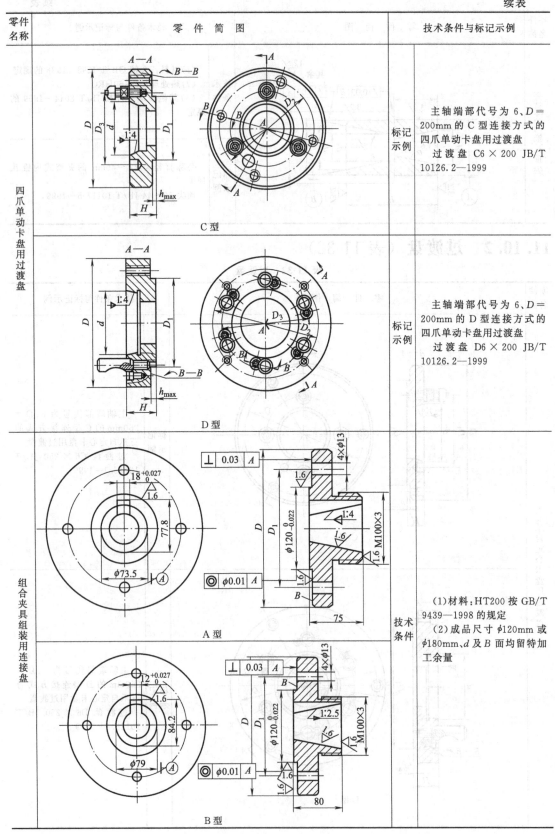	标记 示例	主轴端部代号为 6、$D=$ 200mm 的 C 型连接方式的四爪单动卡盘用过渡盘 过渡盘 C6 × 200 JB/T 10126.2—1999
		标记 示例	主轴端部代号为 6、$D=$ 200mm 的 D 型连接方式的四爪单动卡盘用过渡盘 过渡盘 D6 × 200 JB/T 10126.2—1999
组合夹具组装用连接盘		技术 条件	(1)材料:HT200 按 GB/T 9439—1998 的规定 (2)成品尺寸 $\phi120$mm 或 $\phi180$mm、d 及 B 面均留特加工余量

零件 名称	零 件 简 图	技术条件与标记示例
组合夹具组装用连接盘	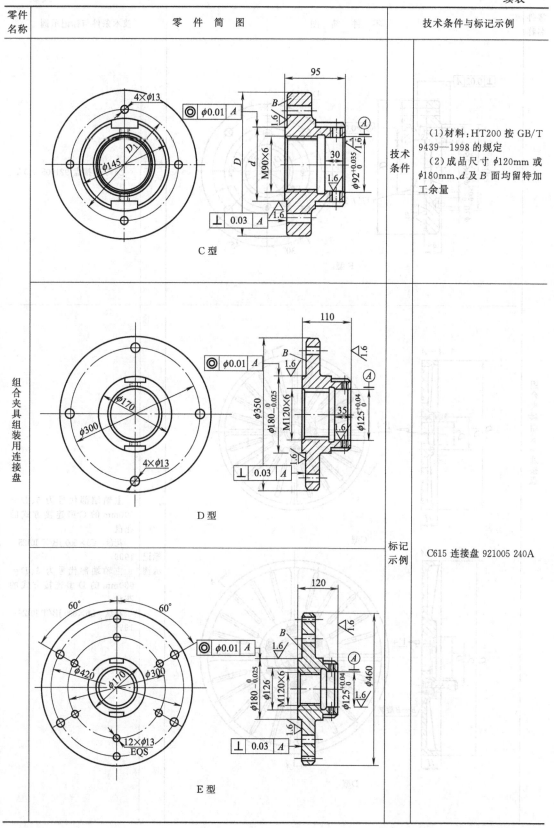 C 型 D 型 E 型	技术条件 （1）材料：HT200 按 GB/T 9439—1998 的规定 （2）成品尺寸 $\phi120$mm 或 $\phi180$mm、d 及 B 面均留特加 工余量 标记 示例 C615 连接盘 921005 240A

零件 名称	零 件 简 图	技术条件与标记示例
组合夹具组装用连接盘	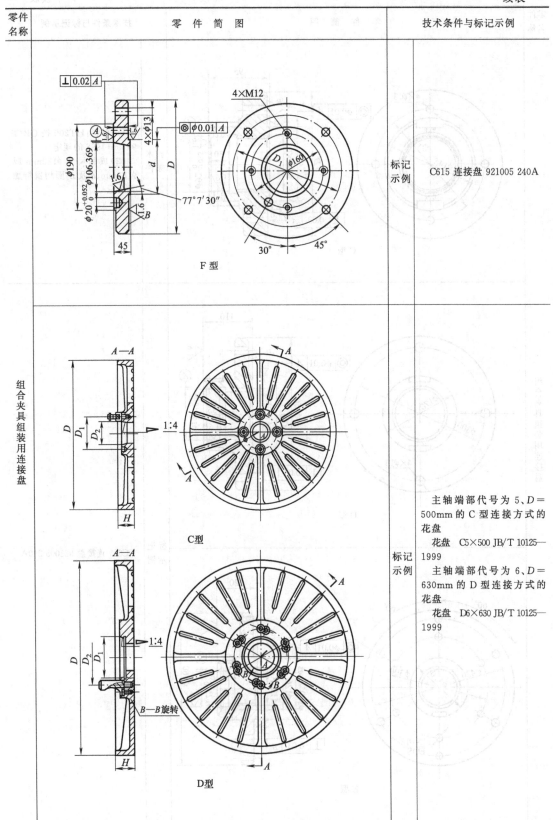 F 型 C型 D型	标记 示例　C615 连接盘 921005 240A 标记 示例 　主轴端部代号为 5，$D=$ 500mm 的 C 型连接方式的 花盘 　花盘　C5×500 JB/T 10125— 1999 　主轴端部代号为 6，$D=$ 630mm 的 D 型连接方式的 花盘 　花盘　D6×630 JB/T 10125— 1999

零件名称	零件简图	技术条件与标记示例
拨盘	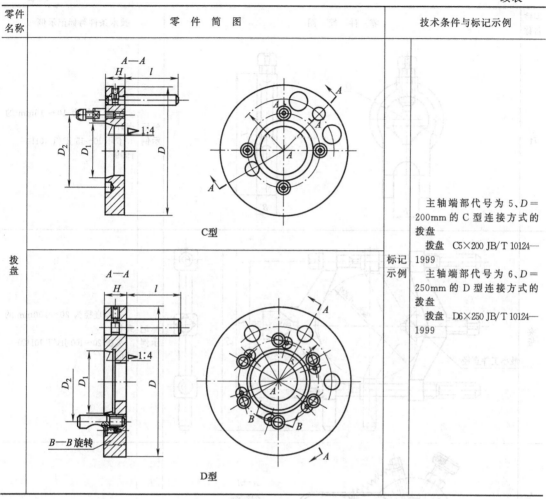 C 型 D 型	标记示例 主轴端部代号为 5、$D=$ 200mm 的 C 型连接方式的拨盘 　拨盘　C5×200 JB/T 10124—1999 主轴端部代号为 6、$D=$ 250mm 的 D 型连接方式的拨盘 　拨盘　D6×250 JB/T 10124—1999

11.10.3　夹头（表 11-33）

表 11-33　夹头

零件名称	零件简图	技术条件与标记示例
鸡心夹头	A 型　　　　　　B 型	标记示例 公称直径为 12～18mm 的 A 型鸡心夹头 　夹头 A12～18 JB/T 10118—1999

零件名称	零 件 简 图	技术条件与标记示例
卡环		标记示例 公称直径为 10～15mm 的卡环 卡环 10～15 JB/T 10119—1999
夹板		标记示例 公称直径为 20～100mm 的夹板 夹板 20～100 JB/T 101120—1999
车床用快换夹头		标记示例 公称直径为 14～18mm 的车床快换夹头 夹头 14～18 JB/T 10121—1999
磨床用快换夹头		标记示例 公称直径为 12～18mm 的磨床用快换夹头 夹头 12～18 JB/T 10122—1999

零件名称	零件简图	技术条件与标记示例
活铁爪	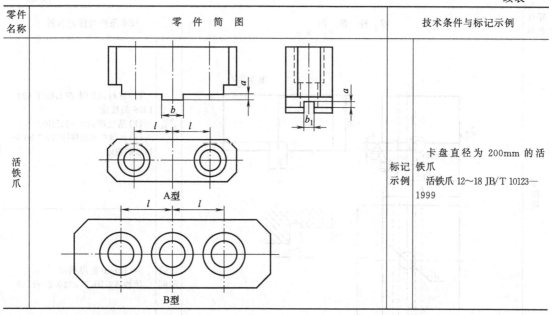	标记示例　卡盘直径为 200mm 的活铁爪 活铁爪 12～18 JB/T 10123—1999

11.10.4　其他件（表 11-34）

表 11-34　其他件

零件名称	零件简图	技术条件与标记示例
导板	A型 N—N 12.5 1.6 2×d 配作 B型 F—F 其余 6.3 d_2 h_1 5 45° $4×d_1$ 12.5 0.8 0.8 b H h 0.8 B 0.8 d_3 N N A₁ A₁/2 L l A F F 5 F F	技术条件　(1)材料:20 钢 按 GB/T 699—1999 的规定 (2)热处理:渗碳深度为 0.8～1.2mm,58～64HRC (3)其他技术条件按 JB/T 8044—1999 的规定 标记示例　$b=34$mm 的 A 型导板 导板 A34 JB/T 8019—1999
薄挡块	b_2 其余 12.5 45° H h b_3 0.8 b 0.8 3.2 5 1.6 m B d L l b_3	技术条件　(1)材料:45 钢 按 GB/T 699—1999 的规定 (2)热处理:40～45HRC (3)其他技术条件按 JB/T 8044—1999 的规定 标记示例　$b=18$mm 的薄挡块 挡块 18 JB/T 8020.1—1999

续表

零件名称	零件简图	技术条件与标记示例
厚挡块	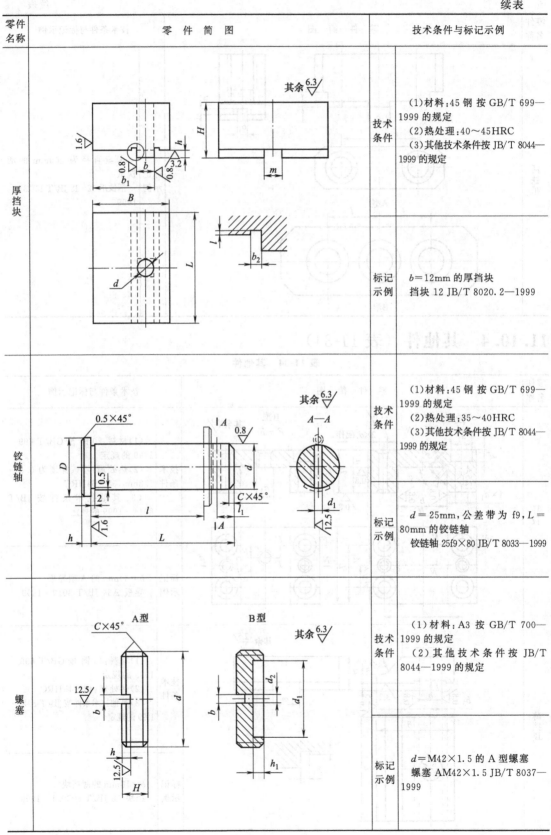	**技术条件** (1)材料:45钢 按 GB/T 699—1999 的规定 (2)热处理:40~45HRC (3)其他技术条件按 JB/T 8044—1999 的规定 **标记示例** $b=12$mm 的厚挡块 挡块 12 JB/T 8020.2—1999
铰链轴		**技术条件** (1)材料:45钢 按 GB/T 699—1999 的规定 (2)热处理:35~40HRC (3)其他技术条件按 JB/T 8044—1999 的规定 **标记示例** $d=25$mm,公差带为 f9,$L=80$mm 的铰链轴 铰链轴 25f9×80 JB/T 8033—1999
螺塞		**技术条件** (1)材料:A3 按 GB/T 700—1999 的规定 (2)其他技术条件按 JB/T 8044—1999 的规定 **标记示例** $d=$M42×1.5 的 A 型螺塞 螺塞 AM42×1.5 JB/T 8037—1999

零件名称	零 件 简 图		技术条件与标记示例	
锁扣			技术条件	（1）材料：45 钢 按 GB/T 699—1999 的规定 （2）热处理：35～40HRC （3）其他技术条件按 JB/T 8044—1999 的规定
			标记示例	L＝80mm 的锁扣 锁扣 80 JB/T 8038—1999
堵片			技术条件	（1）材料：A3 按 GB/T 700—1999 的规定 （2）堵片装入孔后，敲挤堵片使之与孔配合紧密 （3）其他技术条件按 JB/T 8044—1999 的规定
			标记示例	D＝35mm 的堵片 堵片 35 JB/T 8041—1999
车床用定位轴			技术条件	（1）材料：T8 按 GB/T 1298—1986 的规定 （2）热处理：58～64HRC；柄部 40～45HRC （3）其他技术条件按 JB/T 8044—1999 的规定
			标记示例	莫氏圆锥 5 号，d＝35mm 的车床用定位轴 定位轴 5-35 JB/T 10115—1999

续表

零件名称	零件简图	技术条件与标记示例
锥度心轴	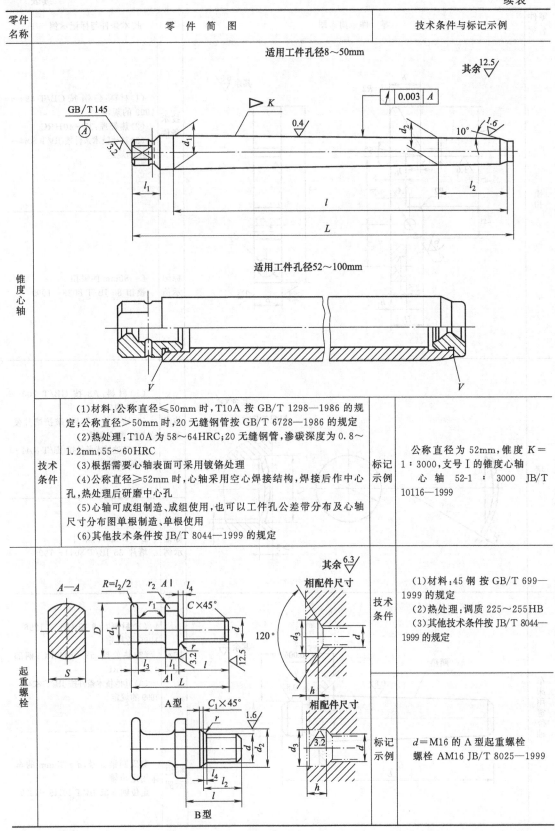	**技术条件** (1)材料:公称直径≤50mm时,T10A 按 GB/T 1298—1986 的规定;公称直径＞50mm时,20 无缝钢管按 GB/T 6728—1986 的规定 (2)热处理:T10A 为 58～64HRC;20 无缝钢管,渗碳深度为 0.8～1.2mm,55～60HRC (3)根据需要心轴表面可采用镀铬处理 (4)公称直径≥52mm 时,心轴采用空心焊接结构,焊接后作中心孔,热处理后研磨中心孔 (5)心轴可成组制造、成组使用,也可以工件孔公差带分布及心轴尺寸分布图单根制造、单根使用 (6)其他技术条件按 JB/T 8044—1999 的规定 **标记示例** 公称直径为 52mm,锥度 $K=1：3000$,支号Ⅰ的锥度心轴 　心 轴 52-1 ： 3000 JB/T 10116—1999
起重螺栓		**技术条件** (1)材料:45 钢 按 GB/T 699—1999 的规定 (2)热处理:调质 225～255HB (3)其他技术条件按 JB/T 8044—1999 的规定 **标记示例** d＝M16 的 A 型起重螺栓 螺栓 AM16 JB/T 8025—1999

零件名称	零件简图	技术条件与标记示例
圆柱螺旋压缩弹簧	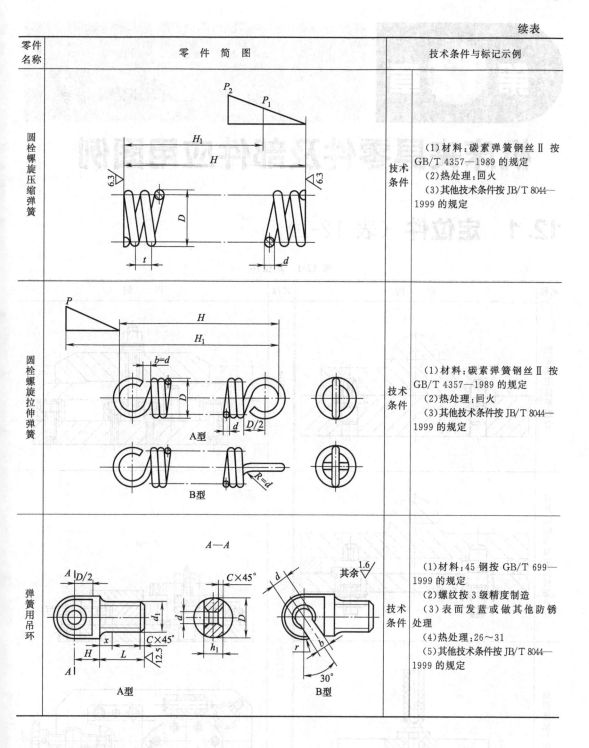	技术条件　(1)材料:碳素弹簧钢丝Ⅱ 按 GB/T 4357—1989 的规定　(2)热处理:回火　(3)其他技术条件按 JB/T 8044—1999 的规定
圆柱螺旋拉伸弹簧		技术条件　(1)材料:碳素弹簧钢丝Ⅱ 按 GB/T 4357—1989 的规定　(2)热处理:回火　(3)其他技术条件按 JB/T 8044—1999 的规定
弹簧用吊环		技术条件　(1)材料:45 钢按 GB/T 699—1999 的规定　(2)螺纹按 3 级精度制造　(3)表面发蓝或做其他防锈处理　(4)热处理:26～31　(5)其他技术条件按 JB/T 8044—1999 的规定

机床夹具零件及部件应用图例

12.1　定位件（表 12-1）

表 12-1　定位件

名称	图　例	名称	图　例
固定式定位销组合		支承板	
可换定位销与定位衬套组合		支承钉	$A—A$
定位插销与定位衬套组合			

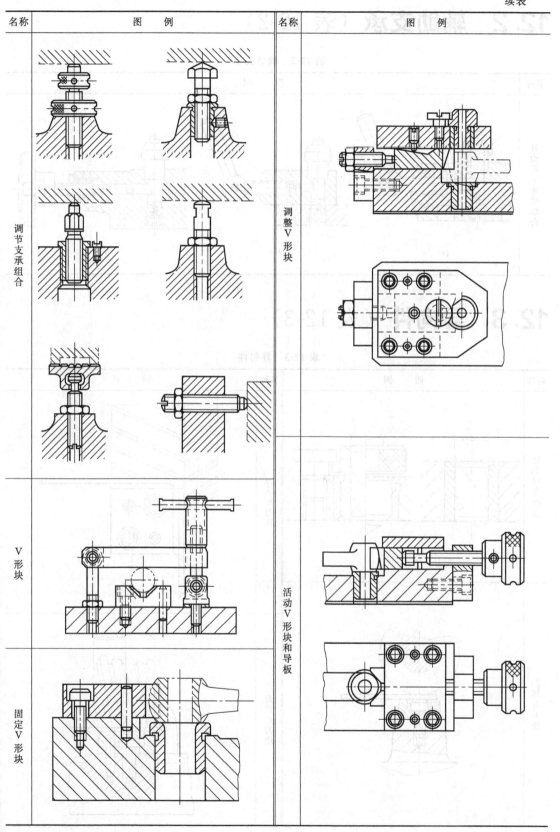

名称	图　例	名称	图　例
调节支承组合		调整V形块	
V形块		活动V形块和导板	
固定V形块			

12.2 辅助支承（表 12-2）

表 12-2 辅助支承

名称	图 例
自动调节支承组合	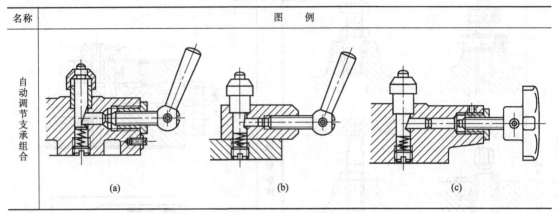 (a) (b) (c)

12.3 导向件（表 12-3）

表 12-3 导向件

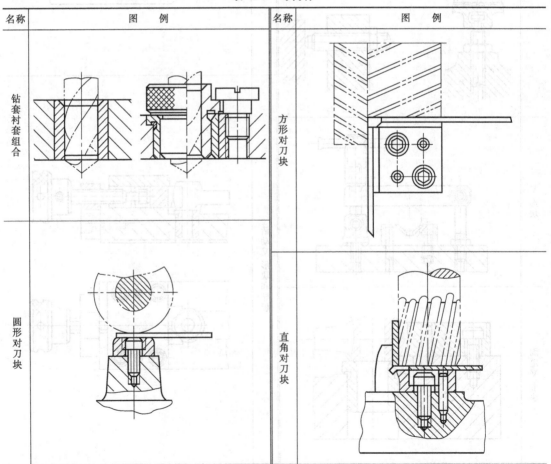

名称	图 例	名称	图 例
钻套衬套组合		方形对刀块	
圆形对刀块		直角对刀块	

名称	图　例	名称	图　例
侧装对刀块	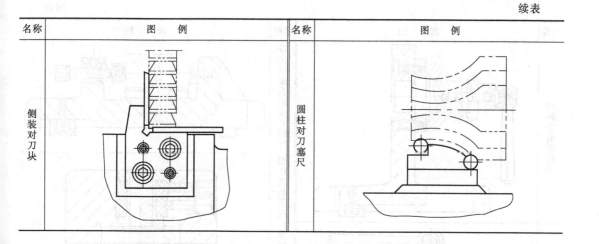	圆柱对刀塞尺	

12.4　夹紧件（表 12-4）

表 12-4　夹紧件

名称	图　例	名称	图　例
螺母与十字垫圈组合	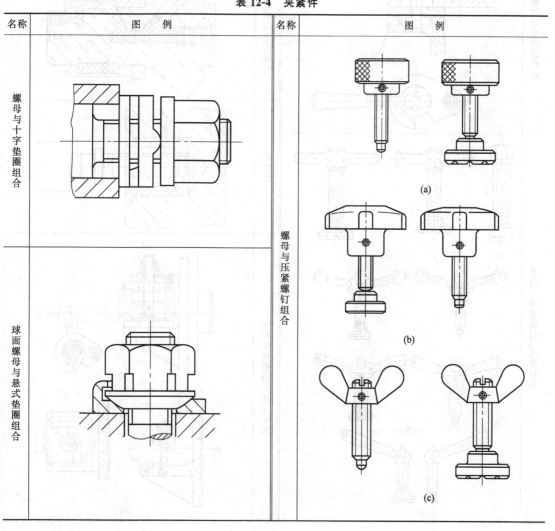	螺母与压紧螺钉组合	(a) (b) (c)
球面螺母与悬式垫圈组合			

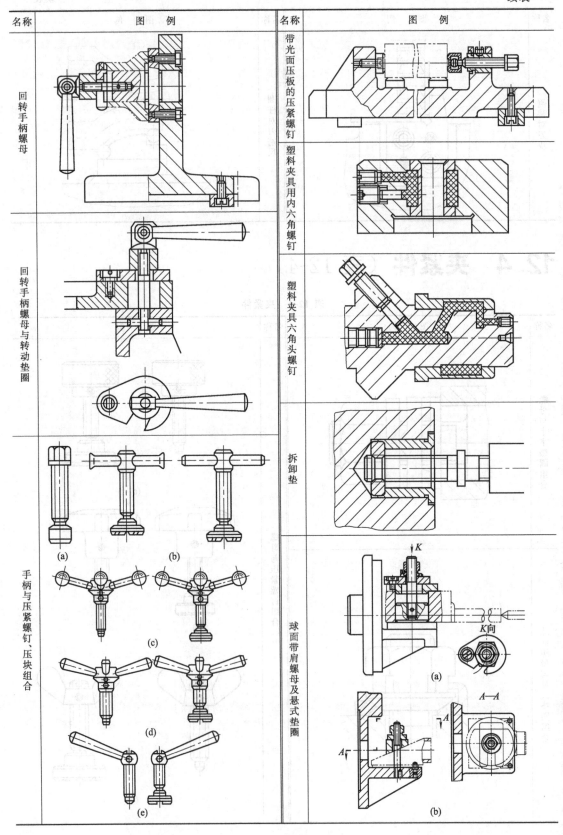

名称	图 例
回转手柄螺母	
回转手柄螺母与转动垫圈	
手柄与压紧螺钉、压块组合	(a) (b) (c) (d) (e)
带光面压板的压紧螺钉	
塑料夹具用内六角螺钉	
塑料夹具六角头螺钉	
拆卸垫	
球面带肩螺母及悬式垫圈	(a) (b)

名称	图　例	名称	图　例

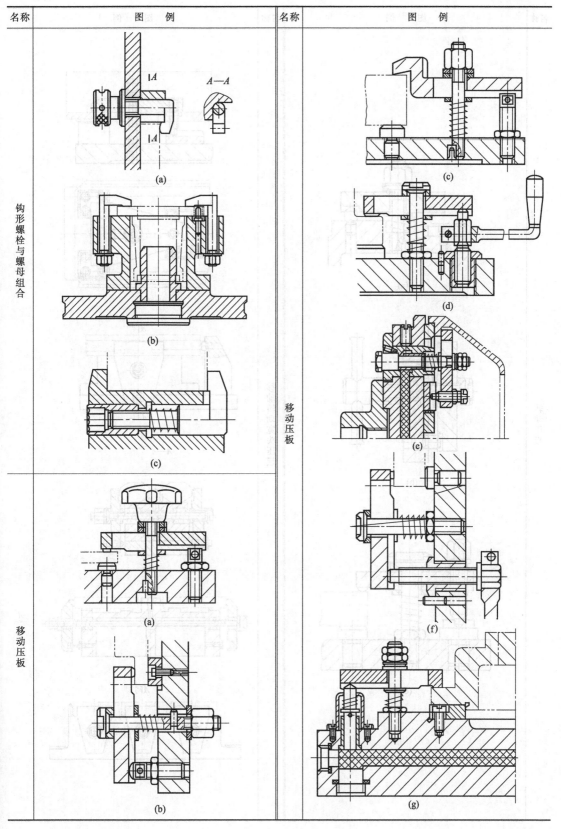

钩形螺栓与螺母组合

(a)

(b)

(c)

移动压板

(a)

(b)

移动压板

(c)

(d)

(e)

(f)

(g)

续表

名称	图例	名称	图例
转动压板	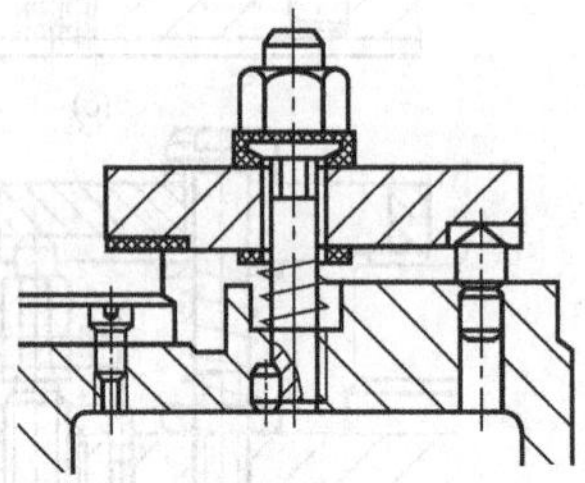 (a) 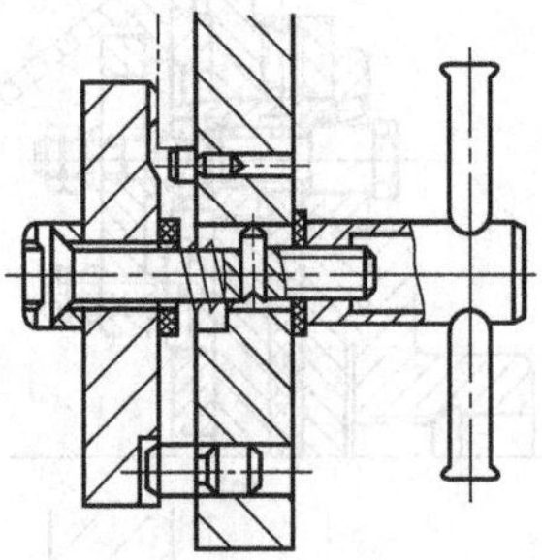 (b) 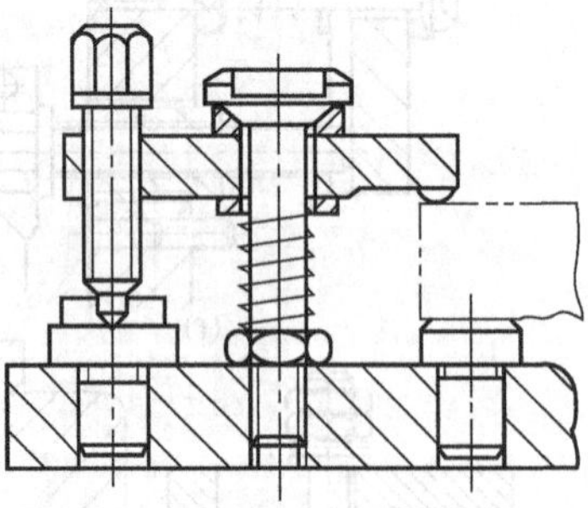 (c)	移动转动宽头压板	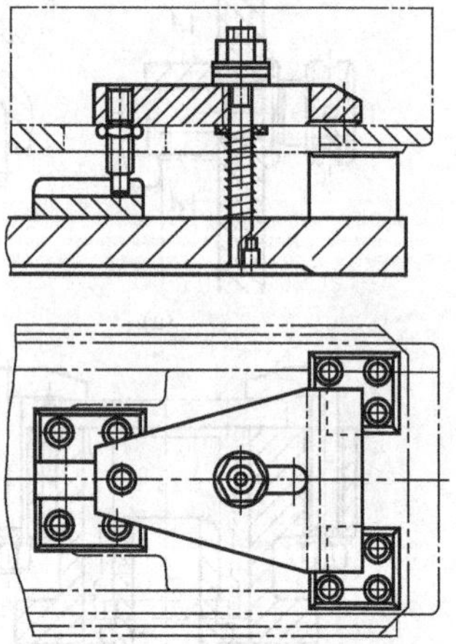 (a) 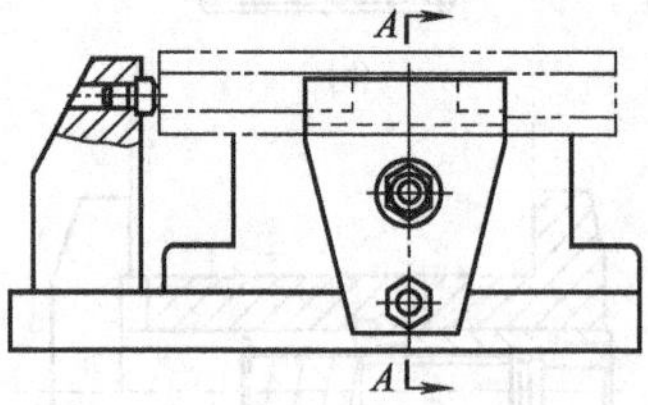 A—A 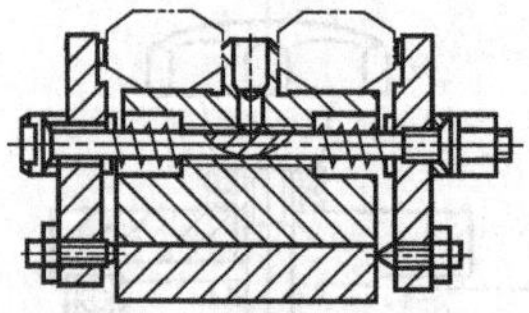 (b) 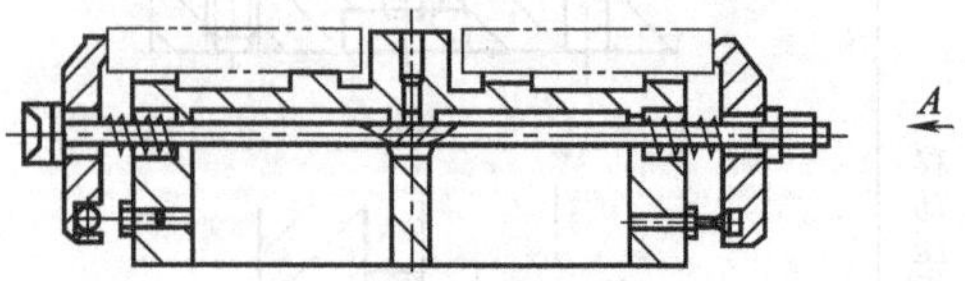 A向 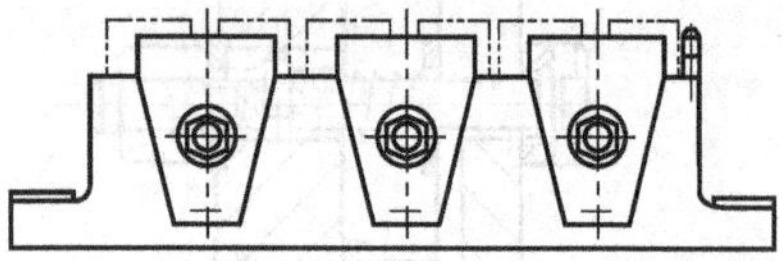 (c)

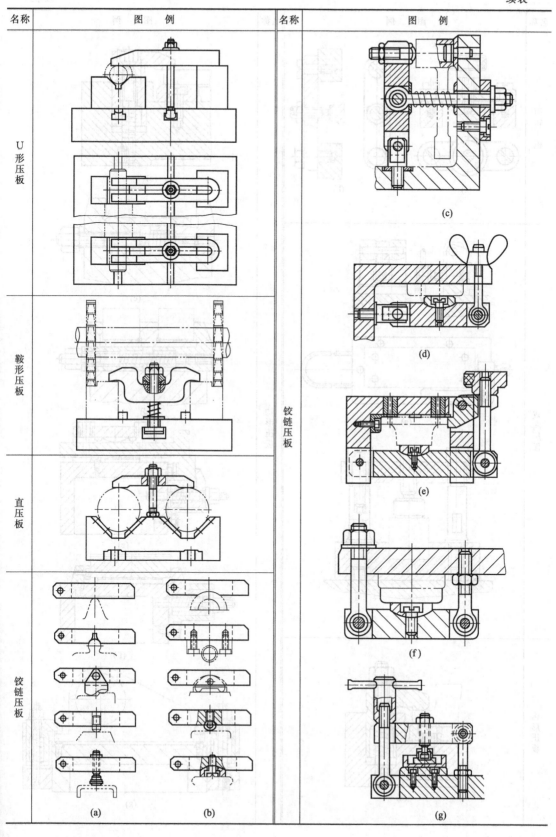

名 称	图 例	名 称	图 例
U 形压板		铰链压板	(c)
鞍形压板			(d)
直压板			(e)
铰链压板	(a) (b)		(f) (g)

名称	图　例	名称	图　例

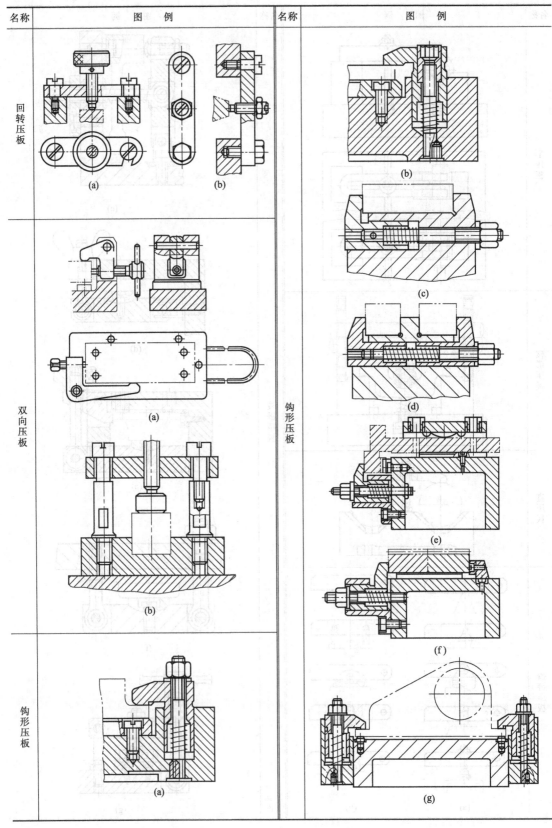

左栏：回转压板 (a)(b)；双向压板 (a)(b)；钩形压板 (a)

右栏：钩形压板 (b)(c)(d)(e)(f)(g)

名称	图 例	名称	图 例
偏心轮	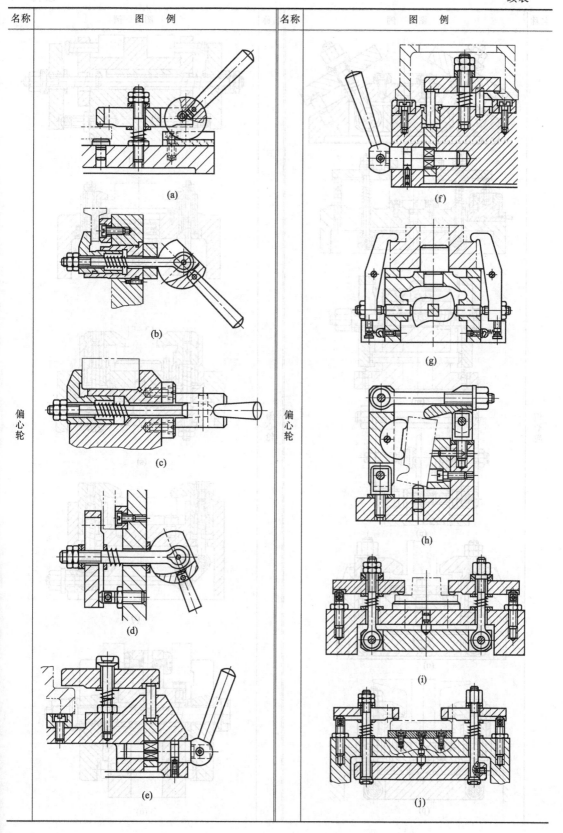	偏心轮	

名称	图　例	名称	图　例
偏心轮	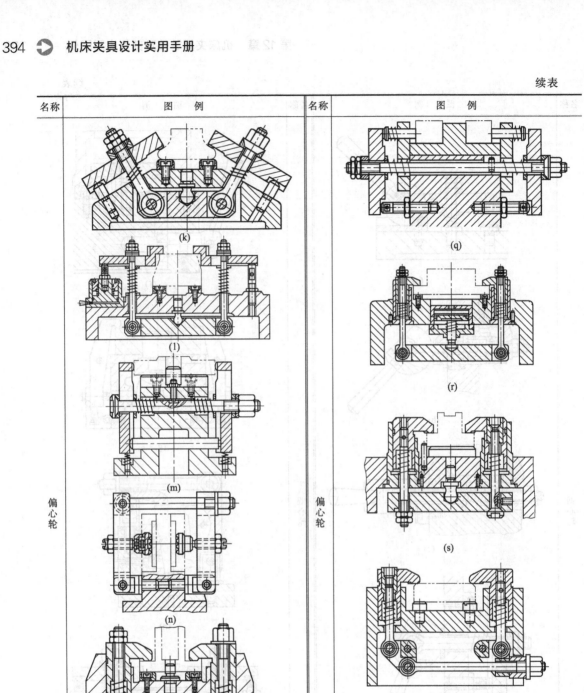	偏心轮	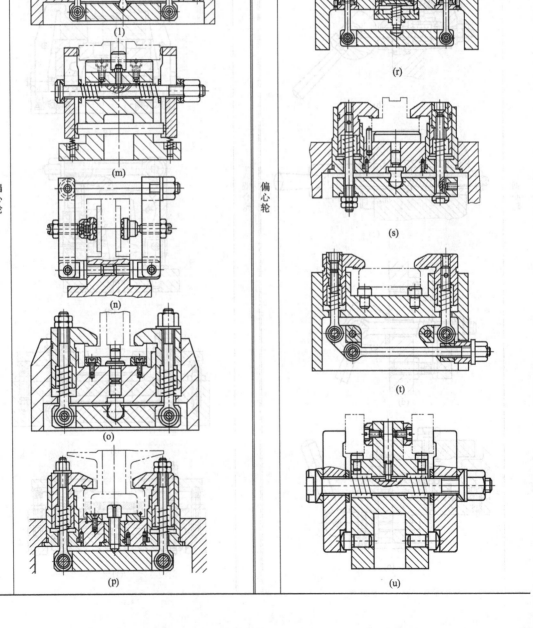

(k)

(l)

(m)

(n)

(o)

(p)

(q)

(r)

(s)

(t)

(u)

12.5　其他元件（表 12-5）

表 12-5　其他元件

名称	图　例	名称	图　例
万能支柱和挡块		铰链轴	
螺钉支座		内涨器	
钻模支脚、钻套及锁扣		镗套及起重螺栓	
		切向夹紧套组合	

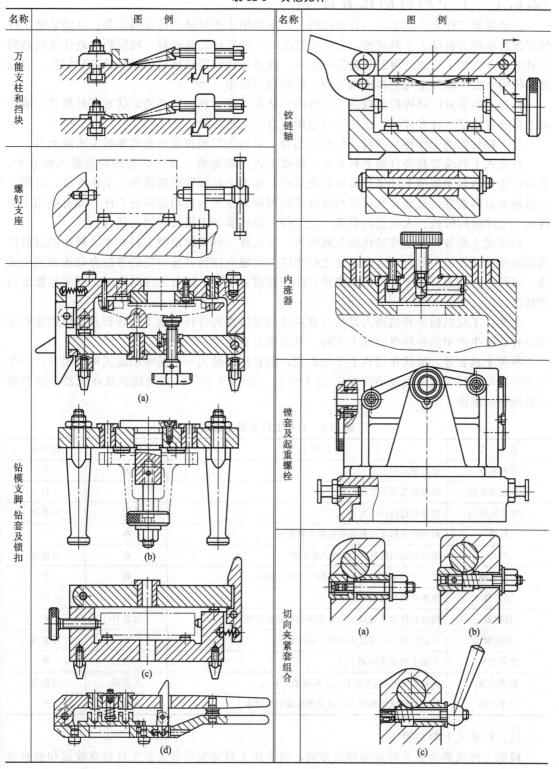

12.6 自动线上的物料传送装置

12.6.1 上下料自动化装置

自动装卸工件是自动加工、自动检验、自动装配中不可缺少的重要环节。自动装卸工件装置通常被称为自动上下料装置，它能将散乱的工件实现定向排列，然后顺次地送至机器的夹具上，并在加工完成后将其从夹具中卸下，或将工件定向整理后送至检验装配位置。自动卸料机构在工作原理上与上料机构类似，但结构较简单。

自动上料装置的结构形式取决于工件的形状及其原材料。工件的形状有多种形式，故自动上料装置也是多种多样的，往往没有通用的自动上料装置。

按上料装置的工作特点和自动化程度划分，自动上料装置有料仓式和料斗式两大类。

料仓式上料装置是半自动上料装置，需要工人定期地将一批工件整理定向放入料仓中，然后由送料器自动地将工件送到机器的夹具中。这类上料装置结构简单，工作可靠，适用于批量较大且因重量、尺寸及几何形状特殊等原因而难以进行自动定向的工件，或者应用于单件加工工序时间较长、人工定向整理一批工件可供机器加工很长时间的场合。

料斗式上料装置是全自动化的上料装置，工人将工件成批地倒入料斗中，料斗的定向机构能将杂乱无章的工件自动定向，使之按规定方位整齐排列并按一定的节拍自动送到加工部位。这种上料装置多用于工件形状简单，体积和重量不大，而且工序时间短、要求频繁上料的情况。

此外，工业机械手和机器人是具有通用性和灵活性的件料自动上下料装置，特别适合于多品种成批生产中的件料自动化上下料，其应用日益增多。

各种上料装置，虽然在结构上千差万别，但它们都是由一些基本职能机构所组成。一个完善的自动上料装置的组成通常如表 12-6 所示。图 12-1 是零件自动输送及在机器上的自动供料卸料示意图。

表 12-6 自动上料装置的组成

名 称	主 要 作 用	料仓式	料斗式
装料容器	储存散乱的工件	无	有
抓取定向机构	使散乱的坯件定向排列	无	有
二次定向机构	对坯件进行补充定向	无	可能有
料槽	将坯件由料斗或料仓传送到上料机构	有	有
料仓	储存已定向的坯件，调剂供求平衡	有	可能有
上料机构	将已定向的坯件按生产节拍送往机床夹具	有	有
隔料器	使坯料逐个地由料仓中放出	有	有
搅拌器	搅动坯件增加完成定向的几率和消除坯件堵塞	可能有	有
剔除器	将定向不正确或过多的坯件抛回料斗	无	可能有
驱动机构	驱动上料装置协调工件	有	有
检测装置	检测坯件状况，控制自动上料装置工作	可能有	可能有
安全机构	发生故障或供料过多时自动停车或消除堵塞	可能有	有

（1）料仓式上料装置

根据工件从料仓到上料器的传送方法，料仓式上料装置可分为靠工件自重输送和强制送

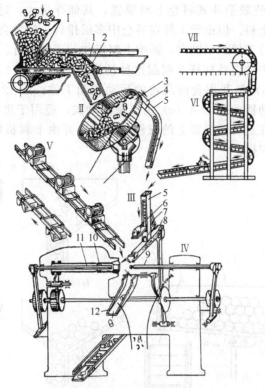

图 12-1 零件自动输送及在机器上的自动供卸料示意图

Ⅰ—运输装置；Ⅱ—料斗定向装置；Ⅲ—料仓式装料装置；Ⅳ—装在机器上的自动机构；

Ⅴ—大型零件供料装置；Ⅵ，Ⅶ—中等零件供料装置

1—输送带；2—分料板；3—料斗；4—定向器；5—料仓；6—自动关断机构；

7—隔料器；8—上料器；9—推入器；10—夹头；11—顶出器；12—落料机构

料两类。

料仓式上料装置由料仓、输料道、上料器、隔料器和卸料器等机构组成，这些机构并不一定是相互独立的，一个机构也许可以同时完成多种功能。

① 料仓。料仓的作用是储存已整理定向的工件，它的结构形式随工件的形状特征、储存量及上料机构的不同而异。料仓有许多形式，各自适合储存不同的工件，图 12-2 是其中的几种。

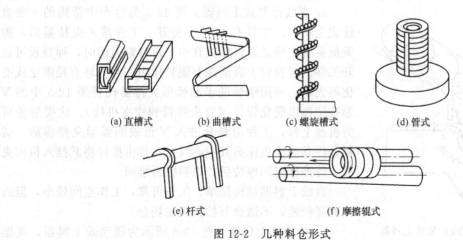

(a) 直槽式　　(b) 曲槽式　　(c) 螺旋槽式　　　(d) 管式

(e) 杆式　　　　　　(f) 摩擦辊式

图 12-2 几种料仓形式

图 12-3 所示为多层装载型斗式料仓上料装置，其储存量大，适用于细长圆柱形的柱、轴、管、套等类工件的上料。但由于工件在料仓中多层排列，经常会由于互相卡住而出现起拱堵塞现象，使料仓中的工件难以输出，影响上料工作的正常进行。因此，通常需要在这种料仓中设置消拱器，图中的搅动杠杆 5 就起这种消拱作用。图 12-4 所示为几种常用的拱形消除器，其中图 12-4（a）是利用仓内凸轮的运动搅动工件；图 12-4（b）既有摆动杠杆，在料仓内还装有菱形搅动器；图 12-4（c）为电磁振动式，适用于重量较轻的工件；图 12-4（d）为棘齿式，它利用在送料器表面上的波纹或齿纹，并由上料机构的往复运动来搅动料堆中的工件，从而防止起拱。

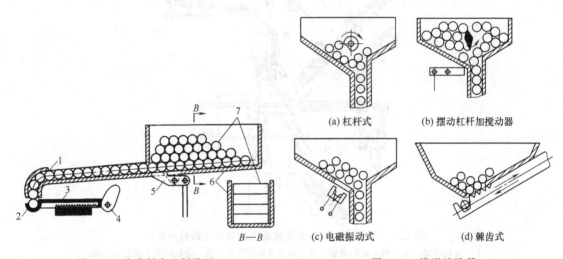

(a) 杠杆式   (b) 摆动杠杆加搅动器

(c) 电磁振动式   (d) 棘齿式

图 12-3　斗式料仓上料装置　　　　　　　图 12-4　拱形消除器

1—料道；2—送料器；3—送料杆兼隔料器；4—驱动凸轮；
5—搅动杠杆；6—斗式料仓；7—工件

② 输料道。输料道的作用是将工件从料仓（或料斗）输送到上料器中，有时还兼有储料的作用。

③ 上料器。上料器的作用是将输料道送来的工件转送到机器的预定位置上，再由推杆等配合，将工件送入夹具中。

根据上料器的运动特性，可分为直线往复式、摆动式、槽轮式、升降式和连续式等多种。

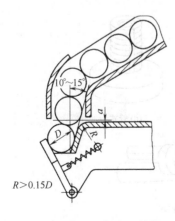

图 12-5　直线往复式上料器

a. 直线往复式上料器。图 12-5 为生产中常用的一种直线式上料器。它带有 V 形夹持器，工件落入夹持器后，弹簧板夹着工件送至机床夹具中，送料臂返回时，弹簧板可让开工件。送料臂上表面兼有隔料作用。当毛坯直径固定或变化不大时，可用刚性的半圆弧形夹持器代替图 12-5 中的 V 形夹持器以简化设计（省去弹簧和铰支机构）。这类装置可为机器上料，工件由料仓进入 V 形或圆弧形夹持器后，送料臂将其送至机床夹具中心线上，再由推杆将其推入机床夹具，待推杆退回原位后，送料臂再推回。

直线上料器结构简单、工作可靠，工作空间较小，但送料速度较慢，不适合节拍太短的场合。

b. 摆动式上料器。图 12-6 所示为摆动式上料器，其摆臂上表面为工件止动面，兼有隔料作用。弹簧压板上端略高于摆臂上表面。当摆臂上夹持工件的沟槽对着料仓滑道时就接受一个工件。摆臂夹着工件送至机床夹具中心后，由推杆将工件送至夹具中，推杆退回。摆臂回程中当弹簧压板上端碰到滑道盖板后略张开，于是料仓中工件落入槽中。摆臂的运动可由气压、液压或机械传动。摆动式上料器的结构比直线式简单，不需要较长的滑动导轨，只用一个圆柱支承，节省了活动空间，送料速度较快，广泛用于单工位机器上。

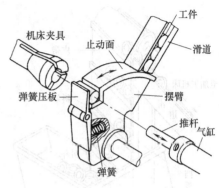

图 12-6　摆动式上料器

c. 槽轮式上料器。当带沟槽的转盘旋转时，槽口顺次经过料仓的开口处，单个工件落入槽口。转盘外圆柱面为工件止动面兼有隔料作用。随着转盘的间歇转动，工件被送到加工地点，而加工完的工件被送至下料道。槽轮大小和间隔数量根据加工节拍和工件大小而设计。图 12-7 为一种磨削用上料器，工件逐个自进料滑道进入等间隔的槽中，转到另一侧时由砂轮进行磨削，加工完毕的工件自动落入送出滑道中。

d. 升降式上料器。图 12-8 所示为升降式上料器，在皮带输送机的皮带内嵌入磁铁，当皮带从储料仓经过时，铁磁性的工件即被吸上。磁铁之间的间隔不宜太小，以免工件成堆吸附在皮带上。通过磁铁间隔设计和皮带运行速度控制，可按要求对机器间歇供料。但磁铁不具备使工件定向的功能，所以在料道处还需增设工件定向器。

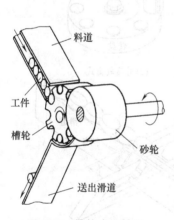

图 12-7　槽轮式上料器

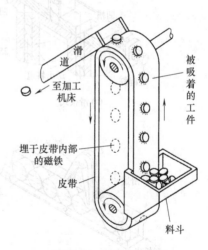

图 12-8　升降式上料器

e. 连续式上料器。当需要快节奏供料或连续供料时，可采用连续上料器。图 12-2 （f）所示的双辊摩擦式料仓就是一种有连续上料功能的装置，它利用其中一个圆锥辊子产生的轴向分力将工件连续向前送进。无心磨床上加工圆柱体、环形、盘形和套类工件时常使用这类连续上料器。图 12-9 也是一个连续式上料器的例子。立式皮带输送机的皮带面上每隔一定距离安装有一斜条，皮带运行经过储料仓时斜条将若干工件带上来，接着工件滚落到料道中。用这种上料器可实现环形、球形工件的快速上料。

④ 隔料器。隔料器又称单件控制器，是用来控制从输料槽或料仓进入送料器的工件数量。

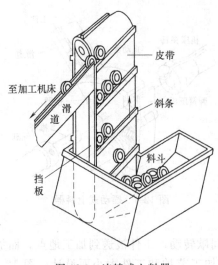

图 12-9　连续式上料器

图 12-10 为几个隔料器的例子。其中，图 12-10 (a) 为滑板式隔料器，滑板的厚度与工件厚度一致。滑板上开有相距为 S 的两个凹槽，而两侧的送出料道相距 2S。滑板在送出料道上部往复滑动，从送进料道接受工件并轮流分送到送出料道内，可同时为两台机床供料。图 12-10 (b) 为分度转盘式隔料装置，当转盘空穴转至垂直料道下方时，一个工件落下。图 12-10 (c) 为摆叉式隔料器，当摆叉的前爪分离工件时，后爪正挡住后面的工件；当前爪挡住工件时，后爪又能补充另一个工件。摆叉的摆动需与机床同步。设计适当的摆叉形状，可使摆叉摆动一个周期内送出 1 个、2 个或 3 个工件。图 12-10 (d) 为滑门式隔料装置，它利用两个相对的挡条在滑道壁上两孔中往复运动，使排列于滑道中的工件相互分离开。挡条可以是扁方截面形状或是圆锥棒，视工件形状而定。若需要一次分离出两个或两个以上的工件，只需延长两挡条之间的间隔 X 即可。

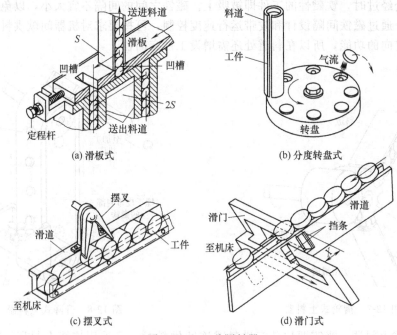

(a) 滑板式　　　　　　　(b) 分度转盘式

(c) 摆叉式　　　　　　　(d) 滑门式

图 12-10　四种隔料器

一般说来，往复运动式隔料器结构简单，但动作速度较低，每分钟送料小于 150 件。摆动式隔料器的隔料速度在 150～200 件/分钟。旋转式隔料器隔料速度快，常大于 200 件/分钟，且工作比较平稳，但结构可能相对复杂。

许多上料器兼有隔料作用，利用其止动面隔住下一工件，如图 12-5～图 12-7 所示。但当工件较重或垂直输料槽中工件数量较多时，为了避免工件全部重量都压在上料器上，就应采用单独的隔料器。大多数情况下，单独的隔料器借助上料器传动，只有当不便由上料器传动时或中间传动机构太复杂的情况下，才采用单独的气动或液动、电磁铁等传动源。

⑤ 卸料器。卸料器有两种常用形式：弹簧卸料推杆式和卸料手式。

卸料推杆式装置是用一根弹簧、推杆或顶板将工件推离主轴等工作地点，使之落入料箱或下料道中，然后转入下道工序。有时上料器和卸料器是结合在一起的，用上料器完成卸料工作，如图 12-7 所示。手式卸料器为抓取式机构，如机器人手爪。

（2）料斗式上料装置

对于批量大、生产率高、工序时间短、要求上料频繁及工件形状简单、重量不大的毛坯，往往采用料斗式上料装置。料斗式上料装置与料仓式上料装置的区别，主要在于料斗式上料装置带有工件定向机构。

① 定向机构的工作原理。根据工件定位要求，使散乱的工件在运输和装料时自动地按一定方位整齐排列起来的过程称为自动定向。工件定向机构的性能对料斗式上料装置中工件自动上料的实现至关重要。

在自动定向过程中，应限制住工件的五个自由度，保留一个装料或输料自由度，但根据零件的形状特征和复杂程度，有时也可以少于五个，例如对于有三根对称旋转轴的球就只需定向限制两个自由度。

按工件结构的基本特点，可将工件所需定向的复杂程度分为三级：

a. 具有三个对称面或对称线的工件，需一次定向；

b. 具有两个对称面或对称线的工件，需二次定向；

c. 具有一个对称面或对称线的工件，需三次定向。

② 自动定向方法。工件自动定向的基本方法有三种。

a. 抓取法。利用运动着的定向机构来抓取工件的特殊表面，如凸肩、凹槽、内孔等，使之分离出来并定向排列，如十字叉式定向机构（如图 12-11 所示）、扇板式定向机构（如

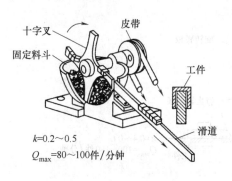

$k=0.2\sim0.5$
$Q_{max}=80\sim100$ 件/分钟

图 12-11 十字叉式定向机构

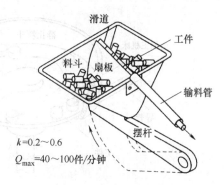

$k=0.2\sim0.6$
$Q_{max}=40\sim100$ 件/分钟

图 12-12 扇板式定向机构

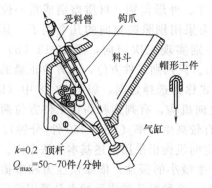

$k=0.2$
$Q_{max}=50\sim70$ 件/分钟

图 12-13 顶杆式定向机构

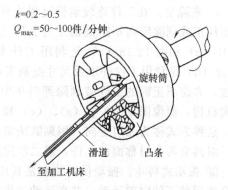

$k=0.2\sim0.5$
$Q_{max}=50\sim100$ 件/分钟

图 12-14 筒形旋转式定向机构

图 12-12 所示)、顶杆式定向机构（如图 12-13 所示)、筒形旋转式（如图 12-14 所示）定向机构，适用于短圆柱、套环及螺栓状工件，生产率比较高（可达 80～150 件/分钟)。图中 k 为机构充实系数，Q_{max} 为机构最大生产率。

b. 型孔筛选法。利用定向机构上一定形状和尺寸的孔穴，对工件进行筛选分离。只有截面形状和位置相应于型孔的工件，才能通过而获得定向排列。此种定向机构有料斗往复运动型，如图 12-15 所示固定管式定向机构，但大多数料斗或料斗底部料盘做连续回转运动，如图 12-16 所示径向条转盘式定向机构、图 12-17 所示静止导向条式定向机构。利用型孔、槽隙定向的料斗具有结构简单、生产率较高（60～120 件/分钟)、毛坯定向位置准确、工作平稳等优点，型孔适用于柱体、锥体、螺母等工件定向，槽隙适合用于有肩部的圆柱或锥形工件如螺钉、铆钉等的上料。

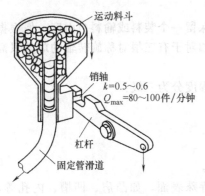

图 12-15　固定管式定向机构

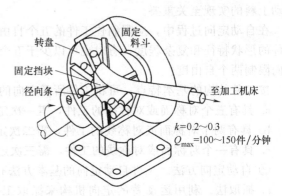

图 12-16　径向条转盘式定向机构

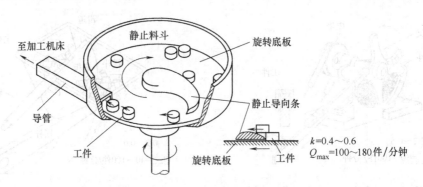

图 12-17　静止导向条式定向机构

c. 剔除法。在工件连续运行过程中利用工件尺寸、外形差别、材质差别或重心位置不同而纠正或剔除定向不正确的工件。图 12-18 所示为采用剔除法定向的几个例子，其中图 12-18（a）和图 12-18（c）是利用工件重心位置差别实现二次定向，图 12-18（b）和图 12-18（d）是利用工件外形及尺寸差别实现二次定向。只判别工件方位，让方位正确的工件通过，方位不正确的工件被剔除到料斗中，这种方式称为选择定向，如图 12-18 中（b）的定向机构；而像图 12-18 中（a)、（c）和（d）的定向机构，有判别和纠正工件方位两种功能，这种方式称为强迫定向。用剔除法定向的料斗有较高生产率（120～160 件/分钟)。

对具有两个对称面的工件，需二次定向。二次定向机构仍采用上述基本方法定向。

③ 振动式料斗。振动供料装置是利用电磁力产生微小的振动，依靠惯性力和摩擦力的综合作用使工件向前运动，并在运动过程中自动定向。这种料斗的主要特点是通用性广、上

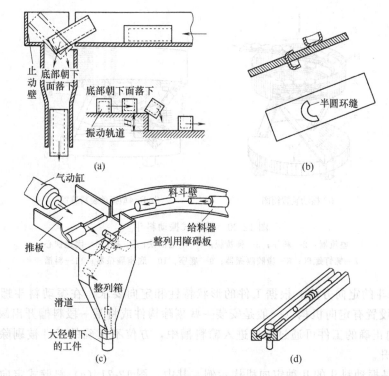

图 12-18　采用剔除法的定向机构

料平稳、简单耐用，但噪声较大。

a. 振动料斗的工作原理。以图 12-19 所示的振动直槽为例来说明工件沿料道由下向上运动的原理。工件放置在与水平面有 $\alpha=1°\sim6°$ 的小升角料槽上，料槽由两片斜置弹簧片（$\beta=10°\sim25°$）支承。底座上和料槽底部装有一对与支承弹簧平行的电磁铁并绕有线圈。当电磁铁反复通电、断电，料槽就被反复吸引和弹回而振动。由于有 β 角存在，在料槽被电磁铁吸引向左下方运动时，工件与料槽间摩擦力减小而打滑。当断电后，弹簧片使料槽向右上方运动靠摩擦力带动前进又被带回一段，曲折前进，因而送料速度低，但平稳性好。料槽往复振动，工件自左向右、由低到高地沿着料槽单向自动输送。

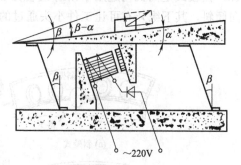

图 12-19　振动式供料原理

在生产中使用的振动式料斗多数是圆盘式的，其工作原理与直槽式振动料斗类似，只是把料槽做成螺旋形，三根片簧把往复振动变成扭转振动。当电磁铁通电时，振动料斗向下并逆时针方向扭转。当断电时料斗靠弹簧力复位，产生向上及顺时针方向转动，工件受扭振作用，如同直槽式上料原理一样，沿着螺旋形料槽，一步一步向上运动至顶部出料口。料道上设有定向机构，定向正确的工件可通过出口进入输料槽中，方位不正确的工件被剔除，落入料斗底部再重新上升。图 12-20 所示为自动供给垫片、圆环、圆柱等小零件的振动料斗示意图。弹簧板固定在底座 9 上，料斗底部固定电磁衔铁 4，板 5 上固定铁心 6，铁心和衔铁之间的间隙靠板 5 的上下移动和四个相交隔振器来调节。整个装置装在三个相交底座隔振器 10 上。

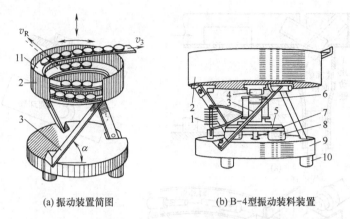

(a) 振动装置简图　　　　　(b) B-4型振动装料装置

图 12-20　圆盘式振动料斗

1—整流器；2—料斗；3—弹簧板；4—电磁衔铁；5—板；6—固定铁心；
7—螺钉螺母；8—橡胶隔振器；9—底座；10—底座隔振器；11—料槽

b. 振动料斗的定向方法。根据工件的形状特性和定向要求，在振动料斗螺旋料槽的最上一圈料道上设置有定向机构（一般是安装一些剔除构件或将某一段料槽开出缺口、槽形及斜面等），定向正确的工件可通过出口进入输料槽中，方位不正确的工件被剔除，落入料斗底部再重新上升。

图 12-21 是振动料斗的几种定向机构示例。其中，图 12-21（a）斜壁式定向机构适用于一端有倒角的扁平圆形工件，工件靠在料斗斜壁上前行，在料道面修窄的区段，只有倒角朝料斗内部的工件可通过并继续前行，倒角朝料斗壁面和其他方向的工件就会落下；图 12-21（b）挡板式定向机构适用于阶梯短柱形工件，挡板装在料斗内壁适当高度并向工件前行方向倾斜，其下缘开有可让工件小头通过的凹槽，凡不是小头朝上的工件都会被剔除落回料斗

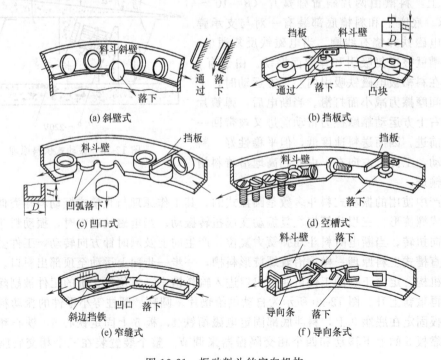

(a) 斜壁式　　　　　　　　　　　　(b) 挡板式

(c) 凹口式　　　　　　　　　　　　(d) 空槽式

(e) 窄缝式　　　　　　　　　　　　(f) 导向条式

图 12-21　振动料斗的定向机构

中；图 12-21（c）凹口式定向机构可区别、分选重心位置不同的工件，当工件前行到凹口段，凡重心落在料道凹口圆弧之外的工件都将落下；图 12-21（d）空槽式定向机构适用于螺钉式工件，经挡板、凹口预定向的工件前行至空槽段，工件小头落下而大头卡住，从而实现最终定向；图 12-21（e）窄缝式定向机构适用于块状工件直立供料，经凹口一次定向后，平卧的工件前行中受斜边挡铁引导将逐渐直立起来；图 12-21（f）导向条式定向机构可使门形工件排列输出。

12.6.2　输料自动化装置

自动化生产线和自动加工机床上利用自动输料装置，按生产节拍将被加工工件从一个工位自动传送到下一个工位，从一台设备输送给下一台设备，由此把自动线的各台设备联结成为一个整体。

自动输料装置输送工件的方法可分为依靠重力输送和强制输送两大类。

（1）重力输送

重力输送有滚动输送和滑动输送两种，重力输送装置一般需要配有工件提升机构。

① 滚动输送。利用提升机构或机械手将工件提到一定高度，让其在倾斜的输料槽中依靠其自重滚动而实现自动输送的方法多用于传送中小型回转体工件，如盘、环、齿轮坯、销及短轴等。滚动式输料槽的结构形式及特点见表 12-7。

表 12-7　滚动式输料槽的结构形式和特点

形式	简　图	特点及应用范围
开式		简单，运送距离较长时 $\alpha=5°\sim20°$
闭式		可防止工件在滚动时掉出滚道，适用于运送距离较短而倾斜角较大（$\alpha>20°$）以及工件滚动速度较高时
可调式		可根据工件尺寸规格调整，通用性较广，适用于成批生产
组合式		用钢板组装而成，底部可防止积存切屑脏物，滚动阻力小，还可适用于带肩轴轮类工件

续表

形　式	简　图	特点及应用范围
杆式		用圆钢拼焊而成，轻巧省料，底部不易积存脏物，适用于圆盘、轮类工件，刚性、可拆性差
曲折式		可使工件滚动时减速缓冲，可防止工件偏斜转向，可减轻底部工件的压力，适用于倾角较大或垂直传送时

利用滚动式输料槽时要注意工件形状特性的影响，工件长度 L 与直径 D 之比与输料槽宽度的关系是一个重要因素。由于工件与料槽之间存在间隙，故可能因摩擦阻力的变化或工件存在一定锥度误差而滚偏一个角度，当工件对角线长度接近或小于槽宽时，工件可能被卡住或完全失去定向作用；工件与料槽间隙也不能太小，否则由于料槽结构不良和制造误差会使局部尺寸小于工件长度，也会产生卡料现象。允许的间隙与工件的长径比和工件与料槽壁面的摩擦系数有关，随着工件长径比增加，允许的最大间隙值减小。一般当工件长径比大于 3.5～4 时，以自重滚送的可靠性就很差。

输料槽侧板愈高，输送中产生的阻力愈大。但侧板也不能过低，否则若工件在较长的输料槽中以较大的加速度滚到终点，碰撞前面的工件时，可能跳出槽外或产生歪斜而卡住后面的工件。一般推荐侧板高度为 0.5～1 倍工件直径。当用整条长板做侧壁时，应开出长窗口，以便观察工件的运送情况。

输料槽的倾斜角过小，容易出现工件停滞现象。反之，倾斜角过大时工件滚送的末速度很大，易产生冲击、歪斜及跳出槽外等不良后果，同时要求输料前提升高度增大，浪费能源。倾斜角度的大小取决于料槽支承板的质量和工件表面质量，在 5°～15° 之间选取，当料槽和工件表面光滑时取小值。

对于外形较复杂的长轴类工件（如曲轴、凸轮轴、阶梯轴等）、外圆柱面上有齿纹的工件（如齿轮、花键轴等）以及外表面已精加工过的工件，为了提高滚动输料的平稳性及避免工件相互接触碰撞而造成歪斜、咬住及碰伤表面等不良现象，应增设缓冲隔料块将工件逐个隔开，如图 12-22 所示。当前面一个工件压在扇形缓冲块的小端时，扇形大端向上翘起而挡住后一个工件。

② 滑动输送。利用提升机构或机械手将工件提到一定高度，让其在倾斜的输料槽中依靠其自重滑动而实现

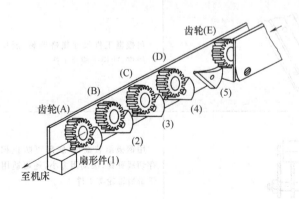

图 12-22　用缓冲块隔离工件

自动输送的方法多用于在工序间或上下料装置内部输送工件,并兼做料仓储存已定向排列好的工件。滑道多用于输送回转体工件,也可以输送非回转体工件。按滑槽的结构形式,可分为 V 形滑道、管形滑道、轨形滑道和箱形滑道四种,其特点及适用范围见表 12-8。

表 12-8　滑动料槽的结构形式和特点

形式	简　图	特点及应用范围
V 形滑道		夹角＝90°,可用标准角铁,适用于较小工件 夹角＞90°,可用板条拼焊而成,适用于较大工件
管形滑道		整体、刚性管用于工件需密闭的场合 柔性弹簧管用于相对运动部件之间传送工件 半管式用于较大工件
轨形滑道		底部漏空,可防止积存切屑 板式滑轨适用于带肩工件 杆形滑轨适用于带弯钩工件
箱形滑道		闭式箱形适用于短距离传送要求密闭的带肩工件 开式箱形适用于传送时需观察工件状况的场合

　　滑动式料槽的摩擦阻力比滚动式料槽大,因此要求倾斜角较大,通常大于 25°。为了避免工件末速度过大产生冲击,可把滑道末段做得平缓些或采用缓冲减速器。

　　滑动式料槽的截面可以有多种不同形状,其滑动摩擦阻力各不相同。工件在 V 形滑槽中滑动,要比在平底槽滑动受到更大的摩擦阻力。V 形槽两壁之间夹角通常在 90°～120°之间选取,重而大的工件取较大值,轻而小的工件取较小值。此夹角比较小时滑动摩擦阻力增大,对提高工件定向精度和输送稳定性有利。

　　双轨滑动式输料槽可以看成是 V 形输料槽的一种特殊形式。用双轨滑道输送带肩部的杆状工件时,为了使工件在输料过程中肩部不互相叠压而卡住,应尽可能增大工件在双轨支承点之间的距离 S。如采取增大双轨间距 B 的方法,容易使工件挤在内壁上而难以滑动,所以应采取加厚导轨板 h、把导轨板削成内斜面和设置剔除器、加压板等方法,如图 12-23 所示。

　　(2) 带式输送

　　带式输送利用连续运动且具有挠性的输送带输送工件。这类输送系统主要由金属机架、输送带、驱动装置、滚筒、托辊、张紧装置等组成,如图 12-24 所示。带式输送既能输送物

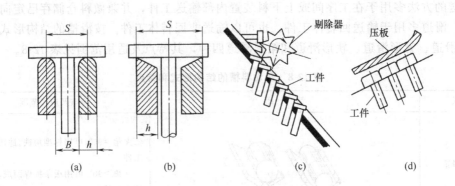

图 12-23　防止工件肩部叠压

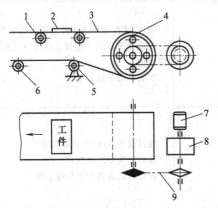

图 12-24　带式输送系统

1—上托辊；2—工件；3—输送带；4—传动滚筒；

5—张紧轮；6—下托辊；7—电动机；

8—减速器；9—传动链条

料，也有储料功能。

带式输送常用于物料的远距离输送。为了防止物料重力和输送带自重引起的带下垂，需在输送带下设置托辊，其数量视带长而定。输送大物件时，上托辊间距应小于物件的输送方向长度的一半，下托辊间距可取上托辊间距的两倍左右。此外，需用张紧装置使输送带产生一定的预张力，以避免输送带在传动滚筒上打滑，同时控制输送带在托辊间的挠度。张紧装置有螺杆式、弹簧螺杆式、坠垂式、绞车式等多种形式。

滚筒分为传动滚筒和改向滚筒。传动滚筒与驱动装置相连，一般用金属制造，外表可包覆橡胶以增大摩擦系数。改向滚筒用于改变输送带的运行方向和增加输送带在传动滚筒上的包角。输送带一般用电机驱动并经减速器减速。因为通常为有负载启动，故应选用启动力矩较大的电动机。将电动机、减速器和传动滚筒做成一体则称之为电动滚筒。滚筒的结构主要有钢板焊接结构和铸焊结构两类，后者用于受力较大的大型带式输送机。

输送带速度与输送能力和工件质量相关，一般不大于 0.8m/s。

带式输送主要用于输送散体物料，也可输送质量不大的件料。根据所输送的物料特性，可选用不同的输送带。常用橡胶带、塑料带、绳芯带或钢网带，其中用得最多的橡胶带有强力型、普通型、轻型、井卷型和耐热型五种。为组成连续运动的闭环，必须把输送带两端连接。冷粘接接头强度可达带体强度的 70% 左右，应用较多。

普通带式输送机如图 12-25 所示。输送带绕过若干滚筒后首尾相接形成环形，并由张紧滚筒将其拉紧。输送带及其上面的物料由沿输送机全长布置的托辊或托板支承。驱动装置使传动滚筒旋转，借助传动滚筒与输送带之间的摩擦力使输送带运动，物料通过装载装置送到输送带上，卸料后输送带经清扫装置和下支承托辊返回到进料处。

（3）链式输送

链式输送系统主要由链条、链轮、电机和减速器等组成，长距离输送的链式输送带也有张紧装置，还有链条支撑导轨。链式输送带除可以输送物料外，也有较大的储料能力。

输送链条比一般传动链条长而重，其链节为传动链节的 2～3 倍，以减少铰链数量，减轻链条重量。输送链条有套筒滚柱链、弯片链、叉形链、焊接链、可拆链、履带链、齿形链

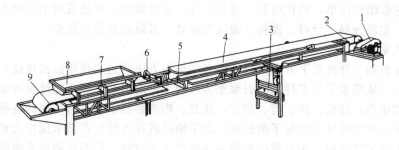

图 12-25　普通带式输送机

1—驱动装置；2—传动滚筒；3—张紧装置；4—输送带；5—千形托辊；

6—槽形托辊；7—机架；8—导料槽；9—改向滚筒

等多种结构形式，其中套筒滚柱链和履带链应用较多。

链轮的基本参数已经标准化，可按国标设计。链轮齿数对输送性能有较大影响，齿数太少会增加链轮运行中的冲击振动和噪声，加快链轮磨损；链轮齿数过多则会导致机构庞大。

套筒滚柱链式输送系统一般在链条上配置托架或料斗、运载小车等附件，用于装载物料。图 12-26 为链条上配置 V 形块输送工件的机构示意图，它由两列封闭式链条、链轮和驱动装置所组成。V 形块 1 用于支承工件及定位，等距地固定在链条 2 的销轴上，随同链条一起运动。链条由电动机通过减速器 6 和链轮 5、4 传动。为了防止链条下垂，每个链节侧面

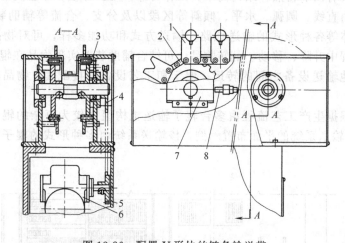

图 12-26　配置 V 形块的链条输送带

1—V 形块；2—链条；3—导板；4,5—链轮；6—减速器；7—滑块；8—螺钉

的滚子支承在长导板 3 上。在减速器轴端装有电磁离合器，用来实现链条的准确停止。链条的松紧可通过螺钉 8 及滑块 7 调节。输送中小工件时，V 形块做成整块的，装在同一链节上；输送粗大工件时，将 V 形块分成两个半块，分装在跨链节上。

履带式输送带由一节节带齿的履带链组成，如图 12-27 所示，链板上表面磨光，工件直接放在其上，靠摩擦力传送。链板下面有齿，与驱动链轮相啮合，带动封闭式链板做单向循环运动。为防止链带下垂，用两条光滑托板进行支

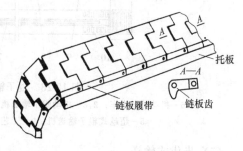

图 12-27　链板履带式输送带

承。这种输送带结构简单，动作可靠，通用性好，储料较多，在链板带上面可方便地设置分路挡板机构，实现分料、合料、拨料、限位等运动。其缺点是磨损较快。

（4）辊式输送

辊子输送机是一种沿水平方向或较小倾角的倾斜方向运送成件物品的连续运输机，它利用辊子的转动，依靠辊子与工件之间的摩擦力实现工件的传送。辊子输送机所运送的物品一般具有平直的底部，如板、棒、管、型材，托盘、箱类容器以及具有平底的各种工件，工件在输送方向上至少应跨过三个辊子的长度。辊子输送机在连续生产流水线中大量采用，它不仅可以连接生产工艺过程，而且可以直接参与生产工艺过程，因而在物流系统中，尤其在各种加工、装配、包装、储运、分配等流水生产线中得到广泛应用。

辊子输送机按其输送方式分为无动力式、动力式、积放式三类。无动力输送的辊子输送系统依靠工件的自重或人力推动使工件送进。动力辊子输送系统由驱动装置通过齿轮、链轮或带传动使辊子转动，可以严格控制物品的运行状态，按规定的速度、精度平稳可靠地输送物品，便于实现输送过程的自动控制。积放式辊子输送机除具有一般动力式辊子输送机的输送性能外，还允许在驱动装置照常运行的情况下物品在输送机上停止和积存，而运行阻力无明显增加。

辊子是辊子输送机直接承载和输送物品的基本部件，多由钢管制成，也可采用塑料制造。辊子按其形状分为圆柱形、圆锥形和轮形。

辊子输送机具有以下特点：结构简单，工作可靠，维护方便；布置灵活，容易分段与连接，可根据需要由直线、圆弧、水平、倾斜等区段以及分支、合流等辅助装置，组成开式、闭式、平面、立体等各种形式的输送线路；输送方式和功能多样，可对物品进行运送和积存，可在输送过程中升降、移动、翻转物品，可结合辅助装置实现物品在辊子输送机之间或辊子输送机与其他输送设备之间的转运；便于和工艺设备衔接配套；物品输送平稳、停靠精确。

生产中往往根据生产工艺流程由多台辊子输送机构组成较为复杂的辊子输送系统。图12-28是一个辊子输送系统的平面布置示例，该输送系统由多种形式的辊子输送机与转运小车等组成。

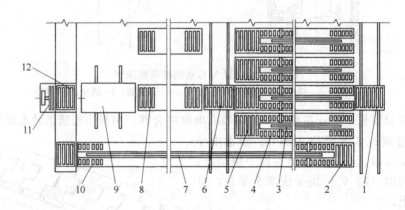

图 12-28　辊子输送系统的平面布置示例

1,6—机动转运小车；2,8—机动辊子输送机；3,7—爪链式牵引装置；4,10—非机动辊子输送机；5—超越式辊子输送机；9—工艺主机；11—推动装置；12—链式输送装置

（5）步伐式输送

步伐式输送装置是组合机床自动线的典型工件输送装置。在加工箱体类零件的自动线以

及带随行夹具的自动线中，使用非常普遍。弹簧棘爪式和摆杆式是最常用的步伐式输送装置，此外还有抬起带走式及托盘式等多种形式。

① 弹簧棘爪式输送带。图 12-29 所示为弹簧棘爪式输送带示意图。输送杆在支承滚子上往复移动，向前运动时棘爪推动工件或随行夹具前进一个步距；返回时，棘爪被后一个工件压下从工件底面滑过，退出工件后在弹簧作用下又抬起。工件在固定的支承板上滑动，由两侧的限位板导向，以防止歪斜。

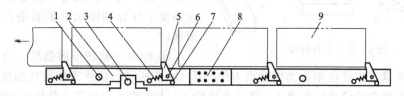

图 12-29　弹簧棘爪式输送带

1—垫圈；2—输送杆；3—拉架；4—弹簧；5—棘爪；
6—棘爪轴；7—支销；8—连接板；9—工件

整个输送带比较长时，考虑到制造及装配工艺性，一般做成若干节，用联结板联成整体。在一节输送带上，最好只安装一台机床加工工位的棘爪。为保证工件输送准确到位，弹簧棘爪式输送带的输送速度不能太快，否则工件可能由于惯性而位移超程，并应在终点前 30～60mm 处设行程节流阀减速。此外，调整输送带时，应使工件比规定的定位安装位置滞后 0.3～0.5mm，定位时以定位销锥端引进销孔，把工件拉到准确位置，防止惯性超程而影响精度。

② 摆杆式输送带。图 12-30 所示为摆杆式输送带的示例。它是由一条圆管形输送杆 1 和若干刚性拨块（每个工件有两个拨块）所组成。在驱动油缸作用下，输送杆向前移动，杆上拨块卡着工件输送到下一个工位。摆杆在返回前，在回转机构作用下，旋转一定角度，使拨块让开工件后再返回原位。摆杆的位置可在工件的侧面或下方。

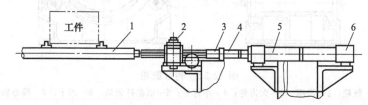

图 12-30　摆杆式输送带

1—输送杆；2—回转机构；3—回转接头；4—活塞杆；5—驱动油缸；6—液压缓冲装置

③ 抬起带走式和托盘式输送带。抬起带走式输送装置也是一种步伐式输送装置。这种输送装置的结构与动作较复杂，用两套驱动装置分别实现"抬起"和"带走"两种运动。这种装置不需随行夹具，但要求固定夹具上下方向敞开，以便输送带及工件通过。

托盘式步伐输送装置和一般步伐输送装置不同，工件不是在支承板上滑动，而是放在托盘中输送。托盘中设有工件定位元件以使工件在输送中保持正确位置，但没有夹紧机构。可在托盘上放多个或多种工件进行成组输送、配偶件成套输送。托盘固定在输送带上，与输送带一起返回，不需另设返回装置，但是机床夹具和空工位上都需要增设装卸工件的机构，增加了夹具的复杂程度和从托盘到夹具之间的装卸料时间，对生产率有一定影响。

抬起带走式和托盘式输送带适用于不便采用直接输送的畸形工件、软质材料工件和精加工工件。

12.6.3　自动线辅助工作自动化

（1）工件转位自动化

在采用步伐式输送装置的组合机床自动线上，为了改变工件的输送方位和加工表面，需要设置工件转位装置。如图 12-31 所示，在自动线的第一段、第二段和第三段，分别要求工件处于图Ⅰ、图Ⅱ和图Ⅲ所示方位，因此需要工件分别绕水平轴和垂直轴旋转以实现换向。

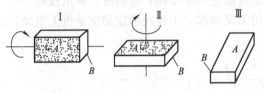

图 12-31　工件转位

① 绕水平轴转位的鼓轮。绕水平轴回转的转位鼓轮能携带工件在垂直面内变换方位。图 12-32 所示为绕水平轴回转的转位鼓轮。鼓轮 1 由双活塞油缸的活塞杆齿条 5，通过小齿轮 4、大齿轮 3 与固定在鼓轮上的齿圈 2 传动。鼓轮 1 的下方用两对滚子 6 支承，这两对滚子分别安装在两根偏心轴 7 上。两个前滚子上有凸缘，嵌在鼓轮前端的环槽里限制其轴向移动。在鼓轮两端设置支承架，其上用支承板和限位板限制工件在回转时的自由度。确定支承架在鼓轮上的位置时，应注意使工件在转位前后的装料高度保持不变。采用这种转位鼓轮翻转工件时，输送带必须断开，自动线被分成两段。

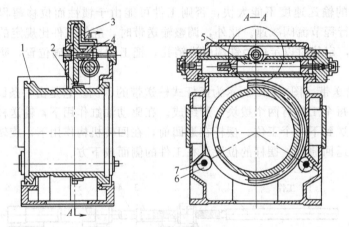

图 12-32　转位鼓轮

1—鼓轮；2—齿圈；3—大齿轮；4—小齿轮；5—活塞杆齿条；6—滚子；7—偏心轴

② 绕垂直轴转位的转台。绕垂直轴回转的回转台能携带工件在水平面内变换方位。图 12-33 为一种绕垂直轴回转的标准回转台。转台 2 与齿轮轴 4 固定连接，双活塞油缸 1 中的活塞杆齿条与齿轮轴 4 啮合，活塞杆齿条移动使转台 2 转位。齿轮轴 4 转动时，驱使操纵杆 5 移动，并带着挡铁 6 压合行程开关 7，发出与步进输送带连锁的动作信号。回转终点的准确位置靠油缸两端的螺钉调整，在油缸两端盖上设有液压缓冲器以防止转到终点时的冲击。

在回转台上，根据工件的形状、输送步距大小、转台中心与前后工件的相对位置，设置支承工件的固定座盘。为使工件在转位平台上保持不动，转台回转速度不能太快。当回转台的回转中心设在输送带的中心线上时，工件的转位只能在输送带退回原位，待棘爪脱开工件以后才能进行。采用上述转位装置后，步伐式输送带必须断开，自动线也被分成两段。

③ 复合转位装置。复合转位装置把绕水平轴回转的鼓轮和绕垂直轴回转的转台组合起来，使工件同时实现绕水平轴和绕垂直轴的回转运动。转位过程如图 12-34 所示，当鼓轮 1 和框架 4 都处于原始位置时［如图 12-34（a）所示］，工件由第一段输送带送入框架。此时，

支承轴 5 处于水平位置，轴 6 上端的
扁槽与支承套 8 左边的缺口槽正好对
准。当大齿轮 3 带动鼓轮 1 绕水平轴
回转 90° 后，如图 12-34（b）所示，
这时支承轴 5 的扁尾正好从支承套 8
的缺口槽通过而嵌入轴 6 的槽中，然
后双活塞油缸 7 的齿条驱动轴 6 绕垂
直轴回转，轴 6 通过扁槽带动支承轴
5 的扁尾，使框架 4 回转 90°，如图
12-34（c）所示。反向复位时首先双
活塞油缸 7 使支承轴 5 与框架 4 回转
90°，然后大齿轮 3 驱动鼓轮 1 再回
转 90°。

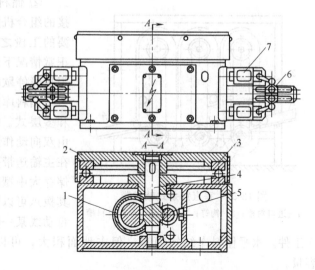

图 12-33　绕垂直轴回转的标准回转台
1—油缸；2—转台；3—轴承；4—齿轮轴；
5—操纵杆；6—挡铁；7—行程开关

　　（2）储料自动化

　　整条自动线可能因某一设备的偶
然故障或更换工具等原因而造成全线
停车。如果在自动线各工段之间或工
序之间设置储料装置，则可由储料装
置储料或供料，当某台设备因故障停车时，前、后设备可以不停车，减少自动线的停车损
失，或可以补偿前后工序节拍的不平衡。

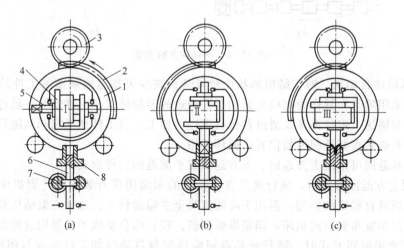

图 12-34　复合转位过程示意图
Ⅰ~Ⅲ—工件；1—鼓轮；2—大齿圈；3—大齿轮；4—框架；
5—支承轴；6—轴；7—双活塞油缸；8—支承套

　　① 储料器。储料器常用来储存圆柱形、环形及盘形等回转体零件。

　　储料器可采用多种结构形式，如用螺旋槽储料和自动输送、用链条储料和自动输送的储
料器，一般都要配用提升机构。如图 12-35 所示的垂直链式储料器，在储料箱内垂直地装有
几组链条，在链条上装有钩钉托住工件。当电机经减速器驱动链条回转时，工件被钩钉带
起，绕过链轮后遇到窗口便滚到另一条链条上去，如此传送直至跟随最后一根链条下降到出
口后传出去。此种储料器适用于盘、环、短轴和带肩小轴类工件。

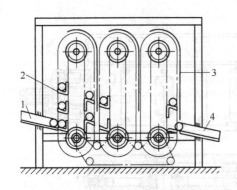

图 12-35　垂直链条式储料器
1—进口料槽；2—钩钉；3—隔板；4—出口料槽

② 储料库。储料库多用于由步伐式输送带连接的组合机床自动线。仓储式中间储料库设在必要的工段之间，其优点是储量大、占地面积小。正常情况下储料库不工作，只有当自动线某一段因故障停歇时它才工作。

储料库按结构可分为水平式、垂直式、链式和多层式。图 12-36 所示为一水平储料库示例，由双向动作的步伐式辅助输送带组成，通常安排在主输送带旁边 [图 12-36（a）中右侧]，适用于储存大中型箱体类工件。所用输送杆为圆柱形，其拨爪可以两面工作 [如图 12-36（b）所示]。当自动线某一段停歇时，就从储料库取出或向其储入工件。水平储料库结构简单，但占地面积大，可以根据需要设计成多排，以增大储料容量。

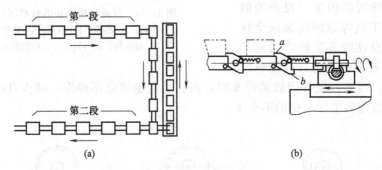

图 12-36　储料辅助输送带

③ 夹具输送自动化。对于结构形状比较复杂而缺少可靠运输基面的工件及较复杂的电子元件，常采用随行夹具作为定位夹紧和自动输送的附加装置。工件安装在随行夹具上，和随行夹具一起输送、定位夹紧及通过各台机床进行加工。当工件加工完毕从随行夹具上卸下后，随行夹具必须重新返回原始位置以循环使用。

随行夹具返回可采用上方返回、下方返回或平面返回三种形式。

a. 采用上方返回方式时，随行夹具在自动线的末端用提升装置提升到机床上方，然后经倾斜滑道回到自动线的始端，再用下降装置降至主输送带上。这种方案结构简单紧凑，占地面积小，但不宜布置立式机床，调整维修不便。较长的自动线不宜采用这种形式。

b. 采用水平返回方式时，随行夹具返回输送带与自动线加工段形成封闭框形或环形，始端与终端重合，夹具沿框或环运行回到始端。这种方案结构简单、敞开性好，适用于工件及随行夹具比较大或重的情况，但占地面积大，人员进入框内必须跨过桥梯。

c. 采用下方返回方式时，随行夹具从自动线机床底座内返回，如图 12-37 所示。装有工件的随行夹具 2 由油缸 1 驱动，沿输送导轨移动到加工工位。加工完毕后送到末端的回转鼓轮 5 上，然后翻转到下面，在倒置状态经机床底座内的步伐式返回输送带 4 送回自动线的始端，再由回转鼓轮 3 将之翻转至上面的装卸工位。这种方式结构紧凑，占地面积小，但维修调整不便，同时会影响底座的刚性和排屑装置的布置，多用于工位数少、精度不高的小型组合机床自动线上。

返回输送带也有辊道式、链式和步伐式等几种形式，与主输送带不同之处在于它与机床

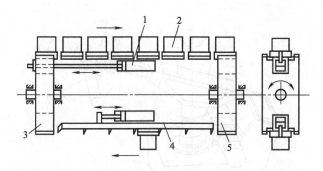

图 12-37　随行夹具下方返回方式

1—油缸；2—随行夹具；3,5—回转鼓轮；4—步伐式返回输送带

没有直接的互锁要求，允许连续工作和有较高的输送速度。

12.6.4　物料输送机器人

（1）工业机器人的概念及分类

工业机器人可定义为"一种能自动控制、可重复编程、多功能多自由度的操作机"。

目前，全世界在汽车、摩托车和工程机械制造行业服役的工业机器人已有百余万台，主要用于搬运、点焊、弧焊、喷漆、装配和打毛刺等作业，少数用于加工和测量。此处涉及的是用于物料输送的工业机器人。

按结构形式，机器人可分为直角坐标机器人、极坐标机器人、圆柱坐标机器人、关节机器人四类，如图 12-38 所示。

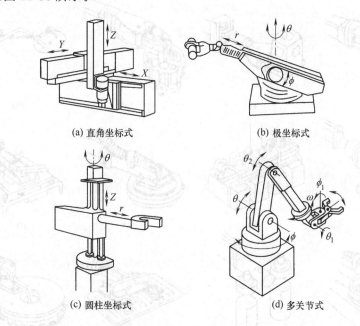

(a) 直角坐标式　　　　　　　　　　(b) 极坐标式

(c) 圆柱坐标式　　　　　　　　　　(d) 多关节式

图 12-38　机器人的坐标形式

（2）工业机器人的构成

工业机器人一般由执行机构、控制系统、驱动系统三部分组成，如图 12-39 所示。其机械执行机构主要由末端执行器、手腕、手臂和机座等构成。图 12-40 为部分手部示例。按用途可分为机械式夹持器、吸附式末端执行器和多指灵巧手、专用工具几类。

A
D
b
c
C
B
1
2
a
E
d
3

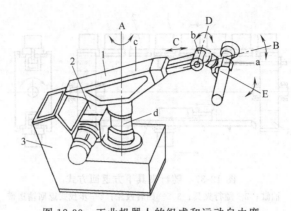

图 12-39　工业机器人的组成和运动自由度

1—执行机构；2—驱动系统；3—控制系统；

a—手部；b—腕部；c—臂部；d—机身；

A—往复旋转；B—垂直俯仰；C—径向伸缩；D—腕部弯曲；E—手部偏摆

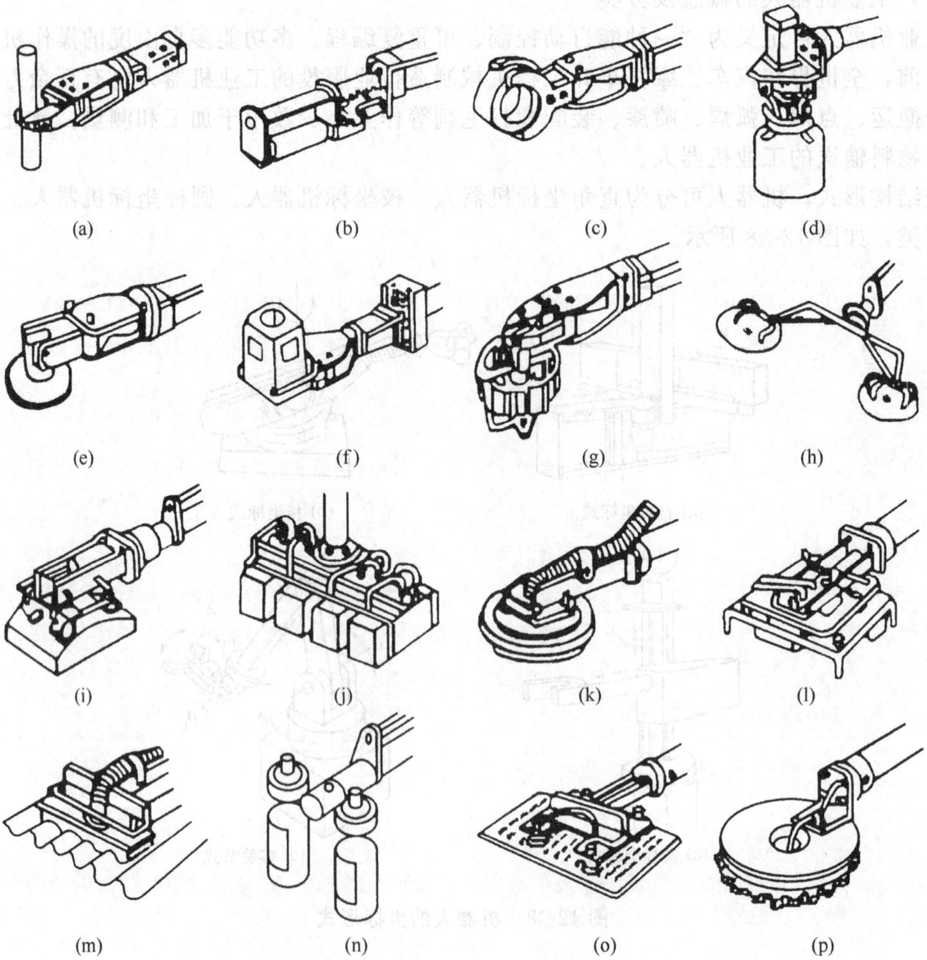

(a)
(b)
(c)
(d)
(e)
(f)
(g)
(h)
(i)
(j)
(k)
(l)
(m)
(n)
(o)
(p)

图 12-40　机器人手部的结构类型

（3）工业机器人手爪及自动夹紧装置的种类

① 机械夹紧。这是最常见的机构，用气动或液压装置对零件施加表面压力。这类手爪

又可分为以下三种形式。

　　a. 平行爪片。把零件夹在平面或 V 形表面之间。这种手爪可以有一个或两个可移动的爪片，如图 12-41 所示。手指上安装有不同夹爪的螺纹孔，气动手指有常开式或常闭式、单动式或双动式。平移式的夹爪可适应内、外夹取，有二指式或三指式。

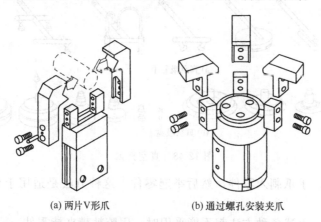

(a) 两片V形爪　　　　　(b) 通过螺孔安装夹爪

图 12-41　平行爪片

　　b. 钳形夹爪。如图 12-42 所示，是把零件抱夹在手爪内或在夹片的端部抓取零件，用压缩空气操纵拾放动作。当压缩空气系统出现故障时，夹爪仍不会放松零件。对大型零件，抓取的夹持力必须依靠外部能源控制。

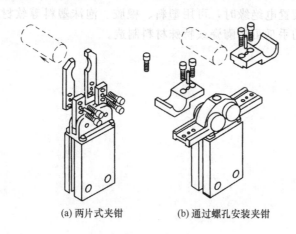

(a) 两片式夹钳　　　　　(b) 通过螺孔安装夹钳

图 12-42　钳形卡爪

　　c. 伸长或收缩爪。它有一个柔性夹持件，如薄膜、气囊等。手爪工作时伸长或收缩，从而对零件施加摩擦力。这种机构在夹持精密零件或被夹持的零件形状特殊、无法应用刚性夹持方法时采用。

　　② 磁性夹紧。采用电磁力夹持零件。此方法只适用于能被电磁力夹持的材料，而且要求工位环境能抵抗电磁场而不致受到损伤。这种方法特有的优点是在一定程度上不受零件形状的限制。

　　③ 真空夹紧。对零件施加负压，从而使零件贴紧在夹爪上。真空手爪最常用的形式是用按一定方式排列的一组吸盘，如图 12-43 所示，由真空泵产生负压。使用真空保护阀可在其中一个吸盘失灵时，保护同组其他吸盘的真空状态不被破坏。对平整的平面可用单层吸盘，对不平整平面使用双层吸盘。

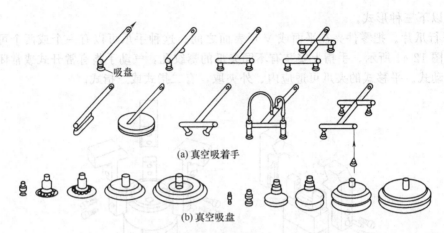

(a) 真空吸着手

(b) 真空吸盘

图 12-43　真空夹紧

④ 刺穿式手爪。手爪刺入零件，然后举起零件。这种方法是适用于允许对零件造成轻微损伤的场合。

⑤ 粘接式手爪。上述各种方法都不能采用时，用胶粘带夹持零件。

⑥ 万能手爪。手爪具备多种能力，用它可夹持一个族的零件。

手爪材料本身取决于手爪的用途、工作环境以及将被搬运的零件。钢是优先采用的材料，铝被应用于对手爪质量有特殊要求的场合，或是要求手爪材料不导磁而又有足够的韧性的场合。吸盘材料可用聚乙氨酯、乙腈和硅橡胶等。当对被抓取物体要特别小心以避免碰伤，或者要保证夹持装置电绝缘时，可用塑料、橡胶、泡沫塑料等软材料作硬爪的内垫片。用于恶劣工作环境中的手爪可用陶瓷或特殊材料制造。

第 13 章

典型机床夹具设计图例

13.1 铣床夹具

13.1.1 卧式铣床夹具

（1）小轴铣平面夹具

① 夹具结构（图 13-1）

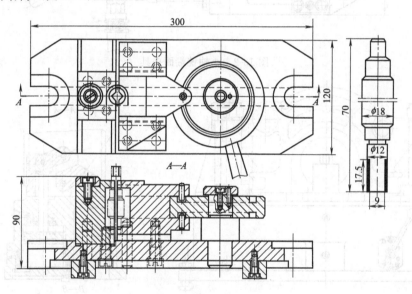

图 13-1　小轴铣平面夹具

② 使用说明。本夹具用于铣床上铣削小轴的两个平面。

转动手柄使端面上有偏心槽的偏心轮转动，带动活动 V 形块移近并夹紧工件。

此夹具可用于成批生产。

（2）小轴铣端面夹具

① 夹具结构（图 13-2）

② 使用说明。本夹具用于卧式铣床上铣削小轴端面。

两个工件安装在具有 V 形槽的支承块上，气缸通过铰链夹紧机构夹紧工件。

此夹具可用于成批生产。

（3）壳体零件铣端面夹具

① 夹具结构（图 13-3）

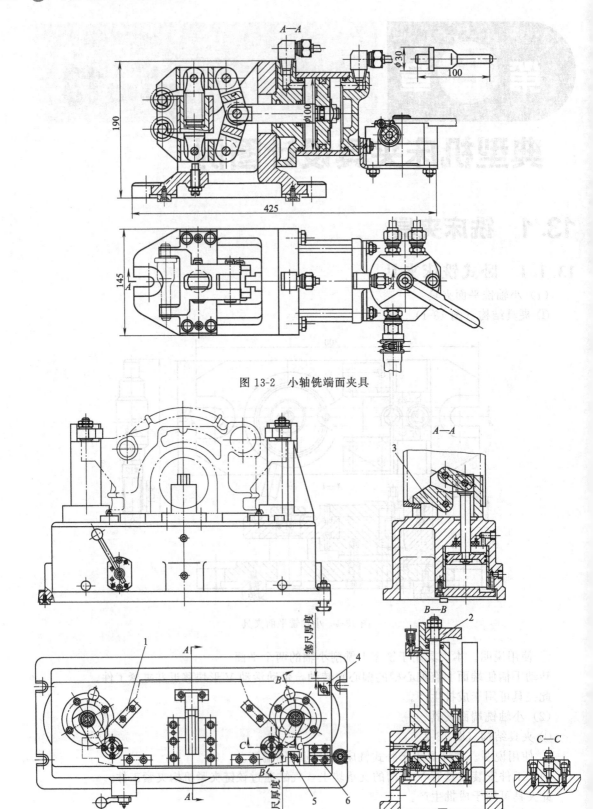

图 13-2 小轴铣端面夹具

图 13-3 壳体零件铣端面夹具

1—支承板；2—钩形压板；3—压板；4，5—对刀块；6—定位件

② 使用说明。本夹具用于铣削壳体零件端面。

工件以底平面和两个销孔为基准，在夹具的五个支承板 1 和两个定位销上定位。用三个气缸同时驱动钩形压板 2 及压板 3 实现夹紧。件 4 和 5 为对刀块，件 6 为安放工件时初定位用。

（4）薄板形零件铣平面夹具

① 夹具结构（图 13-4）

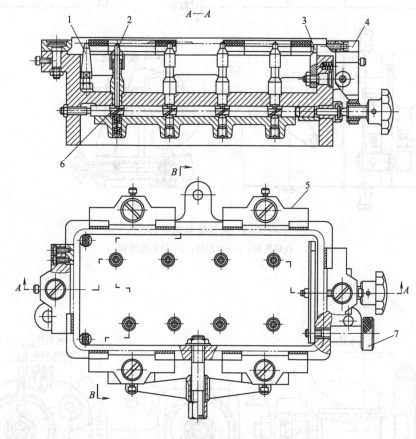

图 13-4　薄板形零件铣平面夹具

1—固定支承；2—支承钉；3—支承板；4,5—压板；6—双面楔块；7—锁紧件

② 使用说明。本夹具用于铣削薄板形零件平面。

工件以底平面为基准，在夹具固定支承 1 和浮动支承板 3 上定位。为减少工件变形，夹具上设计有八个辅助支承。辅助支承的支承钉 2 靠双面楔块 6 锁紧。工件靠压板 4、5 等实现多点夹紧。件 7 用于锁紧浮动支承板 7。

（5）曲轴铣基面夹具

① 夹具结构（图 13-5）

② 使用说明。本夹具用于铣削曲轴基面。

工件以两端主轴为基准，用夹具的两个 V 形块 2、活动支承板 3 及左 V 形块的端面定位。采用两个铰链压板 1 夹紧工件。

（6）支架铣开夹具

① 夹具结构（图 13-6）

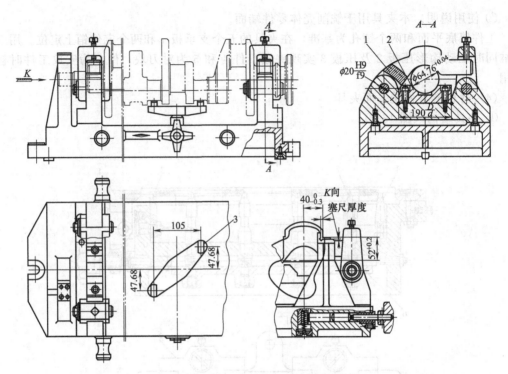

图 13-5　曲轴铣基面夹具
1—铰链压板；2—V 形块；3—活动支承板

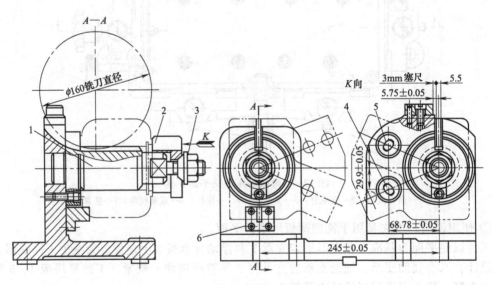

图 13-6　支架铣开夹具
1—定位销；2—开口垫圈；3—螺母；4,5—削边销；6—定位块

② 使用说明。本夹具用于铣开支架。

工件以两孔和端面为基准，用夹具定位销 1 及削边销 4 或 5 定位，以开口垫圈 2、螺母 3 实现夹紧。

当铣开一切口后，松开工件，以工件孔和已铣开的切口为基准，在定位销 1 和定位块 6 上定位，夹紧后铣切另一切口。

（7）加工灯座三角槽的铣床夹具

① 夹具结构（图 13-7）

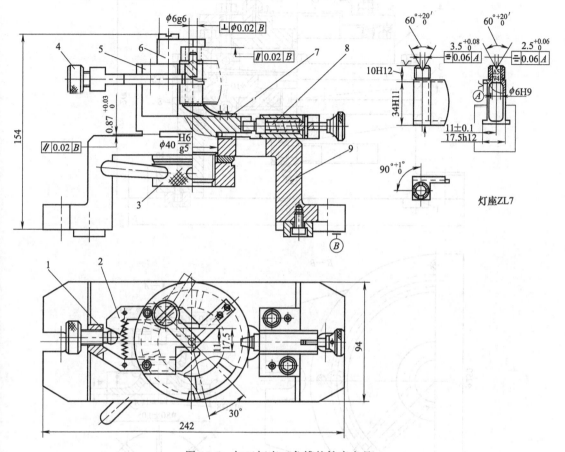

图 13-7 加工灯座三角槽的铣床夹具

1,2—压板；3—锁紧螺母；4—紧定螺钉；5—定位分度盘；6—定位块；7—板弹簧；8—对定销；9—夹具体

② 使用说明。本夹具用于卧式铣床加工灯座上两条互相垂直且深度不等的槽。

工件以 $\phi6H9$ 孔及其端面分别在定位分度盘 5 上的 $\phi6g6$ 圆柱和定位块 6 上定位；限制五个自由度；另以其侧面贴靠在压板 2 的钳口面上，限制其回转方向自由度，实现六点定位。

安装工件时，先将定位块 6 旋转一定角度，让出安装空间后，再把工件的 $\phi6H9$ 孔套入定位分度盘 5 的 $\phi6g6$ 圆柱上，转回定位块 6，板弹簧 7 使工件上端面贴靠于定位块 6 的下平面；拧紧紧定螺钉 4，即可使压板 1、2 同时夹紧工件。

加工时，应转开定位块 6，使它避免与铣刀接触。当一条槽加工完毕后，松开锁紧螺母 3，拔出对定销 8，使定位分度盘回转 90°，对定锁紧后即可进行第二条槽的加工。

两条槽的深度差是 $0.87^{+0.08}_{0}$ mm，它是通过在夹具体 9 与定位分度盘 5 的接合面上各加工出相跨 30°、间隔 90° 的凸台来实现的，在凸台的边缘有过渡斜面。

本夹具结构简单、操作方便，适用于小薄壁件的成批生产。

（8）加工水泵叶轮上十字槽的立轴分度铣床夹具

① 夹具结构（图 13-8）

② 使用说明。本夹具用于卧式铣床上加工水泵叶轮上两条互成 90° 的十字槽。

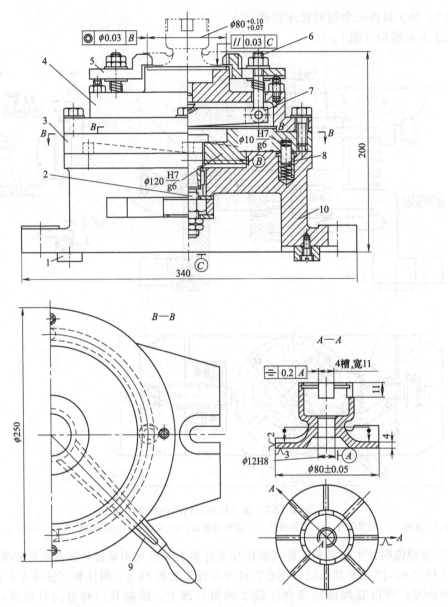

图 13-8 加工水泵叶轮上十字槽的立轴分度铣床夹具
1—定向键；2—中心轴；3—分度盘；4—定位盘；5—压板；6—铰链螺栓；
7—杠杆；8—对定销；9—扳手；10—夹具体

工件以底面及 $\phi 80\text{mm} \pm 0.05\text{mm}$ 外圆为定位基准，在定位盘 4 的圆孔中及端面上定位，限制了五个自由度。工件安装时应使其叶片与压板 5 头部的缺口对中，使加工后的十字槽基本上对称。

夹紧时，旋转铰链螺栓 6 上的螺母，通过杠杆 7 联动使两块压板同时夹紧工件。

当一条槽加工完毕后，扳手 9 顺时针转动，使分度盘 3 与夹具体 10 之间松开。分度盘 3 下端沿圆周方向分布有四条长度为 1/4 周长的斜槽。然后逆时针转动分度盘，在斜槽面的推压下，使对定销 8 逐渐退入夹具体的衬套孔中，当分度盘转过 90° 位置时，对定销依靠弹簧力量弹出，落入第二条斜槽中，再反靠分度盘使对定销与槽壁贴紧，用扳手 9 把分度盘拉紧在夹具体上，即可加工另一条槽。由于分度盘上四条槽为单向升降，因此分度盘也只能单

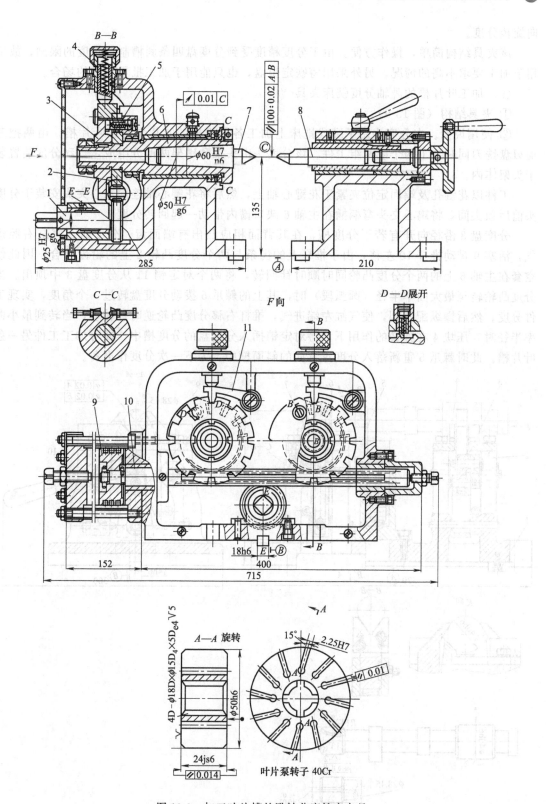

图 13-9　加工叶片槽的卧轴分度铣床夹具

1—齿轮轴；2—分度凸轮；3—分度盘；4—压块；5—棘爪；6—主轴；7—顶尖；8—后顶尖；
9—活塞；10—推杆；11—对定销

向旋转分度。

该夹具结构简单，操作方便。由于分度精度受到分度盘四条斜槽制造精度的限制，故适用于加工要求不高的情况。另外采用铸铁定位盘，也只能用于加工批量不大的场合。

（9）加工叶片槽的卧轴分度铣床夹具

① 夹具结构（图13-9）

② 使用说明。本分度头用于卧式铣床上加工各种规格的叶片泵转子叶片槽，由两把三面刃盘铣刀同时加工两个或两组工件。该分度头由头架和尾架两部分组成，气动分度装置装于头架体内。

工件以花键孔及端面定位夹紧于花键心轴上，然后将花键心轴连同鸡心夹头安装于分度头前后顶尖间，将鸡心夹头弯柄插在主轴6缺口槽内带动一起回转分度。

分度盘3沿径向开有若干分度槽，在其背面相应凸出有端面齿。分度时，气缸右腔进气，活塞9带动推杆10左移，由于推杆上的齿条与两个分度凸轮2上的轮齿啮合，因此使空套在主轴6上的两个分度凸轮同时顺时针回转，将两个对定销11从分度盘3中顶出。当分度凸轮转至最大曲率半径（圆弧段）时，其上的棘爪5拨动分度盘转过一个角度，实现工件分度。然后操纵配气阀，使气缸左端进气，推杆右移分度凸轮逆时针转动，当转到最小曲率半径时，压块4在弹簧的作用下，将对定销插入分度盘的分度槽中，即可加工工件另一条叶片槽。此时棘爪5重新落入分度盘背面的斜面槽中，为下一次分度作准备。

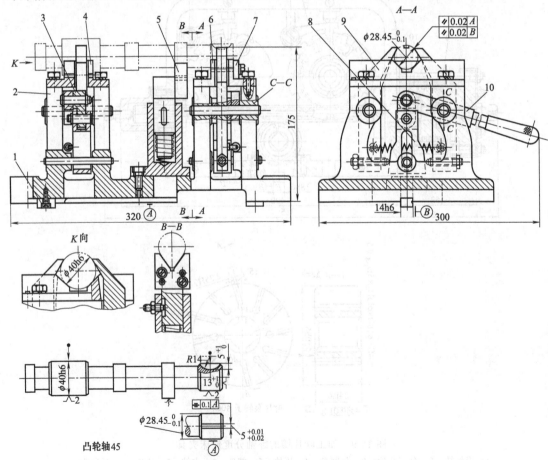

图13-10　加工凸轮轴半圆键槽铣床夹具

1—定向键；2—夹具体；3—铰链板；4,6—V形块；5—V形板；7—挡板；8—楔块；9—压板；10—手柄齿轮轴 1 用于手动分度或调节初始位置。当加工其他工件需要不同分度时，可调节气缸的行程（亦即改变推杆的行程）来控制，也可调换分度盘以适应各种分度要求。

本分度头结构简单，操作迅速方便，且具有一定范围的通用性，分度精度由分度盘保证，可同时加工两个或更多的工件，适用于批量较大的生产场合。

（10）加工凸轮轴半圆键槽铣床夹具

① 夹具结构（图 13-10）

② 使用说明。本夹具用于卧式铣床上加工凸轮轴的半圆形键槽。

工件以 $\phi40h6$ 及 $\phi28.45_{-0.1}^{0}$ mm 外圆放在两个 V 形块 4 和 6 上定位，另以后端面轴向定位于挡板 7 上；为控制凸轮与键槽的相对位置，由浮动的 V 形块 5 对工件凸轮表面做角向定位，从而完成六点定位。

工件定位后向下扳动手柄 10，通过铰链板 3 带动楔块 8 上升，靠楔块两侧的斜面使左右两端的压板 9 绕支点回转，将工件夹紧。由于斜面倾斜角小于摩擦角，故压板在工作过程中不会自行松开。加工完毕后，向上扳动手柄 10，楔块下移，在拉簧的作用下，两压板绕支点转开，使工件松夹。手柄 10 共有两个，分别布置在工件两定位外圆处。

本夹具结构合理，操作迅速、方便，适用于成批生产。

（11）叶片成组铣床夹具

① 夹具结构（图 13-11）

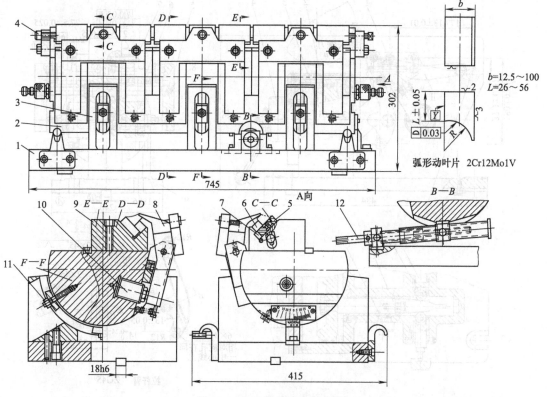

图 13-11　叶片成组铣床夹具

1—底座；2—夹具体；3—支座；4—定位螺钉；5，6—垫块；7—塞铁块；

8—弯头压板；9—V 形定位块；10—油缸；11—紧定螺母；12—螺杆

② 使用说明。本夹具为普通卧式铣床上安装成形铣刀铣削弧形动叶片的内圆弧面的成组夹具。在调整或更换其中某些定位、夹紧元件后，即可加工弧形动叶片一组不同规格尺寸

的内圆弧面。

在本夹具的定位元件长度内，可根据该组工件的具体单件长度，同时安装若干工件。工件以其三个相互垂直的精加工平面，分别在 V 形定位块 9 上的垫块 5、6 和定位螺钉 4 的镞头上定位，限制六个自由度。当加工同组不同规格尺寸工件时，可调整塞铁块 7 和更换垫块 6，以保证工件定位稳定可靠。

工件定位后，先拧紧右端方头螺钉，再由高压小流量液压泵站提供动力，通过油缸 10 推动弯头压板 8 夹紧工件。在每块弯头压板上开有两条槽，使其具有弹性，能起到同时夹紧多个不同长短工件的作用；同时在每块弯头压板上又有一个加强板，通过其上的螺钉调节，使每块弯头压板在夹紧多个工件时变形均匀，受力一致。

由于一组工件的安装角是在 $45°\sim59°$ 间变化的，为适应加工要求，采用了如图 13-117 中 B—B 图所示的螺杆随动转位装置。当松开紧定螺母 11 后，转动螺杆 12，夹具体 2 连同工件可在 ±15° 内回转，以保证工件的正确加工位置。

本夹具构思合理，操作简便。采用了系列化、微型化的高压小流量油缸作夹紧动力，简化了本夹具的结构尺寸；在多规格的该品种工件成组工艺加工中，本夹具不仅能满足加工要求，与专用夹具比较，也大大地减少了工装的数量和费用。

(12) 两工位铣床夹具

① 夹具结构（图 13-12）

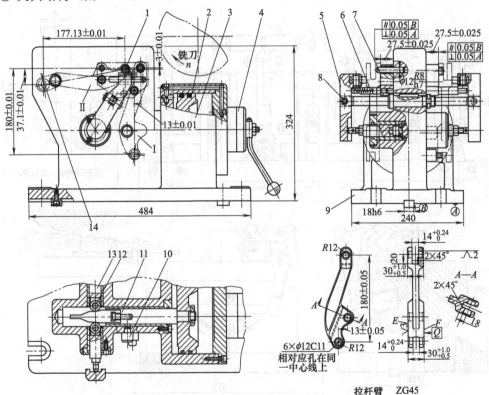

图 13-12　两工位铣床夹具

1—圆柱销；2—活塞；3—气缸；4—转阀；5—压板；6—弹簧；7—定位板；8—铰链销；9—夹具体；
10—平面定位销；11—活塞杆；12—滚子；13—推杆；14—菱形销

② 使用说明。本夹具用于卧式铣床上加工拉杆臂的上下端两条槽。夹具左右两侧各有相同的两个工位，分别加工上下端槽。在铣床刀杆上安装间隔 125mm 的两把三面刃盘铣

刀，可同时加工四个工件。

在夹具左右两侧的两个工位上，工件分别以平面 F 或 E 在各自的定位板 7 上定位，同时又以两个 φ12 C11 圆孔分别放在圆柱销 1 和菱形销 14 上，实现六点定位。

当一次加工完毕后，左右两侧各卸下 II 工位上已加工好两条槽的工件，而将 I 工位上加工好上端槽的工件取下安装到 II 工位上，再将完全未加工槽的工件安装在 I 工位上。扳动转阀 4，使气缸 3 右腔进气，推动活塞 2 连同活塞杆 11 向左移动，活塞杆前端的双斜楔推动滚子 12，顶出推杆 13，使压板 5 绕铰链销 8 转动夹紧工件。工件加工完毕，再扳动转阀，使气缸左腔进气，活塞杆右移，弹簧 6 使压板松开工件。

本夹具结构简单，装夹可靠，使用方便，并采用气动夹紧装置和多件、多工位加工，提高了生产率，故适用于大批量生产。

13.1.2　立式铣床夹具

（1）溜板油槽靠模铣夹具

① 夹具结构（图 13-13）

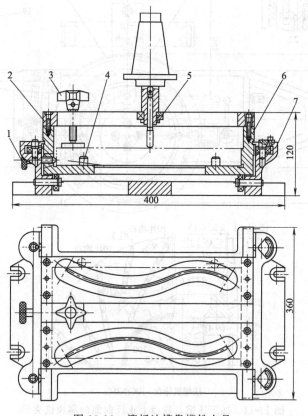

图 13-13　溜板油槽靠模铣夹具
1,3—手把；2—靠模板；4—挡销；5—靠模滚轮；6—滑座；7—底座

② 使用说明。本夹具用于立式铣床上铣削 C6132 车床溜板底部油槽。

工件以底面和侧面在滑座 6 和两个挡销 4 上定位。操纵手把 1 和 3 可将工件夹紧。

滑座 6 安置在装有 8 个轴承的底座 7 上，移动灵活，底座 7 固定在铣床工作台上。滑座 6 的上方装有两个靠模板 2，靠模滚轮 5 装在刀杆上，和靠模板槽的两侧保持接触。当工作台做纵向运动时，靠模滚轮 5 迫使滑座按靠模曲线横向运动，即加工出曲线油槽。两个油槽分两次加工。

（2）加工压缩机轮盘上正反曲面的靠模铣夹具

① 夹具结构（图 13-14）

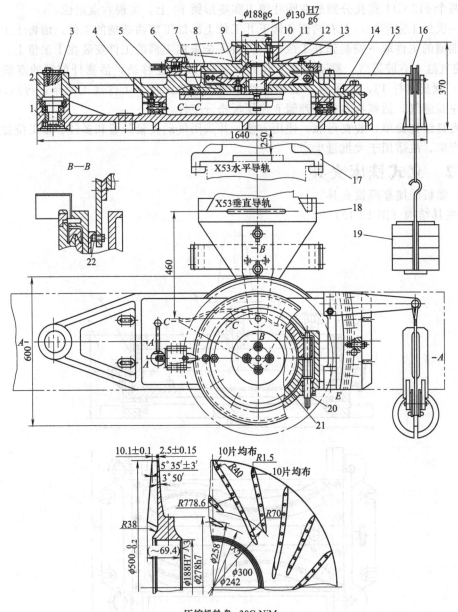

压缩机轮盘 30CrNiMo

图 13-14　加工压缩机轮盘上正反曲面的靠模铣夹具

1—底座；2—摆架；3—轴；4—滚动轴承；5—偏心轮；6—对定销；7—靠模板；8—齿形分度盘；9—支承板；
10—压板；11—定位套；12—中心轴；13—辅助支承钉；14—圆弧压板；15—重锤支臂；16—滑轮；
17—立架；18—滚子支架；19—重锤；20—丝杆；21—锁紧环；22—滚子

② 使用说明。本夹具用于 X53 立式铣床上加工压缩机轮盘圆周上均布的长短各十条正反曲面。更换靠模板 7 及定位套 11，可加工多种规格的轮盘叶片。

工件以内孔 $\phi188H7$ 及底面定位于定位套 11 及支承板 9 上，限制五个自由度。为保证叶片两侧加工余量均匀，其回转方向自由度，可由找正叶片位置确定。为了增加工件铣削时的刚性与稳定性，又在齿形分度盘 8 的盘体上增设了 12 个辅助支承钉 13，支承在工件背面，以减小工件加工时出现的振动。

工件由压板 10 夹紧于齿形分度盘 8 上。由于工件较大，故采用了四个螺栓，以增加夹紧力。

夹具底座 1 安装在铣床工作台上，摆架 2 通过轴 3 及弧形滚动导轨与底座 1 配在一起，并且在重锤 19 的作用下绕轴 3 顺时针转动，使装在摆架 2 下面的靠模板 7 以其内侧面与装在滚子支架 18 上的滚子 22 压靠在一起。当铣床工作台做纵向进给运动时，滚子 22 迫使摆架 2 按靠模板 7 内侧曲面的升程绕轴 3 摆动。两个运动合成的结果，形成了叶片内曲面的轨迹，由立铣刀将曲面加工出来。一个叶片内侧面铣完后，拧动丝杆 20，使锁紧环 21 松开，再转动偏心轮 5，拔出对定销 6，可将齿形分度盘 8 转动 36°至下一叶片位置，对定锁紧后，即可进行第二叶片内侧面的加工。

加工叶片外侧面时，可将滚子 22 靠在靠模板外侧面上，并将重锤支臂 15 装在摆架前端 E 面上。此时摆架 2 逆时针转动，使靠模板外侧面压靠在滚子 22 上，随着工作台及摆架的合成运动，形成了叶片的外侧曲面。

十条长（或短）叶片加工完成后，更换靠模板 7，可对另十条短（或长）叶片进行加工。

本夹具结构典型，构思合理，动作灵活，并通过更换及调整其中少数元件，能适应多种同类型不同规格零件的加工。

13.1.3 其他铣削夹具

(1) 气缸体平面的组合机床液压铣削夹具

① 夹具结构（图 13-15）

② 使用说明。本夹具用于组合机床上铣削气缸体的上平面。

工件以内平面 N、前后两半圆孔和前端面，以及上平面水套孔一侧面 B 为定位基准，分别以支承钉 5、定向块 9、挡销 2 及校正块装置定位。由于工件较大，因此在工件底面有四个辅助支承钉 13，以增强定位的刚性与稳定性。

安装时，先将工件放在两个支承钉 5 和挡销 2 上，并由两个浮动定向块 9 定向，然后翻下校正块 4，调节螺钉 6 使调节销 8 伸出，推动工件绕两支承钉 5 回转，直到工件上平面水套孔的一侧面 B 与贴合校正块的量块 14 工作面对齐，此时六个自由度全部消除。转动手柄 11 通过锁紧油缸将底面四个辅助支承钉锁紧。将压板 1 伸入工件前后两端孔中，再转动手柄 10 使夹紧油缸动作把工件夹紧。

由于工件在后道工序加工气缸孔时要求壁厚均匀，且应保证与 M 面距离为 123mm±0.2mm。因此本夹具不用工件毛坯底面作定位基准，而采用了校正块装置。校正块共两块（也可用一块），其校正精度由调整螺钉 3 调节，为保证气缸孔 C 中心与该孔上平面垂直以及尺寸为 123mm±0.2mm，校正块基面与定向块中心距为 ±0.05mm，校正块基面与量块工作面间的尺寸为 9.5mm±0.05mm（即工件上 M 面与 B 面间基本尺寸 9.5mm±0.05mm），必要时尚需修刮量块的工作面。工件定位后，应取出量块 14 和翻开校正块，以便进行加工。

本夹具使用方便，在结构设计上考虑较完善，兼顾到各表面间的相互位置，以保证后工序的加工要求，适用于大批生产中加工机体类铸件。

(2) 组合机床铣削拨叉气动夹紧夹具

① 夹具结构（图 13-16）

② 使用说明。本夹具用在组合机床上由两把三面刃铣刀铣削拨叉的两个端面。

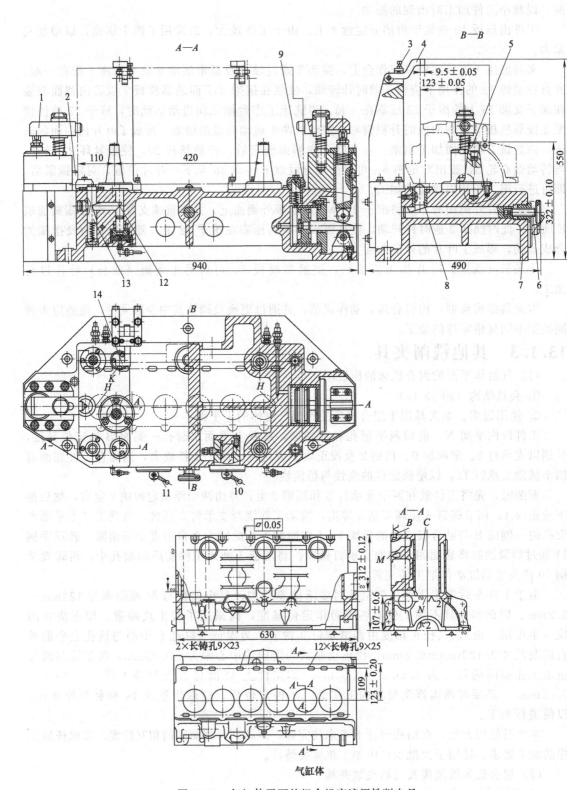

图 13-15　气缸体平面的组合机床液压铣削夹具

1—压板；2—挡销；3—调整螺钉；4—校正块；5—支承钉；6—螺钉；7—夹具体；8—调节销；
9—定向块；10—夹紧油缸手柄；11—锁紧油缸手柄；12—锁紧钉；13—辅助支承钉；14—量块

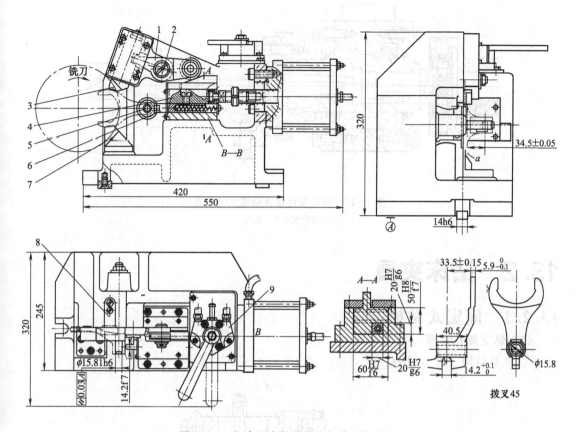

图 13-16　组合机床铣削拨叉气动夹紧夹具

1—摆杆；2—偏心销；3—夹紧块；4—滑块；5—定位销；6—定位块；7—支承块；8—弹簧片；9—配气阀

工件以 $\phi15.81F8$ 圆孔在定位销 5 上作主要定位，另以 $14.2_0^{+0.1}$mm 槽及侧面外形在定位块 6 及支承块 7 上做轴向及角向定位。

工件的夹紧由气压传动装置完成。操纵配气阀 9，活塞杆向前推动滑块 4，首先带动定位块 6 插入工件 $14.2_0^{+0.1}$mm 槽中定位，随后通过滑块上斜楔和摆杆 1 作用，拨动夹紧块 3 夹紧工件。加工完毕后，转动配气阀，活塞杆带动滑块退回，卡在夹紧块上的弹簧片 8 复位，拉动夹紧块后退松开工件。

摆杆 1 上的偏心销 2 的作用是夹紧时可适当转动加以调整，以根据一批工件坯件尺寸的不同改变夹紧行程。

支承块 7 的侧面 a 为对刀表面，一批工件首件加工时，用 1mm 塞尺控制其与铣刀侧面刃的位置。

该夹具装夹工件迅速，操作方便，有利于减轻劳动强度和提高生产率，适宜于大批、大量生产。

（3）转向扇齿摇臂轴铣花键夹具

① 夹具结构（图 13-17）

② 使用说明。本夹具用于花键铣床上铣削汽车转向机扇齿轴的三角花键。

工件以两端中心孔及扇形齿轮的一个齿在顶尖及螺钉定位销 1 上定位并夹紧。

支架 2 根据工件花键轴颈的锥度设计，使前后两顶尖中心线与机床主轴中心线连成一夹角（$1°37'39''$）。夹具右端采用万向节和机床主轴连接，以传递动力。

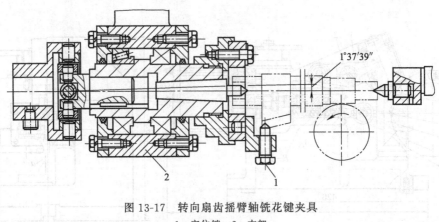

图 13-17　转向扇齿摇臂轴铣花键夹具

1—定位销；2—支架

13.2　钻床夹具

13.2.1　固定式钻模

（1）钻支架孔钻模

① 夹具结构（图 13-18）

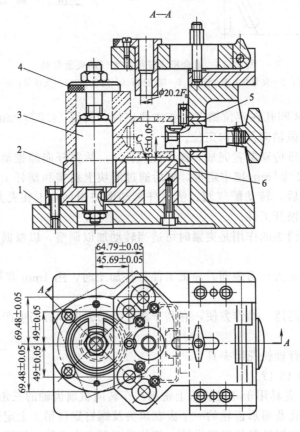

图 13-18　钻支架孔钻模

1—夹具体；2—圆环支承板；3—圆销；4—开口垫圈；5—削边销；6—支承板

② 使用说明。该夹具为加工左、右支架的钻模。工件以端平面和相互垂直的两孔为基准，以夹具圆环支承板 2、支承板 6、圆销 3 和削边销 5 定位，用开口垫圈 4 通过螺母将工件夹紧。

(2) 钻拖拉机制动器杠杆壳 $\phi16$ 孔钻模

① 夹具结构（图 13-19）

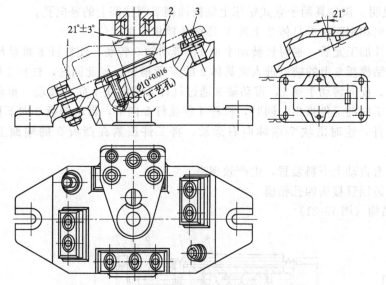

图 13-19　钻拖拉机制动器杠杆壳 $\phi16$ 孔钻模

1—圆柱销；2—支承板；3—削边销

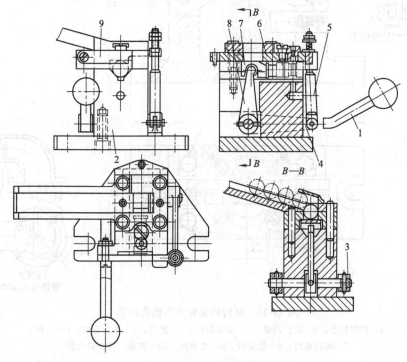

图 13-20　钻柱塞径向孔半自动钻模

1—手柄；2—夹具体；3—挡板；4,8—杠杆；5—拉杆；
6—钻模板；7—滑块；9—轴

② 使用说明。该夹具用于立式钻床上加工拖拉机制动器杠杆壳 $\phi16$ 孔。

工件以底面和两个 $\phi13$ 孔在支承板 2、圆柱销 1 和削边销 3 上定位，无需用专门的夹紧元件将其压紧，即可进行加工。

（3）钻柱塞径向孔半自动钻模

① 夹具结构（图 13-20）

② 使用说明。该夹具用于立式钻床上钻削油调节阀柱塞上的径向孔。

工件以外圆和端面在夹具体 2 上的 V 形槽和挡板 3 上定位。

当一个工件加工完后，逆时针转动手柄 1，带动轴 9 转动，使杠杆 8 推动滑块 7 向左移动，工件经过钻模板 6 上的缺口进入夹具体 2 的 V 形槽中。与此同时，杠杆 4 使挡板 3 绕轴转动向上抬起。反向转动手柄 1，带动轴 9 通过杠杆 8 使滑块 7 向右移动，推动未加工过的工件，将已加工好的工件推出。同时，杠杆 4 使拉杆 5 向下，带动挡板 3 向下移动，正好挡住待加工的工件，这时滑块 7 继续向右运动，将工件压紧在挡板 3 的端面上，即可进行钻孔。

本夹具具有自动上下料装置，生产效率高。

（4）钻精铸铝管接头四孔钻模

① 夹具结构（图 13-21）

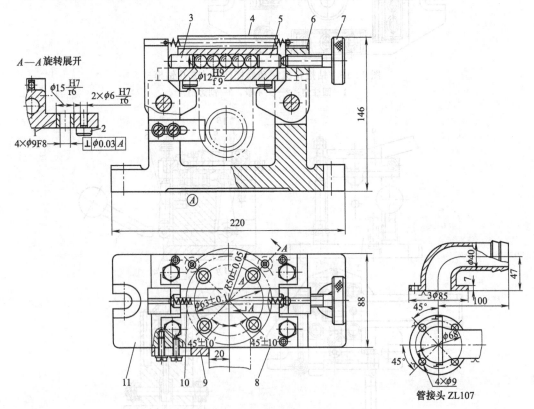

图 13-21 钻精铸铝管接头四孔钻模

1—固定钻套；2—定位挡销；3—球头滑柱；4—护罩；5—平头滑柱；6—压板；
7—滚花螺钉；8—钻模板；9—支承板；10—拉簧；11—夹具体

② 使用说明。本夹具用于摇臂钻床上加工精铸铝管接头的四个 $\phi9mm$ 孔。

工件以 $\phi85mm$ 底面为主要定位基准，在钻模板 8 背面上定位；以 $\phi85mm$ 外圆在两定位挡销 2 上定位，又以 ϕ40mm 外圆在支承板 9 上定位，实现六点定位。

工件定位后，拧动滚花螺钉 7 推动平头滑柱 5、钢球及球头滑柱 3，使两块压板 6 同时将工件压紧。由于采用了钢球作传力元件，故手动夹紧时较为轻便。

支承板 9 上开有长槽，以便调节其定位距离。

该夹具结构简单，操作方便，虽然夹紧力与切削力反向，对工件的加工稳定性不利，但由于结构布局适当，切削力不大，故影响较小。

（5）钻拨叉上螺纹底孔的铰链钻模

① 夹具结构（图 13-22）

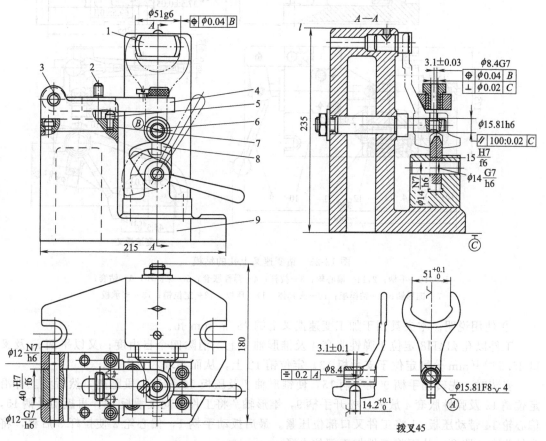

图 13-22　钻拨叉上螺纹底孔的铰链钻模

1—扁销；2—锁紧螺钉；3—销轴；4—钻模板；5—支承钉；6—定位轴；

7—模板座；8—偏心轮；9—夹具体

② 使用说明。本夹具用来在立式钻床上加工拨叉上 M10 底孔 ϕ8.4mm。由于钻孔后需要攻丝，并且考虑使工件装卸方便，故采用了可翻开的铰链模板式结构。

工件以圆孔 ϕ15.81F8、叉口 $51^{+0.1}_{0}$mm 及槽 $14.2^{+0.1}_{0}$mm 作定位基准，分别定位于夹具的定位轴 6、扁销 1 及偏心轮 8 上，从而实现六点定位。

夹紧时，通过手柄顺时针转动偏心轮 8，偏心轮上的对称斜面楔入工件槽内，在定位的同时将工件夹紧。由于钻削力不大，故工作时比较可靠。钻模板 4 用销轴 3 采用基轴制装在模板座 7 上，翻下时与支承钉 5 接触，以保证钻套的位置精度，并用锁紧螺钉 2 锁紧。

本夹具对工件定位考虑合理，且采用偏心轮使工件定位且夹紧，简化了夹具结构，适用于成批生产。

(6) 钻变速叉上孔的钻模

① 夹具结构（图 13-23）

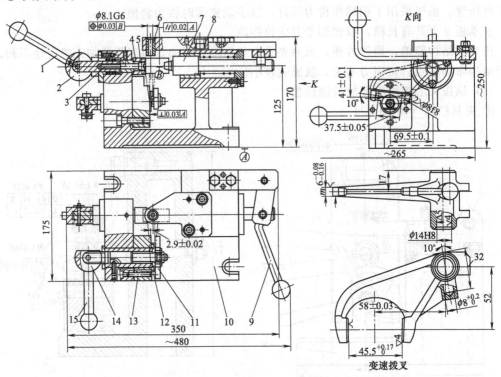

图 13-23　钻变速叉上孔的钻模

1,9,15—手柄；2,14—偏心轮；3—拉杆；4—弹性胀套；5—保护环；6—钻套；
7—锥形轴；8—钻模板；10—夹具体；11—压板；12—定位销；13—支承板

② 使用说明。本夹具用于加工变速拨叉上的 $\phi 8^{+0.2}_{0}$ mm 孔。

工件以孔 $\phi 14$H8 定位于弹性胀套 4 及锥形轴 7 上，消除四个自由度；又以平面 m 及叉口 $45.5^{+0.17}_{0}$ mm 分别定位于支承板 13、定位销 12 上，从而实现六点定位。

安装时，先转动手柄 9 及手柄 15，使锥形轴 7 及压板 11 移动一段距离，然后将工件沿定位销 12 及弹性胀套 4 放入，松开手柄 9，锥形轴 7 将工件推向支承板 13，再扳动手柄 15，偏心轮 14 带动压板 11 将工件叉口部位压紧。最后扳动手柄 1，偏心轮 2 使拉杆 3 后移，将弹性胀套 4 胀开，从而将工件加工部位夹紧。

在弹性胀套 4 上装有保护环 5。当夹具不使用时，将保护环套上，以防定位表面受到意外损伤。

该夹具构思较好，定位合理。

13.2.2　回转式钻模

(1) 带有四轴传动头的回转钻模

① 夹具结构（图 13-24）

② 使用说明。该夹具用于立式钻床上钻削拖拉机加油口接管四个 $\phi 11$ 孔。

工件以削过的平面和法兰外形在支承钉 14 和可调螺钉 6 上定位，转动螺母 13，用开口垫圈 12 压紧，即可钻孔。夹具上有两个工位，第一个工件加工完毕，夹具体 7 旋转 $180°$，即可加工另外的工件。转动齿轮轴 11，将对定销 9 退出，绕轴 8 转动夹具本体至另一工件处于工作位置时，对定后夹具分度即完成。

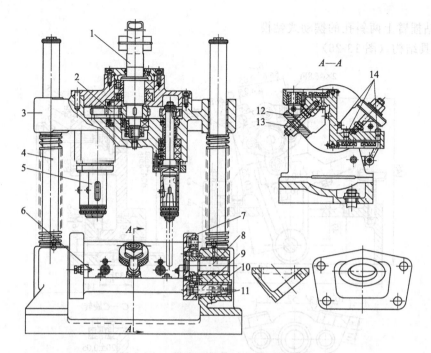

图 13-24　带有四轴传动头的回转钻模

1—传动轴；2—齿轮；3—壳体；4—导向柱；5—工作轴；6—可调螺钉；7—夹具体；8—轴；

9—对定销；10—支座；11—齿轮轴；12—开口垫圈；13—螺母；14—支承钉

(2) 钻转向节孔用回转钻模

① 夹具结构（图 13-25）

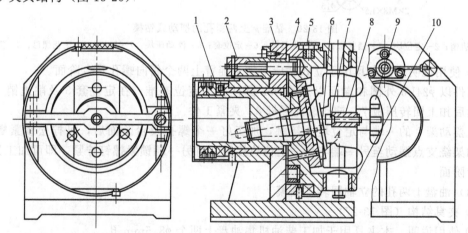

图 13-25　钻转向节孔用回转钻模

1—螺母；2,5—套筒；3—固定座；4—对定销；6—削边销；7—支承钉；

8—铰链压板；9—手轮；10—回转座

② 使用说明。工件以尾柄在套筒 2 和 5 中定心，并以凸缘支承在套筒 5 的端面上。工件又以法兰上的孔为基准装在削边销 6 上，工件用装置在铰链压板 8 上的摆动支承钉 7、并用星形手轮 9 夹紧。固定座 3 和回转座 10 之间由两个螺母 1 控制轴向间隙。用对定销 4 保证回转座 10 到所需的位置。

此钻模适用于大批量生产。

（3）钻摇臂上两斜孔的摆动式钻模

① 夹具结构（图 13-26）

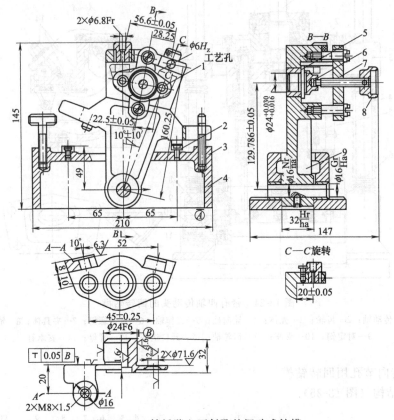

图 13-26　钻摇臂上两斜孔的摆动式钻模

1—削边销；2—定位块；3—锁紧螺钉；4—夹具体；5—定位套；6—浮动压块；7—压板；8—滚花螺母；9—摆动架

② 使用说明。该夹具用于立式钻床上加工摇臂上两个斜向螺孔及台阶面。

工件以 $\phi24F6$ 外圆和端面以及 $\phi7mm$ 圆柱孔为定位基准，在定位套 5 及削边销 1 上定位，然后扣上回转压板 7，拧动滚花螺母 8，夹紧工件。

当摆动架 9 的一端与定位块 2 接触，加工好一个螺孔及台阶面后，可拧松锁紧螺钉 3，使摆动架绕支点摆动至另一端与另一定位块接触，将另一端锁紧螺钉拧紧，即可加工另一螺孔及台阶面。

（4）油盘上两孔的立轴回转式钻模

① 夹具结构（图 13-27）

② 使用说明。本夹具用于加工柴油机集油盘上两个 $\phi8.5mm$ 孔。

工件以底平面和 $\phi52^{+0.08}_{0}mm$ 中心孔及 B 面作定位基准；工件先按图 13-69 所示位置偏转 45°，以 $\phi52^{+0.08}_{0}mm$ 孔套在定位销 6 上，然后再转至图 13-69 所示位置，使底平面在支承板 12 上定位。随后向前扳动手柄 9，放松拉簧 11，使定位支架 2 带动两个可调支承钉 14 向前与 B 面接触，消除工件回转方向自由度。继续向前扳动手柄 9，通过斜楔 7、拉杆 8 使叉形压板 1 把工件压紧。

加工时将转盘 4 转动 90°，使偏心对定销 13 中的一个与分度挡销 5 侧面接触，此时钻床主轴中心与钻套中心重合。当加工完一个孔后，将转盘反向转动 180°，使另一个偏心对定销与分度挡销接触，即可进行另一个孔的加工。

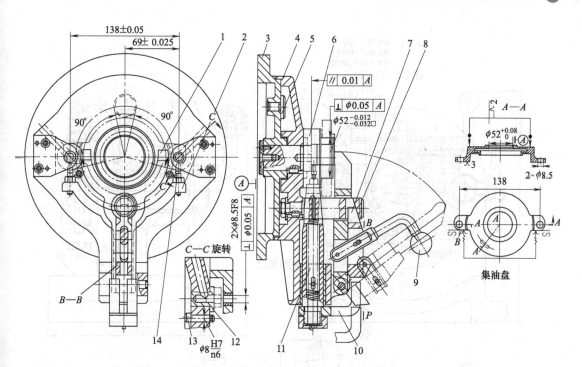

图 13-27　油盘上两孔的立轴回转式钻模

1—叉形压板；2—定位支架；3—夹具体；4—转盘；5—分度挡销；6—定位销；7—斜楔；8—拉杆；9—手柄；10—弯形拉杆；11—拉簧；12—支承板；13—偏心对定销；14—可调支承钉

完成加工后，向后扳动手柄 9，斜楔后移，叉形压板松开工件。继续扳动手柄，斜楔后面的凸块迫使弯形拉杆 10 后移，可调支承钉 14 脱离工件定位表面，即可取下工件。

夹具体 3 用螺旋压板固定在钻床工作台上。

(5) 钻拨叉两孔的卧轴回转式钻模

① 夹具结构（图 13-28）

② 使用说明。本夹具用于立式钻床上钻铰拨叉两个 $\phi 9 H9$ 圆孔。

工件先以 56H12 上端面在中心轴 12 前端的 E 面上定位，然后将定位插销 5 沿导套插入工件 $\phi 16 H9$ 孔中，最后拧动螺杆 1，推动 V 形滑块 3 向前定位并夹紧工件。为防止出现过定位，V 形滑块做成浮动式，且将其下部加工成平面形状，以适应工件两个 $R10 \mathrm{mm}$ 外圆的轮廓尺寸。

加工时，旋紧锁紧手柄 4，将中心轴 12 连同转盘 13 锁紧，即可加工一端 $\phi 9 H9$ 孔。加工完成后，旋松锁紧手柄 4，再转动拨销手柄 8，齿轮轴回转，拔出带有齿条的菱形对定销 16。此时可将转盘 13 连同工件回转 180°，菱形对定销在弹簧的作用下插入另一分度孔中，扳动锁紧手柄 4，锁住转盘后即可加工另一端孔。

本夹具结构紧凑，使用方便，能很好地保证工件的加工精度要求。

(6) 钻刹车瓦弧面上四排孔的回转式钻模

① 夹具结构（图 13-29）

② 使用说明。本夹具用于摇臂钻床上依次加工刹车瓦弧面上的四排 12 个 $\phi 4.3 \mathrm{mm}$ 小孔。

工件以 $R108 \mathrm{mm}$ 圆弧面及 H 面定位于钻模板 6 的背面及窄侧面上，又以 $\phi 25 F9$ 圆孔定位于菱形定位销 5 上，实现六点定位。

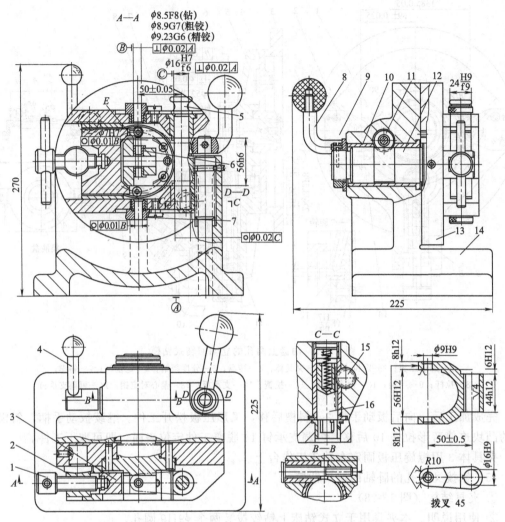

图 13-28　钻拨叉两孔的卧轴回转式钻模
1—螺杆；2—支柱；3—V 形滑块；4—锁紧手柄；5—定位插销；6—导套；
7—钻（铰套）；8—拔销手柄；9—圆螺母；10—衬套；11—锁紧块；
12—中心轴；13—转盘；14—夹具体；15—齿轮轴；16—菱形对定销

　　工件的夹紧由两个钩头螺钉完成。装卸工件时，可将钩头螺钉旋转 90°，以便让开工件。

　　当加工第一排孔时，将对定销 1 插入夹具体 3 的最右面一个分度衬套 2 的孔中，依次对三个 φ4.3mm 孔进行加工。第一排孔钻完后，拔出对定销 1，将滑板 4 沿着夹具体 3 的圆弧导轨转动至第二排孔位置，对定销 1 插入第二排分度衬套孔中，即可进行第二排孔的加工。由于钻削力很小，分度装置未设锁紧机构，而采用圆锥对定销来消除径向间隙。

　　该夹具结构简单，使用方便，设计构思好。

13.2.3　翻转式钻模

　　（1）钻连接器两孔翻转式钻模

　　① 夹具结构（图 13-30）

　　② 使用说明。本夹具用于立式钻床钻拖拉机消声器连接器上的两个孔。

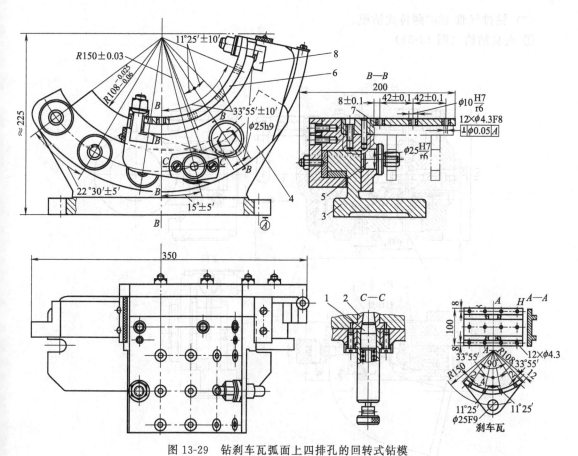

图 13-29 钻刹车瓦弧面上四排孔的回转式钻模

1—对定销；2—分度衬套；3—夹具体；4—滑板；5—菱形定位销；6—钻模板；7—钻套；8—钩头螺钉

工件以法兰平面及两端面凸台外形在支承板 3 及可调 V 形块 2 和 4 上定位。旋转手柄 1 便推动 V 形块 2 将工件夹紧。

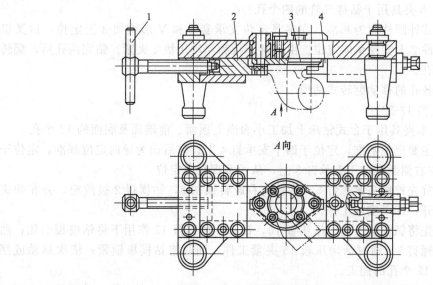

图 13-30 钻连接器两孔翻转式钻模

1—手柄；2,4—V 形块；3—支承板

（2）钻排气管 180°翻转式钻模

① 夹具结构（图 13-31）

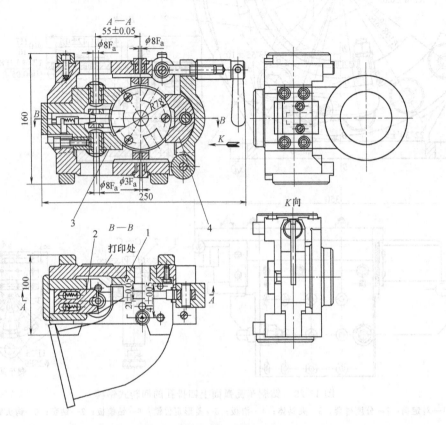

图 13-31　钻排气管 180°翻转式钻模
1—支承套；2—定位件；3—V 形模架；4—浮动压块

② 使用说明。本夹具用于钻排气管的四个孔。

工件以端面及其外圆柱面为基准，在夹具定位支承套 1 和 V 形模架 3 上定位，以叉口内颊面在活动定位件 2 上实现角向定位。由铰链压板和浮动压块 4 夹紧。钻完两孔后，翻转钻模 180°钻另外两孔。

（3）钻表座上各孔的移动翻转式钻模

① 夹具结构（图 13-32）

② 使用说明。本夹具用于台式钻床上加工小表座上顶面、前端面及底面的 12 个孔。

工件以底面为主要定位基准，定位于四个支承钉 4 上；以后面为导向定位基准，定位于支承板 11 上；以左右侧面定位于支承钉 3 上，从而实现完全定位。

工件安装时，首先拧松夹紧螺钉 5，然后向右旋转锁扣 8，钻模板 2 被放松，并在弹簧力的作用下向上翻开，即可安放工件。

工件定位后，先将钻模板 2 向下压垫板 10，锁扣 8 在弹簧 12 作用下将钻模板卡住；然后顺时针转动夹紧螺钉 5，通过活动压板 15 夹紧工件，同时将钻模板锁紧；依次移动或翻转夹具，即可完成 12 个孔的加工。

该夹具结构简单，操作方便，一次装夹可加工工件三个方向的所有孔，故适用于小型工件的批量生产中。

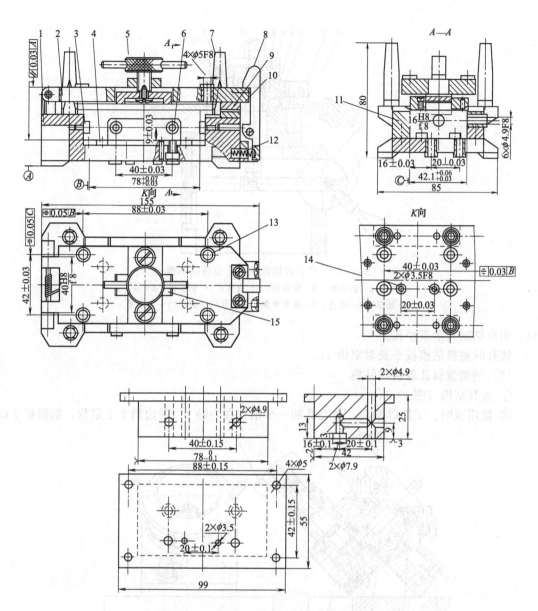

图 13-32　钻表座上各孔的移动翻转式钻模

1—夹具体；2—钻模板；3,4—支承钉；5—夹紧螺钉；6,13,14—钻套；7—支脚；
8—锁扣；9—上垫板；10—下垫板；11—支承板；12—弹簧；15—活动压板

13.2.4　盖板式钻模

（1）钻弧齿锥齿轮六孔盖板式钻模

① 夹具结构（图 13-33）

② 使用说明。该夹具用于摇臂钻床钻铰弧齿锥齿轮上的六个孔。

工件以内孔和端面在定位心轴上定位。

装上工件后，盖上钻模板 5 和开口垫圈 10，扳动手柄 1，通过偏心轮 2 和铰链板 3 使拉杆 6 向下移动，首先通过压力弹簧 9 迫使锥套 8 向下、三个压爪 7 向外胀开，将工件定心和预夹紧；同时拉杆 6 通过开口垫圈 10，钻模板 5 将工件压紧。钻好一个孔后，插上对定销

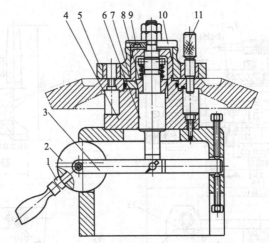

图 13-33　钻弧齿锥齿轮六孔盖板式钻模

1—手柄；2—偏心轮；3—铰链板；4—支座；5—钻模板；6—拉杆；

7—压爪；8—锥套；9—压力弹簧；10—开口垫圈；11—对定销

11，依次钻削其余五个孔。

铰孔时更换钻模板 5 及对定销 11。

（2）钻端盖斜孔盖板式钻模

① 夹具结构（图 13-34）

② 使用说明。工件以端面、中心孔和一个销孔在心轴 2、削边销 1 上定位。钻模板 3 以

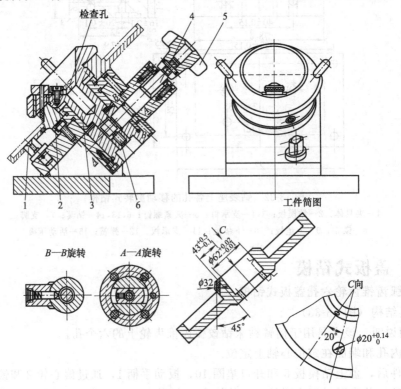

图 13-34　钻端盖斜孔盖板式钻模

1—削边销；2—心轴；3—钻模板；4—偏心轴；5—手轮；6—螺钉

外圆滑套在心轴 2 的中心孔内，角向位置可由其下扁尾与滑套扁孔配合限定。

夹紧时，将偏心轴 4 推入钻模板 3 的孔中，转动手轮 5，通过偏心轴带动钻模板 3 将工件夹紧。螺钉 6 用于调节夹紧行程。

(3) 钻自动冷镦机床身上八孔的盖板式钻模

① 夹具结构（图 13-35）

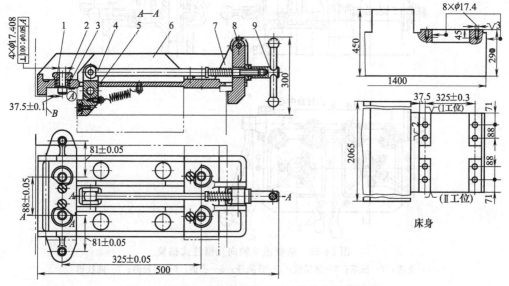

图 13-35　钻自动冷镦机床身上八孔的盖板式钻模

1—衬套；2—钻套；3—挡销；4—拉杆；5—前压板；6—夹具体；7—弹簧；8—后压板；9—螺母

② 使用说明。该夹具用于摇臂钻床上加工自动冷镦机床身上的 8 个 M20 螺纹底孔，使用时分两次装夹，每次加工 4 个孔。

工件以加工部位相应的上平面作为主要定位基准；另以槽面作为导向定位基准；而以两侧面分别作止推定位基准，在夹具体 6 的 A 面和 B 面，以及左右挡销 3 上定位，从而完成六点定位。

装夹时，将夹具体放在工件Ⅰ工位定位后，放置螺母 9，由于后压板 8 顶住工件右端部，故拉杆 4 向右运动，使前压板 5 绕支点回转，靠在工件凹槽端面上，继续旋紧螺母 9，则工件被夹紧。由于工件夹紧面未经加工，故前压板 5 上装有摆动压块。

当Ⅰ工位 4 个孔加工完毕，卸下夹具重新安放于工件Ⅱ工位，经定位夹紧后，即可进行另外 4 个孔的加工。

该夹具结构简单、紧凑，操作方便，由于采用了螺旋杠杆式联动夹紧机构，并分两次使用，使夹具轻巧，减轻了劳动强度。本夹具适用于成批生产中对大型工件的孔加工。

13.2.5　滑柱式钻模

(1) 钻变速叉轴向孔滑柱式钻模

① 夹具结构（图 13-36）

② 使用说明。该夹具用于立式钻床。两套同时装于 φ450 回转工作台上与双轴钻孔头配套使用，扩削变速叉上的轴孔。当一套扩孔时，另一套可装卸工件。

工件以端面和侧面在支座 1 和圆柱销 7 上预定位。转动左右手柄 5，使升降杆 4 带动钻模板 3 下降，带内锥面的压爪 2 使工件定心并夹紧。当齿轮轴 6 转动时，其上的斜齿轮产生轴向分力，将轴锁紧在锥孔内，从而锁紧钻模板。

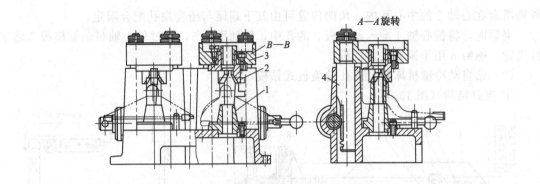

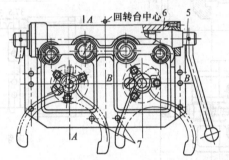

图 13-36 钻变速叉轴向孔滑柱式钻模

1—支座；2—压爪；3—钻模板；4—升降杆；5—手柄；6—齿轮轴；7—圆柱销

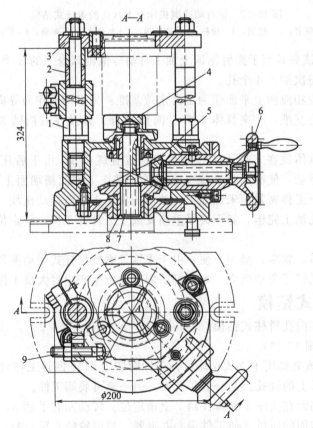

图 13-37 钻泵体三孔滑柱式钻模

1—螺杆；2—衬套；3—钻模板；4—压脚；5,8—锥齿轮；6—手轮；7—顶杆；9—可调支承

（2）钻泵体三孔滑柱式钻模

① 夹具结构（图 13-37）

② 使用说明。该夹具用于立式钻床，与回转工作台配套使用，钻总泵缸体上的三个孔。工件以止口外圆、法兰端面和一侧面在钻模板 3 和可调支承 9 上定位。

工件安放于浮动压脚 4 上后，转动手轮 6，经锥齿轮 5 使带内螺纹的锥齿轮 8 旋转，带动顶杆 7 向上移动，由浮动压脚 4 夹紧工件。

该夹具除钻孔外，还可用作铰孔、攻丝等。根据工件的不同高度，可更换螺杆 1 或衬套 2，即可加工不同规格的泵体。

（3）钻曲轴后主轴承盖上油孔的滑柱式钻模

① 夹具结构（图 13-38）

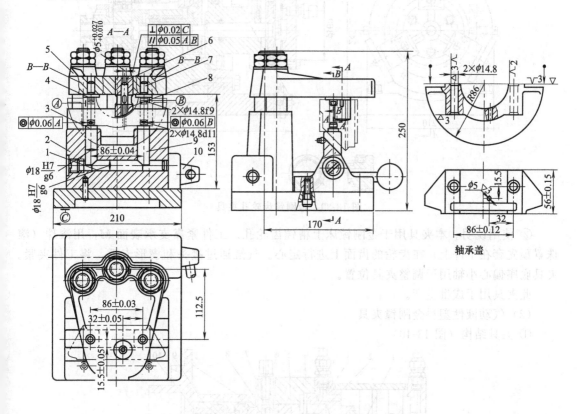

图 13-38　钻曲轴后主轴承盖上油孔的滑柱式钻模
1—滑柱；2—垫座；3,9—浮动定位销；4—菱形定位销；5—钻模块；
6—钻套；7—圆柱定位销；8—衬套；10—手柄

② 使用说明。本夹具用于钻曲轴后主轴承盖上的 $\phi 5$mm 油孔。

工件以轴承盖的结合面和两孔 $\phi 14.8$mm 作为定位基准。安装工件时，首先将两孔 $\phi 14.8$mm 套在预定位机构的两个浮动定位销 3 和 9 上，然后操纵手柄 10 使钻模板 5 下降，圆柱定位销 7 和菱形定位销 4 即插入工件的两个 $\phi 14.8$mm 孔中。当继续下降钻模板时，由于预定位机构是浮动的，能使轴承盖的结合面紧贴在定位销 7 和 4 的台阶端面上，使工件得到夹紧。

为了防止刀具在工件圆弧面上钻孔时产生偏斜，采用特殊结构的衬套 8，使钻套接近工件的加工部分。为了方便排屑，在衬套上开有两对长圆孔。

13.3 镗床夹具

13.3.1 金刚镗床夹具

（1）金刚镗齿轮孔夹具

① 夹具结构（图 13-39）

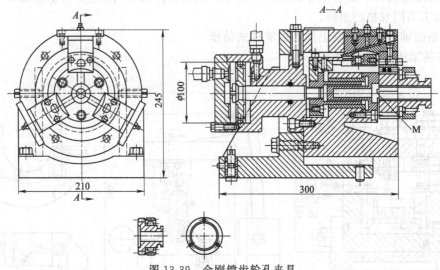

图 13-39　金刚镗齿轮孔夹具

② 使用说明。本夹具用于金刚镗床上精镗齿轮孔。工件紧靠支承表面 M，用滚珠（滚珠罩预先套在工件上）在齿轮的齿面上进行定心。气缸通过接头和楔形卡爪，将工件夹紧。夹具底座偏心小轴用于调整夹具位置。

此夹具用于成批生产。

（2）气动液性塑料金刚镗夹具

① 夹具结构（图 13-40）

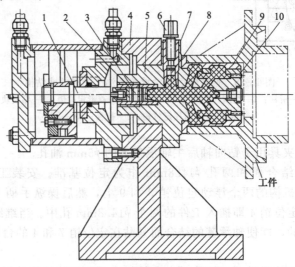

图 13-40　气动液性塑料金刚镗夹具

1—活塞杆；2,8—柱塞；3—缸；4—夹具体；5—心轴；6—螺钉；7—调节套；9—薄壁套筒；10—调节螺钉

② 使用说明。本夹具用于卧式金刚镗床上镗削工件内孔。

工件以内孔端面安装在心轴5的薄壁套筒9上定位。活塞杆1的推力通过柱塞2和液性塑料的传动，使薄壁套筒9变形而定心和夹紧工件。必要时也可以通过螺钉6和柱塞8进行手动夹紧。

(3) 金刚镗连杆大小头孔夹具

① 夹具结构（图13-41）

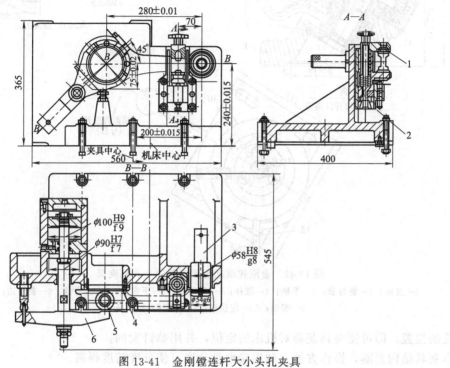

图13-41 金刚镗连杆大小头孔夹具
1—球形压块；2—锥套；3—销；4—支承环；5—支承钉；6—压板

② 使用说明。本夹具用于双头专用金刚镗床上精镗连杆大、小头孔。

工件以大头端面工艺搭子及精镗过的小头孔在支承环4、支承钉5和由小头插入的销子3上定位。夹紧时，油缸的活塞动作带动压板6将工件夹紧，再拧动星形捏手使浮动定心夹紧装置夹紧杆身，并通过锥套2锁紧。抽出插销3即可进行加工。

(4) 金刚镗驱动盘圆周斜面上六孔夹具

① 夹具结构（图13-42）

② 使用说明。本夹具用于金刚镗床上加工驱动盘圆周斜面上均布的六个圆孔，孔的位置度要求较高。

工件以左端面、$\phi22.1$mm圆孔及$\phi5$mm圆孔为定位基准，定位于夹具上端面C、定位套10及菱形销8外圆表面上，实现六点定位，并用螺母通过开口垫圈夹紧工件。

当镗好第一个孔后，工件要进行回转分度，本夹具采用端齿盘分度装置。顺时针扳动手柄3，螺母套2随同转动，使螺杆4上移，上齿盘7抬起，与下齿盘6脱开；再扳动杆12（可插在外罩壳相应孔中），推动上齿盘连同工件等一起转过60°，由钢球11实现预定位；然后逆时针扳动手柄3，上齿盘下落并与下齿盘的端面齿啮合，完成终定位，便可进行第二孔的加工，依次可加工其他各孔。圆柱销5可防止螺杆4转动。

加工前，将对刀检验套（即标准工件）安装在图13-92所示工件位置，用镗杆找正标准

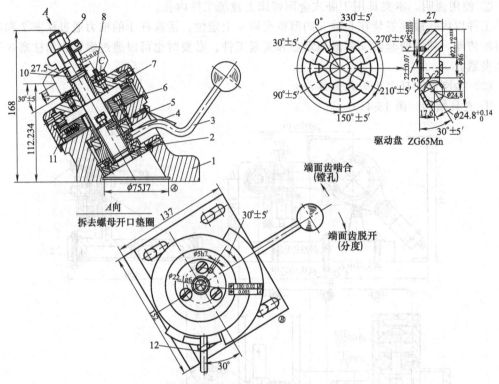

图 13-42　金刚镗驱动盘圆周斜面上六孔夹具

1—底座；2—螺母套；3—手柄；4—螺杆；5—圆柱销；6—下齿盘；7—上齿盘；8—菱形销；

9—螺母；10—定位套；11—钢球；12—杆

工件孔的位置，即可使夹具获得对机床的定位，并用螺钉紧固。

本夹具结构紧凑，操作方便。利用端齿盘分度可使分度精度提高。

13.3.2　专用镗床夹具

（1）精镗车床尾座体镗模

① 夹具结构（图 13-43）

② 使用说明。本夹具为精镗车床尾座体 ϕ60H6 孔的镗模。

为了保证尾座孔中心线与车床主轴中心线的等高性，将尾座体与底板拼成一体加工。部件以尾座底板底平面和 V 形导轨面为基面安放在支承板 1 上定位，用两个压板夹紧。

（2）立式镗床加工箱体盖两孔夹具

① 夹具结构（图 13-44）

② 使用说明。本夹具用于立式镗床或摇臂钻床上加工箱体盖的两个 ϕ100H9 平行孔。

工件以底平面（精基准）为主要定位基准，安放在夹具体 3 的平面上，另以两侧面（粗基准）分别为导向、止推定位基准，定位在三个可调支承钉 8 上，从而实现六点定位。

工件定位后，转动四个螺母 5，即可通过四副钩形压板 4 将工件夹紧。

加工过程中，镗刀杆上端与机床主轴浮动连接，下端以 ϕ35H7 圆孔与导向轴 2 配合，对镗刀杆起导向作用。当一个孔加工完毕后，镗刀杆再与另一导向轴配合，即可完成第二孔的加工。

本夹具定位合理，夹紧可靠，其主要特点是导向元件不采用一般的镗套形式，而以导向轴来代替，从而使工件安装方便，夹具结构简单。

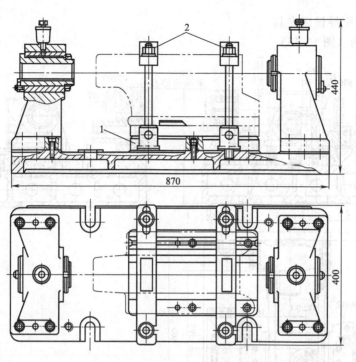

图 13-43　精镗车床尾座体镗模
1—支承板；2—压板

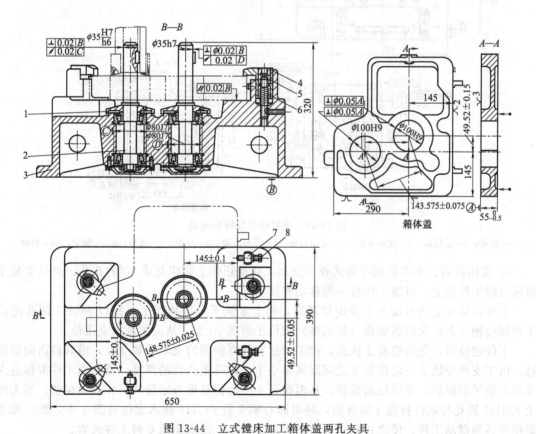

图 13-44　立式镗床加工箱体盖两孔夹具
1—护盖；2—导向轴；3—夹具体；4—钩形压板；5—螺母；6—螺栓；7—支架；8—可调支承钉

（3）前后双引导镗床夹具

① 夹具结构（图 13-45）

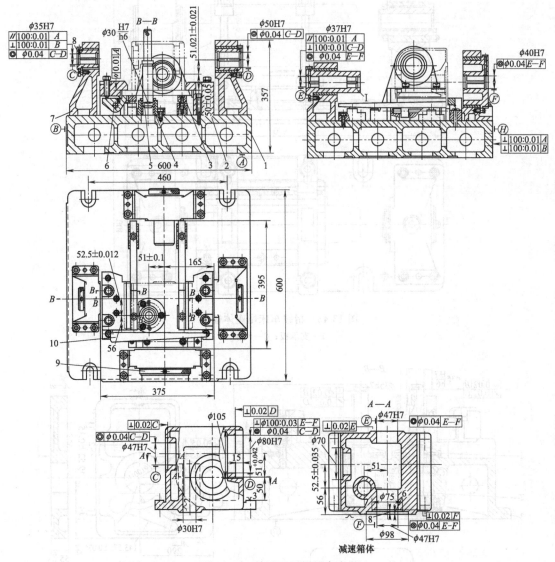

图 13-45　前后双引导镗床夹具

1—底座；2—定位块；3—支承导轨；4—定位衬套；5—可卸心轴；6—压板；7—支座；8,9—镗套；10—斜楔

② 使用说明。本夹具用于卧式镗床上加工减速箱体上两组互成 90°的孔系。夹具安装于镗床回转工作台上，可随工作台一起移动和回转。

工件以耳座上凸台面为主要定位基准，向上定位于定位块 2 上；另以 $\phi30H7$ 圆孔定位于可卸心轴 5 上；又以前端面（粗基准）定位于斜楔 10 上，从而实现六点定位。

工件定位时，先将镗套 I 拔出，把工件放在具有斜面的支承导轨 3 上，沿其斜面向前推移，由于支承导轨 3 与定位块 2 之间距离略小于工件耳座凸台的厚度，因此当工件推移进入支承导轨平面段后，开始压迫弹簧，从而保证工件定位基准与定位块工作表面接触。当工件上 $\phi30H7$ 圆孔与定位衬套 4 对齐后，将可卸心轴 5 沿 $\phi30H7$ 插入定位衬套 4 中，然后推动斜楔并适当摆动工件，使之接触，最后拧紧夹紧螺钉，四块压板 6 将工件夹紧。

由于加工 $\phi98$mm 台阶孔时，镗刀杆上采用多排刀事先装夹，因此设计夹具时将镗套 9

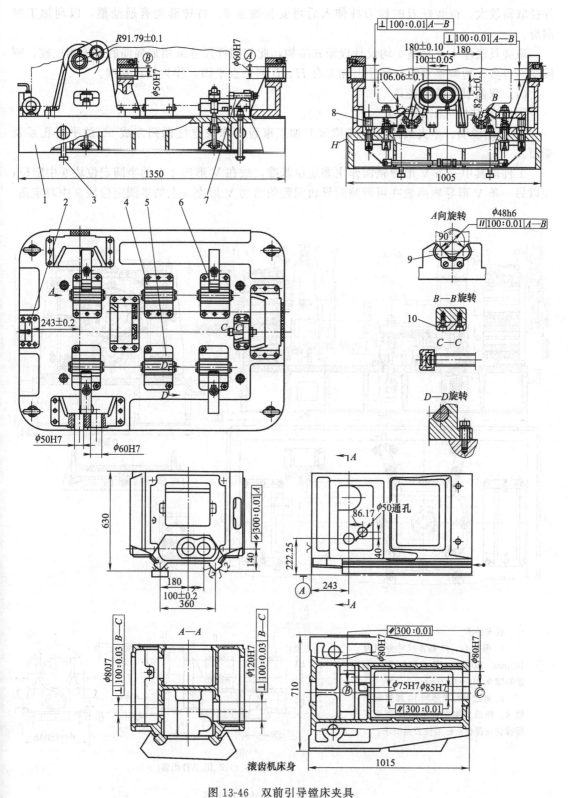

图 13-46　双前引导镗床夹具

1—底座；2—定位块；3—T 形螺栓；4—V 形座；5—活动 V 形座；6—压板；7—夹紧螺钉；

8—螺母；9—半圆定位块；10—铜块

外径取得较大，待装好刀的镗刀杆伸入后再安装镗套 9。各镗套均有通油槽，以利加工时润滑。

该夹具底座 1 及支座 7 均设计成箱式结构，此与同样尺寸采用加强筋的结构相比较，刚度要高得多。为调整方便，底座上加工有 H、B 两垂直平面，作为找正基准。

（4）双前引导镗床夹具

① 夹具结构（图 13-46）

② 使用说明。本夹具用于卧式镗床上加工滚齿机床身立柱两列互成 90°的平行孔系及端面。

工件以其中一条 V 形导轨面作主要定位基准，放在 V 形座 4 上的半圆定位块 9 中定位；而以另一条 V 形导轨面放在可调整两导轨间距的活动 V 形座 5 上的半圆定位块 9 中对定角

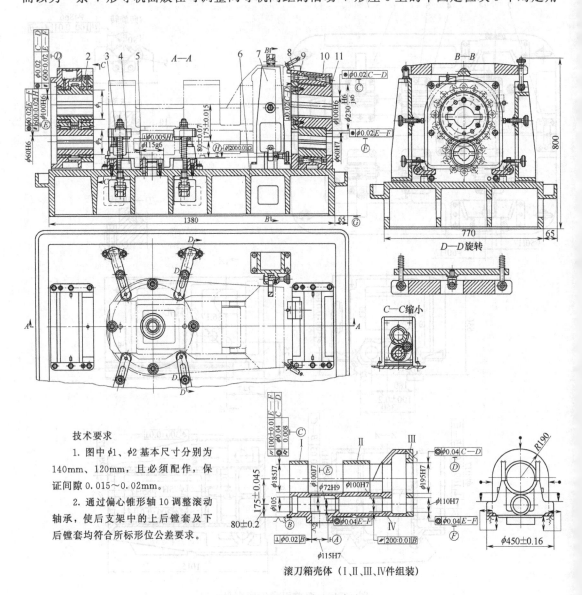

技术要求

1. 图中 $\phi 1$、$\phi 2$ 基本尺寸分别为 140mm、120mm，且必须配作，保证间隙 0.015～0.02mm。

2. 通过偏心锥形轴 10 调整滚动轴承，使后支架中的上后镗套及下后镗套均符合所标形位公差要求。

滚刀箱壳体（Ⅰ、Ⅱ、Ⅲ、Ⅳ件组装）

图 13-47 双镗杆联动镗床夹具

1—前支架；2—齿轮镗套；3—联动压板；4—定位块；5—定位圆柱；6—底座；7—框架；8—千分表架；

9—基准板；10—偏心锥形轴；11—后镗套

位；最后以工件端面靠在定位块 2 上确定轴向位置，从而实现六点定位。在上述定位元件中，V 形座 4、活动 V 形座 5 都做成不直接与工件接触，而分别以两个可在 V 形座半圆孔中自由摆动的半圆定位块 9 与工件接触，这样可补偿工件导轨面的角度误差，从而保证接触良好。活动 V 形座 5 做成可调式是为了补偿两导轨间距的加工误差，并使其接触良好。为避免工件吊运时碰坏，定位块 2 做成可卸式。

工件定位后，拧紧螺母 8 使两套螺旋压板联动机构把工件夹紧，轴向则用夹紧螺钉 7 使其紧靠在定位块 2 上。为使工件表面不致压出伤痕，压板 6 头部镶有铜块 10。

夹具安装在镗床回转工作台上，安装时可用千分表找正夹具底座 1 上的基准面 H，使其与机床主轴的平行度公差值应小于 0.01，然后用 T 形螺栓 3 使夹具固定在回转工作台上。由于该夹具底座设计时采用中间挖空，四边与工作台面接触，因此虽设置有加强筋，但 T 形螺栓紧固时，易使底座变形，建议改用螺旋压板在底座外边紧固。

本夹具定位、夹紧装置设计合理，能保证工件加工精度，适用于中小批生产。

（5）双镗杆联动镗床夹具

① 夹具结构（图 13-47）

② 使用说明。本夹具用于普通卧式镗床上加工滚齿机滚刀箱壳体。工件由四个零件（工序图中 Ⅰ、Ⅱ、Ⅲ、Ⅳ）组装而成，在一次加工中完成两列平行孔系。

工件以 $\phi450$mm±0.16mm 圆盘平面及 $\phi115$H7 圆孔为定位基准，定位于定位块 4 及定位圆柱 5 上；再用千分表触头贴住工件右端面，使千分表架 8 沿基准板 9 水平移动，以便对定工件角向位置；然后拧紧两对联动压板 3 把工件初步夹紧。为增加工件定位稳定性与刚性，在框架 7 上设有辅助支承及夹紧装置，当工件初步夹紧后，可用千分表架沿基准板 9 的垂直平面上下移动，检查工件是否变形，最后利用这些夹紧装置把工件夹紧。

工作中，前支架 1 上面的齿轮镗套 2 在带键镗杆带动下回转，并通过齿轮传动，使下面的齿轮镗套带动下镗杆也同步回转，实现主切削运动。为了提高齿轮镗套与后镗套 11 的同轴度，两个上下的后镗套采用多列滚动轴承支承，在装配调整中，除一对轴承为固定轴不能调节外，其他各对轴承均可适当转动偏心锥形轴 10，凭借其偏心部分使轴承贴紧镗套外圆。由于镗杆较长，故每一根镗杆各做成前后两段，分别连同镗刀穿过前后镗套，在中间部分利用锥面配合在一起，使之形成一根镗杆。镗孔加工完成后，前后两段镗杆拆卸开分别取出。

夹具的底座 6 尺寸较厚，但中间挖空，铸有加强筋以提高刚性，四周铸有集屑槽。

该夹具加工精度高，刚性好；由于采用双镗杆联动加工，因此生产效率高。

13.4　车床夹具

13.4.1　心轴类车床夹具

（1）活塞外圆斜楔式外胀车夹具

① 夹具结构（图 13-48）

② 使用说明。该夹具用于普通车床车削气缸活塞的外圆及端面。

工件以内孔和内端面在胀销 8、9 和定位销 7 上定位。

使用时，旋转锥齿轮 1，带动锥齿轮 2 转动，通过键 3 带动左、右旋螺纹的螺杆 5 转动，螺套 4、6 分别向左、右移动，使胀销 9 和 8 外伸，将工件夹紧。反转锥齿轮 1，胀销 8 和 9 在弹簧作用下收缩，松开工件。

（2）车轴承座外圆的车夹具

① 夹具结构（图 13-49）

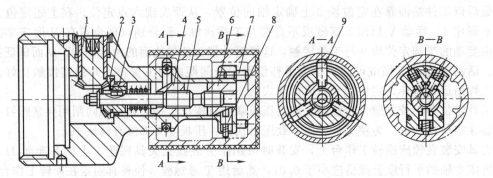

图 13-48　活塞外圆斜楔式外胀车夹具

1,2—锥齿轮；3—键；4,6—螺套；5—螺杆；7—定位销；8,9—胀销

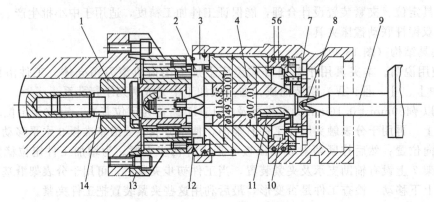

图 13-49　车轴承座外圆的车夹具

1,4—衬套；2,10—销；3,6—胀圈；5,12—弹簧圈；7—顶盖；8—心轴；
9—后顶盖；11—键；13—本体；14—推杆

② 使用说明。工件以内孔为定位基准，套在心轴上初步定位后，后顶尖顶入心轴 8 中心孔内，并向左顶心轴 8 左移，并由固定于车床主轴末端的气缸通过推杆 14 推衬套 4 向右移动。此时，心轴 8 和衬套 4 的锥面使销 2 和 10 径向伸出而使弹性胀圈 3、6 同时外胀而使工件定心并被夹紧。加工完后，推杆带动衬套 4 向左移，后顶尖后退，弹簧使心轴 8 向右移动，则弹簧圈 12 和 5 使胀圈 3、6 收缩而放松工件。

(3) 盖板孔离心车夹具

① 夹具结构（图 13-50）

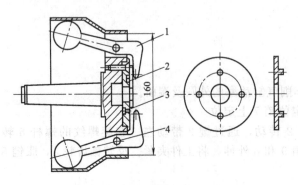

图 13-50　盖板孔离心车夹具

1—卡爪；2—定位盘；3—挡销；4—轴销

② 使用说明。该夹具用于普通车床，以莫氏锥柄装于主轴孔中，车削扬声器上盖板的内孔。

工件以端面和四个小凸台组成的外圆在定位盘 2 的端面、环形槽和挡销 3 上定位。

开车后，夹紧卡爪 1 的球体随主轴旋转产生离心力，卡爪 1 绕轴销 4 摆动而自动夹紧工件。

(4) 离心力夹紧车夹具

① 夹具结构（图 13-51）

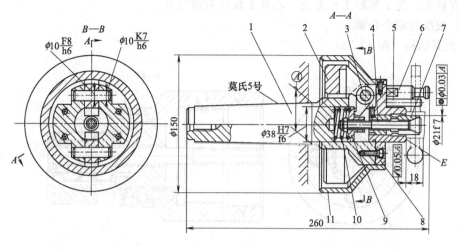

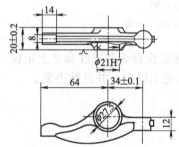

图 13-51 离心力夹紧车夹具

1—夹具体；2—飞锤；3—销轴；4—拉杆；5—圆柱销；6—对刀定位杆；

7—弹性筒夹；8—定位套筒；9—压盘；10—压力弹簧；11—罩子

② 使用说明。该夹具为利用离心力夹紧工件的车床夹具，加工柴油机气门摇臂转轴孔的两个端面。工件以 $\phi21H7$ 孔为主要定位基准，装在弹性筒夹 7 上，约束工件四个自由度。车削工件第一端面时，以对刀定位杆 6 上的 V 形槽定工件的轴向位置，并以其端面对刀；调头车削第二端面时，拆去对刀定位杆 6，以定位套筒 8 上的 E 端面定工件的轴向位置，并作为对刀用，圆柱销 5 起防转支承作用。

加工时，由于离心力的作用，使两个飞锤 2 绕销轴 3 转动，迫使压盘 9 及拉杆 4 左移，使弹性筒夹 7 胀开，从而使工件定心夹紧。

加工完毕后，主轴停转，飞锤 2 上的离心力消失，拉杆 4 在压力弹簧 10 的推力作用下右移，弹性筒夹 7 恢复原位，使工件松夹。

本夹具结构紧凑、合理，使用方便，生产效率高。

(5) 液性塑料心轴

① 夹具结构（图 13-52）

② 使用说明。工件以内孔及端面在心轴上定位。转动有内六角的加压螺钉，推动柱塞加压，工件便自动定心夹紧。由于

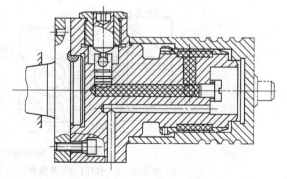

图 13-52 液性塑料心轴

工件上有盲孔，为了装卸工件方便，心轴上设计有通气孔。

（6）波纹套定心心轴

① 夹具结构（图 13-53）

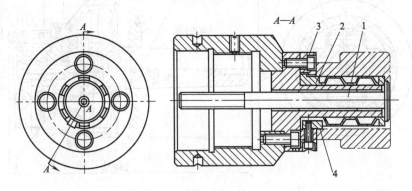

图 13-53　波纹套定心心轴
1—拉杆；2—波纹套；3—定位盘；4—键

② 使用说明。工件以内孔及端面为定位基准，在定位盘 3 和波纹套 2 上定位，并用键 4 传递扭矩。当拉杆 1 左移时，波纹套 2 被压缩，从而使工件定心并且被夹紧。

13.4.2　卡盘类车床夹具

（1）四爪定心夹紧车夹具

① 夹具结构（图 13-54）

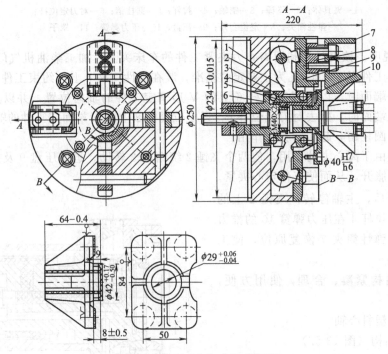

图 13-54　四爪定心夹紧车夹具
1—夹具体；2—杠杆；3—外锥套；4—钢球；5—内锥套；6—连接套；
7—可换卡爪；8—连接块；9—卡爪；10—压套

② 使用说明。本夹具用于车床上加工汽车前钢板弹簧支架的内孔、凸台和端面。

工件以后端面靠在可换卡爪内端面上，由另外四个侧面与四个卡爪接触定心夹紧。

当拉杆螺钉由气缸活塞杆带动左拉时，通过连接套 6 带动压套 10 左移，推动钢球 4、外锥套 3，使上下两杠杆 2 绕固定支点摆动，拨动上下两可换卡爪 7 同时向中心移动夹住工件；此时，外锥套 3 停止移动，由于压套 10 继续左移，迫使钢球 4 沿外锥套斜面向内滑动，压向内锥套 5，迫使内锥套左移，从而左右两可换卡爪亦向中心移动，四卡爪同时定心并夹紧工件。

(2) 水泵壳体镗孔车夹具

① 夹具结构（图 13-55）

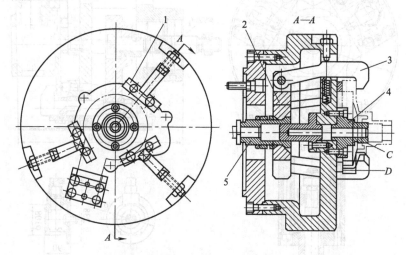

图 13-55 水泵壳体镗孔车夹具

1—支承板；2—连接盘；3—夹爪；4—定位心轴；5—连接套

② 使用说明。本夹具用于加工水泵壳体。工件以孔 C 和端面 D 为基准，靠夹具定位心轴 4 及支承 1 定位。用气动或液压装置向左拉动连接套 5 和连接盘 2，带动三个夹爪 3 同时压紧工件。松开时夹爪可以自动张开。

(3) 镗活塞环内孔车夹具

① 夹具结构（图 13-56）

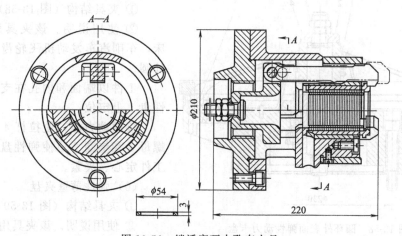

图 13-56 镗活塞环内孔车夹具

② 使用说明。活塞环以外圆及端面定位，预先成批地装在套筒内。夹紧时，气缸的作用力通过拉杆和接头作用于装有工件的套上。松开时，依靠套和压爪上的斜面使压爪张开。此夹具适用于大批生产。

（4）壳体零件车端面夹具

① 夹具结构（图 13-57）

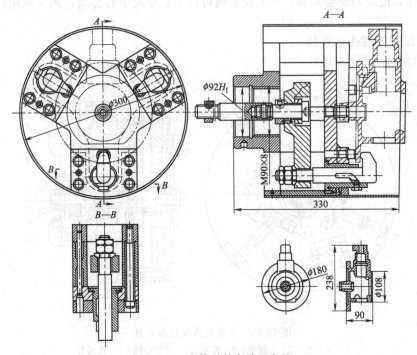

图 13-57　壳体零件车端面夹具

② 使用说明。本夹具为在六角车床上加工壳体零件端面的夹具。

工件以孔和底平面为基准，在夹具定位销和支承钉上定位。气缸通过拉杆接头、连接盘带动三个钩形压板夹紧工件。钩形压板开有导向槽。拉杆向右运动时，压板回转，即可装卸工件；拉杆向左运动时，压板回转至工作位置，将工件夹紧。

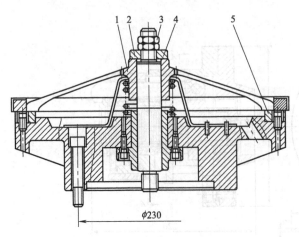

图 13-58　圆环外表面弹性动力卡盘

1—弹性盘；2—垫圈；3—螺母；4—拉杆；5—支承环

（5）圆环外表面弹性动力卡盘

① 夹具结构（图 13-58）

② 使用说明。该夹具用于立式车床，车削汽车发动机飞轮齿环的端面及外圆。

工件以端面和内孔在支承环 5 和弹性盘 1 上定位。

接通动力源，使拉杆 4 下移，通过螺母 3 和垫圈 2 迫使弹性盘 1 胀开，将工件定心、夹紧。

（6）弹性薄壁夹盘

① 夹具结构（图 13-59）

② 使用说明。该夹具用于立式车床上加工环形工件。

工件以内孔和端面定位。使用时，拧紧螺钉 5，弹性薄壁盘 3 变形，使其 8 个卡爪 2 张开而夹紧工件。每个卡爪上开有长孔，可通过螺钉 4 的调节，以保证 8 个卡爪的夹持面位于同一圆周上。根据不同直径的工件，可以更换卡爪 2 和支承板 1。

（7）不停车夹具

① 夹具结构（图 13-60）

② 使用说明。本夹具由外壳 1、止推套 2、螺纹挡圈 3，内锥套 4、弹簧夹头 5 等主要零件组成，适用于 C6140 车床。安装前，将车床上的三爪卡盘及法兰盘卸下，然后装上外壳 1，即利用原车床轴承挡圈之凸台 $\phi150d$ 定位，并借车床上四个 M10 的内六角

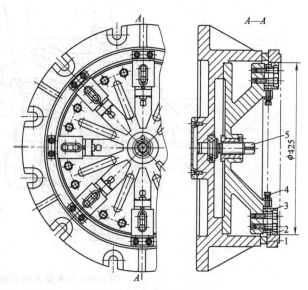

图 13-59　弹性薄壁夹盘
1—支承板；2—卡爪；3—弹性薄壁盘；4,5—螺钉

螺钉固定在机床床头箱体上。弹簧夹头 5 插入车床主轴锥孔内。工作时，弹簧夹头 5、内锥套 4 与主轴同转，而外壳 1、螺纹挡圈 3、止推套 2 则固定不旋转。工件的夹紧是通过旋转止推套 2 以带动单列圆锥滚子轴承向主轴端移动，从而推动内锥套 4 来实现的。卸下工件时，只要反向旋转止推套 2，使螺纹挡圈 3 做轴向移动（离主轴端），从而推动内锥套 4，放松弹簧夹头。

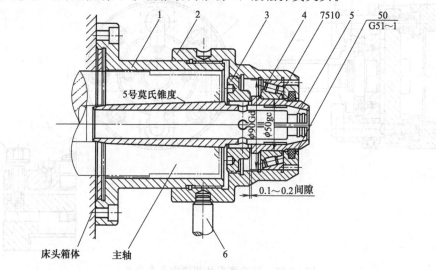

图 13-60　不停车夹具
1—外壳；2—止推套；3—螺纹挡圈；4—内锥套；5—弹簧夹头；6—手柄

（8）水泵风扇壳体车夹具

① 夹具结构（图 13-61）

② 使用说明。该夹具为在六角车床上车削水泵风扇壳体外圆、端面和钻、镗内孔的车床夹具。

工件以法兰端面和内孔在支承圆环 4 和圆柱销 5 上定位后，当机床主轴末端气缸活塞通

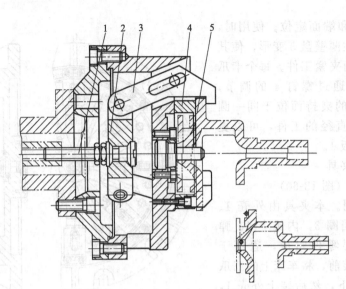

图 13-61　水泵风扇壳体车夹具

1—连接杆；2—连接板；3—杠杆式压板；4—支承圆环；5—圆柱销

过连接杆 1 将连接板 2 向左拉动时，三个杠杆式压板 3 同时压紧工件，当活塞反向移动时，则压板张开，即可装卸工件。

（9）注油器车外圆镗内孔车夹具

① 夹具结构（图 13-62）

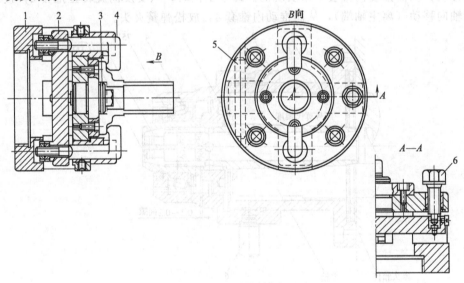

图 13-62　注油器车外圆镗内孔车夹具

1—夹具体；2—连接板；3—心轴；4—钩形压板；5—销轴；6—螺钉

② 使用说明。该夹具为在六角车床上加工注油器外圆及内孔的车夹具。

工件以内孔和端平面在心轴 3 的外圆及端面上定位，旋转螺钉 6，连接板 2 绕销轴 5 旋转，装在连接板 2 上的钩形压板 4 便可压紧或放松工件。

（10）内三爪卡盘

① 夹具结构（图 13-63）

② 使用说明。该夹具加工齿轮内孔用夹具。

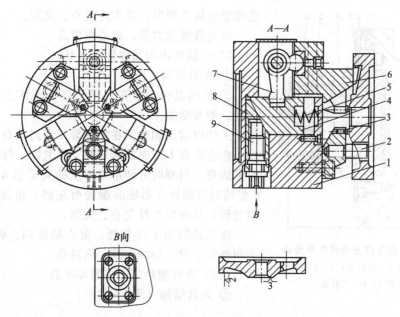

图 13-63　内三爪卡盘

1—夹具体；2—圆柱销；3—支承钉；4—斜块；5—弹簧；6—内卡爪；7—杠杆；8—楔块；9—螺栓

工件以内圆及待加工孔端面在内卡爪 6 及支承钉 3 和圆柱销 2 上定位，当用扳手转动螺栓 9 时，楔块 8 向心移动而迫使斜块 4 向右移动。由于杠杆 7 做逆时针转动而带动内卡爪向外移动，工件则被定心夹紧。当反向转动螺栓 9 时，弹簧 5 向左推回楔块 4 而放松工件。

（11）轴瓦内孔气动液性塑料车夹具

① 夹具结构（图 13-64）

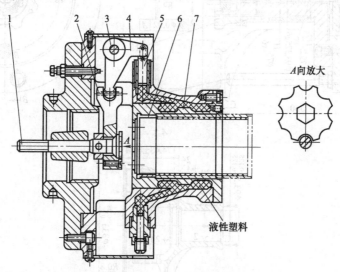

图 13-64　轴瓦内孔气动液性塑料车夹具

1—拉杆；2—拨杆；3—销；4—杠杆；5—柱塞；6—定位环；7—套筒

② 使用说明。该夹具用于普通车床上车削拖拉机连杆大头轴瓦内孔。

工件以端面和外圆在薄壁套筒 7 和定位环 6 上定位。

动力源使拉杆 1 左移，通过拨杆 2，使杠杆 4 绕销 3 摆动而压着柱塞 5 和液性塑料，迫使薄壁套筒 7 变形，将工件定心、夹紧。

该夹具装卸方便，定心精度高。

（12）活塞内表面弹性车夹具

① 夹具结构（图 13-65）

② 使用说明。该夹具用于普通车床上车削活塞的内孔、槽及端面。

工件以端面和外圆在定位套 4 和过渡盘 3 上定位。

在定位套 4 与夹紧套 6 的三排滚针 5 与轴线有 1°42′ 的螺旋角，当顺时针转动带锥度的夹紧套 6 时，夹紧套 6 将同时沿滚针 5 形成的螺旋面左移，迫使定位套 4 收缩变形，从而将工件定心、夹紧。

该夹具装卸工件方便，定心精度高。螺钉 1、2 用于调整定位套 4 的端面及径向跳动。

（13）液性塑料定心夹紧车夹具

① 夹具结构（图 13-66）

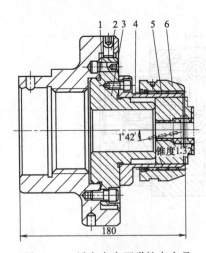

图 13-65　活塞内表面弹性车夹具

1,2—螺钉；3—过渡盘；4—定位套；
5—滚针；6—夹紧套

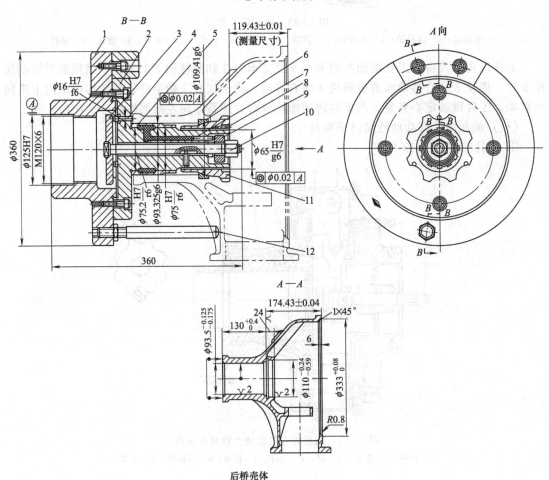

后桥壳体

图 13-66　液性塑料定心夹紧车夹具

1—过渡盘；2—夹具体；3—平板；4—顶杆；5—薄壁套；6—内锥套；
7—推销；8—挡销；9—压板；10—螺母；11—外锥套；12—拨杆

　　② 使用说明。该夹具用于精车后桥壳体的止口内孔 $\phi 333^{+0.08}_{0}$ mm 及端面，采用了液性塑料定心夹紧机构。

　　工件以 $\phi 93.5$mm 圆孔定位于薄壁套 5 上，另以 $\phi 110$mm 圆孔通过内锥套 6 定位于外锥套 11 上，共约束五个自由度。拨杆 12 仅用来拨动工件，防止切削时打滑。

　　安装时，先将工件置于薄壁套 5 上，然后将内锥套 6 放入工件 $\phi 110$mm 圆孔中，再把开有内花键的外锥套 11 沿着夹具体 2 的外花键装上。将外锥套旋转 $30°$，使其上的内花键与夹具体上的外花键错开时拧紧螺母 10，平板 3 右移，并将工件压向外锥套 11，即可定工件轴向位置。同时，压板 9 推动三个推销 7，经液性塑料使薄壁套 5 径向膨胀，将工件定心夹紧。

　　加工完毕，放开螺母 10，将外锥套反向旋转 $30°$，使内外花键对齐，便可将外锥套、内锥套连同工件一起取出。

　　本夹具使用性能稳定，定心精度高，操作方便。由于液性塑料易于老化，可用凡士林或黄油作为传递介质。

13.4.3　角铁类车床夹具

　　(1) 壳体零件镗孔车端面夹具

　　① 夹具结构（图 13-67）

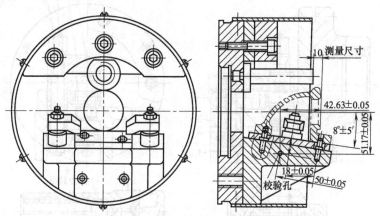

图 13-67　壳体零件镗孔车端面夹具

　　② 使用说明。工件以平面及两孔定位，用两个钩形压板夹紧。夹具上设有供检验和校正用的检验（校正）孔、供测量工件端面尺寸用的测量基准。

　　(2) 镗脱落蜗杆支架孔车夹具

　　① 夹具结构（图 13-68）

　　② 使用说明。该夹具为在车床上镗 C630 脱落蜗杆支架 $\phi 46$H7 孔用夹具。工件以 $\phi 35$ 外圆、端面和 $\phi 65$ 外圆及凸台外形为定位基准，在 V 形块 2、定位块 3 及支承钉 6、7 上定位。拧螺钉 4，夹紧或松开工件。

　　夹具以过渡法兰盘 1 与机床主轴连接。为安全起见，设计有防护罩 5。

　　(3) 横拉杆接头内孔车夹具

　　① 夹具结构（图 13-69）

　　② 使用说明。该夹具用于普通车床车削转向横拉杆接头的内孔及螺纹。

　　工件以内孔、端面和外圆在定位销 5、夹爪 4 上定位。

　　拧螺母 8，通过压板 6 将工件左端夹紧，同时连接块 9 随拉杆 7 上移，带动杠杆 2 绕销 1 摆动，由于楔块 3 两对称斜面的作用，使两夹爪 4 将工件定位于对称中心，并在右端夹紧

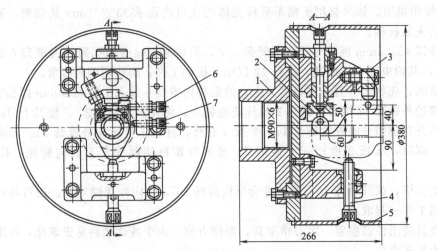

图 13-68　镗脱落蜗杆支架孔车夹具

1—法兰盘；2—V形块；3—定位块；4—螺钉；5—防护罩；6,7—支承钉

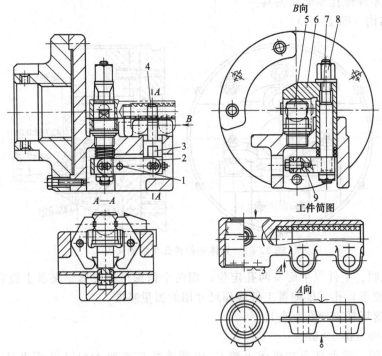

图 13-69　横拉杆接头内孔车夹具

1—销；2—杠杆；3—楔块；4—夹爪；5—定位销；6—压板；7—拉杆；8—螺母；9—连接块

工件。

该夹具采用联动夹紧机构，装卸工件方便。

（4）车壳体零件夹具

① 夹具结构（图 13-70）

② 使用说明。本夹具用于车床上加工壳体上 $\phi145H10$ 孔及两端面。夹具体 2 通过过渡盘与机床主轴连接，并以基准套 5 的 $\phi35H7$ 孔和锥度心轴作为对机床主轴的安装基准。

工件以两个已加工的 $\phi11H8$ 孔及底平面为定位基准，在支承板 6、定位销 8 及菱形销 7

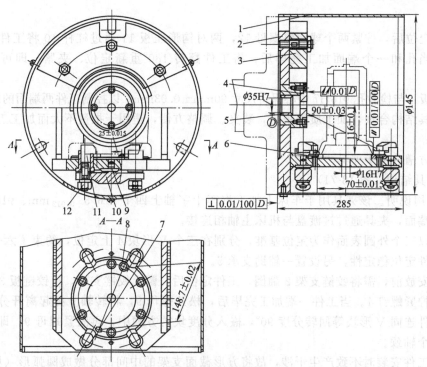

图 13-70　车壳体零件夹具

1—防护板；2—夹具体；3—平衡块；4—测量板；5—基准套；6—支承板；
7—菱形销；8—定位销；9—支承销；10—杠杆；11—钩形压板；12—球面厚螺母

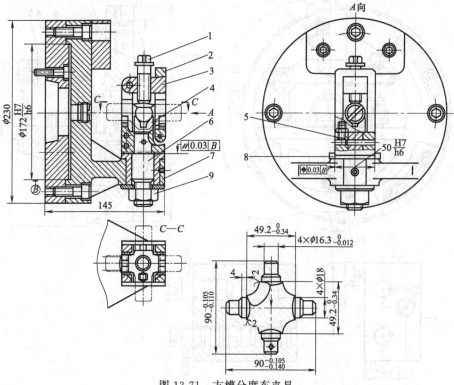

图 13-71　方槽分度车夹具

1—螺钉；2—铰链支架；3—铰链板；4—V 形块；5—辅助支承；
6—转轴；7—夹具体；8—分度块；9—螺母

上定位。

工件定位后，拧紧两个球面厚螺母 12，两对钩形压板 11 通过杠杆 10 将工件分别在两处夹紧。当孔和一个端面加工完毕后，将工件翻转 180°重新定位、夹紧，即可加工另一端面。

测量板 4 与检验孔 ϕ16H7 中心保持尺寸 90mm±0.03mm，以控制工件两端面的对称性。

该夹具结构合理，加工质量稳定，装夹、调整方便，适用于批量不大而加工工件变换频繁的场合。

（5）方槽分度车夹具

① 夹具结构（图 13-71）

② 使用说明。该夹具用于车床上加工汽车十字轴上四个 ϕ16.3$_{-0.012}^{0}$ mm、ϕ18mm 台阶外圆及其端面，夹具通过过渡盘与机床主轴相连接。

工件以三个外圆表面作为定位基准，分别在三个 V 形块 4 上定位，约束了六个自由度。为增加工件定位稳定性，另设置一辅助支承 5。

工件安放前，需将铰链支架 2 翻倒，工件定位后，翻上铰链支架，使铰链板 3 嵌入其槽中，然后拧紧螺钉 1。当工件一端加工完毕后，松开螺母 9，将转轴 6 提起离开分度块 8 之方槽。工件连同 V 形块等回转分度 90°，嵌入分度块的方槽中，再固紧螺母 9，即可依次加工另外三个轴颈。

为使工件安装时不致产生干涉，故将方形截面支架的中间部分做成圆弧形（见图 13-38 中 C—C）。

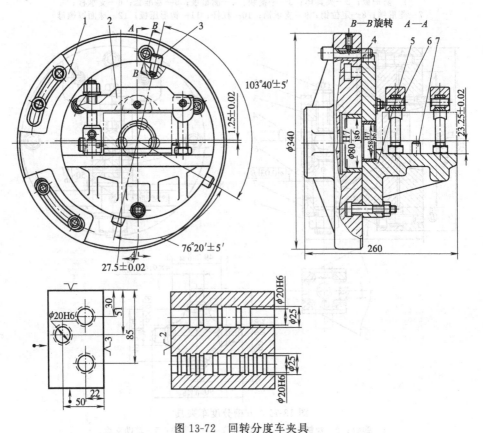

图 13-72　回转分度车夹具

1—平衡块；2—压板；3—分度销；4—对定销；5—转盘；6—摆动压块；7—挡销

本夹具装夹迅速，分度简单、方便，适用于大批量生产。

（6）回转分度车夹具

① 夹具结构（图 13-72）

② 使用说明。该夹具用于车床上加工阀体上的三个平行孔。

工件以底面、后端面和侧面定位，用两块压板 2 通过摆动压块 6 和一个滚花螺钉压紧。通过转盘 5 分度使工件获得三个孔的加工位置。转盘的回转中心对机床主轴回转中心的坐标距离为 27.5mm±0.02mm 和 1.25mm±0.02mm。分度时，松开转盘上的三个压紧螺钉，拉出对定销 4，转动转盘，然后再推进对定销，使之与另一分度销 3 接触，锁紧转盘即可加工另一孔。

为保证夹具的平衡，两平衡块 1 可沿圆周方向进行适当调节。本夹具操作方便，分度装置结构简单，但分度精度较低。

（7）直线分度车夹具

① 夹具结构（图 13-73）

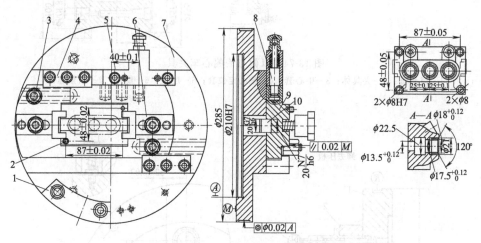

图 13-73　直线分度车夹具

1—平衡块；2—圆柱销；3—T 形销；4—钩板；5—菱形销；
6—压板；7—夹具体；8—对定销；9—分度滑板；10—导键

② 使用说明。该夹具用于六角车床上加工柴油机油泵上体的三个平行孔。

工件以底平面以及两个 $\phi 8H7$ 孔为定位基准，在分度滑板 9 的上平面及圆柱销 2、菱形销 5 上定位，用两块压板 6 夹紧工件。分度滑板 9 可在夹具体 7 的槽内移动，以导键 10 导向，并用直线分度装置控制加工三个孔的正确相对位置。当工件加工好第一个孔后，拔出对定销 8，松开两个 T 形螺栓 3 上的螺母，推动分度滑板，使其上的第二个分度衬套孔对准对定销 8，凭借压缩弹簧的力量插入衬套孔内。然后，扳紧两个 T 形螺栓上的螺母，即可加工第二个孔。依次再加工第三个孔。

夹具体 7 通过 $\phi 210H7$ 止口孔及平面 M 安装在过渡盘上，并通过其外圆上的圈槽 K 用表找正与机床主轴的同轴度。平衡块 1 的位置可利用夹具体 7 上的六个螺孔进行调整。

（8）以偏心治偏心车夹具

① 夹具结构（图 13-74）

② 使用说明。该夹具用于车床上加工仪表阀门上阀盖的 $\phi 24H9$ 孔、$\phi 60f8$ 外圆及其端面。

工件以 $\phi 75f9$ 外圆及端面 H 为定位基准，在偏心定位套 4 的内孔及端面上定位后，先

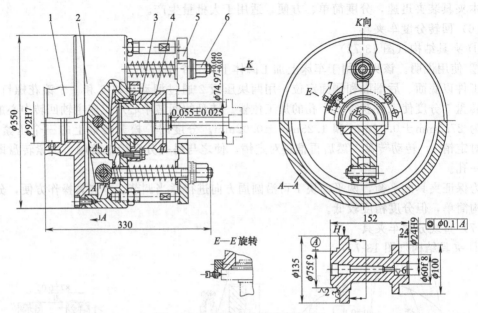

图 13-74 以偏心治偏心车夹具

1—过渡盘；2—夹具体；3—中心套；4—偏心定位套；5—压板；6—螺母；7—顶紧螺钉

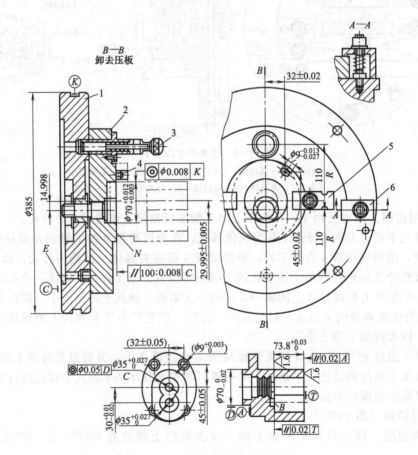

图 13-75 车削齿轮泵体两孔的车夹具

1—夹具体；2—转盘；3—对定销；4—削边销；5—螺旋压板；6—L形压板

用压板 5 将工件轻压，然后以顶紧螺钉 7 将工件径向顶紧，再用压板 5 将工件联动夹紧。

夹具上采用偏心定位套 4 以获得适当的 Δ_k 值。

13.4.4 花盘类车床夹具

(1) 车削齿轮泵体两孔的车夹具

① 夹具结构（图 13-75）

② 使用说明。该夹具用于车床上加工齿轮泵体上两个 $\phi35H7$ 的孔。

工件以端面 A、外圆 $\phi70mm$ 及角向小孔 $\phi9^{+0.03}_{0}mm$ 为定位基准，夹具转盘上的 N 面、圆孔 $\phi70mm$ 和削边销 4 作为限位基面，用两副螺旋压板 5 压紧。转盘 2 则由两副 L 形压板 6 压紧在夹具体上。当第一个 $\phi35mm$ 孔加工好后，拔出对定销 3 并松开压板 6，将转盘连同工件一起回转 $180°$，对定销即在弹簧力作用下插入夹具体上另一分度孔中，再夹紧转盘后，即可加工第二孔。夹具利用本体上的止口 E 通过过渡盘与车床主轴连接，安装时可按找正圆 K 校正夹具与机床主轴的同轴度。

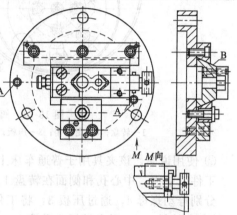

(2) 在车床上镗两平行孔的移位夹具

① 夹具结构（图 13-76）

② 使用说明。该夹具用于车床上镗两平行孔。

工件用固定的和活动的 V 形块定心夹紧于燕尾形滑块 B 上。滑块 B 在两端的位置分别由两个挡销 A 确定，并用楔形压板锁紧。两孔的距离可利用调节螺钉调节。

图 13-76 在车床上镗两平行孔的移位夹具

(3) 镗机油泵壳体两平行孔的转位夹具

① 夹具结构（图 13-77）

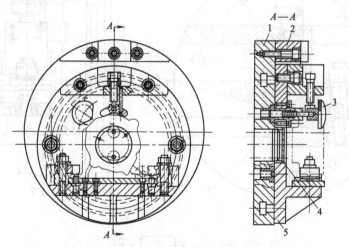

图 13-77 镗机油泵壳体两平行孔的转位夹具

1—过渡盘；2—配重块；3—对定销；4—防屑铁片；5—转盘

② 使用说明。该夹具用于车床上镗柴油机机油泵体上的两平行孔。

工件以底面和两孔定位，用两个转位压板及一个压块压紧。转盘 5 上有对定销 3，过渡盘 1 上有两个销孔。镗完一孔后，松开锁紧转盘的螺钉，拔出对定销 3，使转盘转动 $180°$，再将对定销插入另一销孔中，锁紧转盘，即可镗另一孔。件4为防屑铁片，件2为配重块。

（4）阀体四孔偏心回转车夹具

① 夹具结构（图13-78）

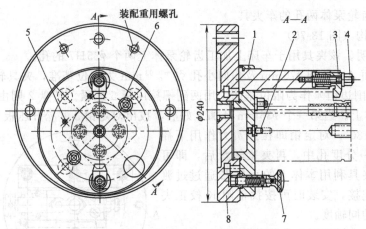

图13-78 阀体四孔偏心回转车夹具

1—转盘；2—定位销；3—压板；4,6—螺母；5—销；7—对定销；8—分度盘

② 使用说明。该夹具用于普通车床上镗阀体上的四个均布孔。

工件以端面、中心孔和侧面在转盘1、定位销2及销5上定位。

分别拧动螺母4，通过压板3，将工件压紧。一孔车削完毕，松开螺母6，拔出对定销7，转盘1旋转90°，对定销插入分度盘8的另一定位孔中，拧紧螺母6，即可车削第二孔，

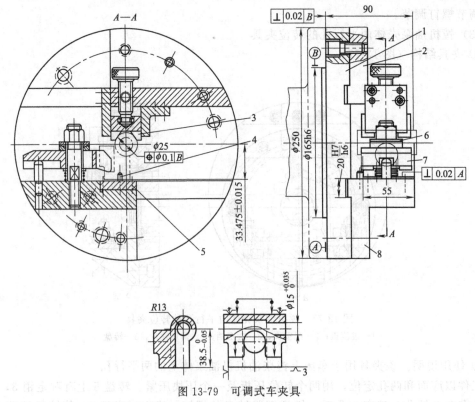

图13-79 可调式车夹具

1—夹具体；2—上支承板；3—活动V形块；4—挡销；5—定位板；6—球面垫圈；7—压板；8—下支承板

依此类推，可车削其余各孔。

该夹具利用偏心原理，一次安装，可车削多孔。

13.4.5　其他车床夹具

（1）可调式车夹具

① 夹具结构（图 13-79）

② 使用说明。该夹具用来加工轴承架上 $\phi 15^{+0.035}_{0}$ mm 的圆孔。

工件以底面作为主要定位基准，上圆弧面为导向基准，后端面为止推基准，分别在夹具中定位板 5、活动 V 形块 3 及挡销 4 上定位。V 形块做成摆动式，使与工件前后两头都有良好接触，其位置度要求可用 $\phi 26$mm 心轴检验。

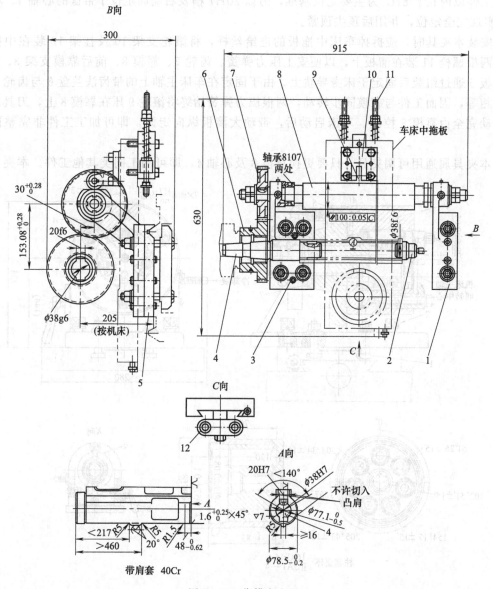

图 13-80　靠模车夹具

1—后靠模支架；2—堵塞；3—前靠模支架；4—心轴；5—支板；6—带齿法兰盘；
7—齿轮；8—靠模；9—滚轮；10—滚轮支架；11—螺栓；12—挂架

工件的夹紧采用螺旋压板，其间装有球面垫圈以保证采压面接触可靠，并使双头螺栓免受弯曲力矩，压板中间开有长槽使工件装卸方便。

为了使同类型不同规格工件都能使用本夹具，夹具体 1 上开有两条通槽，使上下支承板 2、8 能在槽中调节左右位置。

本夹具结构简单，操作方便，并可更换或调整其中某些元件，以适应多品种中小批量生产的需要。

（2）靠模车夹具

① 夹具结构（图 13-80）

② 使用说明。该夹具用于 C6140 普通车床上加工带肩套类零件的不完整外圆柱表面。

工件以内孔 ϕ38H7 为主要定位基准，另以 20H7 槽及右端面定位于带键的心轴 4、堵塞 2 上实现完全定位，并用后顶尖顶紧。

安装本夹具时，应拆掉车床中拖板的进给丝杆，将滚轮支架 10 及挂架 12 装在中拖板上，两根螺栓 11 装在溜板上，以便安上压力弹簧。齿轮 7、靠模 8、前后靠模支架 3、1 以及支板 5 通过组装后固定于床身导轨上。由于固定在车床主轴上的带齿法兰盘 6 与齿轮 7 的齿数相等，因而工件与靠模同步转动，两根压力弹簧始终将滚轮 9 压在靠模 8 上，刀具的横向运动完全由靠模 8 控制。车床启动后，带动大溜板纵向走刀，即可加工工件非完整圆柱表面。

本夹具属通用可调夹具，只要更换靠模 8 及心轴 4，即可加工同类其他工件。本夹具操

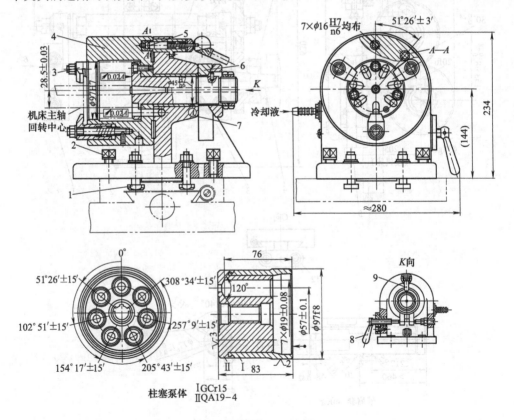

图 13-81　固定式车夹具

1—T形螺栓；2—螺钉；3—钩形压板；4—回转体；5—对定销；
6—锁紧环；7—夹具体；8—锁紧手柄；9—偏心手柄

作方便，加工质量稳定，但使用时应考虑刀具的横向微调，以补偿靠模与刀具的磨损。

（3）固定式车夹具

① 夹具结构（图 13-81）

② 使用说明。该夹具用于车床上镗削柱塞泵体圆周上七个均布 $\phi19mm\pm0.08mm$ 柱塞孔。此夹具的安装不同于一般的车床夹具，而是将刀具安装在机床主轴锥孔中，夹具则安装在车床中拖板上（拆去刀架和小拖板等），以三个螺钉 2 调整水平位置，并以四个 T 形螺栓 1 固定于中拖板 T 形槽中，使检验心轴保证与床身导轨平行且与机床主轴相距 $28.5mm\pm0.03mm$；其横向位置则可移动中拖板加以调整，然后锁紧。

工件以 $\phi97f8$ 外圆及端面定位于回转轴上，消除五个自由度，然后用三副螺旋钩形压板 3 夹紧后，即可开动机床，由溜板带动进给。当一个孔加工完毕后，旋转锁紧手柄 8 松开锁紧环 6，通过偏心手柄 9 拔出对定销 5，回转体连同工件即可回转 $51°26'$。然后对定销 5 在弹簧作用下，插入分度套孔中，转动锁紧手柄 8，使锁紧环箍紧，迫使回转轴与回转体后移，紧贴在夹具体 7 的垂直面上，即可依次加工以下六孔。

为保证镗孔时冷却润滑，夹具体 7 上钻有油孔和回转体七孔相对。

该夹具结构简单，操作方便、安全，特别适用于工件形状不规则或不宜装在机床主轴上进行加工的车床夹具。

13.5　磨床夹具

13.5.1　外圆磨床夹具

（1）外圆磨弹性波纹套心轴

① 夹具结构（图 13-82）

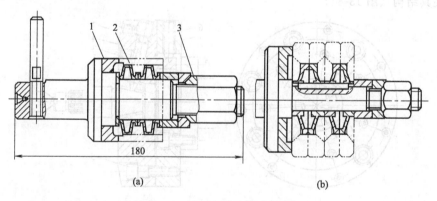

图 13-82　外圆磨弹性波纹套心轴
1—支承件；2—弹性波纹套；3—螺母

② 使用说明。该心轴可在外圆磨床或车床上精加工盘套类工件。

如图 13-82（a）所示为工件以内孔和端面定位。旋紧螺母 3，使弹性波纹套 2 变形胀大而夹紧工件。根据工件的不同孔径，可选用相应的弹性波纹套和支承件 1，所以具有一定的通用性。

如图 13-82（b）所示的弹性碟形盘心轴，结构原理与使用范围和图 13-82（a）所示心轴相同，这种弹性碟形盘还可以用作大直径的环形工件定心。由于定位面积较大，所以不会损坏工件的定位基准面。

（2）外圆磨电磁吸盘

① 夹具结构（图13-83）

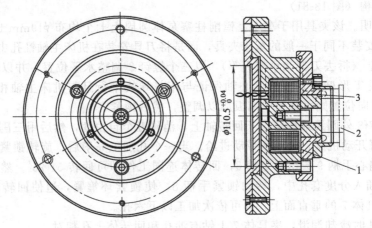

图 13-83　外圆磨电磁吸盘
1—线圈；2—工件；3—隔磁圈

② 使用说明。本夹具多用于磨削类机床上，也可用于车床，因产生的夹紧力不大且分布均匀，适用于切削力不大和要求变形小的精加工工件。

当线圈通入直流电后，在铁芯上产生一定数量的磁通 ϕ，磁力线避开隔磁圈3，通过工件2形成闭合回路，如图13-83中虚线所示。由于磁力线在工件中通过，工件被吸在盘面上。当断开线圈中的电源时，电磁吸力消失，即可卸下工件。

（3）磨齿轮轴径夹具

① 夹具结构（图13-84）

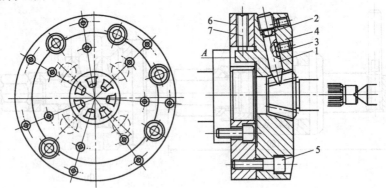

图 13-84　磨齿轮轴径夹具
1—定位销；2—螺钉；3—紧定螺钉；4—夹具体；5—紧固螺钉；6—支承盘；7—调整螺钉

② 使用说明。本夹具用于磨削齿轮轴轴径。

工件用七个定位销1作定位支承，销1可以移动，靠螺钉2进行调整。调整螺钉7用来调整夹具体4的定心精度。

（4）加工外键套摆动式外圆磨床夹具

① 夹具结构（图13-85）

② 使用说明。本夹具用于 M131 外圆磨床上加工外键套类工件。由于工件外圆表面上带有凸键，通常外圆磨削已不可能加工，故夹具中采用曲柄连杆机构，以实现运动要求。

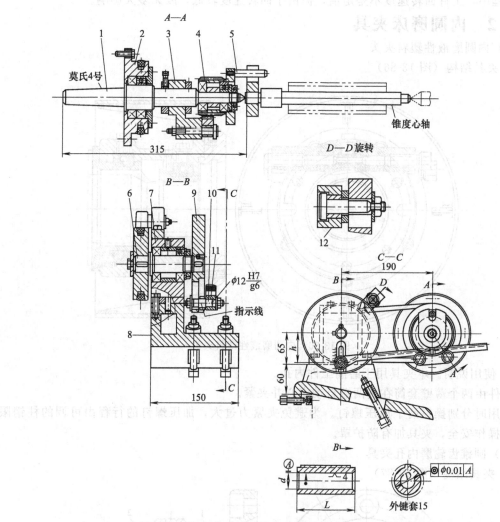

图 13-85　加工外键套摆动式外圆磨床夹具

1—顶尖轴；2—带轮；3—支承摆架；4—齿轮；5—拨杆；6—传动轴；7—轴承座；8—底座；
9—转轮；10—小轴；11—齿条；12—张紧轮

工件以内孔 d 定位于锥度心轴上，消除四个自由度。其转动自由度靠安装时调整消除。

带轮与头架连在一起，但空套在磨床主轴上。当启动主运动后，头架连同带轮一起转动，通过带传动使转轮 9 也同时旋转。转轮上通过小轴 10 装有齿条 11，组成曲柄连杆机构。在转轮回转时，齿条往复运动，带动空套在顶尖轴 1 上的齿轮 4 正反转动，这样，与齿轮 4 连接的拨杆 5 就拨动锥度心轴和工件也相应做正反转动（等于工件应转动的角度）；使砂轮让开凸键完成外圆表面加工。

由于本夹具可加工同类型不同直径、不同键宽的工件，故在转轮上开有刻度槽，调节回转半径，以保证工件所要求的回转角度。

夹具共分前后两部分：前一部分以夹具底座 8 安装于磨床工作台面上；后一部分则以向心球轴承安装于顶尖轴 1 上，顶尖轴装在磨床主轴锥孔中。为保证传动轴 6 与顶尖轴的平行度，夹具底座 8 侧面设有两顶丝，以便进行调节。

本夹具结构简单，操作方便。因能磨削特殊表面，故扩大了机床使用范围。虽然在齿条运动过程中，工件回转速度不是定值，但由于回转速度较低，故无多大影响。

13.5.2　内圆磨床夹具

（1）内圆磨液性塑料夹头

① 夹具结构（图13-86）

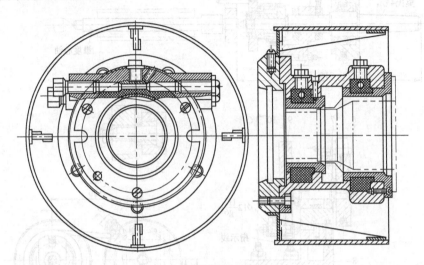

图 13-86　内圆磨液性塑料夹头

② 使用说明。本夹具用于磨削工件内孔。

工件由两个薄壁套筒在其两端自动定心并夹紧。

使用时分别操纵两个加压螺钉。为避免夹紧力过大，加压螺钉的行程由可调的柱销限制。为操作安全，夹具加有防护罩。

（2）圆锥齿轮磨内孔夹具

① 夹具结构（图13-87）

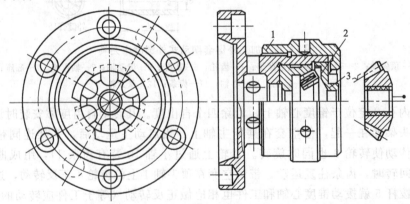

图 13-87　圆锥齿轮磨内孔夹具

1—螺母；2—圆柱棒；3—快卸压板

② 使用说明。本夹具用于内圆磨床上磨削圆锥齿轮内孔。

工件以齿面在圆柱棒2上定位。

工件定位后，将快卸压板3装进螺母1内，旋转螺母1，通过快卸压板3将工件夹紧。

该夹具结构合理，装卸工件方便，定位精度高。

（3）磨齿轮内孔弹性薄壁夹具

① 夹具结构（图13-88）

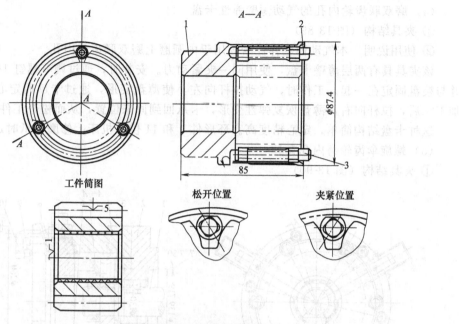

图 13-88　磨齿轮内孔弹性薄壁夹具
1—薄膜弹性套；2—夹紧棒；3—圆棒

② 使用说明。本夹具用于内圆磨床上磨削圆柱齿轮的内孔。

工件以齿面及端面在圆棒3和薄壁弹性套1内定位。

工件放入薄壁弹性套1的孔内，将两根圆棒3按120°间距插入齿槽内，转动另一根夹紧棒2，即可将工件定心、夹紧。夹紧棒2上有一面铣出一个小平面，当平面转到正对薄壁弹

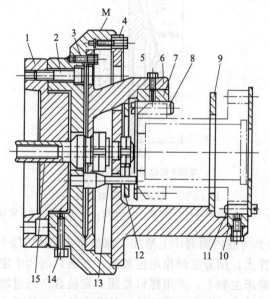

图 13-89　磨双联齿轮内孔的气动薄壁弹性卡盘

1—过渡盘；2~4—紧固螺钉；5,6—薄壁弹性卡盘；7,10—卡爪；8—圆棒；9,11—环形件；
12—支承板；13—顶销；14—调节螺钉；15—拉杆

性套的位置时，即可将工件松开。

该夹具具有结构简单、制造容易和操作方便的特点。

（4）磨双联齿轮内孔的气动薄壁弹性卡盘

① 夹具结构（图 13-89）

② 使用说明。本气动薄壁弹性卡盘用于内圆磨上磨双联齿轮内孔。

该夹具具有两层薄壁卡盘，使用同一夹紧动力。安装时，通过调节螺钉 14 以 M 面找正并与接盘固定在一起。工作时，气动拉杆向左，使薄盘变形，通过卡爪而定心和夹紧工件。加工完后，拉杆向右，薄盘恢复弹性变形，卡爪回到原来位置，从而松开工件。

这种卡盘结构简单，定心精度高。环形件 9 和 11 供在机床上修磨卡爪时定位用。

（5）螺旋伞齿轮磨内孔夹具

① 夹具结构（图 13-90）

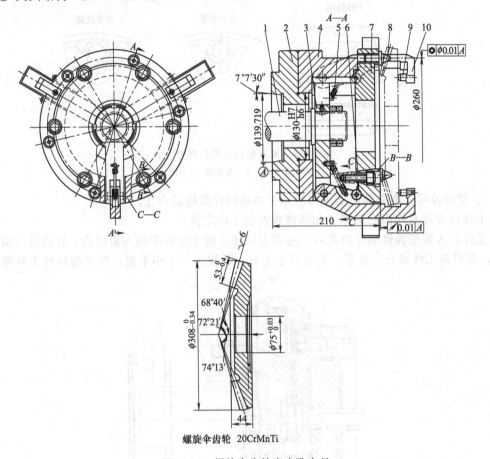

螺旋伞齿轮　20CrMnTi

图 13-90　螺旋伞齿轮磨内孔夹具

1—拉杆；2—过渡盘；3—拉板；4—夹具体；5—拉簧；6—滚轮；7—定位盘；8—定位锥销；9—压销；10—压板

② 使用说明。本夹具为在内圆磨床上精加工螺旋伞齿轮 $\phi75^{+0.03}_{0}$ mm 圆孔。

工件齿面经热处理淬火，用分度圆作定位基准，在夹具的六个定位锥销 8 上定位。

夹具以锥孔安装于磨床主轴上，并用螺钉紧固。定位盘 7 与过渡盘 2 之间靠夹具体 4 连接在一起，并保持严格同轴度。六个定位锥销 8 等分安装于定位盘上，定位锥销尺寸经严格控制，其径向、轴向误差均控制在 0.005mm 以下，并在安装时进行调整。

工件装上后，主轴后端气缸动作，将拉杆 1 后拉，通过拉板 3 带动三个压板 10 后移将工件夹紧。因工件为锥齿轮，故可自动定心于定位锥销的公共轴线上，从而保证其分度圆与磨床主轴回转中心同心。压板上三个压销 9 安装后要精确调整，以保证都在同一垂直平面上。

当工件加工完毕后，气缸反向动作使拉杆前移，由于压板上各带有一个滚轮 6 并装有拉簧 5，故在定位盘斜面作用下，压板径向张开，从而顺利取出工件。

本夹具对螺旋伞齿轮内孔精加工，能给予良好保证。但由于是锥销定位，其圆周分度尺寸不能自行调整，亦即不能补偿齿轮周节累积误差，因此对制造精度要求很高，所以在使用时采用两套相同夹具，分别用于粗精加工。该夹具主要用于加工精度要求很高的场合中。

13.5.3 平面磨床夹具

（1）磨小轴端面夹具

① 夹具结构（图 13-91）

② 使用说明。本夹具用于平面磨床上多件磨削小轴端平面。

为了防止零件磁化，在底板 2 与定位块 3 之间放有隔磁板 1。

（2）多件平磨夹具

① 夹具结构（图 13-92）

② 使用说明。本夹具用于平面磨床上磨气门挺杆小端平面。

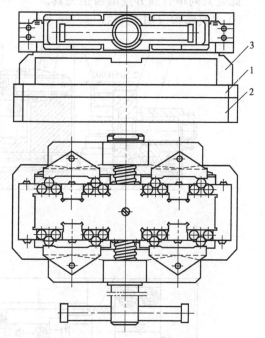

图 13-91 磨小轴端面夹具

1—隔磁板；2—底板；3—定位块

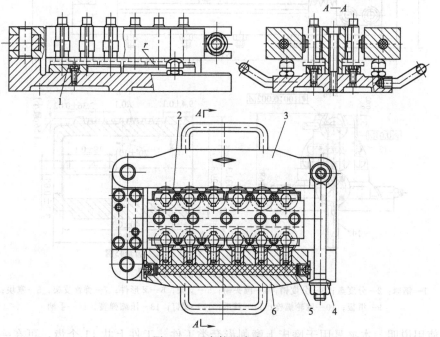

图 13-92 多件平磨夹具

1—支承板；2—V 形块；3,6—铰链压板；4—螺母；5—柱塞工件以支承板1和V形块2定位。旋紧螺母4时，铰链压板3和6上的柱塞5将工件夹紧。由于液性塑料的传力作用，各工件的夹紧力较均匀。

13.5.4　齿轮加工磨床夹具

此处只列举直线分度磨齿条夹具。

① 夹具结构（图13-93）

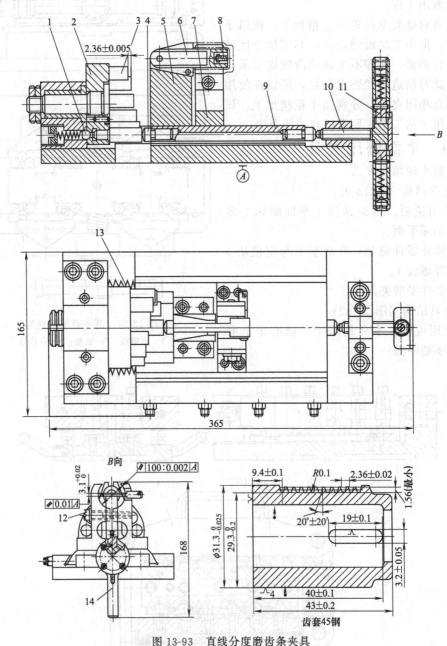

图13-93　直线分度磨齿条夹具

1—钢球；2—分度盘；3—分度销；4—圆头销；5—支架；6—叉形件；7—弹性支架；8—塞块；

9—滑板；10—棘轮螺栓；11—棘爪；12—螺钉；13—压缩弹簧；14—手柄

② 使用说明。本夹具用于磨床上磨削齿套类工件。工件上共11个齿，可在一次安装中通过直线分度磨出。

工件以 $\phi31.3^{~0}_{-0.025}$ mm 外圆定位在弹性支架 7 的圆孔中，另以端面靠在支架 5 的平面上控制轴向位置，最后以塞块 8 沿工件 3.2mm±0.05mm 长方槽插入叉形件 6 的槽中，确定工件角向位置，从而完成六点定位。工件定位后，扳紧螺钉 12，开槽的弹性支架即可将工件夹紧。

当第一齿加工完毕后，逆时针转动手柄 14，棘爪 11 拨动棘轮螺栓 10 使它旋转并后移，于是滑板 9 在压缩弹簧 13 作用下也后退，使圆头销 4 与分度销 3 脱离接触；此时转动分度盘 2，使钢球 1 嵌入分度盘下一个锥坑中；然后顺时针转动分度手柄，棘爪拨动棘轮螺栓旋转并前移，滑板克服弹簧力量向前推进，直至圆头销与下一个分度销接触；继续转动手柄，由于棘轮螺栓不再旋转向前，棘爪在斜面作用下与棘轮螺栓脱开，从而控制圆头销与分度销之间的接触压力。按照上述工作过程，在 11 个等差分度销的控制下，使滑板实现等距直线分度，依次将工件上 11 个齿加工完毕。

该夹具分度精度主要取决于 11 个分度销的长度等差尺寸，由于制造方便，故易获得较高的分度精度。另外，可根据工件的形状调换定位、夹紧元件以及根据等分要求更换分度销，即可加工某种不同形状和不同等分要求的直线分度工件，因此本夹具具有一定的通用性。

13.6　其他机床夹具

13.6.1　牛头刨床夹具

（1）上刀架座粗、精刨燕尾槽夹具

① 夹具结构（图 13-94）

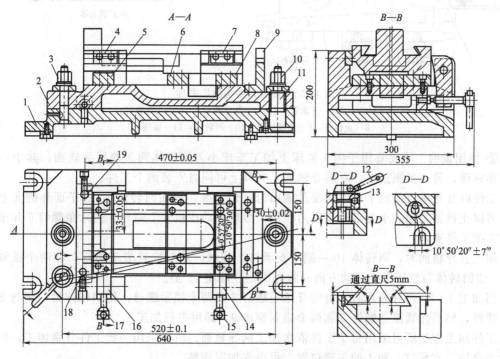

图 13-94　上刀架座粗、精刨燕尾槽夹具
1—底座；2—夹具体；3,10—螺母；4～8—支承板；9—对刀装置；11—心轴；
12—手柄；13—偏心轴；14,16—压板；15,17—螺钉；18,19—定位销

② 使用说明。本夹具用于粗、精刨上刀架座燕尾槽。

工件以上平面和侧平面为定位基准，在支承板 4～8 上定位。拧紧螺钉 15 和 17，带动压板 14 和 16 夹紧工件。为使夹紧可靠，两块压板必须均匀施力。刨完直槽面后，松开螺母 3 和 10，操纵手柄 12，由偏心轴 13 带动夹具体 2 绕心轴 11 在底座 1 上转动，由定位销 18 和 19 限位，再拧紧螺母 3、10，以刨斜槽面。件 9 为对刀装置，以调整刀具位置。

（2）转位式牛头刨床夹具

① 夹具结构（图 13-95）

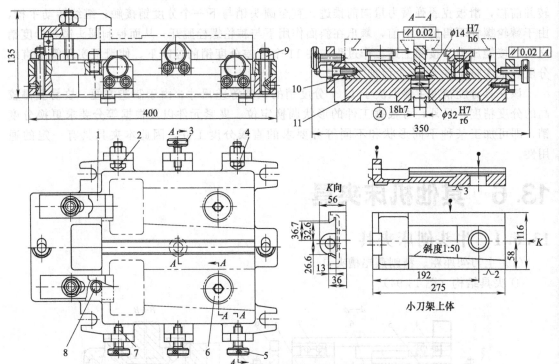

图 13-95　转位式牛头刨床夹具

1—压板；2,4—支承钉；3,5,7—滚花螺钉；6—内六角螺钉；
8—止推销；9—锁紧螺母；10—回转体；11—底座

② 使用说明。本夹具用于牛头刨床上加工车床小刀架上体两条燕尾导轨面，其中一条是直导轨面，另一条则是 1：50 斜导轨面。夹具上可同时安装两个工件。

工件以互相垂直的底平面、侧面及端面为定位基准，放在回转体 10 的平面和侧面上定位，另以止推销 8 起到承受部分切削力作用。然后拧动压板 1 上螺母、内六角螺钉 6 和滚花螺钉 3 把工件夹紧。

加工直导轨面时，回转体 10 一侧与支承钉 2 接触，然后拧紧滚花螺钉 7 和两个锁紧螺母 9，使回转体与刨床滑枕运动方向一致并固定在底座 11 上。

当加工 1：50 斜导轨面时，可松开滚花螺钉 7 和两个锁紧螺母，使回转体另一侧与支承钉 4 接触，然后拧紧滚花螺钉 5 和两个锁紧螺母 9，即可进行加工。

工件加工方法既可采用每个工件依次加工两导轨面，也可采用一批工件分别加工，但以后者为合理。支承钉 2 和 4 的正确位置，可事先加以调整。

整个夹具是以两个定向键定位在刨床工作台上，并以四个 T 形螺钉加以固定的。

本夹具结构简单，使用方便，适宜于中、小批生产。

13.6.2　龙门刨床夹具

此处只列举液压夹紧龙门刨床夹具。

① 夹具结构（图 13-96）

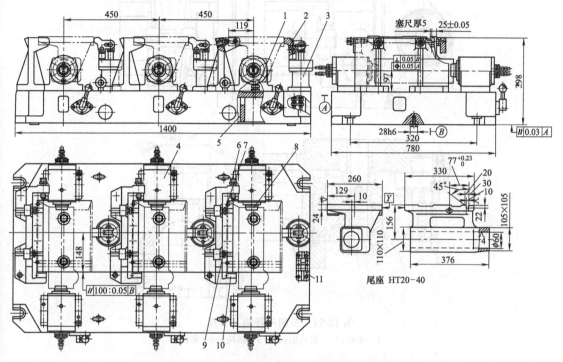

图 13-96　液压夹紧龙门刨床夹具

1,7—可调支承钉；2—摆动压板；3—垂直油缸；4—水平油缸；5—夹具体；6—螺钉；
8—短顶锥套；9—辅助支承钉；10—花纹支承；11—对刀块

② 使用说明。本夹具用于龙门刨床上刨削车床尾座底面，为该工件加工的头道工序，在夹具上可同时安装三个工件。

工件以 φ60mm 铸造毛坯孔的两端为主要定位基准，在两个短顶锥套 8 上定位限制四个自由度，另以端面靠在花纹支承 10 上，限制一个移动自由度，再以侧面和一个可调支承钉 7 接触，限制最后一个转动自由度，实现六点定位。

安装时，先将工件安放在夹具体 5 底面上的两个可调支承钉 1 上预定位。随即扳动转阀手柄使低压油进入两水平油缸 4，推动短顶锥套 8 把工件抬起并定心（工件在轴向仍处于浮动状态），再拧动螺钉 6 使工件端面紧贴花纹支承 10，然后扳转工件紧靠可调支承钉 7，并调节辅助支承钉 9 使之与工件接触，最后再扳动转阀手柄，两个水平油缸 4 及一个垂直油缸 3 在高压油的压力推动下同时工作，通过短顶锥套 8 和摆动压板 2 夹紧工件。

本夹具结构紧凑，定位合理，夹紧可靠，操作简便，在成批生产中能获得较高的生产率。

13.6.3　拉床夹具

(1) 拉削吊环两孔夹具

① 夹具结构（图 13-97）

② 使用说明。本夹具用于卧式拉床上拉削吊环的两孔。

工件以 φ37 孔及端面为基准装于定位销 2 上定位，螺钉 6 用于使工件角向定位。转动手

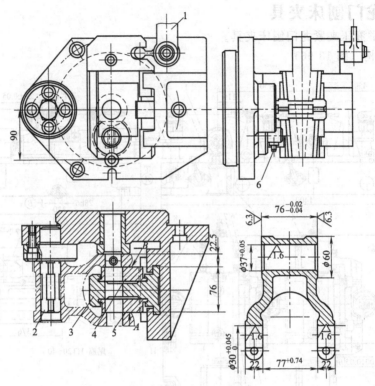

图 13-97　拉削吊环两孔夹具

1—手柄；2—定位销；3～5—楔块；6—螺钉

柄 1 经楔块 3～5，使 A、B 两面紧贴在吊环的两内侧面上，以防止拉削时工件变形。

（2）拨叉键槽拉削夹具。

① 夹具结构（图 13-98）

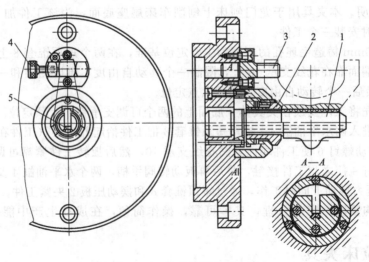

图 13-98　拨叉键槽拉削夹具

1—导向轴；2—支承套；3—定位块；4—螺钉；5—垫片

② 使用说明。本夹具用于卧式拉床上拉削拨叉内孔的键槽。

工件以内孔、一端面和一叉脚的圆弧侧面在导向轴 1、支承套 2 和角向定位块 3 上定位。用螺钉 4 将工件一叉脚顶紧在角向定位块 3 的支承面上。支承套 2 依靠球形支承面浮动，以补偿工件孔和端面的垂直度误差。

13.6.4　切齿机床夹具

(1) 滚齿机用塑料心轴

① 夹具结构（见图 13-99）

② 使用说明。本夹具用于滚齿机上精加工齿轮。

工件以内孔和端面定位。拧紧螺钉 5 时，套筒薄壁产生均匀的弹性变形，将工件定心并夹紧。旋紧螺母，通过压盘 3 将工件轴向夹紧。定位支承环 1 和压盘 3 可以调换，以适应不同的工件。

该夹具由铰链滚珠装置 2 确定已粗加工过的齿轮在心轴上的位置，这样可以保证滚齿余量均匀。

(2) 大齿圈液动滚齿夹具

① 夹具结构（图 13-100）

② 使用说明。本夹具用于滚齿机上滚切大齿圈齿部，也可用于立式车床上车削大齿圈外圆。一次可安装八件。

工件以内孔及端面在径向定位块 7 及定位环 4 上定位。当油缸 5 上端通入压力油时，活塞 6 带动活塞杆 2 下移，楔块 3 使 12 个径向定位块 7 向外伸出，将工件定位；然后 3 个油缸 8 工作，活塞 9 带动活塞杆 10，使 3 个可摆动的压板将工件夹紧。

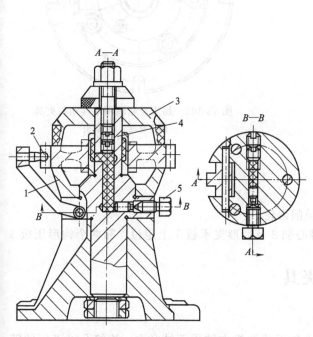

图 13-99　滚齿机用塑料心轴

1—定位支承环；2—铰链滚珠装置；3—压盘；

4—心轴；5—螺钉

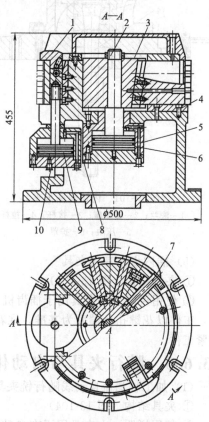

图 13-100　大齿圈液动滚齿夹具

1—摆动压板；2,10—活塞杆；3—楔块；4—定

位环；5,8—油缸；6,9—活塞；7—定位块

（3）内齿轮插齿夹具

① 夹具结构（图 13-101）

② 使用说明。本夹具用于插齿机上插削内齿。

工件以内孔及端面在法兰 1 上的可胀心轴部分和支承座 2 上定位。开动气源，工作台下部的活塞杆通过接杆 3 和拉杆 4 使三块均匀分布的压块 5 将工件定心夹紧。护罩 6 用于保护定位锥孔的清洁。

（4）加工齿轮轴用液性塑料夹具

① 夹具结构（图 13-102）

② 使用说明。本夹具用于插齿机上加工齿轮轴。

工件以外圆柱面及轴肩为基准安装在薄壁套筒 1 内定位。拧动螺钉 2 时，套筒薄壁产生均匀的弹性变形，将工件定心并夹紧。

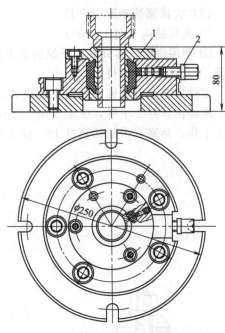

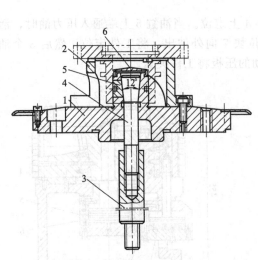

图 13-101　内齿轮插齿夹具

1—法兰；2—支承座；3—接杆；4—拉杆；

5—压块；6—护罩

图 13-102　加工齿轮轴用液性塑料夹具

1—薄壁套筒；2—螺钉

（5）插内齿轮专用夹具

① 夹具结构（图 13-103）

② 使用说明。本夹具用于插齿机上插削齿轮。

工件以花键孔及端面为基准，在花键心轴 2 及环形支承板 1 上定位。靠两个钩形压板 3 夹紧工件。

13.6.5　随行夹具与自动化夹具

（1）加工轴瓦盖自动线随行铣夹具

① 夹具结构（图 13-104）

② 使用说明。本夹具用于在自动线上加工柴油机主轴承盖结合面、连接孔等表面的随行夹具。

工件以一个铣削过的平面安装在支承板 1 上，工件左右两侧面凸台平面靠紧可调支钉

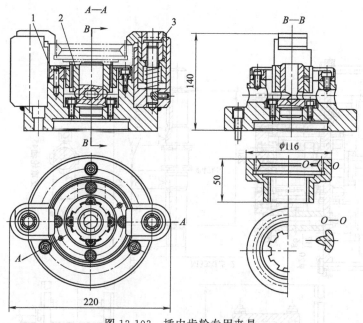

图 13-103　插内齿轮专用夹具
1—支承板；2—花键心轴；3—钩形压板

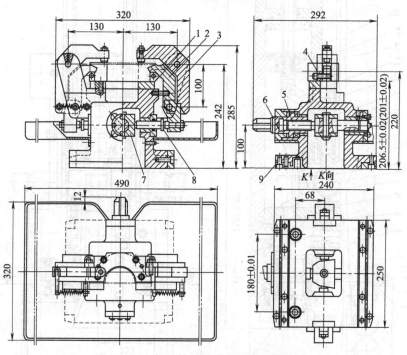

图 13-104　加工轴瓦盖自动线随行铣夹具
1,9—支承板；2—压板；3—钩形压板；4—可调支钉；5—丝杠；
6—螺母；7—楔块；8—柱销

4。夹紧过程中，两个自动定心压板 2 同时移向中心，确定工件在夹具上左右方向的位置，使工件完全定位。夹紧时，拧动螺母 6，带动丝杠 5 和楔块 7 移动；楔块通过柱销 8 推动定心压板 2 和钩形压板 3 使工件定心并夹紧。

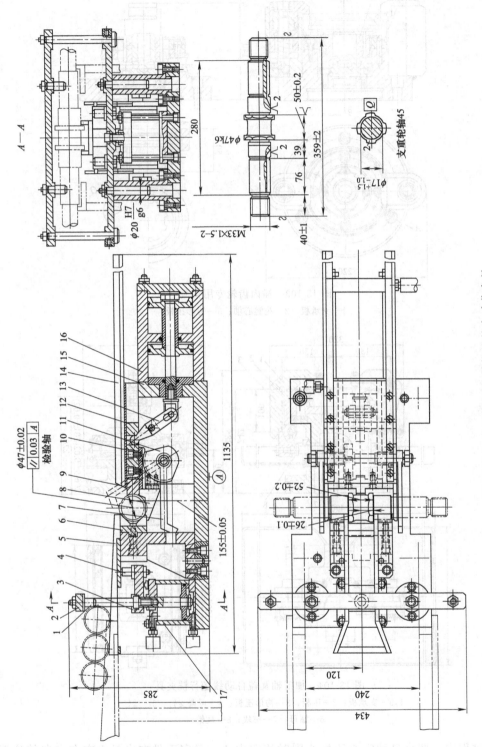

图 13-105　加工支重轮轮制螺纹的自动化夹具

1—上挡销；2—上支板；3—下支板；4—下挡销；5—上料滚道；6—V形定位块；7—拨杆；8—托架；9—压块；10—齿条；11—扇形齿轮；12—滑块；13—杠杆；14—下料滚道；15—夹具体；16—夹紧气缸；17—隔料气缸；

随行夹具下部支承板 9 是使随行夹具在固定夹具支承块上定位的基准，亦是随行夹具工序间输送的基面。支承板 9 中间开一通槽将其分为两部分，分别与输送夹具的滑槽和固定夹具支承块接触，这可避免因支承板磨损而影响定位精度。

（2）加工支重轮轴螺纹的自动化夹具

① 夹具结构（图 13-105）

② 使用说明。本夹具用于专用双头切丝机上加工拖拉机支重轮轴两端的 M 33×1.5-2 螺纹。

工件以两头 ϕ47k6 圆柱面定位于 V 形定位块 6 上，又以 50mm±0.2mm 两端面定位于 V 形定位块 6 的 52mm±0.2mm 定位槽中，共限制五个自由度。

本夹具是半自动化夹具。工件由人工定向一批一批地放在上料滚道 5 上，靠自重在斜面上往下滚动；由于上支板 2 和下支板 3 连成一体并安装在隔料气缸 17 的活塞杆上，活塞往复运动一次，挡销 1 和 4 只能放过一个工件，而其余工件被隔离挡住。滚下的这个工件被拨杆 7 上的斜面挡住；当夹紧气缸 16 左腔进气时，活塞右移通过杠杆 13 拨动齿条 10 左移的同时，使扇形齿轮 11 逆时针旋转，与它连接的拨杆 7 将工件放下，落在托架 8 上预定位。齿条 10 继续左移，将工件顶入 V 形定位块 6 及其定位槽中定位并夹紧。

加工完毕，夹紧气缸 16 右腔进气，齿条右移松开工件并由扇形齿轮 11 带动拨杆 7 拨出工件到下料滚道上，完成一个循环。

本夹具应用了半自动上下料装置和自动定位夹紧，因而可以减少辅助时间，降低劳动强度，提高生产效率，适合于大批量生产。

13.7　通用夹具

13.7.1　车床通用夹具

（1）二爪杠杆式动力卡盘

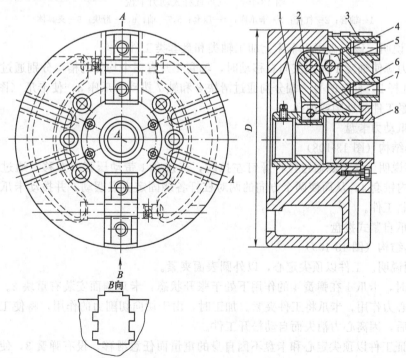

图 13-106　二爪杠杆式动力卡盘

1—轴套；2—杠杆；3—卡爪座；4,6—滑块；5,7—轴；8—压套

① 夹具结构（图 13-106）。

② 使用说明。该卡盘用于车床上加工非旋转体的工件。

当拉杆使轴套 1 向左或向右移动时，轴套上对立的两个槽分别通过滑块 6 和轴 7 拨动对称的两个杠杆 2，杠杆的另一端分别通过滑块 4 和轴 5 拨动卡爪座 3，使卡爪（图 13-106 中未表示出）夹紧与松开工件。

（2）三爪杠杆式动力卡盘

① 夹具结构（图 13-107）

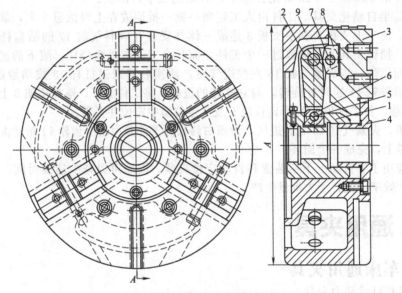

图 13-107　三爪杠杆式动力卡盘

1—轴套；2—杠杆；3—卡爪座；4—压套；5,7—轴；6,8—滑块；9—夹具体

② 使用说明。该卡盘用于车床上加工轴类和盘套类工件。

通过动力源使轴套 1 向左或向右移动时，轴套 1 开有三个均匀的槽，分别通过滑块 6 和轴 5 拨动三个杠杆 2，杠杆的另一端分别通过滑块 8 和轴 7 拨动卡爪座 3，使卡爪（图13-107中未表示出）夹紧工件的外圆或内孔。

（3）四爪动力卡盘

① 夹具结构（图 13-108）

② 使用说明。动力源通过拉杆螺钉左拉时，连接套 1 带动压套 6 左移，通过钢球 2 推动外锥套 3 和内锥套 4，从而使两个方向的两对杠杆各绕固定支点摆动，并拨动卡爪滑座 5 移动而使卡爪夹紧工件。

（4）二爪自紧式拨盘

① 夹具结构（图 13-109）

② 使用说明。工件以顶尖定心，以外圆表面夹紧。

装工件时，卡爪 1 在弹簧 4 的作用下处于张开状态，卡爪侧面安装有重块 2。开车后，由于重块的离心力作用，卡爪将工件夹紧。加工时，由于切向切削力的作用，将使工件夹紧更加可靠。停车后，因离心力消失而自动松开工件。

为了保证工件以顶尖定心和卡盘不因自身的重量而任意滑移，设有弹簧 3，使卡盘能保持一定的浮动。

当配置一套各种大小系列的卡爪时，选用相应的卡爪便可加工直径不同的工件。

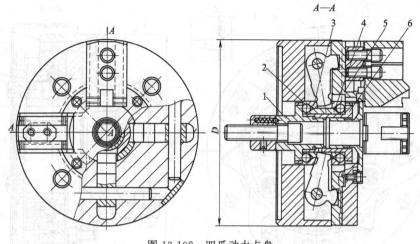

图 13-108　四爪动力卡盘

1—连接套；2—钢球；3—外锥套；4—内锥套；5—卡爪滑座；6—压套

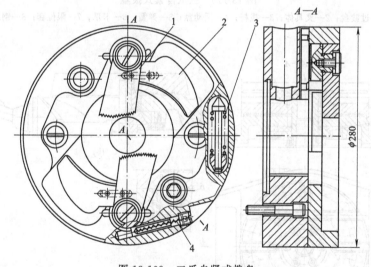

图 13-109　二爪自紧式拨盘

1—卡爪；2—重块；3,4—弹簧

（5）三爪自紧式拨盘

① 夹具结构（图 13-110）

② 使用说明。该拨盘用于车床上加工 $\phi20\sim85$ 的轴类零件。

机床启动，通过过渡盘 1 和夹具体 2 逆时针转动，活动盘 4 因惯性作用与夹具体 2 产生相对运动。通过安装在夹具体 2 上的拨杆 3 使卡爪 6 夹紧工件。因卡爪表面是偏心圆弧，所以切削力越大，工件就夹得越紧。

停车后，在弹簧 5 的作用下，活动盘 4 逆时针转动，通过拨杆 3 使卡爪 6 松开工件。其极限位置由钢球 8 和限位套 7 决定。

13.7.2　铣床通用夹具

此处只列举立轴式锥面锁紧分度台。

① 夹具结构（图 13-111）

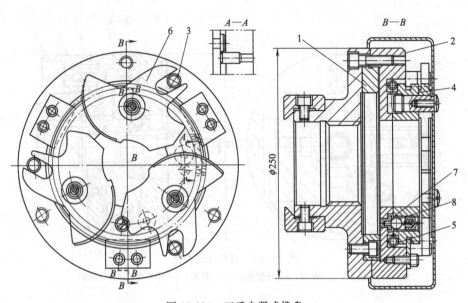

图 13-110 三爪自紧式拨盘

1—过渡盘；2—夹具体；3—拨杆；4—活动盘；5—弹簧；6—卡爪；7—限位套；8—钢球

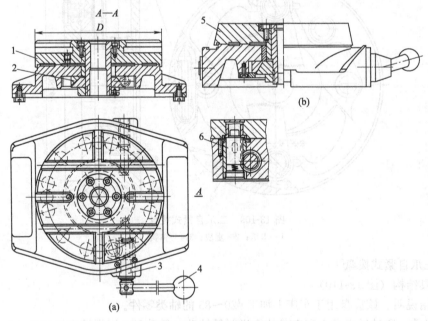

图 13-111 立轴式锥面锁紧分度台

1—转盘；2—锥面环；3—螺杆；4—手柄；5—转盘；6—定位销

② 使用说明。该分度台有两种形式。图 13-111（a）为通用型，转盘 1 上有 T 形槽，可以直接装夹工件及夹具，其上有 16 个定位孔，供加工 2、3、4、6、8、12 等分的工件用，通用性强。

图 13-111（b）的转盘 5 需要根据工件的要求进行补充加工。

两种分度台的分度锁紧完全相同，转动手柄 4 利用齿条定位器拨动定位销 6 进行对定，同时手柄带动螺杆 3 通过锥面环 2 将转盘锁紧。

13.7.3　钻床通用夹具

(1) 手动单齿条双柱式滑柱钻模

① 夹具结构 (图 13-112)

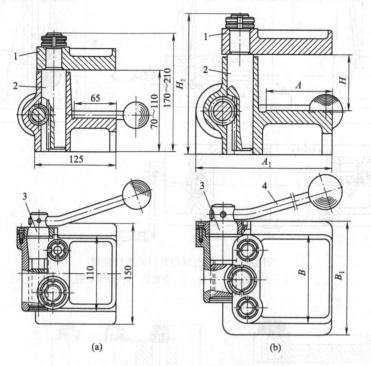

图 13-112　手动单齿条双柱式滑柱钻模

1—钻模板；2—滑柱；3—齿轮轴；4—操纵手柄

② 使用说明。该钻模属通用钻模，可成批制造备用，需用时根据工件的大小和形状的不同选用并进行补充加工，配制相应钻套及定位、夹紧元件。

操纵手柄 4，带动斜齿轮轴 3 转动，使滑柱 2、钻模板 1 下降而夹紧工件。由于轴 3 上的斜齿轮在夹紧工件时产生轴向分力，使轴 3 上的双向锥体部分的一个紧贴在锥孔中起锁紧作用，以保证钻模板不致自行下落或夹不紧工件。轴 3 上的双向锥体可以集中在一起 [如图 13-112 (a) 和图 13-112 (b) 所示]，也可以将双向锥体部分安装在钻模底座配合孔的两端，这时轴的另一端需加一个锥度套 (见图 13-113)。

这种钻模有齿条单柱式 [如图 13-112 (a) 所示]、单齿条双柱式 [如图 13-112 (b) 所示] 和双齿条门式 (如图 13-113 所示)。

(2) 手动双齿条门式滑柱钻模

① 夹具结构 (图 13-113)

② 使用说明。参见"手动单齿条双柱式滑柱钻模"。

(3) 单缸双柱气动滑柱钻模

① 夹具结构 (图 13-114)

② 使用说明。气动滑柱钻模和手动滑柱钻模一样，均属通用钻模。

此类钻模可成批制造备用，根据工件形式和尺寸大小，配以定位、夹紧及导向元件，并对钻模补充加工后，即可使用。

当操纵配气阀，气缸带动模板下降或上升，使工件夹紧或松开。与手动相比，气动操作简

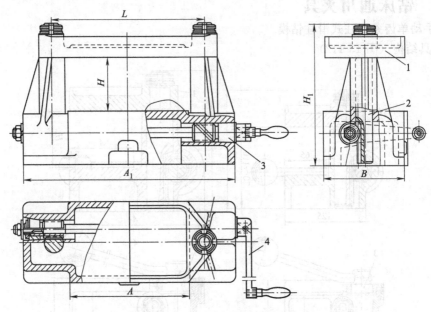

图 13-113　手动双齿条门式滑柱钻模
1—钻模板；2—滑柱；3—齿轮轴；4—操纵手柄

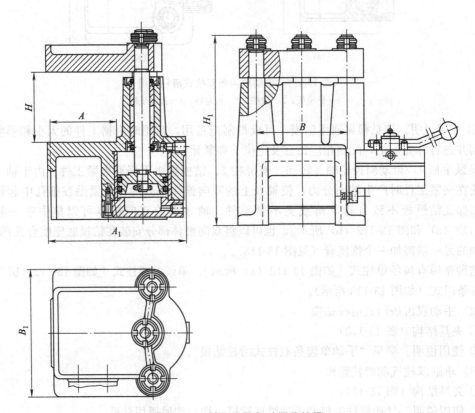

图 13-114　单缸双柱气动滑柱钻模

单、省力。这种钻模根据大小分为单缸单柱、双柱门式（如图 13-115 所示）、单缸双柱（如图 13-114 所示）三种结构形式。

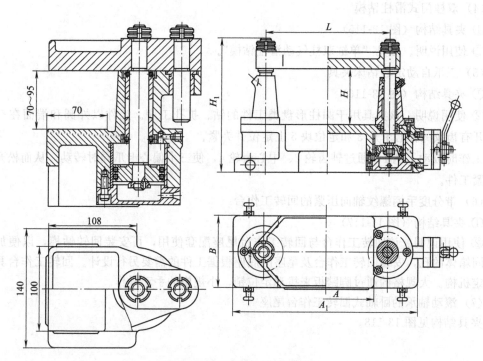

图 13-115　双柱门式滑柱钻模

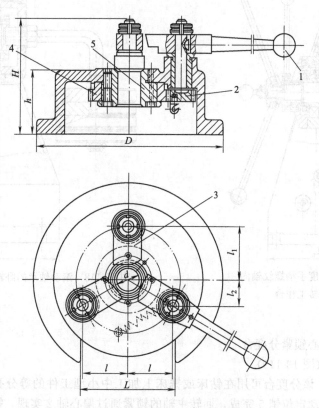

图 13-116　三爪自动定心钻床夹具

1—手柄；2—齿轮；3—卡爪；4—中心齿轮；5—定位块

（4）双柱门式滑柱钻模

① 夹具结构（图 13-115）

② 使用说明。参见"单缸双柱气动滑柱钻模"。

（5）三爪自动定心钻床夹具

① 夹具结构（图 13-116）

② 使用说明。该夹具用于圆柱形盘类工件的钻、扩孔工序。工件以外圆和端面在三个工作面开有齿纹的偏心卡爪 3 和定位块 5 上定位并夹紧。

工作时扳动手柄 1，通过轴齿轮 2、中心齿轮 4，使三个偏心卡爪同时转动，从而松开或定心夹紧工件。

（6）带分度手柄螺纹轴向压紧的回转工作台

① 夹具结构（图 13-117）

② 使用说明。该回转工作台与回转工作台尾座配套使用，可安装回转钻模，以便加工大小不同箱体的孔，安装回转工作台及尾座的底座根据工件的需要另行设计。回转工作台具有分度对定机构。大规格的通过脚踏板来拨动定位销，小规格的手动操作。

（7）滚动轴承的卧轴式回转工作台尾座

夹具结构见图 13-118。

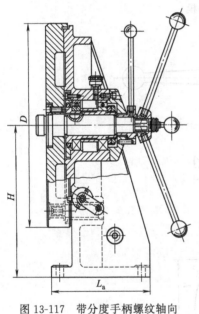

图 13-117　带分度手柄螺纹轴向
压紧的回转工作台

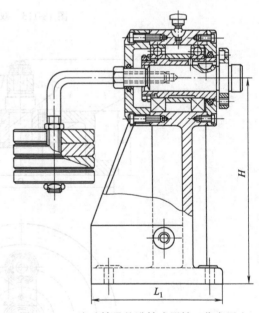

图 13-118　滚动轴承的卧轴式回转工作台尾座

（8）卧轴式偏心锁紧分度台

① 夹具结构（图 13-119）

② 使用说明。该分度台可用在钻床或铣床上加工中小型工件的等分孔、槽。转盘的对定依靠齿轮、齿条带动定位销 5 完成，回转主轴的锁紧通过偏心轴 2 实现，螺钉 3 可调节锁紧力的大小，以及协调锁紧和对定两动作的顺序。

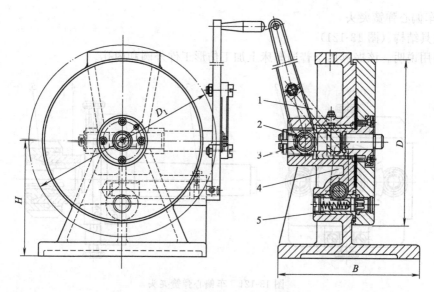

图 13-119　卧轴式偏心锁紧分度台
1—摆杆；2—偏心轴；3—螺钉；4—本体；5—定位销

13.8　可调夹具

13.8.1　车床可调夹具

（1）法兰式车偏心卡盘

① 夹具结构（图 13-120）

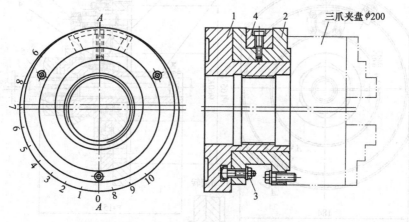

图 13-120　法兰式车偏心卡盘
1—花盘；2—法兰盘；3—螺母；4—配重块

② 使用说明。本夹具与三爪卡盘配合使用于车床上加工偏心工件。

工件以标准三爪卡盘定心和夹紧。

花盘上刻有 0°～10°的刻度线，表示偏心距范围为～10mm，法兰盘 2 上有"0"度刻线，根据工件偏心距的尺寸，松开螺母 3，将法兰盘 2 的"0"刻度线对准花盘 1 上所需的刻度线，再拧紧螺母 3，调整好配重块 4，即可加工。

（2）车偏心弹簧夹头

① 夹具结构（图 13-121）

② 使用说明。该夹具用于普通车床上加工仿形工件外圆和内孔。

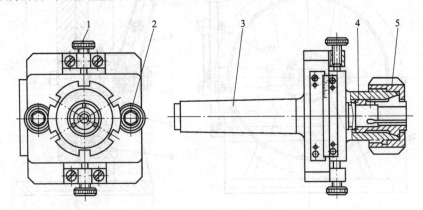

图 13-121　车偏心弹簧夹头

1,2—螺钉；3—轴；4—弹簧夹头；5—螺母

松开内六角螺钉 2，调整滚花螺钉 1 至所需的偏心距后，再拧紧螺钉 2。把工件放入弹簧夹头 4 内，拧紧螺母 5 将工件夹紧，即可加工。

更换不同孔径的弹簧夹头，即可加工不同直径的偏心工件。

（3）偏心轴车床夹具

① 夹具结构（图 13-122）

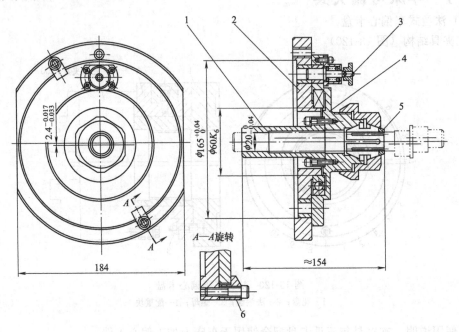

图 13-122　偏心轴车床夹具

1—定位套；2—底板；3—定位销；4—夹头座；5—弹簧夹头；6—压板

② 使用说明。工件以弹簧夹头 5 的 $\phi50$ 的内孔定位夹紧，定位套 1 上的 $\phi20_{-0.04}^{0}$ 孔可对 $\phi20_{-0.28}^{-0.14}$ 起辅助定位作用，避免因工件轴过长，定位、夹紧长度较短，在加工时产生不良影响。

夹具以底板 2 的 $\phi165^{+0.04}_{0}$ 孔安装在车床主轴上，此定位孔与夹头座 4 偏心 2.4mm，夹头座 4 以球轴承定心，定位销 3 定向，通过压板 6 将夹头座紧固于底板上。当一段 $\phi25$ 外径加工至尺寸后，将对定销插入另一定位孔内，即可加工另一段 $\phi25$ 外径，使两偏心量一致，相位差 180°。

（4）可调车床夹具

① 夹具结构（图 13-123）

② 使用说明。工件以底面和一端面在支承板 1 和支承块 2 上定位，拧动螺钉 3 推动活动 V 形块 4 使工件定心夹紧，当两压板 5 和 6 压紧工件后即可加工。

更换定位装置和移动夹紧元件可加工不同工件，如图 13-123（b）所示。

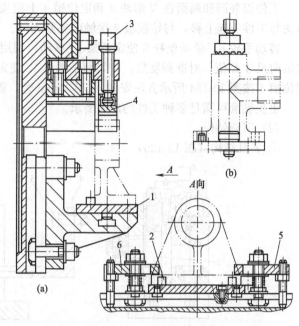

13.8.2　钻床可调夹具

（1）轴类可调钻模

① 夹具结构（图 13-124）

图 13-123　可调车床夹具
1—支承板；2—支承块；3—螺钉；4—V 形块；5,6—压板

② 使用说明。该夹具用于加工圆柱形工件（$D=\phi6\sim16$mm、$L=3\sim100$mm、$d\leqslant\phi3.5$mm）的径向孔。

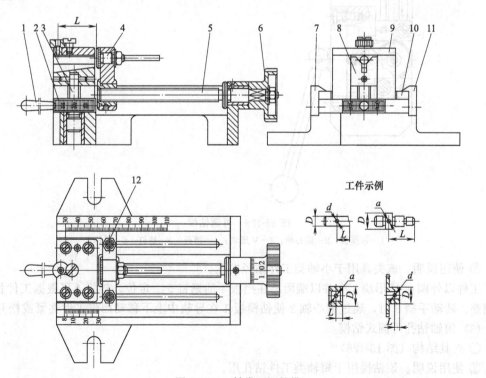

图 13-124　轴类可调钻模
1—手柄；2,12—螺母；3—螺杆；4—定位销；5—丝杆；6—手轮；7,11—刻度尺；8—V 形块；9—钻模板；10—定位架

工件以外圆和端面在 V 形块 8 和定位销 4 上定位；转动手柄 1，通过螺母 2、螺杆 3 使 V 形块与工件一起上移，与钻模板 9 接触而夹紧工件。

转动手轮 6，带动丝杆 5 使定位架 10 移动，利用刻度尺 11 或 7 和手轮 6 上的刻度，可调整轴向尺寸 L 值，对准刻度后，拧紧两个螺母 12 使定位架 10 固定。当轴向尺寸 L≥30mm 时，定位销 4 按图 13-124 所示方法安装；L≤30mm 时，需调头安装。

更换钻套可满足多种工件的加工要求。

(2) 可调钻模

① 夹具结构（图 13-125）

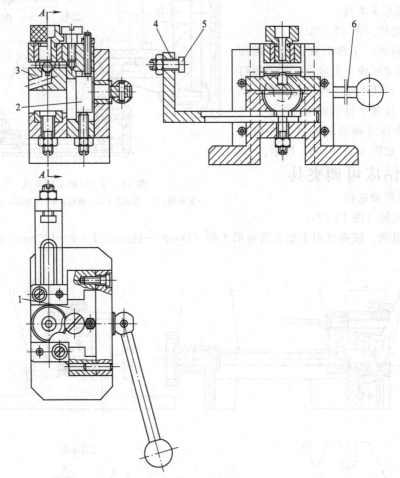

图 13-125 可调钻模

1—钻模板；2—偏心轴；3—V 形块；4—挡板；5—螺钉；6—手柄

② 使用说明。该夹具用于小轴类工件钻径向孔。

工件以外圆在 V 形块 3 中并以端面靠在挡板 4 的螺钉 5 上定位。挡板 4 可根据工件长度进行调整。转动手柄 6 时，通过偏心轴 2 使钻模板 1 在导轨中上下移动而将工件夹紧或松开。

(3) 短轴钻孔可调式钻模

① 夹具结构（图 13-126）

② 使用说明。该钻模用于短轴类工件钻孔用。

工件以外圆和端面在 V 形块 1 和支钉 3 上定位。扳动手柄 5，由偏心轮 2 带动压板 4 夹紧工件即可加工。

更换和调正定位元件及夹紧装置可加工不同尺寸的轴类工件的径向孔。

（4）杠杆类零件钻孔可调式钻模

① 夹具结构（图 13-127）

② 使用说明。工件以两孔及端面在两定位销 1 和 2 上定位，拧动螺母 4 压住开口垫圈 3 夹紧工件，调整可调支承 5 与工件接触，再扳动手柄 6，滑柱式模板向下将工件压紧即可加工。

更换或调整定位元件可加工同类不同尺寸的工件。

（5）三爪分度可调钻模

① 夹具结构（图 13-128）

② 使用说明。该夹具用于钻削盘类工件上呈圆周分布的等距孔。

工件以内、外圆柱面及端面在三爪卡盘 4 中定心并夹紧。孔系中孔的中心位置圆周尺寸 ϕ，靠移动钻模板组件 2 获得不同规格尺寸的 ϕ 值。圆周上等分孔数 n：借助于分度主轴 5 及可换分度盘实现等分孔分度，以对定销 7 定位；更换不同厚度的垫块调节钻模板的高度尺寸 H。更换不同尺寸的快换钻套 3，可钻削不同孔径 d。

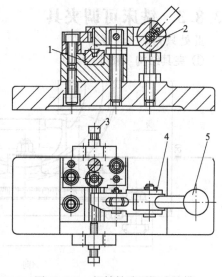

图 13-126　短轴钻孔可调式钻模
1—V 形块；2—偏心轮；3—支钉；
4—压板；5—手轮

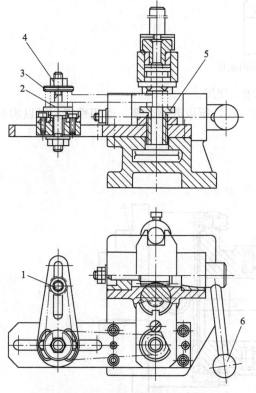

图 13-127　杠杆类零件钻孔可调式钻模
1,2—定位销；3—开口垫圈；4—螺母；
5—可调支承；6—手柄

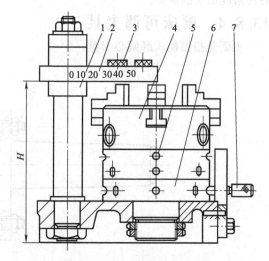

图 13-128　三爪分度可调钻模
1—立柱；2—钻模板组件；3—快换钻套；4—卡盘；
5—主轴；6—分度盘；7—对定销

13.8.3　铣床可调夹具

此处只列举三向虎钳

① 夹具结构（图 13-129）

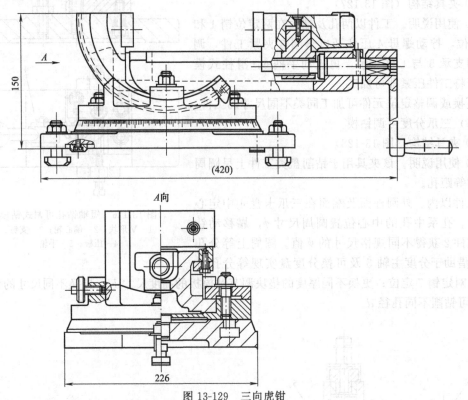

图 13-129　三向虎钳

② 使用说明。该虎钳可以在铣、钻、磨等机床上使用。

本虎钳能在水平方向回转 360°和垂直方向回转 90°，所以调整方便，通用性广，可以满足各种角度加工的需要。

13.8.4　磨床可调夹具

主要是指锥柄式磨偏心卡盘。

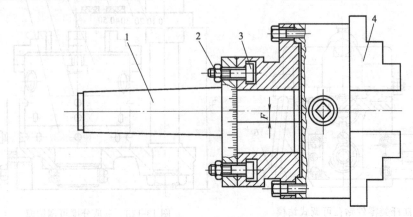

图 13-130　锥柄式磨偏心卡盘
1—锥体；2—螺母；3—T 形螺栓；4—卡盘

① 夹具结构（图 13-130）

② 使用说明。该夹具是一种磨削工件的可调整式卡盘，可调偏心量为 0～20mm。

操作时，先根据工件的偏心量 e，按公式 $\sin\dfrac{\alpha}{2}=\dfrac{e}{2E}$（$E$ 为偏心夹具的偏心量）算出卡盘 4 相对莫氏锥体 1 的转角 α，然后松开螺母 2 与 T 形螺栓 3 使卡盘转动 α 角，再拧紧螺母 2 即可加工。

卡具采用小型卡盘，结构简单，调整方便。

参 考 文 献

[1]　东北重机械学院，洛阳工学院，第一汽车制造厂职工大学编. 机床夹具设计手册. 第 2 版. 上海：上海科学技术出版社，1988.

[2]　王健石主编. 机床夹具和辅具速查手册. 北京：机械工业出版社，2007.

[3]　孙已德主编. 机床夹具图册. 北京：机械工业出版社，1984.

[4]　孟宪栋，刘彤安主编. 机床夹具图册. 北京：机械工业出版社，1996.

[5]　哈尔滨工业大学，上海工业大学主编. 机床夹具设计. 上海：上海科学技术出版社，1980.

[6]　杨峻峰主编. 机床与夹具. 北京：清华大学出版社，2005.

[7]　吴拓编著. 现代机床夹具设计. 北京：化学工业出版社，2009.

[8]　吴拓，郧建国主编. 机械制造工程. 北京：机械工业出版社，2005.

[9]　吴拓主编. 机械制造技术基础. 北京：清华大学出版社，2007.

[10]　刘友才，肖继德主编. 机床夹具设计. 北京：机械工业出版社，1992.

[11]　吴拓编著. 现代机床夹具典型结构图册. 北京：化学工业出版社，2011.

[12]　吴拓编著. 机床夹具设计集锦. 北京：机械工业出版社，2012.